普通高等教育规划教材

Synthetic Biology
合成生物学

李 春 主 编
李 珺 戴俊彪 副主编

化学工业出版社

·北京·

本书内容涉及合成生物学概述、合成生物学原理、合成生物系统的基因线路、合成生物系统的设计与组装、合成生物系统的调控与优化、无细胞合成生物系统、合成生物学建模与计算机辅助工具、合成生物学的应用、合成生物学引发的新浪潮与颠覆共九章。

作为一本系统性总结和阐述合成生物学理念、理论、方法和工程应用的教材，本书适用于生物类、化工类、环境类、医药类专业的高年级本科生和研究生的教学，对从事生物、医药、化工、能源、资源和环境等领域的科技工作者也有裨益。

图书在版编目（CIP）数据

合成生物学/李春主编. —北京：化学工业出版社，
2019.10（2025.1重印）
ISBN 978-7-122-35025-1

Ⅰ.①合… Ⅱ.①李… Ⅲ.①生物合成 Ⅳ.①Q503

中国版本图书馆 CIP 数据核字（2019）第 171237 号

责任编辑：傅四周　赵玉清　　　　　　　文字编辑：周　倜
责任校对：王素芹　　　　　　　　　　　装帧设计：王晓宇

出版发行：化学工业出版社（北京市东城区青年湖南街 13 号　邮政编码 100011）
印　　装：三河市航远印刷有限公司
787mm×1092mm　1/16　印张 17¾　字数 444 千字　　2025 年 1 月北京第 1 版第 8 次印刷

购书咨询：010-64518888　　　　　　　　售后服务：010-64518899
网　　址：http://www.cip.com.cn
凡购买本书，如有缺损质量问题，本社销售中心负责调换。

定　　价：59.00 元

《合成生物学》编写人员

主　编：李　春

副主编：李　珺　戴俊彪

编　委：李　春（清华大学）

　　　　戴俊彪（中国农业科学院农业基因组研究所）

　　　　李　珺（北京理工大学）

　　　　宋　浩（天津大学）

　　　　孙新晓（北京化工大学）

　　　　卢　元（清华大学）

　　　　王　颖（北京理工大学）

　　　　霍毅欣（北京理工大学）

　　　　李晨翀（北京理工大学）

合成生物学（synthetic biology）是以生物学、化学工程、电子工程、信息学、计算科学等相关学科发展为基础的一门新兴多学科交叉会聚的工程学科。 以工程化的设计理念，对生物系统进行有目标的设计、改造乃至重新合成，突破了生命发生与进化的自然法则，促进了对生物密码从"读"到"写"的质变，实现了由传统的"格物致知"向"建物致知"转化。 基于工程学理念的合成生物学，采用标准化的生物元件和基因线路，在理性设计原则指导下组装并合成新的、具有特定功能的生物系统。

合成生物学的概念与定义经历了三个典型的认识阶段。

1911 年分别发表在"Science"和"Lancet"杂志的三篇文章中出现 synthetic biology（合成生物学）一词，那时是合成化学发展的黄金时期，但化学家们一直很欣赏生物体合成各种化合物的能力，尤其是结构复杂、手性多样的天然产物和药物分子。 这个时期提出的 synthetic biology（合成生物学）仅仅是探秘生物体合成化合物的强大能力，这应该是合成生物学概念发展的第一个认识朦胧阶段，是挖掘自然界已存在的生物系统和功能。

随着生物中心法则的奠定，以 DNA 重组技术为标志的基因工程技术的快速发展，深刻地改变着我们的生活方式和质量。 1980 年在德文刊物上第一次以《基因外科术：合成生物学的开始》为题阐述了基因工程在医学领域的突破与重大贡献，体现了人类通过基因的剪裁和重组以解决生存和健康问题，实现了生物体局部相关性能的改进与优化，这应该是合成生物学概念发展的第二个认识实操阶段，实现了从分子基因层面上改良现有生物系统和功能。

自 2000 年以来，synthetic biology（合成生物学）一词在学术刊物及互联网上逐渐大量出现，其内涵也发生了质的变化。 美国加州大学伯克利分校化学工程系教授 Jay D. Keasling 认为合成生物学是用"生物学"进行工程化，就如用"物理学"进行电子工程、用"化学"进行化学工程一样，是典型的以工程化理念思考与设计生物系统。 哈佛大学医学院教授 George Church 认为合成生物学是利用确定的"零件"进行新生物系统的工程设计与组装。 维基百科关于合成生物学的解释为：合成生物学旨在设计和构建工程化的生物系统，使其能够处理信息、操作化合物、制造材料、生产能源、提供食物、保持和增强人类健康以及改善我们的环境。 总之，在工程化理念的指导下，围绕构建生物元件和基因线路库，设计、构建、验证和再学习过程以创造新的生物系统和功能是合成生物学的核心所在，也是合成生物学概念发展的第三个认识系统设计阶段，强调"设计"和"重设计"，模拟预测和人工合成以创造新的生物系统和功能。

2004 年美国麻省理工学院（MIT）出版的"Technology Review"将合成生物学评为将改变世界的 10 大新出现的技术之一（10 Emerging Technologies That Will

Change Your World）。 合成生物学的发展还要感谢 MIT 的一群睿智、大胆、充满好奇想象的学习化学工程、电子工程和生命科学的大学生，他们的头脑风暴和变革生命研究过程的冲劲，启动并推进了以合成生物学为理念的"国际遗传工程机器竞赛"（International Genetically Engineered Machine Competition，iGEM）的发展和成熟，目前这项国际赛事每年都有超过 50 个国家的 400 多支队伍的 6000 多人采用竞赛的形式试图回答合成生物学中的核心问题——能否通过顶层设计在活细胞中使用可互换的标准化元件、基因线路来构建新的生物系统，并且加以操纵拼装、预测和测量，从而尝试解决人类面临的健康、资源、能源、食品、环境和安全领域的棘手问题。

目前，我国正处于建设创新型国家的决定性阶段，同时面对人口老龄化、粮食安全、资源环境约束等严峻挑战。 转变发展方式、走新型工业化道路，迫切需要新型生物技术以支撑工业、农业、医药和食品等领域的产业变革。 开展合成生物学的教学和人才培养，促进生物技术颠覆性创新，是我国经济社会可持续发展的重大战略需求，并将使我国在新一轮生物科技革命与国际竞争中赢得先机。 基于多学科交叉融合与大数据利用，合成生物学已成为可预测、可工程化的科学，使设计生物系统为人类服务成为可能，在生物技术颠覆式创新方面展现了无限的潜力，有望为破解人类面临的资源、能源、健康、环境、食品、国防等领域重大挑战提供新的解决方案，对于保障经济社会可持续发展、支撑国家建设与国家安全具有重大战略意义。

鉴于合成生物学的快速发展与应用需求，清华大学李春教授邀请了来自清华大学、北京理工大学、天津大学、中国农业科学院农业基因组研究所和北京化工大学等相关高校教师组织编写了这本《合成生物学》教材，内容涉及：合成生物学概述、合成生物学原理、合成生物系统的基因线路、合成生物系统的设计与组装、合成生物系统的调控与优化、无细胞合成生物系统、合成生物学建模与计算机辅助工具、合成生物学的应用、合成生物学引发的新浪潮与颠覆共九章。 编者大都在各自大学里开设合成生物学课程并开展相关领域的人才培养工作，组建并指导了大学生参加 iGEM 竞赛，教材中也融入了编者多年从事合成生物学的教学内容、科研成果和体验。

作为一本系统性总结和阐述合成生物学理念、理论、方法和工程应用的教材，本书适用于生物类、化工类、环境类、医药类、食品类专业的高年级本科生和研究生的教学，相信对从事生物、医药、化工、食品、能源、资源和环境等领域的科技工作者也有裨益。

尽管本教材经历了三年多的筹划组织、编写研讨、校稿提升等环节，得到了很多合成生物学领域同行的大力支持，但由于该领域发展迅猛，编者的视野、水平有限，教材中难免有疏漏和不妥之处，敬请读者批评指正！ 我们会在后续的更新完善中不断提高。

编者

2022 年 6 月

目录

第3章 合成生物系统的基因线路

第1章
合成生物学概述

引 言

　　合成生物学近年来频繁出现在人们眼前，已经成为跨生物学、计算机科学、工程学、数学等多种学科的综合性学科，取得了众多研究成果，其中不乏突破性进展。由于合成生物学在能源、健康、材料、环保、食品等多个领域都有重要的应用，其基础性研究对于解决生命科学中的关键问题贡献很大，国际上很多国家都制定了合成生物学发展相关路线和规划，将合成生物学纳入国家重点研发对象。那么，什么是合成生物学？合成生物学又有什么样的发展史和意义？本章将对合成生物学的历史、发展、展望等做系统性介绍。

知识网络

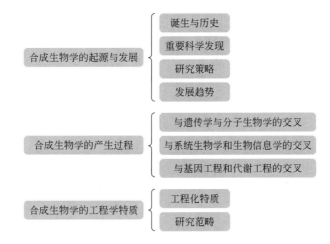

学习指南

1. 重点：了解合成生物学的产生过程及其工程化特质。
2. 难点：理解合成生物学的研究范畴。

1.1　合成生物学的起源与发展

从 1953 年沃森和克里克发现 DNA 的双螺旋结构以来，生物遗传密码慢慢被破译，生命奥秘的大门被打开。生命科学经历了从描述性学科到定量计算分析的转变。而今，生命科学又进入了新的发展周期，各种生物学新方法新技术被不断开发出来，为更好地阐释多基因和复杂蛋白质的结构与功能奠定了基础。基因工程、蛋白质工程、生物信息学等的发展和相关技术的成熟，使得人们能够对生命科学中的遗传、发育、疾病、衰老以及进化等现象进行深入的探索与解析，并在探究的过程中获得了大量基因和蛋白质的结构与功能信息。分析和设计已经成为当今生物学发展必不可少的元素，在这一发展趋势下，生命科学研究进入合成生物学（synthetic biology）时代。合成生物学是多学科融合的产物，是人们在对生命科学有了一定的了解和探索后开始进行拆解和再创造的过程。

科技视野 1-1

合成生物学的发展

国际合成生物学的迅猛发展使合成生物学在中国受到了重视与关注。 从 1990 年至 2005 年相关文献发表的情况来看，中国在绝对数量和增长速度上位于美国、欧洲、日本和加拿大之后，成为世界第五。 随着合成生物学在国内的影响力逐渐增大，越来越多的实验室和研究机构投入到该领域，形成了综合化学、进化学、系统生物学、遗传学、基因组学和 DNA 合成与测序技术的科研机构和研究队伍，极大地提高了中国在该领域的竞争地位并达到国际一流水平。

1.1.1　合成生物学的诞生与历史

每一门学科的出现都有其历史必然性，合成生物学也不例外。合成生物学的出现是生物学、化学、物理学、数学和计算机科学等发展到一定阶段，有了一定的积淀后所导致的必然结果。分子生物学的发展为合成生物学提供了技术手段，系统生物学的发展为合成生物学的研究提供了从全局角度看问题的能力和理论依据，生物信息学的发展为合成生物学提供了可研究的数据分析和处理方法。合成生物学是站在各个学科发展的肩膀上出现的，是多学科快速发展的结果。

合成生物学最初被提出可以追溯到 1910 年，法国物理化学家 Stephane Leduc 首次提出"合成生物学"（《生命与自然发生的物理化学理论》）。一年以后，他在《生命的机制》一书中对其进行了初步解释，即认为"合成生物学"可以归纳为形状和结构的合成，包括形态发生、功能的合成，技能发育以及活的有机体的组成，有机合成化学等。然而，该描述并不准确，跟目前人们理解的合成生物学有较大差距。自 1953 年 DNA 双螺旋结构被发现以来，胰岛素一级结构的确定、蛋白质和寡聚 DNA/RNA 的人工合成等一系列生命科学研究的进步为生物分子结构与功能研究的新时代奠定了基础；经过半个多世纪的发展，重组 DNA 分子、重组质粒、转基因技术等的发展使得 DNA 重组技术日益成熟。在此基础上，波兰遗传学家 Waclaw Szybalski 提出了合成生物学的愿景，他认为"这将是一个拥有无限潜力的领域，几乎没有任何事能限制我们去做一个更好的控制线路。最终，将会有合成的有机生命体出现。"1980 年，"合成生物学"第一次被作为文章标题出现在学术期刊上。

2000 年以后，合成生物学的发展才真正到来。20 世纪 90 年代以后，人类基因组计划的实施、"组学"研究的兴起为生物体和生命运动提供了"蓝图"；生物信息学以及后来的系统生物学等学科的发展，为合成生物学的出现奠定了全面的生物学基础。世纪之交，利用生物元件构建逻辑线路被成功实践。2000 年，Eric Kool 重新定义了"合成生物学"，是基于系统生物学的遗传工程，标志着这一学科的出现。至此，合成生物学以崭新的面容出现在人们眼前，并迅速得到了国内外的广泛关注。

1.1.2　发展中的重要科学发现和重要节点

合成生物学的快速发展过程中有一系列的标志性科学发现和成果。例如，在合成基因组方面，2002 年，人类首次合成病毒[1]；2010 年，第一个合成基因组的原核生物（支原体）问世[2]；2014 年，第一条合成酵母染色体在酵母细胞呈现正常功能[3]；2017 年 3 月，"Science"期刊以封面故事"Remodeling yeast genome piece by piece"报道了合成酵母基因组计划（Sc2.0）中 5 条染色体的合成[4]，首个合成染色体的真核生物的出现已不遥远。在代谢产物合成方面，加州大学伯克利分校的 Jay D. Keasling 教授领导的团队成功利用合成生物学的思路和方法设计并构建了能够合成青蒿素前体——青蒿酸的酵母细胞，成为合成生物学应用的标志性成果之一[5]。

1.1.3　合成生物学的定义与研究策略

合成生物学很难单一定义，正如前面所说，合成生物学的出现是多种学科发展到一定高度的结果，其定义也必然与其他学科有着千丝万缕的联系。综合来讲，合成生物学是在现代生物学和系统科学以及合成科学基础上发展起来、融入工程学思想和策略的新兴交叉学科，通过将自然界存在的生物元件标准化、去耦合和模块化来设计新的生物系统或改造已有的生物系统。标准化、去耦合和模块化也是美国斯坦福大学 Drew Endy 教授提出的被广泛认可的合成生物学重要原则。

合成生物学以生物学和工程学为基础，为生命科学研究、生物技术开发以及生物工程应用提供了全新的研究策略。一方面，合成生物学具有独特的工程学性质以及多学科交叉属性，在传统的基因工程、代谢工程、蛋白质工程等学科的研究方法基础上，借鉴了工程学、化学、系统生物学等多学科的研究思路，颠覆了以描述、定性、发现为主的生物学传统研究方式，转向可定量、可计算、可预测及工程化的模式。另一方面，合成生物学的研究策略侧重于"自下而上（bottom-up）"的理念，从元件、线路到系统，对已有的生物体进行改造或设计合成自然界不存在的人工系统，打破了传统"自上而下（top-down）"方法的诸多限制，具有广泛的应用潜力。

1.1.4　合成生物学的发展趋势预测

近年来，基因测序技术的不断更新换代以及 DNA 合成速率的加快和成本的降低为合成生物学的快速发展奠定了坚实的基础，其各个分支领域都取得了不错的进展，未来的发展也将在研究领域、研究内容以及产品开发等方面迎来更大的突破和更大规模的应用。

1.1.4.1　研究领域、研究内容将有新的突破

2010 年，欧洲科学院科学咨询理事会在题为"认清合成生物学在欧洲发展的潜力：

科学机遇和良好管理"的报告中指出合成生物学在 6 个领域的发展机遇，即：最小基因组、正交生物合成、途径调控、代谢工程、原细胞、生物纳米科学。合成生物学的领军人物 Drew Endy 预测合成生物学将在再生医学、药物设计等方面发挥更为重要的作用。麻省理工学院的 James Collins 认为，合成生物学下一步将会得到功能更为稳定的基因线路，并用于生物传感、生物修复和生物制造等领域。合成生物学在生物燃料、生物材料等领域的研究已经有成功的案例。此外，合成微生态系统也成为合成生物学发展备受关注的方向。

学科交叉与融合是合成生物学打破传统技术的优点之一，很多技术通过合成生物学得以集成，突破了单一方法的局限，从而能解决更复杂的问题。例如，Wyss 研究所已经利用合成生物学开发出光合微生物，以解决太空中如何利用太阳能合成化合物的难题，为太空长期飞行提供营养物质[6]；麻省理工学院利用合成生物学原理开发的微型机器人 Cyberplasm，通过微电子技术和仿生学技术集成来检测血液情况，用于疾病诊断[7]。英国皇家工程院在定义合成生物学时指出，"合成生物学旨在设计与制造以生物为本质的组件、新装置与体系，同时也对现有的、自然界中存在的生物体系进行重设计"[8]。

1.1.4.2　相关产品的开发将更加广泛

（1）医学产品的开发

合成生物学研究为医学领域的发展带来了强大的动力，包括促进干细胞与再生医学的发展，通过分子传感器、分子纳米器件与分子机器的开发等提升疾病诊断能力；开发人工合成减毒或无毒活疫苗以增强疾病预防能力；合成人工噬菌体使其成为替代抗生素的新型杀菌物质；将人工噬菌体技术和基因打靶技术等用于基因治疗；运用合成生物学技术设计细胞行为和表型以精确调控特异的免疫细胞和干细胞等临床治疗性细胞产品体系；人工设计合成工程细菌作为靶向治疗用的药物载体等。

（2）生物基化学品、生物能源产品的开发

利用大肠杆菌、酵母和蓝藻等作为底盘细胞，通过系统设计和改造，以生物质、二氧化碳等为原料，生产清洁、高效、可持续生产的化学品和生物能源产品，实现生物质资源对化石资源的逐步替代、基因路线对化学路线的逐步替代，对于破解经济发展的资源环境瓶颈制约、构建新型可持续发展工业具有重大战略意义[9]。当前虽然已有部分合成生物学在化学品和生物燃料中得到了一定程度的应用，但其在更多产品生产中的应用仍需进一步的研究和突破。

（3）其他合成生物学产品的开发

合成生物学不仅在医药、生物基化学品、生物能源等领域有重要的应用，在功能性食品、饲料、农药等生产中也发挥着作用。例如，利用合成生物学手段在微生物中合成植物次级代谢产物，可以减少对植被的破坏；利用合成生物学技术构建人工固氮生物，可以实现非豆科两室作物共生结瘤固氮或自主固氮。虽然很多产品的生产仍处于实验室研究阶段，但随着技术手段的进一步发展，实现市场化指日可待。

合成生物学的多学科融合和交叉特点使其在医药、化学品、材料、生物燃料、食品、环境等领域都表现出了广阔的应用前景。虽然合成生物学兴起的时间不长，在发展过程中会遇到研究、应用和技术等各种挑战，但随着更多科研工作者的投入和努力，合成生物学的快速发展将使其在安全、健康、能源和可持续发展等方面发挥越来越重要的作用。

1.2　合成生物学的产生过程

合成生物学通过从头构建生物元件及基因线路，来实现一个工程学科预测新的复杂的细胞行为[10]。作为一门综合各学科及工程思想的新学科，合成生物学与许多学科都存在交叉，其产生过程离不开与不同学科的融合和相互作用。同时，合成生物学作为一门独立的学科，又存在跟其他学科不同的、自己所独有的特点，下面将从合成生物学与遗传学和分子生物学的交叉、合成生物学与系统生物学和生物信息学的交叉、合成生物学与基因工程和代谢工程的交叉等几个方面详细阐述。

1.2.1　与遗传学和分子生物学的交叉

遗传学和分子生物学是生命科学中较早发展的学科，已经具备了较为成熟的学科体系和研究方法。遗传学的主要研究内容包括生物的遗传与变异、基因的结构、功能及其突变、遗传信号的传递和表达规律，是一门研究生命起源与进化的学科。分子生物学则主要是在分子水平上对生命现象进行研究。合成生物学的发展，通过对现有生物元件的改造，或者重新构建新的生物元件，从而构建出新的遗传系统，对于研究生命的起源与基因的编码功能等具有重要意义。

"人造生命"是合成生物学研究的终极目标之一，其实现主要是通过对生物元件进行人工设计、合成与组装完成的，因而合成生物学与遗传学具有紧密的联系。合成生物学采用突破传统的"自下而上"的研究思路，在合成过程中对已有的理论进行验证与改进，为遗传学的发展提供了新的思路。建立标准化的生物元件是合成生物学研究的基础之一，组装这些标准化的元件引入宿主中，可以赋予其复杂的功能，同时结合对宿主细胞的解析，得到更为复杂但遗传背景更加清楚的生物系统。由于这些生物元件具有详细的生物学特征与功能描述，利用这些元件可以大大简化基因线路的构建与调控。而生物元件的标准化为进一步模块化的遗传路线设计与构造创造了条件，最终实现真正意义上的"人造生命"的创建，实现合成生物学的最终目标之一。

合成生物学不仅与遗传学关系紧密，与分子生物学也密不可分。分子生物学是一门基础学科，主要研究生命现象的本质与规律。遗传信息是分子生物学的核心内容。分子生物学的出现使人们对生命现象的研究从宏观观察与描述进入了微观深入的详细解析。分子生物学发展到现在，成为生命科学研究中不可或缺的手段。DNA 重组技术以及细胞融合技术奠定了现代分子生物学的发展，其利用遗传工程、细胞工程等手段构建新的生物分子、基因线路乃至生命体，并赋予其新的性能。DNA 重组技术、分子克隆、大片段组装、基因组整合等分子生物学技术的发展为合成生物学的产生与快速发展提供了技术保障。合成生物学不仅利用这些分子生物学手段来构建 DNA 序列，还增加了 DNA 序列的自动合成技术，并通过建立标准化生物元件来简化人工系统的构建过程[11]。

1.2.2　与系统生物学和生物信息学的交叉

系统生物学主要的研究对象是自然界中生物的系统整体，是以系统论和实验、计算方法整合等作为研究手段，表征从细胞到生物系统多维度的功能和行为。系统生物学的快速发展得益于基因组学的出现和广泛应用。从基因组学到代谢组学（包括基因组学、转录组学、蛋白质组学、代谢组学、代谢物组学等），系统生物学可以从多个角度对生物系统进行研究。

合成生物学与系统生物学有着非常紧密的关系，系统生物学通过定量分析、数学模拟、建模等方法对系统或系统中的各个组件进行解析后所得到的数据，可以经合成生物学的解耦将系统分解为生物元件。这也是合成生物学的特性之一，即合成生物学的关键是将生物元件模块化与标准化，它是一种从头合成复杂生命系统的技术。合成生物学与系统生物学采用的是两种不同的研究策略，前者为"自下而上"，后者为"自上而下"。虽然如此，两者之间却存在紧密的联系[12]。

系统生物学是基因组尺度合成生物学的基础，为合成生物学的生物元件组装、整合及系统构建和验证提供分析手段。同时，合成生物学改造或重新构建的生物元件为系统生物学中进行组分研究与相互关系的探索提供了新的材料与工具，使人们更为深入地理解现有的系统。

当今社会是信息大爆炸的时代，包括生物信息。人类基因组计划后，人们获得各种生物学数据和信息的能力突飞猛进，但如何处理海量的数据，从浩瀚的数据海洋中筛选出对我们有用的信息，更高效地进行生物学研究，避免因信息量过大、方法缺失而带来的知识浪费现象成为进入 21 世纪后研究人员一直面临的问题。为解决这一问题，生物信息学应运而生并逐渐发展。生物信息学的目的就是在通过其他手段如组学研究等得到的数据中筛选、挖掘和提取有用的信息，这对于解释生命现象的本质、研究基因和蛋白质的功能具有重要作用。当前生物信息学已经发展到了后基因组时代，主要内容包括基因组的注释与分析、基因芯片、蛋白质结构解析等。其中，各种组学水平的研究也为生物信息学提供了大量的数据，尤其是随着第二和第三代测序技术的不断发展，基因组与转录组的遗传信息可以快速准确地测定，为生物信息学下一步的研究提供了资源。

生物信息学的快速发展为合成生物学提供了强有力的支持，尤其是测序技术的发展与基因组功能的研究，为合成生物学研究提供了多种数据库。例如，通过转录组学的研究，人们进一步发现了非编码 RNA 对转录的调节、蛋白质活力的调节等具有一定的影响，从而从更高层次认识了基因组的生物元件及工作机制。合成生物学无论是改造现有的生物元件还是重新构建新的生物元件，都要建立在对现有生物元件充分了解的基础之上，生物信息学可以为其提供相关信息和数据，而合成生物学的研究结果也可以对现有的生物信息学数据进行验证[13,14]。

1.2.3　与基因工程和代谢工程的交叉

合成生物学与基因工程具有密不可分的联系，两者体现了现代生物技术发展的两个重要阶段，前者建立在后者的基础之上，甚至可以说两者有些内容是重合的。基因工程主要通过自动测序技术对基因组 DNA 序列识别读取，并通过分子生物学手段实现 DNA 序列的构建。而合成生物学则通过人工合成 DNA，构建标准化的生物元件，这其中包括对新的 DNA 合成技术和测序技术的开发、基因组改组技术的建立、大片段组装技术的研究等。

相较于基因工程，合成生物学更多的是利用标准化生物元件对现有的基因线路进行改造或重构。基因工程往往设计的基因数目较少，也更少利用计算机或者数学手段进行分析。而合成生物学则是对多组基因甚至整个基因组的改变、设计到网络分析、计算机模拟等。虽然合成生物学发展已经取得了很大的突破，但仍不能完全取代传统基因工程的作用，在基因工程的基础上，不断发展新的生物学技术，解决合成生物学目前存在的困难是两个学科发展的一个重要方向，有助于两门学科的相互融合、促进与发展[15]。

代谢工程主要是利用分子生物学手段尤其是 DNA 重组技术对生化反应进行修饰，对已有的代谢途径和调控网络进行合理的设计与改造，以合成新的产物、提高已有产物的合成能力或赋予细胞新的功能。例如，通过表达不同来源的酶（包括内源基因或外源基因的表达），在微生物中构建全新的代谢途径，实现一些高附加值的天然产物及其衍生物的合成。而合成生物学的快速发展为代谢工程提供了更系统更有力的分子生物学工具，其在代谢工程中的应用可分为 4 部分：①改造代谢途径中的关键酶，如对异源基因进行密码子优化、借助随机突变或定向进化提高酶的催化活性等；②构建异源的代谢途径；③调控表达代谢途径中的多基因，如在代谢途径中设计合理的操纵子以调控多基因的同时表达；④改造宿主细胞，如构建最小基因组、人工全基因组合成等。

合成生物学诞生于代谢工程发展 10 年之后，为代谢工程改造提供了新的思路与方法，在代谢途径的系统设计、构建以及基因线路的调控等方面发挥了重要作用。合成生物学中生物元件的设计和利用，可以提高代谢途径的构建效率，简化构建过程。

1.2.3.1　合成生物学应用于代谢途径的构建及关键酶的改造

代谢工程常用的途径构建手段是异源基因表达、细胞代谢反应的构建与调节。合成生物学的发展为代谢途径的构建提供了更多方法。例如，研究人员通过组合表达来自丙酮丁酸梭菌的乙酰辅酶 A 乙酰基转移酶、来自大肠杆菌的乙酰乙酰辅酶 A 转移酶、来自丙酮丁酸梭菌的乙酰乙酰脱羧酶以及来自拜氏梭菌的乙醇脱氢酶，首次在大肠杆菌中构建了异丙醇的代谢途径[16]。

在代谢途径的构建中，关键酶的活性和效率影响了整个代谢途径的功能，通过优化关键酶的活性，可以提高整条代谢途径的效率。例如，代谢途径构建时常用的外源基因表达策略经常会遇到在不同宿主中酶活不同的问题，这往往是由密码子偏好性不同引起的，而密码子优化可以提高基因在特定宿主中的表达量和功能。

1.2.3.2　合成生物学应用于代谢途径中的多基因表达调控

代谢途径一般是由多基因整合构建的，而合成生物学为多基因表达的调控提供了更多方法。启动子的改造是调控基因表达的常用手段，通过诱导型启动子可以粗略地进行表达调控，而通过合成生物学方法构建一系列强度不同的启动子可以根据宿主内的代谢水平实现对基因的精细调控以满足不同的需求。

细胞的神奇之处在于其中多种多样的基因调控，多种机制可用来调节基因的表达时间和表达量，其中，核糖开关（riboswitch）就是一种在翻译水平上对基因表达进行调控的 RNA 调控元件。核糖开关由两个结构域组成：适体结构域和表达结构域。前者负责识别与结合配体，后者主要对基因的表达进行调控。适体结构域可以识别小分子配体并且与其结合，影响下游基因表达。通过体外筛选技术可以筛选出具有高度亲和力与专一性的小分子核酸适配体，利用筛选到的能够识别细胞代谢物的适配体，构建根据代谢物浓度变化调控基因表达的核糖开关，实现实时监测代谢物的浓度变化。

原核操纵子之间具有能直接影响 mRNA 稳定性的一些序列，通过对这些区域加以改造，可以实现操纵子多基因的表达水平。Keasling 课题组通过构建 mRNA 二级结构、RNA 酶切位点和核糖体结合位点的基因间区域分子库，对这些基因间区域进行不同组合，实现了对操纵子中不同基因表达水平的调控，并且应用这个系统成功将甲羟戊酸的产量提高了 7 倍[17]。

1.2.3.3   合成生物学应用于宿主细胞的改造

近年来，DNA 重组技术发展迅速，为人工合理设计与人工合成基因组提供了有力的技术支持。同时，DNA 测序技术的不断更新换代，为基因组的解析与蛋白功能的分析提供了有利的条件。利用合成生物学工具研究宿主细胞的代谢途径，并进行重构或人工合成可以将宿主细胞按照我们的应用目的改造为多种工程细胞工厂。更进一步，构建人工细胞可以实现对宿主细胞的工程化管理，其第一步是实现基因组的人工合成，通过人工合成基因组，可以按照需求对基因组进行改造，进而改变宿主细胞的一些功能。酵母基因组的合成证明人类已经能够合成真核生物基因组，这是合成生物学一大重要突破。

1.3   合成生物学的工程化特质与研究范畴

1.3.1   合成生物学的工程化特质

从我们前面对合成生物学的解释与其发展可以看出，合成生物学具有明显的工程化本质，这是其明显区别于其他生物学科的一个特征。"设计""构建""系统""标准化"等具有典型工程化特点的词汇频繁出现在合成生物学的描述中，这些都从不同层面上反映出了合成生物学的主要学科特点，即"工程化"[18]。合成生物学家期望通过工程化的方法将工程化概念引入生命科学研究，令合成生物学研究实现标准化、模块化和系统化，从而借着探索自然界存在的生物现象，进一步推动细胞工厂、人造生命等科研进程的快速发展[19]。

1.3.1.1   模块化与层次化对现代工程学的意义

将现代工程学原理应用到生命系统所面临的主要挑战是生命现象固有的复杂性。而在非生命领域中，现代工程学的方法已经成功构建了多种具有高度复杂性的人工体系，这些人工体系的共同之处在于具有模块化的结构和层次化的组织形式。模块化指的是系统可以分解为在结构和功能上具有相对独立性的组成单元，层次化指的是这种分解过程又可以逐层细化，例如将较大尺度的单元模块逐级细化为许多更小尺度的单元模块。现代生命科学研究表明，生命系统的组织结构也具有模块化和层次化的特征。因此，将生命系统的各组成部分模块化和标准化，采用"分而治之"、数学模型预测等策略创建复杂人工生物系统，也将会成为工程学原理与生物学成功结合的关键。

1.3.1.2   "硬件"与"软件"缺一不可

合成生物学研究项目在确立了实验方案之后，需要经过选取所需的标准化生物元件和模块、设计研究方案、获得新的生物系统以及最后实现预期的功能等几个阶段。该实施过程与制造计算机等工程项目极为相似。

生物系统也可以看做是由"硬件"和"软件"两部分组成。"硬件"指的是 DNA、蛋白质等组成生物系统的基础生物元件，而"软件"指的则是基因组所携带的遗传信息及其丰富的表达调控信息。

经过许多年的研究，大家对于生物系统的"硬件"部分已经有了较为详细的了解，同时也具备了人工合成 DNA "硬件"的能力。在合成生物学发展的早期阶段，合成单个基因或整个基因组等"硬件"的能力为合成生物学的发展提供了坚实的技术支持与保障。随着

DNA 自动化合成技术的日趋成熟，现在已经实现了商品化、规模化，DNA 合成能力将不再是关键的技术指标和研究重点。

利用"软件"来控制"硬件"是合成生物学的主题之一，也就是为新的生物系统设计新的 DNA 序列信息并为其指定运行规则。只有这样才可以利用无生命特征的标准的生物学元件创造出具有活性的新型生命体，以符合合成生物学的创造性需要。这项工作仍然任重道远，虽然科学家们围绕着基因组测序以及多种组学和表观遗传学研究开展了很多工作，但是对于整个生物系统遗传信息的解读仍然不够透彻，主要表现在对于调控"硬件"的信息流构成的相关知识还不完备，缺乏完整深入的"软件"编程能力，对于"软件"和"硬件"的完美匹配还需要深入的研究。

1.3.1.3　现代工程学与生命科学的结合须考虑生命系统的独特性

对很多非生命系统而言，合理设计、"自下而上"、从头构建等工程学方法已达到成熟。但是，生物系统具有高度的复杂性，远远超过了非生物系统组件的整合程度，这些系统是如何运作的细节信息目前仍大量缺乏。标准化、解耦和抽提均需要分解生物体组件，这虽然在概念化方面是一种有效方法，但由无生命物质系统组成的人工生物系统需要对生物元件进行运用和修改，而目前我们还不知道如何在生物体动态整体水平上提供生命表征。因此，生命系统工程化与化学、物理学等自然学科领域的工程化有着本质的不同。

首先，生命系统工程化面对的最底层组成单元是生物分子等微观对象，而其他系统工程化面对的最底层组成单元往往是宏观对象。其次，在生物系统中，由生物分子等底层单元产生更高层次的单元，或者不同单元之间的信息传递途径，是通过分子的自组织而非外力操纵实现的。再次，生物系统的功能，往往依赖于系统作为整体所具有的所谓"呈展"性质，它不是各组成单元特性的简单加和，而是多个单元按特定相互作用方式、相互作用强度组合在一起表现出的新特性。最后，生命系统的工程化可以以自然界生命长期进化的结果为基础。自然进化已产生的从分子到细胞、再到多细胞等层次完整、结构功能多样的生物系统，可从生物元件与宿主、结构模板与工作机制、设计与演化原理等多个方面为合成生物学所学习利用。

1.3.2　合成生物学的研究范畴

合成生物学权威网站（http://syntheticbiology.org）上将合成生物学的主要研究内容总结为"设计和构建新型生物学组件或系统以及对自然界的已有生物系统进行重新设计，并加以应用"。合成生物学的研究内容归纳起来说主要包括工程化的功能模块、接口、开发平台、调控和通信系统、各种功能模块的仿真、预测算法和相应软件等几个方面[20~22]，具体可以从下面几个方面来阐述。

1.3.2.1　生物基因组的合成

人造生命的合成一直是生物学家努力的方向。多年来，人们在生物基因组合成方面的探索与研究一直没有停止过。1979 年 Khorana 研究组合成了酪氨酸阻遏 tRNA 基因（207bp）[23]。2002 年，E. Wimmer 小组合成了有生物活性的脊髓灰质炎病毒的全基因组（约 7400bp）[1]。2003 年，J. C. Venter 小组合成了 psiXl74 噬菌体基因组（约 5400bp）[24]；2008 年该小组又合成了生殖道支原体基因组（582.790kb）[8]。2010 年，J. C. Venter 研究团队合成了世界上第一个人造生命——人造支原体，其中含有一条长度达 100 万对碱基对、同时具有生物学活性的人工合成基因组[2]。原核细胞基因组的合成为进一步人工合成真核细胞基因组奠定了基础。2014 年，Boeke 等研究人员一起合成了酿酒酵母染色体 Ⅲ 的精简版本[25]。2017 年，酵母基因组人工合成迎来了重大突破，酿酒酵母中约 1/3（约 3500 万碱基对）的基因组（总 1200 万碱基对）被合成出来，相关研究成果以特刊的形式发表在国际顶尖杂志"Science"上。值得注意的是，此次专题共有 7 篇研究长文，其中 3 篇来自中国，包括天津大学元英进课题组[26,27]、清华大学戴俊彪课题组以及华大基因杨焕明院士与爱丁堡大学 Yizhi Cai 课题组[28,29]。上述成果的取得，不仅对于深入生命认知、推进相关研究意义重大，而且也具有重要的应用价值。除应用基因修饰的酵母来制作疫苗、药物和特定的化合物外，上述新成果的取得使得利用化学物质设计定制酵母生命体成为可能，利用这种定制的酵母生命体可以生产范围更广的产物。

1.3.2.2　基因组的最小化

生物体的各种功能大部分都是由基因组来决定的，合成生物学研究中人工构建或合成的各种生物元件在被引入宿主细胞后，需要消耗较多宿主细胞自身的物质与能量。而宿主细胞自身的各种同化反应、能量代谢以及各种信号转导等内源途径较多时会与人工构建的途径争夺资源，造成物质与能量的缺乏，影响人工构建生物元件的功能。在此情况下，许多生物学家开展了基因组的简化与模块化工作，即"基因组最小化"。基因组最小化可以删除宿主细胞中冗余的基因和调控元件，净化宿主细胞的代谢环境，使更多的代谢通量流向目的产物。在"基因组最小化"研究中，需要重点考虑的问题包括如何平衡细胞生长与代谢途径的功能、如何避免细胞的突变和进化等。

1.3.2.3　基因线路的设计与构建

基因表达调控的概念最早是在 1961 年由 F. Jacob 和 J. Mond 提出的，他们提出的乳糖操纵子模型是典型的基因表达调控。基因线路指的是基因调控元件和被调节的基因组成的遗传装置，受特定条件的调节，实现基因产物定时定量地表达。基因振荡和双稳态线路是人们熟知的基因线路，最早在"Nature"杂志上发表，是早期的基因线路相关的研究工作。近年来，基于生物元件的各种基因线路被开发出来，例如基因开关、振荡器、放大器、逻辑门、计数器等。

美国麻省理工学院的 James Collins 教授是合成生物学基因线路设计研究的先驱之一，他们借鉴电子工程的设计思路，在生物体内构建了转录水平的双稳态开关[30]。这个结构简单的开关虽然含有较少的基因数和顺式调控元件，但能在很宽的范围内达到双稳态调节，而且"鲁棒性"（robustness）很好。在没有启动子诱导物时，开关可能处于"开"或"关"两种状态中的任意一种，当加入诱导物激活相应抑制因子的表达时，可以抑制当前工作的启动子，就能将开关调节至另一种状态。这样的合成基因线路具有高度简化和控制度高的特点[30]。

基因线路的设计不仅局限于开关和复杂的开关系统，2005 年，美国麻省理工学院的 Christopher Voigt 教授研究组利用合成生物学的思路设计了一种"大肠杆菌拍照技术"[31]。该研究在大肠杆菌中引入了光敏元件，使得工程化大肠杆菌在有红光照射时保持原来的颜色，而没有红光照射时产生黑色物质并成为黑色。通过合成生物学基因线路的巧妙设计对大肠杆菌进行"编程"控制单个细胞或群体细胞中的基因表达，从而产生高清晰度的化学图像。这在细菌微晶成像及多细胞信号网络的研究中有潜在的应用。

1.3.2.4　合成代谢网络生产药物与生物基产品或材料

合成代谢网络主要是指利用转录和翻译控制单元调控酶的表达以合成代谢物。生物细胞内的代谢是多种多样的，这也为生物制造提供了基础和条件。将不同来源的代谢通路、酶等模块化，并引入底盘细胞进行组装，进一步设计合理的代谢途径，可以提高代谢效率、降低生物催化成本，实现代谢物的高效合成。例如，长期以来，阿片类药物主要是从罂粟中提取的。斯坦福大学的 Christina Smolke 教授课题组通过外源引入阿片类合成的 5 个基因到酵母基因组，实现了阿片类药物的微生物合成[32]。

然而，对于合成代谢网络而言，无论是使有毒中间代谢物的胞内累积最小化，还是使目标代谢物的产量最大化，都需要达到代谢途径的多个基因间协调与平衡。在异源表达中，由于不同来源的酶具有不同的动力学特性，很难准确预测其在异源宿主中的行为，因此如何筛选合适的基因及调控元件仍然是一个难题。合成代谢网络设计中无法避免参数设计算法的错误。网络设计只能保证某些粗略的特性基本正确，而无法保证细节的正确。此外，设计合成代谢途径时还必须充分考虑细胞生长和进化对于代谢网络参数稳定性的影响。这些都意味着代谢网络的设计必须与参数整定和试验相结合，通过反复的试验和模型校正进行代谢网络的完善和优化，因此仍然耗时、耗力。

知识拓展 1-1

生物基产品

生物基产品（bio-based products）主要指以可再生的生物质为原料生产环境友好的化工、医药产品和绿色能源。生物基产品主要包括有机酸、氨基酸、多元醇、有机胺、抗生素、植物天然产物、沼气、燃料乙醇、生物柴油和生物塑料等。

1.3.2.5　人工合成生态系统(多细胞体系)

单一的细胞能力有限，我们想要实现的很多复杂的生物学功能很多情况下难以通过单一细胞完成。因此，构建相互之间协调合作的多细胞体系，是目前合成生物学研究的重点之一，其主要基于细胞之间相互交流的细胞群体系统以及多细胞体系的构建，通过多细胞体系中细胞内基因的同步表达、细胞之间的信号转导以及细胞之间不同功能的相互配合等实现的。研究人员利用人工构建的群体感应机制已经开发出了许多具有独特功能的多细胞体系。

由于基因表达过程中内源和外源环境噪声的影响以及其他细胞的作用，即使同源细胞也可能具有不同表型和异步行为。而在细胞群体系统及多细胞系统的设计中，却要涉及大量完全不同的细胞，这些细胞合成和工作的可靠性必然受到多种信号组分、多种宿主细胞、多路通信等方面影响，因此在细胞群体及多细胞系统环境下设计通信系统需要平衡胞内元素敏感性，降低信号间的交叉干扰。

思考题

1. 简述合成生物学的定义和研究策略。
2. 简述合成生物学可以开发哪些相关产品。
3. 浅谈合成生物学与其他生物学科的基本联系？
4. 合成生物学中解析思路是什么，常用哪些手法？
5. 合成生物学的三个工程化概念是什么？

参 考 文 献

[1] Cello J，Paul A V，Wimmer E．Chemical synthesis of poliovirus cDNA：Generation of infectious virus in the absence of natural template [J]．Science，2002，297 (5583)：1016-1018.

[2] Gibson D G，et al．Creation of a Bacterial Cell Controlled by a Chemically Synthesized Genome [J]．Science，2010，329 (5987)：52-56.

[3] Annaluru N，et al．Total Synthesis of a Functional Designer Eukaryotic Chromosome [J]．Science，2014，344 (6179)：55-58.

[4] Mercy G，et al．3D organization of synthetic and scrambled chromosomes [J]．Science，2017，355 (6329)．

[5] Paddon C J，et al．High-level semi-synthetic production of the potent antimalarial artemisinin [J]．Nature，2013，496 (7446)：528.

[6] Way J C，Silver P A，Howard R J．Sun-driven microbial synthesis of chemicals in space [J]．International Journal of Astrobiology，2011，10 (04)：359-364.

[7] Sprinzak D，Elowitz M B．Reconstruction of genetic circuits [J]．Nature，2005，438 (7067)：443-448.

[8] Gibson D G，et al．Complete chemical synthesis，assembly，and cloning of a Mycoplasma genitalium genome [J]．Science，2008，319 (5867)：1215-1220.

[9] You L，et al．Programmed population control by cell-cell communication and regulated killing [J]．Nature，2004，428 (6985)：868-871.

[10] Endy D．Foundations for engineering biology [J]．Nature，2005，438 (7067)：449-453.

[11] Gibbs W W．Synthetic life [J]．Sci Am，2004，290 (5)：74-81.

[12] Breithaupt H．The engineer's approach to biology [J]．Embo Reports，2006，7 (1)：21-24.

[13] Barrett C L，et al．Systems biology as a foundation for genome-scale synthetic biology [J]．Current Opinion in Biotechnology，2006，17 (5)：488-492.

[14] Hanai T，Atsumi S，Liao J C．Engineered synthetic pathway for isopropanol production in *Escherichia coli* [J]．Applied and Environmental Microbiology，2007，73 (24)：7814-7818.

[15] Martin V J，et al．Engineering a mevalonate pathway in *Escherichia coli* for production of terpenoids [J]．Nature biotechnology，2003，21 (7)：796-802.

[16] Winkler W，Nahvi A，Breaker R R．Thiamine derivatives bind messenger RNAs directly to regulate bacterial gene expression [J]．Nature，2002，419 (6910)：952-956.

[17] Pfleger B F，et al．Combinatorial engineering of intergenic regions in operons tunes expression of multiple genes [J]．Nat Biotechnol，2006，24 (8)：1027-1032.

[18] 凌焱，等．合成生物学的特征及应用 [J]．中国医药生物技术，2011，6 (3)：209-213.

[19] 刘海燕．面向工程化的合成生物学功能器件创建与集成初探 [J]．生物产业技术，2011，3：010.

[20] 罗巅辉，余劲聪，方柏山．合成生物学的研究方向与应用 [J]．华侨大学学报：自然科学版，2009，30 (1)：1-5.

[21] 宋凯，黄熙泰．合成生物学导论 [M]．北京：科学出版社，2010.

[22] 张春霆．合成生物学研究的进展 [J]．中国科学基金，2009，2：65-69.

[23] Ryan M J，et al．A synthetic tyrosine suppressor tRNA gene with an altered promoter sequence．Its cloning and relative expression in vivo [J]．Journal of Biological Chemistry，1979，254 (21)：10803-10810.

［24］ Smith H O，et al. Generating a synthetic genome by whole genome assembly：φX174 bacteriophage from synthetic oligonucleotides ［J］. PNAS，2003，100 （26）：15440-15445.

［25］ Annaluru N，et al. Total synthesis of a functional designer eukaryotic chromosome ［J］. Science，2014，344：55-58.

［26］ Xie Z X，et al. "Perfect" designer chromosome V and behavior of a ring derivative ［J］. Science，2017，355 （6329）：eaaf4704.

［27］ Wu Y，et al. Bug mapping and fitness testing of chemically synthesized chromosome X ［J］. Science，2017，355 （6329）：eaaf4706.

［28］ Zhang W M，et al. Engineering the ribosomal DNA in a megabase synthetic chromosome ［J］. Science，2017，355 （6329）：eaaf3981.

［29］ Shen Y，et al. Deep functional analysis of syn II ，a 770-kilobase synthetic yeast chromosome ［J］. Science，2017，355 （6329）：eaaf4791.

［30］ Gardner T S，et al. Construction of a genetic toggle switch in *Escherichia coli* ［J］. Nature，2000，403：339-342.

［31］ Levskaya A，et al. Synthetic biology：enginggering Escherichia coli to see light ［J］. Nature，2005，438 （7067）：441-442.

［32］ Galanie S，et al. Complete biosynthesis of opioids in yeast ［J］. Science，2015，349 （6252）：1095-1100.

第 2 章
合成生物学原理

引 言

前面一章的内容主要介绍了合成生物学的起源与发展、合成生物学的产生、合成生物学的特质及其研究范畴。在了解了合成生物学的历史和本质，也对合成生物学的研究有了一定的理解后，本章主要就合成生物学原理进行阐释，包括合成生物学的研究思路、生物模块的特点、合成生物系统的层级化结构及逻辑关系、合成生物学的设计原理等。通过本章的学习，我们将对合成生物学有更加深入的了解，对于合成生物学中常用的研究思路和方法也有更好的掌握。

知识网络

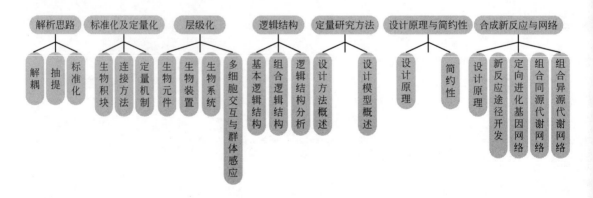

学习指南

1. 重点：合成生物系统的层级化结构及逻辑结构。
2. 难点：合成生物系统的设计原理与简约性，合成新反应与网络的设计原理。

2.1 合成生物学解析的思路

以系统化设计和工程化构建为理念的合成生物学，其解析思路可以分为两种，即"自上而下"的逆向工程和"自下而上"的正向工程。"自上而下"的研究策略主要利用解耦和抽提的方法降低天然生物系统的复杂性，建立工程化的标准模块。"自下而上"的研究策略指的是利用标准化模块，通过工程化方法，按照由简单到复杂的顺序重新构建具有期望功能的生物系统[1]。

2.1.1　生物系统的解耦

解耦是一种解决问题的思路，旨在将一个复杂的问题拆分成许多相对简单并且能够独立处理的问题，并且最终整合成具有特定功能的统一整体。两个关于解耦的具有代表性的例子是：①在建筑领域，一个项目通常会被解耦成设计、预算、建造、项目管理和监查等相对简单的、可以独立处理的过程；②在超大规模的集成电路制造时，通过解耦成芯片制造与芯片设计两个相对简单独立的过程，使构建过程更加容易实现。在工业生产中，经常会出现一些较复杂的设备或装置，必须设置多个控制回路对该种设备进行控制。系统中每一个控制回路的输入信号对所有回路的输出都会有影响，而每一个回路的输出又会受到所有输入的作用[2]。解耦控制装置就是用于排除输入、输出变量间的交叉耦合，将多变量系统转变为多个单变量控制系统，使系统的每个输出变量由单一的输入变量控制，而且不同的输入控制不同的输出，从而实现控制的独立性，不会相互影响。

同样的，在生物工程领域，也有许多应用解耦思路处理生物学问题的例子。例如，通过将复杂的生物"系统"解耦成一系列相互独立的"装置"（比如标准化的细胞或者核苷酸序列等），利用已有的标准化组件实现快速组装和开发。然而，最简单和最直接的解耦方式可能是从构建中设计。由于 DNA 重组技术不断取得新的进展，生物工程设计和构建中解耦的应用也在不断发展。只有在充分发展的基因和基因重组技术的支持下，才能够更深入地进行设计和构建基因组等合成生物学领域的研究。随着下游技术的持续发展，已经能够实现寡核苷酸和短的 DNA 片段自动组装合成长链分子[3]。

2.1.2　生物系统的抽提

天然存在的生物系统是相当复杂的，不仅有复杂的普遍调控机制，还有普遍现象之外的特例。而且，随着研究的不断深入，调控细胞行为的新的分子机理不断被发现，一般性法则以外的特殊情况会不断发生。在这种情况下，如何保证具有很多生物工程组件的生物系统能够达到预期的表现是我们需要解决的问题[4]。

处理复杂事物的另一个有效技术就是"抽提"。分层次抽提是工程化常用的手段，例如，系统边界概念的引入能够使许多内部信息得以隐藏，复杂系统得以简化；能够从不同水平描述生物系统的独立性和协同操作。当前，有两种生物工程中的抽提形式值得进一步研究和探索：①利用抽象的层次模型通过不同水平的复杂程度描述生物功能的信息。生物工程的抽象层次模型在每一个水平的工作不需要考虑其他水平的细节；不同水平原则上只允许有限的信息交流。②重新设计和构建组成合成生物系统的组件和装置，适当简化以便于模拟和组合，比如转录启动子、核糖体结合位点和开放读码框的重新设计和全新组合等[5,6]。

2.1.3　生物系统的标准化

标准化的概念比较宽泛，在不同领域具有不同的意义。例如，在铁路建造中，铁轨的长度、轨道的距离等都需要一定的标准。标准化科研、使用及生产三者之间的桥梁，能够推动新技术和新科研成果的应用，促进工业产业的技术进步[7]。

这个世界的方方面面都有着各自不同的标准，比如螺纹的规格、汽油配方和计量单位等。现代生物学围绕着"中心法则"这一个大多数天然生物系统运行的核心规律，已经发展出许多被广泛采用并认可的标准。现在已经存在许多具有代表性的标准，比如 DNA 序列数据、微阵列数据、蛋白晶体学数据、遗传特征、系统生物学模型、酶命名法则和限制性核酸内切酶活性等。

标准化的过程离不开协调，协调是为了使标准的整体功能达到最佳，并产生实际效果，通过有效的方式协调好系统内外相关因素之间的关系，适应或平衡关系所必须具备的条件[8]。

由于缺乏正式的、可广泛应用的各类基本的生物功能标准，往往会造成巨大的社会资源浪费与成本增加。例如，某个生物科学家认为的"强"核糖体结合位点对其他的位点来说却可能只具有中等强度。培养在 Luria 肉汤培养基中的大肠杆菌 JM2.300 菌株中有功能的一组基因开关可能在生长于合成的最低介质中的大肠杆菌 MC4100 细胞中处于关闭状态，所以需要被另外一套开关来代替，那么是否可以将这两种开关组合成一个新的替换开关并且发挥功能呢？

目前，一些关于基础生物学功能（例如，启动子的活性）、实验测定方法（例如，蛋白质浓度的测定）和系统运行（例如，遗传背景、介质、生长率、环境状况等）的相关标准还有待建立。为了实现生物元件的"即插即用"功能，需要规范不同组件之间的连接标准化定义。只有这些标准都被建立起来并且广泛采用时，才能保证不同的研究人员设计和构建的单元能够相互组合。这些标准化工作也将更有利于加速和保护特定的生物组件遗传信息的交换使用和共享以及工程化生物系统检验、证实和授权程序的顺利进行[9]。

2.2　生物积块的标准化及定量化

标准化有利于灵活运用模块生物元件进行多种操作。常规的基因操作中常常包含繁琐的酶切、连接、转化、筛选等过程，大大增加了时间成本。为解决这一问题，合成生物学家创造性地提出了标准化生物模块——生物积块（BioBriok）的概念。

生物积块不仅包括基因模块，还包括亚细胞模块、生物合成的基因网络、代谢途径和信号转导通路、转运机制等。正如建筑行业的砖块和 IT 行业的电子零件一样，生物积块可大可小。小型的生物积块通常是具有一定功能的 DNA 片段，就是本章下一节要介绍的生物元件（part），例如，一个启动子或一个终止子等，序列大小可能是几十或者几百碱基对；稍大一些的可以是由几个生物元件组成的基因调控线路，就是生物装置（device）；更大的是由基因调控线路组成的级联线路、调控网络，甚至生物系统（system）。生物积块的构建是为了实现在活细胞体内标准化组合、搭建具有相应功能的生物模块从而构建生物系统。只要经过标准化处理、具有标准的酶切位点的生物模块，都可以称为生物积块。

生物积块的标准化具有以下优点：

① 标准化。生物积块种类多，相互之间容易连接，可供选择的余地大。

② 相当多的生物积块经过遗传工程手段的改选和实验的检验，在模式菌株中具备了很好的生物功能，这就克服了直接从自然生物中克隆基因所必须面对的异源表达问题。

③ 标准化的酶切位点省去了寻找和优化限制性核酸内切酶、连接酶等 DNA 重组工具的繁琐工作，大大节省了时间，提高了效率。

④ 标准化的描述文件和分类方法，为使用者迅速找到理想的模块提供了便利。

⑤ 标准化的动力学参数模拟、载体和宿主背景，为生物模块的功能预测提供了参考、

比较和优化的平台。

⑥ 目前生物积块已经形成相应的模块数据库——iGEM Registry。iGEM Registry 提供的交流平台和文献资料中有许多使用者对于生物积块的宝贵经验共享，可以互相取长补短。

2.2.1 生物积块的通用符号和功能描述

为了方便使用，任何一个工程领域的零件库都会有完备的零件规格、功能和使用说明，向使用者提供必要的零件信息，同时也是一种零件描述的规范。作为一个新兴的工程化学科，合成生物学对于自己的零件——生物积块同样也有相关的定义和描述。为了方便研究者查阅生物积块的功能，iGEM Registry 对其中的每一个生物积块都有详细的注释，包括该片段的示意图、碱基顺序（不包括前缀和后缀）、片段的设计者对于该片段功能的阐述，以及其他使用者提供的使用经验等。表 2.1 为 iGEM Registry 中部分常用生物积块图示及其功能描述。

表 2.1　部分常用生物积块图示及其功能描述

图标	功能描述
	启动子（promoters）
	蛋白质编码序列（protein coding sequences）
	终止子（terminators）
	DNA 元件（DNA），包括克隆位点、引物结合位点、重组位点、结合转座子、核酸适配体等
	报告模块（reporters）
	检测模块（measurement devices）
	信号接收和发送模块（receivers and senders）

注：图片来自 http://Parts.igem.org/Catalog。

同样的，质粒也有一套标准描述体系，有兴趣的读者可以参见 iGEM Registry 的开放网页 http://Parts.igem.org/Catalog 获得更详细的信息。

2.2.2 生物积块的标准连接方法

生物积块的一大特点是标准化，核心元件具有普适性和通用性。iGEM Registry 中生物积块的标准化体现在每一个 DNA 模块的结构上：除了本身的功能序列以外，它们都具有相同的前缀和后缀，每一个生物积块的前缀中都包括 EcoR I 和 Xba I 两个酶切位点，后缀中包括 Spe I 和 Pst I 两个酶切位点，并且经过特殊的遗传工程手段处理，确保真正的编码序列中不含有这四个酶切位点。生物积块被克隆在 iGEM 组委会提供的质粒上，按照自己的需要，可以设计并进行剪切和拼接[10]。图 2.1 为生物积块的物理结构示意图。

有了上述四个标准化的酶切位点之后，需要组装的部件可以分为插入片段和载体两部

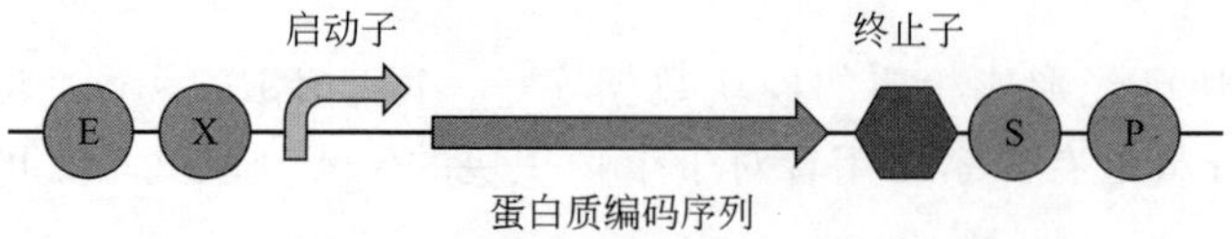

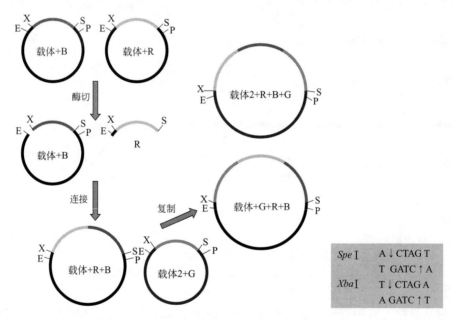

启动子
终止子
E
X
S
P
蛋白质编码序列

图 2.1　生物积块的物理结构示意图（E：*Eco*RⅠ，X：*Xba* Ⅰ，S：*Spe* Ⅰ，P：*Pst* Ⅰ）

分。插入片段由限制性核酸内切酶处理以后可以从载体上切割出来，通过琼脂糖凝胶电泳分离回收后可得到纯度足够高的插入片段。

以下具体介绍连接方法[11]。当需要将目的片段 R 插入到目的片段 B 的左侧时（如图 2.2），首先将两个质粒分别用 *Eco*RⅠ/*Spe* Ⅰ、*Eco*RⅠ/*Xba* Ⅰ酶切开，由于片段 B0034 上的 *Spe* Ⅰ和片段 C0010 上的 *Xba* Ⅰ是同尾酶，因此酶切后留下相同的黏性末端，当酶切后的 R 片段插入酶切后的含 B 片段的载体时，*Eco*RⅠ酶切后的黏性末端仍然融合成新的 *Eco*RⅠ位点，*Spe* Ⅰ和 *Xba* Ⅰ酶切后的黏性末端融合后的序列不能被 *Spe* Ⅰ或 *Xba* Ⅰ识别；得到片段 R 以及仍旧连在质粒上的 B 部件，通过凝胶电泳将两部分提纯，再借助相关的 DNA 连接酶将两个部分连接起来，同时又保证了连接后组装片段的前缀和后缀都保持不变，新片段仍然具有生物积块的标准化酶切位点，可以通过相同策略进行下一轮片段的组装。

载体+B
载体+R
酶切
载体+B
R
连接
载体+R+B
载体2+G
复制
载体2+R+B+G
载体+G+R+B
Spe Ⅰ　A ↓ CTAG T
T GATC ↑ A
Xba Ⅰ　T ↓ CTAG A
A GATC ↑ T

图 2.2　生物积块的标准化连接方法[12]

由此可见，只要按照标准化的操作，即可保证连接后的生物积块仍然具有相同的 4 个标准酶切位点。可以用同样的方法与其他标准片段连接。如此循环往复，即可由简单到复杂，逐层构建更加复杂的生物系统。

2.2.3　生物积块标准的定量机制

标准化的功能模块可以作为基因功能的承载硬件，而标准化的系统量化平台和抽象的概念信号则可以作为承载功能的软件。iGEM Registry 也提供了衡量和代表输入输出信号的标准——PoPS 和 RIPS。

PoPS（RNA polymerase per second，RNA 聚合酶每秒）用于衡量基因的被转录水平，

对于每个 DNA 拷贝来讲 RNA 聚合酶分子每秒通过 DNA 分子上某一点的数量即为 PoPS[12]。从某种意义上讲，PoPS 类似于流经电线特定位置的电流流量。这个度量单位有时也被称为 PAR（polymerase arrival rate），即每秒到达某一特定 DNA 位点的 RNA 聚合酶的数量。

在上述的各种生物元件中，启动子可以看作是 PoPS 源（类似于电路中的电流源——电池），产生 PoPS 的稳定输出，但是没有输入。终止子相当于 PoPS 接收器或者接地的装置，即以 PoPS 作为输入，但没有输出。

基于 PoPS 的转换器（inverter）通常包含一个 RBS、阻遏蛋白（repressor protein）编码区域、终止子和同源启动子。此时高水平的 PoPS 输入会导致阻遏蛋白表达并与启动子结合，产生低水平输出信号；相反，低水平的 PoPS 输入时无阻遏蛋白表达，启动子被启动产生 PoPS。RBS 的作用相当于导线，允许 PoPS 信号通过。类似的，编码区域也是导线，但却具有一定的阻抗，即其输出的 PoPS 小于它的输入，可以看作是电路中的电阻元件。

PoPS 只是一个转录水平上通用的信号载体，其提出的初衷是为了提供一个标准的衡量单位和信号描述方式，方便对基因线路规范化的表述。但 PoPS 并不是一个可以广泛使用的信号。翻译水平和代谢水平的组件不涉及 RNA 聚合酶和转录过程，因此也就无法采用此种量化方法。例如，激酶处理装置就不能采用 PoPS。

需要指出的是，PoPS 并不是我们常说的转录速率。转录速率通常是与特定转录相关的参数，衡量的是单位时间内的转录量；而 PoPS 则是指 DNA 特定位点的关键转录速率。这两者在某些情况下具有相同的物理含义，例如，编码区域下游的 PoPS 值等于编码区域的转录速率；但在某些情况下含义却是不同的，如在某些特殊位点，根本不存在转录速率的说法，但 PoPS 却仍然具有一定的含义。例如，生物工程比较关心的 RNA 聚合酶通过终止子的速率（或者说是终止子下游的 PoPS）可以用 PoPS 来衡量，却无法用转录速率来衡量。

作为一个具有一定量化作用的抽象概念，PoPS 的提出具有一定的开创性，但读者应该能够认识到它的局限性。正如 D. Endy 所说，合成生物学信号的量化和度量还是一个开放的课题，有待进一步完善。目前合成生物学在基因模块定量的标准化上还远不及模块本身那么快速普遍，许多研究者正在寻找更通用、更直观的衡量方法和更直接的测量手段。

每秒核糖体启动数（ribosomal initiations per second，RIPS）则是用于衡量 mRNA 的翻译水平，对于每一个 mRNA 来讲，是指核糖体分子每秒通过 mRNA 分子上某一点的数量。

科技视野 2-1

基因线路

逻辑与存储是电子线路的两大基本功能，由此才产生了各种复杂的反应。合成生物学旨在把电子工程中的概念引入到细胞生物学中，把基因功能作为电路组件。仅细胞能执行多种逻辑功能，并具有稳定的 DNA 编码存储功能。基因线路改造生物工程的方法具有重大的潜力，将对人类日常生活的众多领域带来重大变革。

2.3　合成生物系统的层级化结构

正如前面所阐述的，合成生物系统的构建采用的是一种"自下而上"的正向工程学方法，系统的构建可分为三个基本层次，即生物元件、生物装置和生物系统。生物元件是指具有一定功能的 DNA 序列，是最简单最基本的生物积块，具有不同功能的生物元件按照一定的物理和逻辑关系相互连接组成复杂一些的生物装置，不同功能的生物装置协同运作即可构成更为复杂的生物系统。具有不同功能的生物系统彼此间互相通信、互相协调可以进一步构成更加复杂的多细胞或细胞群体生物系统。生物元件、生物装置、生物系统便构成了合成生物系统的层级化结构（图 2.3），合成生物系统的这一特点也充分体现了合成生物学工程化的本质。

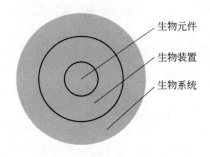

生物元件

生物装置

生物系统

图 2.3　合成生物系统层级化结构示意图

2.3.1　生物元件

生物元件作为合成生物系统中最简单、最基本的生物积块，能够通过标准化的组装方法组装成更加复杂的生物模块。

按照功能的不同可将生物元件划分为启动子、蛋白质编码基因、终止子、报告基因、引物组件、标签组件、蛋白质发生组件、转换器等类别。每一个生物元件都被赋予一个标准的编码名称，使得生物元件在具体的生物过程中所发挥的功能能够很方便地通过其名称编码被识别[13]。

（1）启动子（Promoter，P）

启动子是操纵子的一个组成部分，与 RNA 聚合酶专一性结合，决定着转录起始位置并控制着基因表达起始时间和表达强度。启动子就像"开关"，与转录因子（是指能够结合在某基因上游特异核苷酸序列上的对基因转录起调控作用的蛋白质）共同作用，对基因活动进行调节。生物细胞内含有许多启动子，比如大肠杆菌约有 2000 个启动子。根据启动子效率的不同可将其分为强启动子和弱启动子，强启动子每 2s 便可启动一次转录，而弱启动子每 10min 才启动一次转录。原核生物的启动子通常具有一些可被 RNA 聚合酶识别并结合的特定结构保守区，其序列的变化会影响对应的 RNA 聚合酶的识别能力、亲和力以及控制转录水平的能力。原核生物中常用的诱导启动子有 P_{lac}（乳糖启动子）、P_{trp}（色氨酸启动子）、P_{tac}（乳糖色氨酸复合启动子）、P_{T7}（T7 噬菌体启动子）等。真核生物启动子的转录活性除需启动子外，还需要一些其他的功能序列。

（2）核糖体结合位点（ribosome binding site，RBS）

RBS 是指 mRNA 分子中紧靠启动子下游、起始密码子 AUG 上游的一段非翻译序列，用于结合核糖体以便开始转录。原核生物的 RBS 是一段长度约为 4～9 个核苷酸，富含 G、A 的 SD 序列。SD 序列是指能与核糖体 16S rRNA 的 3′端识别，促使核糖体与 mRNA 结合，辅助启动翻译的一段序列。由于核苷酸的变化能够改变 mRNA 5′端的二级结构，从而影响核糖体 30S 亚基与 mRNA 的结合自由能，造成蛋白质合成效率的差异，因此 SD 序列的微小变化往往会导致表达效率成百上千倍的差异。

（3）终止子（terminator，T）

终止子是指位于一个基因或一个操纵子的 3′端，具有终止基因转录功能的特定核苷酸序列。按照发挥作用时是否需要蛋白质因子的辅助可以将终止子分为两类：一类为不依赖 ρ 因子的终止子，这类终止子一般都有一段富含 GC 的反向重复序列，其后跟随一段富含 AT 的序列，因而转录生成的 mRNA 序列中能生成发夹式结构，以及一段寡聚 U 序列。这种二级结构阻止了 RNA 聚合酶继续沿 DNA 移动，并使聚合酶从 DNA 链上脱落下来，终止转录。另一类是依赖 ρ 因子的终止子，这类终止子通常需要 ρ 因子的协同作用或是受 ρ 因子的影响来终止转录，终止子前无寡聚 U 序列，回文对称区不富含 GC。不同终止子对于基因转录的终止作用不同，有的终止子几乎可以完全停止转录，有的则是部分终止转录，还有一部分 RNA 聚合酶越过这类终止序列继续沿 DNA 移动并转录。在合成生物系统中，构建表达载体时，为了稳定载体系统，防止克隆基因外源表达干扰载体的稳定性，一般都在多克隆位点下游插入一段很强的转录终止子。

（4）操纵子（operon）

操纵子是细菌的基因表达调节装置，由启动子、其他顺式作用元件以及多个基因串联组成，同时有反式作用因子进行调节。操纵子一般由 2 个以上的编码序列、启动序列、操纵序列以及其他调节序列在基因组中成簇串联组成。

在基本部件中，被调控基因的激活或者抑制通常是通过转录调控因子与启动子操纵位点的直接作用实现的。目前合成生物学的早期研究主要依赖于这些转录单元作为复杂人工路线的"积块"。

2.3.2　生物装置

在合成生物系统的设计中，可以通过组合具有生物学功能的基本设计单元生物元件设计更复杂的生物装置。生物装置是指一组或多种生化反应，包括转录、翻译、蛋白质磷酸化、变构调节、配体/受体结合以及酶反应等。一些生物装置可以包括许多不同的反应物和产物（例如，转录装置包括调节基因、转录因子、启动子位点和 RNA 聚合酶）或非常少的反应物和产物（例如蛋白质磷酸化装置包括激酶和底物）。不同生物装置的特性决定了自身的优点和局限性。特定的生物装置类型可能更适合于特定时间和空间尺度的生命活动。尽管生物化学反应的多样性使得生物装置的设计存在一定的困难，但是生物装置是构建具有丰富功能的复杂系统的基础[3]。

利用 iGEM Registry 提供的标准化系统量化方法，我们可以将一些生物装置（具有一定生物学功能，并且能够被外源物质所控制的一串 DNA 序列）进行标准化抽提，描述成如下形式：

① 报告基因（reporter gene）是指使得产物易于被检出的基因，在分子生物学试验中用于替换天然基因，以检验其启动子及调节因子的结构组成和效率。常用的报告基因是各种荧光蛋白编码基因，如 *gfp*（绿色荧光蛋白基因）等。

② 转化器（inverter）是指一种遗传装置，它在接收某种信号时停止下游基因的转录，

而未接收到信号时开启下游基因的转录。

③ 信号转导装置（signal transduction）是指环境与细胞之间或者邻近的细胞与细胞之间接收信号的传递信号的装置。

④ 蛋白质生成装置（protein generator）是指能产生一定蛋白质的装置。

目前已经工程化的生物装置还有很多，如控制基因表达的各种开关、模拟工作逻辑门功能的生物装置等。

这些具有不同功能的生物装置可用来构建具有特定功能的更复杂的基因线路，比如利用核糖核酸开关（riboswitch）。核糖核酸开关是一种天然存在于基因 mRNA 非编码区域（UTR）的调控元件，能够响应单磷酸腺苷环二聚体、单磷酸鸟苷环二聚体等小分子代谢物。核糖核酸开关与小分子代谢物结合后会引起 mRNA 二级结构的改变，从而开启或关闭基因的表达，实现对基因转录后水平的调控。例如利用生物装置构建的核糖核酸开关可以响应甘氨酸信号，从而实现 gcvT 基因表达的开启或关闭，如图 2.4 所示。当没有信号分子存时，mRNA 编码区形成一种特定的二级结构，开关处于关闭状态，阻碍了翻译的进行；而当小分子信号出现并与核糖核酸开关结合时，核糖核酸开关开启，mRNA 编码区二级结构打开，启动基因翻译。除上述基因线路外，还有一些更加复杂的基因线路，如双稳态开关、压缩振荡子等。

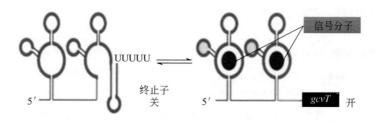

图 2.4　响应甘氨酸的核糖核酸开关示意图

2.3.3　生物系统

生物系统是具有互连功能的可执行复杂任务的一组生物装置。将生物装置以串联、反馈或者前馈等形式连接组成更加复杂的级联线路或者调控网络，即所谓的生物系统。自然生物系统中的调控级联路线是非常普遍的，如转录调节网络、蛋白质信号通路和代谢网络。在活体细胞中，许多信号转导和蛋白激酶通路通过级联过程来调控其活性。例如，在果蝇和海胆等多细胞生物体中，许多时间顺序事件通常都由级联过程来调控。同时，级联线路具有许多非常重要的特点，最常见的由蛋白质控制的级联可以响应非常小的输入信号而输出由高到低或由低到高的信号，超敏感性基因线路对诱导物浓度在一个很窄的范围内的变化具有快速响应能力，即使是微弱的输入信号，一旦达到阈值即可快速激活遗传线路，其响应曲线非常类似于典型的阶跃响应，具有广泛的应用价值。

在各种级联路线和调控网络中，转录调控网络是迄今为止最易于实施并且表征最彻底的系统，这种级联路线存在于原核生物和真核生物中。核苷酸序列直接决定了相互作用的特异性，因此，相对来说控制转录和翻译以生产目的输出的装置，其搭建都比较容易且具有一定的柔性。转录控制系统具有很多其他有用的特性，包括信号放大，多个转录因子的组合控制，多个下游靶点的控制，噪声的传播、放大和衰减，以及内外因素对于表型变化的控制等。对于不同长度级联路线的研究表明，在某种条件下，增加级联路线的层次深度能够增加响应的敏感性，使其输入/输出关系更加接近离散特性；同时，响应的延迟性也由线路的层次深度决定，长的级联能够起到低通滤波器的作用，对于输入噪声具有一定的鲁棒性。一般来讲，真核细胞级联线路通常长于原核细胞的级联线路。

　　然而，仅仅合成一种蛋白质也需要通过转录翻译的大量生化反应实现；而获得能够检测的输出变化，则需要很多蛋白质合成反应的发生。因此，这些装置和系统在实现其功能时需要消耗大量的细胞资源，其衡量时间是以分钟或小时为尺度的，相比于翻译水平的 RNA 调控和蛋白质水平调控，基因路线转录输出的变化相对比较缓慢。

　　近年来，DNA 重组技术的发展大大推动了合成基因组的研究，为构建完全人造生物系统提供了可靠的方法。相比于对多种生物装置在现有底盘细胞上进行组装，在基因组层面构建合成生物系统具有一定的优势。基因组合成技术的发展甚至可以使我们对想要的功能和途径进行选择和删减，从而获得更理想化的底盘（chassis），使新生物系统的合成更加简单，减少进化负担。该系统将允许合成生物学家插入任何想要的生物装置，并实现装置功能的可扩展性。病毒基因组是最简单的已知基因组并且已经被成功构建且验证有效。除病毒之外，合成生物学家已经得到的生殖器支原体最小基因组可产生用作合成基因网络的理想生物体。到 2017 年为止，天津大学等机构的科研人员成功合成了 7 条酿酒酵母染色体及其衍生物，使得基因组合成技术在真核生物中的研究取得突破性的进展[14]。基因组合成将使得合成生物学家可以制造更加紧凑的底盘细胞，为插入新装置创建最简单易行的环境。但是使用简化的基因组可能不会产生以精确和可靠的方式运行的通用生物体，尽管构建最小基因组的诱惑力很强，但是较不紧凑的基因组可能更有利。这就好比一个操作系统，运行快的紧凑型操作系统可能只有几个应用程序和软件库，而较慢的庞大的操作系统可能有许多软件库和应用程序，但是冗余的机制提供了更多的可靠性。无论使用哪个操作系统，软件无法在没有电脑的情况下运行。因此合成生物学的设计对象不仅仅是装置和系统，而是将系统嵌入到主机单元中，其中设计用于执行任务的复杂生物系统应该是细胞，实际上不仅仅是一个细胞，而是细胞群体[15]。

2.3.4　多细胞交互与群体感应

　　对于合成生物系统而言，合成具有特定功能的单个单元，甚至大量完全独立的单元都难以获得具有完整功能的生物系统。由于基因表达和其他细胞功能中存在内源和外源环境噪声的影响，即使基因型完全相同，细胞的群体也可能表现异常，出现表型异质性。也就是说，在细胞群体中，即使完全相同的非通信单元的行为也不会相同，更不用说协调一致。而在多个细胞之间构建人造细胞通信系统，实现多细胞的交互，可以提高生物系统的功能性，并且可以克服单一个体的可靠性的缺陷。

　　利用通过细胞间通信协调彼此的群体感应（quorum sensing，QS）行为是目前工程化细胞群体的主要手段。

　　基于细胞群密度波动的基因表达调控被称为群体感应。在群体感应系统中，细菌产生并向环境中释放一种被称为自诱导剂（autoinducer，AI）的化学信号分子，其浓度随细胞密度的增加而增加。细菌能够感受不同浓度自诱导剂信号分子的刺激而改变基因表达模式。革兰氏阳性和革兰氏阴性细菌使用群体感应通路来调节各种各样的生理活动，比如共生、毒力的产生、抗生素的生产、运动、孢子形成以及生物膜形成等。通常情况下，革兰氏阴性细菌使用酰化高丝氨酸内酯作为自身诱导剂，而革兰氏阳性菌使用经过加工的寡肽作为诱导信号。细菌在种内和种间都能进行自诱导剂介导的群体感应，此外，细菌自诱导剂也能够引起宿主的生物特异性反应。一般来讲，在群体感应中，信号分子的性质、信号终止机制以及由细菌群体感应系统控制的靶基因不同，但在任何情况下，彼此通信的能力使细菌能够协调基因表达，从而协调细菌群体的基因表达。这个过程赋予了细菌一些高等生物的品质，因此，细菌群体感应系统的发展可能是多细胞发育的早期步骤之一。

群体感应现象最早在海洋细菌费氏弧菌（*Vibrio fischeri*）中发现（图 2.5）。*Vibrio fischeri* 寄生在夏威夷鱿鱼的发光器官中。在这种器官中，丰富的营养使细菌可以高密度生长，并诱导生物发光所需的基因表达，鱿鱼则使用细菌提供的光进行反照，以掩盖其阴影并避免捕食。在 *Vibrio fischeri* 中存在两种蛋白质 LuxI 和 LuxR，这两种蛋白质控制着产生光所需的荧光素酶操纵子（LuxICDABE）的表达。LuxI 是自动诱导剂合成酶，合成酰基高丝氨酸内酯（AHL）自动诱导剂 3OC6-高丝氨酸内酯。LuxR 是细胞质自动诱导剂受体/DNA 结合转录激活因子。AHL 生成后便自由扩散进出细胞，随着细胞密度的增加而增加浓度，信号达到临界阈值浓度时，AHL 与 LuxR 结合，激活荧光素酶的操纵子的转录。另外，LuxR-AHL 复合物也诱导 *luxI* 的表达，因为它存在于荧光素酶操纵子中。这种监管配置使环境中充满信号分子，产生了一个正反馈回路，使整个细菌群体进入"群体感应模式"并产生光[16]。

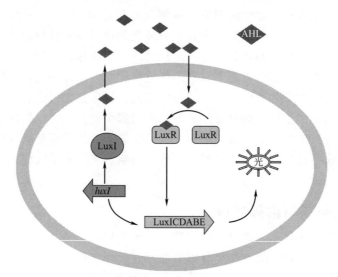

图 2.5　*Vibrio fischeri* 群体感应示意图

群体感应可以作为一种依赖细胞浓度调控基因表达的有效手段。将费氏弧菌中响应群体感应的基因分别植入独立的发生细胞和接收细胞中，可以通过 LuxR、AHL 信号分子的作用实现细胞群体间的通信和协作。除了在遗传背景比较清晰的大肠杆菌中构建群体感应机制获得目的功能外，研究人员也通过在酿酒酵母中构建人工群体感应系统而将该系统的应用扩展到了真核细胞中。

2.4　合成生物系统的逻辑结构

合成生物学一个重要目的是通过合理设计基因线路来揭示天然生物系统的设计原则。根据合成生物学的性质，我们重点关注生物系统的工程化过程，即合成启动子-控制细胞-细胞间相互作用。模块化设计是合成生物学的重要方法，小到 DNA 片段，大到调控网络均有其内在的逻辑结构（逻辑结构一词来源于计算机网络，指网络中各个站点相互连接的形式，即文件服务器、工作站和电缆等的连接形式）。

　　与计算机网络类似，基因线路的调控网络基元（motif）和基础基因线路作为简单的调节单元，可以借鉴计算机逻辑结构中的前馈、反馈等，经过合理组合，连接成功能性基因线路，进而形成基因网络乃至生物系统。基元是转录因子和靶基因之间相互调控关系的特定小规模组合，通常由一组基因及其调节元件按照一定的拓扑结构构成。基础基因线路（elementary gene circuit）中基因的表达受单一的转录因子调节并在特定条件下对一种信号分子作出反应。

　　下面主要以原核生物转录水平的调节为主介绍合成生物系统的逻辑结构。

2.4.1　合成生物系统的基本逻辑结构

2.4.1.1　串联结构与并联结构

　　串联与并联的概念最早来自电路串联，即把元件逐个顺次连接起来组成线路，其上游模块的输出信号可以作为下游模块的输入信号。对于生物模块来讲，信号可以是蛋白质、RNA 及其他小分子。并联可以简单理解为多个串联结构的并行，并联的基因元件间有一条以上的相互独立通路（图 2.6）。

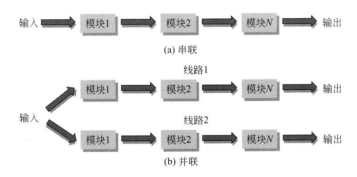

图 2.6　串联与并联结构示意图

2.4.1.2　单输入结构

　　基因调控网络虽然得到了人们的广泛研究，但在很多生物中还是一个黑盒子。控制论中的输入-输出控制有助于对基因调控网络的理解。通过输入-输出信号可以反演出网络结构，即基因调控网络的重构[17]。细胞可以看作是一个典型的输入-输出通信系统。基因调控网络是该通信系统的重要组成部分。基因调控网络系统的输入包括物理输入和化学输入。

　　基因线路的信号输入可以分为单输入（single input）结构和多输入（multi input）结构。单输入结构中，只有一个主模块作为下一层模块的输入（图 2.7）。

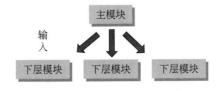

图 2.7　单输入结构示意图

单输入结构在原核生物的基元（motif）中很常见，其功能主要是实现一组基因的共表达或模块的时序表达。模块的时序表达是通过主模块作为激活因子激活下一层启动子模块，由于不同启动子激活阈值不同，导致阈值最低的启动子先启动，阈值最高的最后启动。

以大肠杆菌中精氨酸的合成为例，系统中的阻遏蛋白 ArgR 调控系统中多个酶的操纵子（图 2.8）。当细胞内缺乏精氨酸时，ArgR 对 argA、argCBH、argD 和 argE 的阻遏均解除，开启精氨酸的合成。启动子 argA、argCBH、argD 和 argE 依次上调，这与其对应的基因将谷氨酸转化成鸟氨酸的顺序一致[18]。

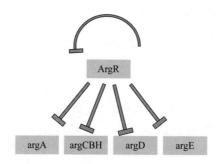

图 2.8　E. coli 精氨酸合成系统中单输入结构

2.4.1.3　多输入结构

多输入结构也称为密集交盖调节网（dense overlapping regulons，DOR），这种结构与单输入结构最大的不同在于一组调控因子共同控制一组基因。DOR 结构在原核生物和真核生物中常见，多与碳代谢、厌氧环境生长及胁迫响应等相关。

从图 2.9 可以看出，多输入结构可以看做逻辑门阵列，多个输入进行组合运算后控制下游模块。由于转录网络、代谢网络等不同水平的调控相互影响，导致目前大部分转录水平的多输入结构具体功能细节还不是很清楚，转录网络、代谢网络等不同水平的调控会相互影响，因而很难确定每个多输入模块的规模。

图 2.9　多输入结构示意图

单输入与多输入结构在合成生物学中多应用于生物传感器的设计。新型生物传感器包含 RNA 传感器和蛋白质传感器，这些生物传感器可用于优化整个代谢通路和基因簇，还可以与基因线路整合，以扩大输入的复杂性，同时连接所需输出[19]。复杂基因线路可以通过两种方式提高筛选和选择能力：①一个单输入可以连接到多个输出（图 2.10），在这种情况下目标性状可能触发级联调控网络，重新连接到有目标表型的细胞，最终进行筛选或选择；②多输入可以通过逻辑门连接到一个单输出上（图 2.11），增加特异性表型的筛选[20]。

Hoynes-O'Connor 等用 RNA 热敏元件构建三输入的基因线路，创建了可触发 GFP 表达的热敏传感器[21]（图 2.12）。

Wendell A. Lim 等使用多输入结构，通过构建被 Cas9 蛋白诱导的同时编码目标位点和

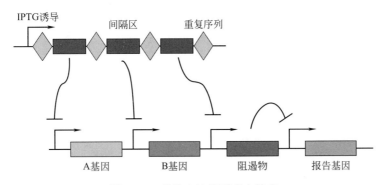

图 2.10　单输入连接到多个输出

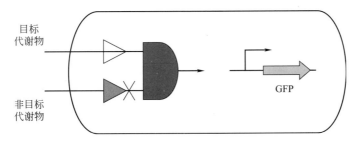

图 2.11　多输入连接到单输出

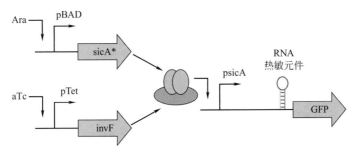

图 2.12　多输入热敏传感器[22]

调控的 RNA 支架，在酵母体内实现了代谢网络中目标代谢途径的多基因激活，同时抑制了其他一些支路基因[22]。这种 RNA 支架的应用对于复杂代谢网络中代谢的调控和重构起到巨大的促进作用（图 2.13）。

2.4.1.4　前馈结构

前馈控制也称预先控制或提前控制。前馈控制的基本原理是测取进入过程的扰动量（包括外界扰动和设定值的变化），并按照其信号产生合适的控制作用去改变控制量，使被控制的变量维持在设定值上。前馈控制是在偏差出现之前就采取控制措施。前馈控制的示意图如图 2.14 所示。

前馈控制与反馈控制有几点不同。前馈控制的特点是在干扰信号进入系统后分成干扰通路和补偿通路这两条不同途径影响最终变量。从定义来说，单纯前馈结构中信号的传递并未形成一个闭合的回路，因此，前馈控制属于开环控制。前馈控制在偏差出现之前就采取控制措施，而反馈控制则是在偏差出现之后。前馈控制将干扰测量出来并直接引入调节装置，对于干扰的克服比反馈控制及时。

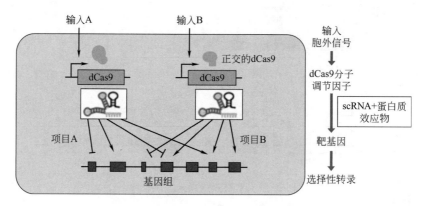

图 2.13　RNA 支架[23]

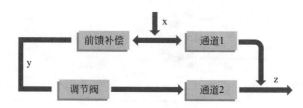

图 2.14　控制论中前馈控制结构

前馈控制在生物学中比较常见，条件反射活动就是一种前馈控制系统活动。基因线路利用前馈来表示上游基因通过两条不同的途径影响下游基因的表达。根据这两条途径对最终基因的影响效果是否一致，可以将前馈分为一致前馈（coherent feedforward）和不一致前馈（incoherent feedforward）（图 2.15）。一致前馈模块直接和间接调节途径对输入模块的作用相同，不一致前馈则相反。

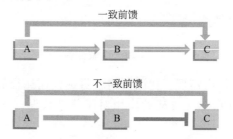

图 2.15　一致前馈和不一致前馈

前馈是最显著的基元。以最简单的前馈为例（三个基因构成），基因 C 同时受到基因 A 和 B 的调控。根据基因 A、B、C 之间彼此促进的抑制关系的不同，三个基因组成的前馈共分为 8 种构型（表 2.2）。

表 2.2　前馈的 8 种构型

类别		A-B	A-C	B-C
一致前馈	C1	+	+	+
	C2	−	−	+
	C3	+	−	−
	C4	−	+	−

续表

类别		A-B	A-C	B-C
不一致前馈	I1	+	+	−
	I2	−	−	−
	I3	+	−	+
	I4	−	+	+

注："+"代表促进，"−"代表抑制。

Alon 等比较了 8 种前馈环构型对阶跃输入信号的响应，发现不一致前馈环可以加速系统对信号的响应，而一致前馈环可以减缓系统对信号的响应。这些理论上的功能研究在实际生物实验上得到了验证[23]。Goentoro 等发现了 I1 前馈环路具有一种有趣的功能，称为倍变探测（foldchange detection），经常出现在感官系统中，如听觉、嗅觉、味觉、触觉等，信号输出的改变只与输入的改变幅度有关，而与绝对值大小没有关系[24]。

Zhou 使用前馈结构在细菌内构建了基因回路，使细菌群体能同步周期性合成药物，并以裂解方式释放药物[25]（图 2.16）。

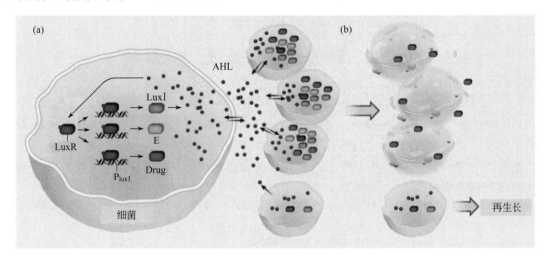

图 2.16　细菌群体能同步周期性合成药物及释放药物[26]
（a）AHL 与其受体蛋白质 LuxR 的结合导致启动子 P_{luxI} 的激活；（b）细菌同步裂解，释放药物，生存下来的少数细菌进入下一个周期[25]

2.4.1.5　反馈结构

反馈又称回馈，是控制理论中最重要的概念之一。反馈是指系统的信号输出会反过来影响系统的输入，并进一步影响自身的一种控制机制。输出对输入的影响可能会导致最终输出的降低，这称为负反馈。而当输出对输入的影响导致最终输出增加时，即为正反馈。反馈的正负特点由具体的网络动力学特性决定。以基因的调节为例，正反馈调节的作用是增强目标基因的表达，而负反馈的作用是减弱目标基因的表达（图 2.17）。

负反馈网络结构单元在原核及真核细胞中广泛存在，具有重要的生物学功能。近年来，研究人员通过学习人造工程系统的设计，在细胞内构建人工负反馈基因回路并研究其动力学过程，逐步揭示了负反馈这一网络结构单元的重要生物学功能。Becskei 和 Serrano 通过在大肠杆菌中构建四环素抑制子 TetR 介导的转录负反馈基因线路，发现负反馈可以显著减少

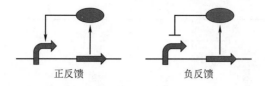

图 2.17　反馈结构

由细胞内生化反应随机性导致的基因表达噪声[26]。正反馈调节系统可用于构建生物"放大器"。美国 UIUC 的 Goutam Nistala 等使用 P_{luxI} 启动子和 LuxRΔ2-162 构建了"放大器"，在这个系统中 LuxRΔ2-162 能激活 P_{luxI} 启动子，是正反馈信号[26]。研究人员通过单组分的四环素和双组分的天冬氨酸两种感知系统，检测了"放大器"的效果，证明其对四环素信号和天冬氨酸信号的放大效果都很明显。"放大器"可以提高对诱导信号的敏感度，也有利于提高输出基因的表达量，可以用于构建更复杂的合成基因线路[25]（图 2.18）。

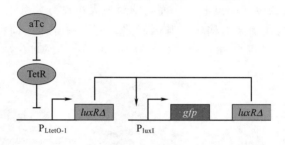

图 2.18　生物"放大器"

　　Liu 等开发了基于丙二酰辅酶 A 传感器的负反馈调节基因线路。过表达乙酰辅酶 A 羧化酶可以提高脂肪酸的产量，但是造成细胞生长减慢。此负反馈调节基因线路可根据细胞内丙二酰辅酶 A 的量上调或下调乙酰 CoA 羧化酶的表达水平，有效地缓解了乙酰辅酶 A 羧化酶过表达造成的细胞毒性[27]（图 2.19）。

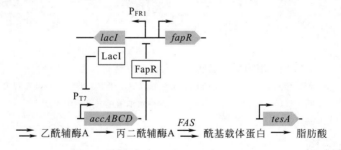

图 2.19　基于丙二酰辅酶 A 传感器的负反馈调节基因线路

2.4.2　合成生物系统的组合逻辑结构

　　将上述基本逻辑结构进行合理组合，设计基因线路，可以实现细胞内复杂代谢调控，其中，比较典型的有如下几种。

2.4.2.1　前馈-反馈结构

　　前馈-反馈结构可以在一个基因线路中同时使用，用于中间产物的调节或基因线路噪声的降低。

　　Ma 等利用 miRNA 控制由 TALE 转录抑制子构建的双稳态开关以表达不同类型 dCas9，

最终在癌细胞中激活靶向基因，但在正常细胞中则关闭该基因，实现了特异性治疗的目标。该工作使双稳态开关在 miRNA 控制范围下可操控的基因种类更多，但是随着多一级的转录调控增加，该基因线路的噪声也随之被放大，Ma 等也提出了解决策略，如利用 miRNA 进行前馈调节[28]（图 2.20）。

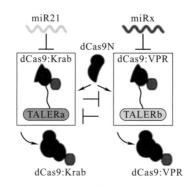

图 2.20　基于 TALE 转录抑制子构建双稳态开关[29]

2.4.2.2　多层反馈结构

正反馈或负反馈在生物的各种调控中发挥着重要的作用，但往往不是以单一的正、负反馈形式出现。生物系统中的基因调控往往是多层正反馈、多层负反馈或者正、负反馈交叉耦合的。例如，酵母菌半乳糖网络信号转导、果蝇生物钟的昼夜节律等的调节环路都是正负反馈环路，而酿酒酵母半乳糖调节则是由多层正反馈机制构成。

Brandman 等研究了双重正反馈环路，该反馈环路具有一个快环和一个慢环，在研究中发现，两个快慢正反馈环路的交叉耦合使生物系统对输入信号有了更快的响应。Zhang 等对类似的环路在双稳机制下的优越性进行了探讨[29,30]。

2.4.2.3　反馈-单输入结构

反馈-单输入结构是基因线路中的常用结构。例如，Gupta 等利用改造后的 *E.coli* 靶向消灭绿脓杆菌（*Pseudomonas aeruginosa*）[31]。研究者利用绿脓杆菌分泌的 AHL 作为单输入信号，当 AHL 达到一定浓度便会启动 *E.coli* 表达对绿脓杆菌具有特异性杀伤作用的 CoPy 蛋白质，从而达到抑制绿脓杆菌生长的目的［图 2.21（a）］。在此基础上，Hwang 等在大肠杆菌内部添加了动力马达，当被改造后的大肠杆菌感知到 AHL 时，便会开启 CheZ 蛋白表达，使大肠杆菌游向绿脓杆菌，同时分泌抗生物膜蛋白质与抗菌多肽杀灭绿脓杆菌[32]［图 2.21（b）］。

除了上述组合逻辑结构外，还有很多其他的组合结构，在这里就不一一介绍。理论上，任何人工的生物调控机制均可以通过上述逻辑结构的合理组合来实现。

2.4.3　合成生物系统逻辑结构分析的重要性

合成生物系统的逻辑结构把系统分成若干个逻辑单元，分别实现自己的功能。合成生物系统逻辑结构的分析对其进一步的开发具有重要作用。在自然生物系统中，某些普遍存在的系统性基因网络结构可能具有进化优势而得以在漫长的自然进化过程中被保留和扩散。这些系统网络结构可以被视为一种生命的"设计原则"。了解这样的"设计原则"不仅有助于人们建造人工生物系统，也有助于生物学家更加深刻地理解生命的本质。

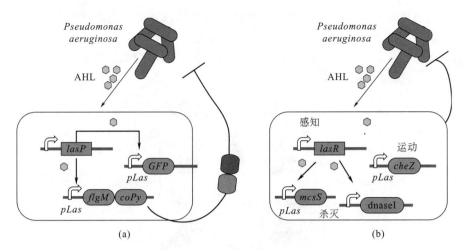

图 2.21　*E. coli* 靶向杀灭绿脓杆菌[31,32]

近年来，控制论的基本思想与方法逐步渗透到合成生物系统逻辑结构分析中。通过对基因线路进行结构设计，研究者可以筛选出对参数不敏感的基因网络拓扑，使合成基因线路在外源噪声干扰下依然能稳定工作。对基因网络的拓扑结构进行重构，可以有效地降低表达过程中个体间的差异。此外，有研究指出，通过对简单的生化反应进行组合，可在一定程度上实现滤波器的功能；基于这一现象提出的滤波器的优化设计理论，可以对系统内部的噪声性质进行大概估计，应用于指导合成基因线路的设计，提高基因线路的鲁棒性。利用控制理论对现有的知识充分理解，抽象出一定的设计原则，同时拓展新的建模方法，可以在一定程度上缩小备选解的范围，提高设计效率。

在面临发展机遇的同时，来源于生命科学的控制问题也为我们提出了新的机遇与挑战。合成生物系统逻辑结构分析对生命科学中困扰人类的基本问题，如延长寿命，治愈癌症、糖尿病等顽疾有着非常重要的现实意义。

2.5　合成生物系统定量研究方法

合成生物学是一个新兴领域，它致力于通过整合分子生物学和工程学的方法建立越来越复杂的生物网络。该领域的发展得到了合成遗传和蛋白质网络设计与建设的进一步支持，这使得组装模块化组件以获得新颖的生物学功能成为可能。此外，这些合成网络也产生了一些功能，有助于研究自然发生网络中的相互作用和现象。将具有良好表征的生物逻辑组件集成到高阶网络中，用计算建模方法来合理构建期望的系统。提高计算方法，使之具有不依赖机制的可预测性，否则将难以通过实验来推断。对于合成遗传和蛋白质网络的系统层面而言，定性和定量模型的分析和解释也变得越来越重要。本节通过图形或示意图的方式概述合成生物学设计中的计算方法，使用组件、工具、软件，尤其通过所涉及的计算模型来实现对合成生物系统的定量研究。

2.5.1　合成生物学设计方法概述

分子是生物系统的基本单位，其中最重要的是核酸（DNA/RNA）、蛋白质、碳水化合物、脂类、维生素和矿物质、水和离子。合成生物学是生物科学与工程科学相结合的一个分支学科，分享了生物学和工程学的思想、原理、概念、工具、特点和目标。它涉及分析、调查、估计自然发生系统中的基因与蛋白质之间的动态相互作用[33]。合成生物学的一般流程如图 2.22 所示，而分子模拟和计算方法是数学概念在自然生物系统中的应用，利用算法、统计学结合生物学来研究合成生物学的产物，一般的计算分析类型如图 2.23 所示。

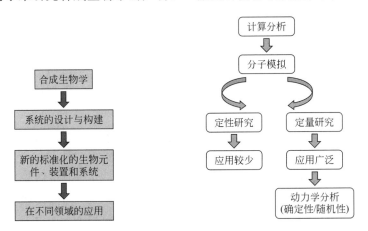

图 2.22　合成生物学一般流程　　　　图 2.23　合成生物学一般计算分析类型

对于合成生物学设计中用到的组件（building block），其计算方法和电路工程类比，采用"自下而上"法对生物复合材料进行设计。合成生物产品设计的各个步骤如图 2.24 所示。合成生物产品可由细菌、酵母和哺乳动物细胞产生，因此，它适用于简单和复杂的生物体。对于构建好的模型来构建组件，需要振荡器（oscillator）、开关（switches）、逻辑门（logical gates）和比较器（comparators）。除了组件之间逻辑关系的算法之外，最终的基因产物或分子需要启动子序列、操作序列、核糖体结合位点、终止位点、报告蛋白、激活蛋白和阻遏蛋白。其中一个最常见的合成生物学结构的例子为，通过四环素控制转录和翻译过程，四环素存在的情况下蛋白质的合成处于关闭状态（off-state），在没有四环素的情况下处于打开状态（on-state）。

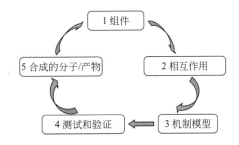

图 2.24　合成生物产品设计的各个步骤

2.5.2　合成生物学计算模型概述

数学建模在连接概念与基因线路实现中扮演着不可或缺的角色。本小节主要概述与合成生物学有关的数学建模的概念和方法，包括模型的假设、模型的框架类型（确定性数学模型和随机数学模型）、模型中的参数、建模作为表型分析、建模标准与软件等内容，后面通过实例向大家说明几种建模方法。

2.5.2.1　模型的假设

尽管在生物分子的结构和功能以及细胞机制方面我们知道很多信息，但生物系统还是很难实现建模和模拟，这是由于生物系统在不同尺度上表现出复杂性。首先是高度复杂的代谢物、代谢通量、蛋白质、RNA 和基因网络，此外，它们的互连可以构成在不同时间尺度上的信息反馈或前馈回路。其次，生物系统对随时间变化的环境很敏感，如光、湿度和营养供应等。这些和其他未知的不确定因素导致"生物学错误（biological errors）"，它们与仪器或测量误差不同，通常更大。因此，生物系统很难准确地预测其输出。

然而，生物系统通常可以简化到允许用户获得对合成基因线路理解的水平。例如，Ma'ayan 等演示了如何简化单个组件的动态，其过程可能形成与系统功能有关的具有价值的信息[34]。简化模型需要做出各种假设，常用的假设是细胞内和细胞群体内的同质性。空间均匀随时间变化的系统可以通过普通微分方程（ODE）来建模。然而，特征分类随时间变化的系统，空间隔离，或细胞内梯度可能需要使用偏微分方程（PDE）。虽然解决 PDE（非均匀模型）在计算上比求解 ODE 要强得多，但可以很好地解决问题。例如，可以通过使用非均质模型来模拟可能产生细胞内梯度的两种酶的空间分离或蛋白质扩散性对酶活性影响的效应。与空间均匀性密切相关的是细胞群体均一性的假设，该假设在生物系统模型中使用非常频繁。然而，化学反应堆中异质群体的建模已经在异种细胞群体的建模中得到应用，随机模型经常使用它。除了同质性假设，大多数涉及酶动力学或转录规则的模型也假设平衡、稳态或准稳态。这样的假设可以消除模型的时间依赖性，并将 ODE 转换为更简单的代数方程。制定模型基础假设的任务是在减少系统复杂性的同时保留对于为手头应用进行可靠预测至关重要的系统特征。如果基于某些假设的模型与实验观察到的行为不一致，则必须修改假设[35]。

2.5.2.2　模型的框架类型

（1）确定性数学模型

生物系统的数学模型可以分为两大类：确定性和随机性[36]。确定性模型模拟一个真实的系统，是一个实际系统，包含数值参数的分析方程（通常为 ODEs 或 PDE）。这些方程通常是细胞物质的质量平衡，由这种模型预测的系统状态是可重现的。确定性模型通常用下面的微分方程来描述生物分子之间的相互作用或反应：

$$\mathrm{d}X/\mathrm{d}t = F(N, t; \theta) \tag{2-1}$$

式中，X 和 N 是物种浓度（可以相同）的载体；$\mathrm{d}X/\mathrm{d}t$ 是 X 的变化率；θ 是模型参数的向量（参见下面关于模型参数的部分）；$F(N, t; \theta)$ 是将变化率与浓度相关联的非线性向量函数。

关于等式(2-1)建模的系统，其动态模拟非常简单，并且将通过产生物种浓度的时间序列轨迹来揭示系统的时间依赖特性。此外，当前馈或反馈集成到其中时，模拟有助于分析整体的网络行为。

（2）随机数学模型

随机模型试图用随机相互作用的粒子或物种代表真实的系统。物种之间每个反应的速率遵循概率方程，此外，反应之间的时间也可以变化。在确定性模型中，每个交互和每个参数值是确定的。因此，这些模型预测相同的参数值集合和初始条件的系统动力学相同。然而，实际系统的特征是意想不到的和不可再现的波动。为了捕捉这些波动及其对系统行为的影响，采用随机数学模型，用随机相互作用的粒子或物种代表真实的系统。物种之间每个反应的速率遵循概率方程，反应速率由概率速率定律决定。随机模拟算法（SSAs）如 Gillespie 算法用于模拟系统的状态。

　　所以随机建模中一种方法是假设系统由随机相互作用的生物分子组成，其中分子之间的反应用概率确定的速率参数建模为泊松过程。另一种方法是将随时间变化的系统视为离散时间随机过程。这种方法使用随机变量或向量 X_n 来表示系统在几个（有限或无限）可能状态中的离散状态。系统状态越少，构建随机模型就越容易。

2.5.2.3　模型中的参数

　　任何模型都包含几个不代表系统状态的变量，但它们的值控制模型中方程的动力学。这些变量包括反应速率常数、平衡常数、扩散性和其他物理性质，这些被称为模型的"参数"，而不是"状态变量"，例如表示系统状态的物种浓度。为了从模型中做出有用的预测，必须准确地估计模型中的参数。基于物理和化学规律的机制模型包括具有物理、化学或生物学意义的参数。然而，可能在很多情况下系统没有太多的信息可用，并且构建"黑匣子"模型是唯一可用的选项。这种模型的参数不具有物理或生物学意义，但是它们的估计对于模型的成功是不可或缺的。有时，有关系统的信息可能太少了，即使是黑箱模型也是无法构建的。在这种情况下，采用逆向工程方法将可观察信息转化为参数及模型方程。这种方法包括搜索（离散）拓扑空间而不是（连续的）数值参数空间，或在已知信息很少的情况下，我们可以结合系统的拓扑和数值参数并同时搜索两种类型的参数。

2.5.2.4　建模作为表型分析

　　（1）代谢途径分析

　　用于建模代谢网络的一组功能强大的技术包括通量平衡分析（FBA）或基因组尺度的代谢网络建模和整体建模[37～39]。在 FBA 中，代谢网络用线性化学计量方程建模，受诸如细胞外通量测量和反应不可逆性等因素的限制。该模型通常通过线性优化解决，并产生稳态通量值的映射。通过代谢网络的重建，FBA 可以为选择基因缺失靶点提供重要依据。

　　另一种有价值的技术——代谢控制分析，旨在阐明代谢网络各个部分的相互依存关系。该技术的结果是诸如通量控制系数的度量，其表示由一个系统组分（例如代谢物）对另一系统组分（例如酶）施加的控制量。这种方法对于关联基因组和表型的重要问题有很大的帮助。

　　（2）转录网络分析

　　确定调节模块如何控制基因是生物学中的一个重要研究问题。因为基因线路由具有良好表征的组分组成，它们可用于研究和量化转录网络。此类研究将采用组合技术，构建由许多基因和较少数量的调节模块组成的线路。这种网络的高维输出是基因表达数据，低维调控信号（转录因子活性）的最终产物是转录模块与基因之间连接性的关系。通过分析测量的基因表达数据量化转录因子活性和连接性，使用一种或多种分析方法，包括主成分分析、奇异值分解、独立成分分析、网络组件分析或状态空间模型。网络组件分析是一种强大的方法，使用关于转录因子和基因之间的连接性知识以及基因表达数据来量化，从而推断转录因子活性和转录因子-基因连接性的关系。先验信息从数据库或实验技术获得，如 ChIP 芯片分析。

2.5.2.5　建模标准与软件

　　目前有几个标准和软件可以简化建立数学模型的过程，从而缩小模型描述与系统行为预测之间的差距。系统生物学标记语言（SBML）和合成生物开放语言（SBOL）（http：//dspace. mit. edu/handle/1721. 1/49523）是两个标准的例子。两者都用于表示模型的计算机可读格式，并促进研究人员之间和不同软件平台之间的模型共享。合成生物学实践者可以使用的几种建模软件通常以流行的计算机语言（如 C++）编写，具有用户界面，采用相对简单的方式输入信息并以图形输出建模结果，从而缓解了用户设置和求解数学方程的负担。这些软件包括 Athena（http://www.codeplex.com/athena）、BioJade（http://web.mit.edu/jagoler/www/biojade）、Gepasi（http://www.gepasi.org）、SynBioSS（http://synbioss.sourceforge.net/），其读取和写入 SBML 和 TinkerCell（http：//www.tinkercell.com/Home），它可以让用户通过自定义方案中 C 或 Python 编写纳入新功能。

2.6　合成生物系统的设计原理与简约性

2.6.1　合成生物系统的设计原理

合成生物学经常被定义为工程设计原理在生物学中的应用，威斯康星麦迪逊大学的肿瘤学家 Waclaw Szybalski 在 1974 年推广这个词时，他主要指的是今天属于遗传工程的技术。大致来说，该领域已经演变成两个组。有些人使用现有的生物模块来创建自然界中不存在的组合，例如麻省理工学院的 James Collins，他将合成生物学称为 "genetic engineering on steroids"。其他人则寻求创造非自然的生物模块来复制自然功能，如异核酸编码并传递遗传信息的 Philipp Hollinger 等[40]。

合成生物学强调 "设计" 和 "重设计"，设计、模拟和实验是合成生物学的基础。合成生物学的基本出发点之一是将复杂的生命系统拆分为各个功能元件，通过对生物元件进行标准化、模块化定义，以实现对生物元件的生物装置，直至构建一个新的生物系统。图 2.25 展示了合成生物学与传统遗传工程的区别[41]。

传统遗传工程也可以利用生物元件构建设计的工程化系统，但由于所使用的模块及其组装方式没有得到很好的定义或标准化，当组装较大的系统时往往会产生不易预计的相互作用，从而导致次优组合和不确定性结果的产生。而合成生物学开始于具有标准化接口的生物元件，有利于建立最优组合方式。因而，合成生物学建立的系统是高度可预测的，即对于单个输入只产生单一对应的输出。

合成生物系统的设计包括生物模块的设计及基因组的设计、合成与组装。

（1）生物元件标准化及生物模块的设计与构建

按照一定标准或规范设计和构建生物元件，并对其进行详尽的描述及质量控制、测试等，使其具有特征明显、功能明确且能与其他元件进行自由组装等特性，这些过程称为生物元件的标准化。在生物元件标准化的基础上，生物模块的设计与构建就容易多了。启动子和抑制子之间的相互作用与电路系统中开关和振荡器的相互作用极为相似。基于此，对标准化的生物元件进行不同层次的设计和组装，也可以产生与工程学中电路类似的系统。

生物模块的设计和构建是合成生物学思想的精髓，体现了合成生物学的工程化思想，是合成生物学的标志性内容。模块化设计具有三个特征因素，即：信息隐藏、内聚-耦合和封闭性-开放性。

信息隐藏的目的是为了避免某个模块的行为干扰到同一系统中其他模块。信息隐藏是指在设计和确定模块时，一个模块中包含的信息对其他不需要这些信息的模块来说是屏蔽的。相互独立的模块彼此间只交换为了完成系统功能所必需的信息。模块的信息隐藏可以通过接口来实现，即一个模块只提供有限的接口，作为模块与模块之间必需信息交流的媒介和通

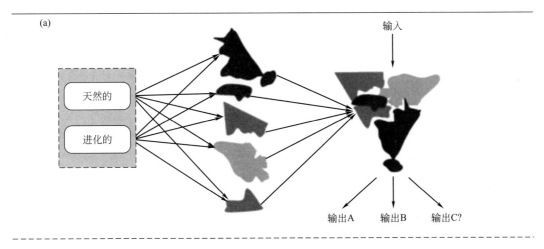

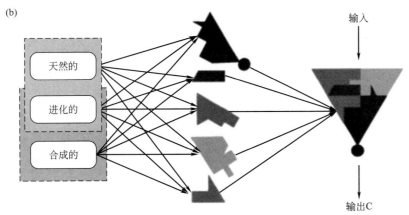

图 2.25　合成生物学遵循工程设计的原理示意图[42]

道。在合成生物学中，接口主要是指蛋白质、RNA、各种信号分子等。信息隐藏的作用是
尽量减少不必要的信号物质，或者将信号物质尽量快速降解以避免对其他模块的干扰。

　　一般来说，模块设计追求的是强内聚、弱耦合。所谓强内聚，是指模块内部组分之间的
依赖性强；而弱耦合是指模块与模块之间的依赖和相互作用弱。增强生物模块内部组分之间
的依赖性，削弱模块与模块之间的依赖性和相互作用是模块设计的标准之一。需要保留的相
互作用最好存在理论上的可预测性。合成生物学虽然具有工程化特质，但由于生物系统所特
有的自身特性，具有与其他工程领域的模块化不一样的设计。模块和宿主细胞的内在过程具
有一定的依赖性，也会约束彼此的行为。一般来讲，模块之间以及模块和宿主之间的耦合越
少，越有利于插入的模块发挥作用。

　　对于模块设计而言，封闭性是指一个模块可以作为一个独立体来应用，而开放性是指一
个模块可以被扩充。

　　封闭性-开放性看似矛盾却实际存在。例如，当我们解决一个新问题时，很难一次性完
成。应该先纵观问题的一些重要方面，但同时也应该做好之后补充的准备。因此，虽然模块
的封闭性是必需的，但保留其开放性也是合理的。在合成生物学研究中，前面所描述的生物
积块就兼具了封闭性和开放性。其中，在设计生物积块时所留的前缀和后缀就是为使其具有
开放性而做的努力。

　　（2）基因组的设计、合成与组装

合成生物学研究的本质是对基因组序列的操作。基因组测序技术的快速发展为我们深入认识生命系统，并在此基础上实现对生命体的设计提供了技术手段。DNA 合成技术则为我们在认知的基础上进行改造与人工创建奠定了基础。在这种技术手段的支持下，合成生物学家对人造生命的探索逐步前进。2002 年，第一个人类合成的病毒基因组诞生。2010 年，J. Craig Venter 研究所实现了由化学合成的基因组所控制的细菌细胞的创造。2010 年，第一个由合成基因组支持存活的原核生物诞生。2014 年，由约翰霍普金斯大学 Boeke 等领导的小组实现了首条酵母染色体（*S. cerevisiae* chromosomeⅢ）的合成。2016 年，美国学者开始策划人染色体的合成。2017 年 3 月，"Science"报道了合成酵母基因组计划（Sc2.0）中另外 5 条染色体的合成[42~46]。

科技史话 2-1

人造生命

　　人造生命是指从其他生命体中提取基因，建立新染色体。随后将其嵌入已经被剔除了遗传密码的细胞之中，最终由这些人工染色体控制这个细胞，发育变成新的生命体。2010 年 5 月 20 日，美国私立科研机构 J. Craig Venter 研究所宣布世界首例人造生命——完全由人造基因控制的单细胞支原体(*Mycoplasma mycoides*)诞生，并将"人造生命"起名为"辛西娅"。这项具有里程碑意义的实验表明，新的生命体可以在实验室里"被创造"，而不是一定要通过"进化"来完成。2017 年 3 月 10 日，国际顶级期刊"Science"以封面专刊形式同时发表了 7 篇论文，分别报到了从头设计及人工合成酿酒酵母 2 号、5 号、7 号、10 号和 12 号这 5 条染色体。人造酵母新生命的诞生，标志着合成生物学里程碑式的进展，这个领域的快速突破将对农业、医药、环境、生物制造等领域带来突破性的进展。

2.6.2　合成生物系统的简约性

　　底盘细胞是生物元件发挥作用的载体，理想的载体细胞应具有精简的基因组结构，我们称之为最小基因组。最小基因组可以降低研究问题的复杂度，提高对所设计系统的可控性和可操作性。因而，最小基因组是合成生物系统简约性的代表与体现。最小基因组主要包括几乎所有参与读取和表达遗传信息以及跨代保存遗传信息的基因。

　　最小基因组研究的核心是确定基因的必需性，保留必需基因而剔除非必需基因。根据基因必需性的信息，一方面对现有的基因组进行有目的地精简，删除非必需的基因组片段；另一方面也可以对必需基因进行重新设计、合成与组装。这两种方法是目前公认的实现最小基因组构建的两种策略。

　　人工建立最小基因组具有巨大的应用潜力。一方面，基因组越简单，用于维持自身生长繁殖所需的资源和能量越少，细菌可更为有效地合成目的产物。另一方面，由于工程菌本身的代谢物成分较为简单，目标产物如重组蛋白的分离和纯化更为容易。

　　最小基因组对于研究人造生命具有重要意义。2010 年，世界上第一个人造生命的诞生就选择了基因组非常小的支原体细胞[5]。同时，通过一系列合成生物学组装策略成功得到了一个仅仅含有 473 个基因、基因组大小为 531kb 的人工合成染色体。在这个基因组中，48％的基因与基因组信息的维持及表达有关；35％的基因与细胞膜及细胞代谢有关。简约的基因组是人造生命得以成功的关键因素之一。

体现合成生物学简约性的最小基因组有利于帮助我们更清晰地认知不同基因在生物体生命活动的作用和影响，最小基因组的研究不仅能够为所设计的模块和系统提供理想的底盘，同时为探索生命未知过程提供了重要手段。

2.7　合成新反应与网络的设计原理

合成生物学通过人工设计和编辑自然界中不存在的代谢途径与调控网络构建新的生物系统来解决能源、材料、健康和环境等问题[47]。

2.7.1　合成基因网络的工程化设计原理

对于合成代谢网络而言，在异源宿主中引入新的代谢途径，不仅需要最小化有毒中间产物的积累，还需要最大化目标产物的产量，并尽可能不影响宿主的表型。因此需要对代谢网络中的多个基因进行编辑，使多基因的表达能够协调与平衡。目前，合成生物学通过引入"设计-构建-评估-优化"的工程化设计原理，通过多轮筛选，得到最优的生产菌株[48]（图2.26）。

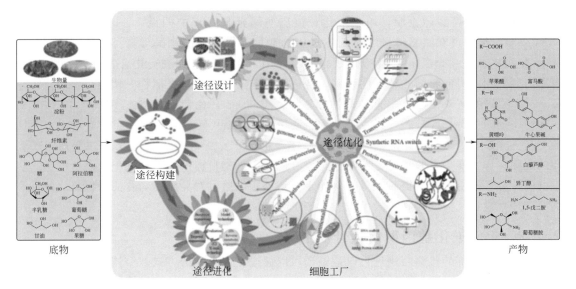

图 2.26　通过"设计-构建-评估-优化"的工程化设计原理建立代谢网络，构建细胞工厂[2]

"设计-构建-评估-优化"的工程化设计原理主要包括四个部分：①利用生物信息学方法设计合成目标化合物的代谢途径；②在宿主中构建设计好的代谢途径；③通过分析检测手段评估所构建的代谢通路中的瓶颈环节；④针对瓶颈部分进行优化，有效提高目标化合物的产量。在"设计-构建-评估-优化"的思想指导下经过多轮循环能够得到高产的工程菌株。例如，Van Dien 课题组通过对大肠杆菌的多个代谢途径进行重设计，使 1,4-丁二醇的产量得到大幅提高[49]。此外，利用"设计-构建-评估-优化"的思想还能开发多种底盘宿主用于高效生产各种化合物，包括生物质能源[3]（乙醇、脂肪酸、烷烃等）、大宗化学品[50]（二元醇、有机酸等）、药品以及保健营养品[51]（氨基酸、羟基肉桂酸、类黄酮、类异戊二烯等）。

2.7.2　新反应途径的开发

微生物被广泛用于合成多种化合物，但是有些化合物的合成途径在微生物中是不存在的，因此想要利用微生物合成这类化合物，需要开发新的反应途径。基于大数据检索、模型预测以及组学分析等手段，通过在底盘宿主中引入新的代谢途径、挖掘功能基因、改造功能基因和从头设计新酶等方式开发新的底盘宿主用于生产非天然的化合物。

随着基因组测序技术的高速发展，大量的基因组信息被公布，在此基础上可以开发基因组水平的代谢网络重构用于更好地理解复杂的代谢模型。BIGG 数据库（http：//bigg. ucsd. edu）收录了 134 个物种的代谢模型信息，其中包括 78 种微生物的代谢模型。这些代谢模型能够用于指导设计新的代谢途径，分析复杂的代谢调控网络，并有利于开发新的底盘宿主。在此基础上，发开出一系列用于预测或检索特定化合物合成途径的工具，例如：BNICE[52]、DESHARKY[53]、FMM[54]、RetroPath[55]等。针对特定的化合物，可能检索到多条代谢途径，通过将这些代谢途径整合到底盘宿主中，能够显著提高特定化合物的产量。以异戊二烯为例，自然界中存在 MVA 途径和 MEP 途径两种合成异戊二烯的途径，其中，MVA 途径存在于真核生物中，MEP 途径存在于原核生物及植物的质体中。S. Yang 课题组通过在大肠杆菌中引入本不存在的 MVA 途径，使工程菌同时具有 MVA 途径和 MEP 途径，异戊二烯的产量达到 24.0g/L，是目前已知的最高产量[56]。

除了组合多条代谢途径，在底盘宿主中引入本不存在的小分子作为前体，利用宿主自身的酶对底物识别的非特异性催化非天然小分子也能够得到特定产物。例如酿酒酵母的 TSC13 基因编码烯醇还原酶，用于催化长链脂肪酸延长过程中的最后一步反应。Michael Naesby 课题组通过在酿酒酵母中引入 p-香豆酰辅酶 A，利用酿酒酵母自身的烯醇还原酶催化 p-香豆酰辅酶 A 合成 p-二氢查耳酮辅酶 A，用于生产植物黄酮类化合物[57]。此外，还可以巧妙利用酶对底物的非特异性识别，合成多种非天然的结构类似物。例如委内瑞拉链霉菌 JadS 编码的糖基转移酶，能够识别杰多霉素 A 和 UDP-葡萄糖合成杰多霉素 B，但其对底物糖头的识别特异性较差。杨克迁课题组利用 JadS 糖头特异性差的特点，通过添加不同的糖基供体，得到多种糖型的杰多霉素类似物，用于开发新药[58]。上述案例主要通过扩大酶的底物特异性实现对非天然化合物的合成，此外在得到目标产物的基础上，还可以进一步对酶的特异性进行改造，提高产量。例如于洪巍课题组通过对异戊二烯合酶活性口袋的饱和突变和理性设计，大大提高了异戊二烯的产量[59]。

2.7.3　定向进化基因网络设计原理

除了针对局部的代谢瓶颈进行改造，还可以通过定向进化的方式从整体水平上对复杂的代谢网络进行改造。首先通过随机诱变、gTME、MAGE、TRMR、核糖体工程、基因组重排（genome shuffling）等方式构建一个非针对性的突变库；随后以特定性状作为筛选指标建立高通量筛选方法，筛选高产菌株；通过基因组、转录组、代谢组学等方法比较分析高产菌株与野生型之间的区别，找出突变体高产的原因（功能基因变化，调控序列变化，代谢流重排）；最后将诱导高产的原理应用于其他菌株，理性指导目标化合物的生产。例如 S. Y. Lee 课题组通过将 β-香树脂醇（β-amyrin）合成途径在不同的酿酒酵母菌株中进行过表达，分析高产菌株和低产菌株的基因组发现，高产菌株的 β-amyrin 合成途径中几个关键基因 ERG9、ERG8 和 HFA1 存在单核苷酸多态性（SNP），推断这几个 SNP 是 β-amyrin 合成产量有差异的原因，在此基础上理性改造 β-amyrin 合成途径，使 β-amyrin 产量显著提高[60]。

除了功能基因改变会对目标化合物的合成有影响外，调控序列的改变也会对目标化合物的合成造成影响。例如，氨基酸等初级代谢产物的合成往往受到反馈抑制，分析发现，合成氨基酸的关键基因的调控序列往往存在一段能够感知氨基酸浓度的序列，通过与氨基酸结合后发生变构，从而调控下游关键基因的转录或者翻译。这段序列同时具有生物感受器和效应器的功能，也就是前面所说的核糖核酸开关。Zeng 课题组在谷氨酸棒状杆菌 LP917（*Corynebacterium glutamicum* LP917）基因 *gltA*（编码柠檬酸合酶）的 5′-UTR 区插入响应赖氨酸的核糖核酸开关，通过外加赖氨酸抑制柠檬酸合酶的转录，使菌体积累草酰乙酸，从而使赖氨酸的产量提高了 63%[61]。Jung 课题组构建了包含赖氨酸核糖核酸开关和 *tetA* 基因的筛选系统，利用 $NiCl_2$ 作为筛选压力，菌体内高浓度的赖氨酸会抑制 *tetA* 基因的表达，使菌体对 $NiCl_2$ 不敏感，能够存活；而当菌体内赖氨酸浓度较低时，*tetA* 基因的表达使菌体对 $NiCl_2$ 敏感，菌体死亡，利用这种方法最终筛选得到高产赖氨酸的菌株[62]。响应不同温度的核糖核酸开关也是研究的热点，使热激蛋白、超氧化物歧化酶等能提高微生物耐热性的耐热元件在不同温度下依次表达，不仅能提高微生物的耐热性还能减少能耗，保护环境[63]。

整个合成系统中往往涉及多条代谢途径，每条代谢途径都由多个酶组成，多酶系统在将非天然底物转化成天然或者非天然的目标化合物的过程中，酶的底物专一性往往与目标产物的产率成反比。因此扩宽酶的底物专一性，使其能够识别更多的底物类似物从而合成多种天然或非天然化合物也是定向进化基因网络设计的一个方向。L-高丙氨酸（L-homoalanine）是一种非天然氨基酸，被用于合成几种重要的手性药物，例如 *S*-2-氨基丁酰胺（*S*-2-aminobutyramide）和 *S*-2-氨基丁醇（*S*-2-aminobutanol）。通过对共生梭菌（*Clostridium symbiosum*）谷氨酸脱氢酶（GDH）活性口袋进行饱和定点突变和迭代定点突变，得到的突变体 GDH$^{K92 V/T195S}$能够改变其底物特异性，从专一性识别谷氨酸变成能够识别苏氨酸，从而合成 L-高丙氨酸[64]。

2.7.4　组合同源代谢网络

对宿主自身代谢网络的调控序列进行改造来提高特定化合物的产量或者构建新的底盘宿主是合成生物学的一个重要研究方向。目前合成代谢网络主要利用转录和翻译控制单元调控关键基因的转录与翻译。设计方向涵盖以下几个方面：①在 DNA 水平进行改造，例如启动子工程；②在 RNA 水平进行改造，包括转录因子工程、合成 RNA 开关等；③在蛋白质水平进行改造，包括核糖体结合位点工程、蛋白质工程以及辅因子改造等；④在代谢水平进行改造，包括结构生物技术、细胞内代谢重定位、模块化代谢途径等；⑤在基因组水平进行改造，包括多基因编辑；⑥在细胞水平进行改造，包括转运蛋白质工程、形态学工程等。

精确调控基因的表达水平是工程化合成生物学的重要思想，借助启动子工程构建具有不同强度的启动子库，将目标基因与不同的启动子匹配，以实现转录强度的可控性。十五烷是柴油的重要组成成分，其生物合成起始于丙二酰辅酶 A，由 I 型聚酮合酶（SgcE）催化成十五碳七烯（pentadecaheptaene）和硫酯酸，最后通过氢化十五碳七烯得到十五烷。SgcE的表达强度与十五烷的产量成正相关，替换 SgcE 的启动子使十五烷的产量达到 140mg/L[65]。

在翻译水平最常用的调控元件是核糖体结合位点（RBS），通过构建具有不同强度的RBS，将目标基因与不同的 RBS 匹配，能实现翻译强度的可控性。虾青素是一种重要的食品添加剂，因为是一种天然色素，被广泛用于家禽和水产品加工工业。β-类胡萝卜素是虾青素的合成前体，通过八氢番茄红素合酶（CrtYB）、八氢番茄红素脱氢酶（CrtI）、番茄红素环化酶（CrtYB）、β-类胡萝卜素羟化酶（CrtZ）以及 β-类胡萝卜素转酮酶（CrtW）得到 β-类胡萝卜素。以 β-类胡萝卜素为前体，在虾青素合酶（CrtS）和细胞色素还原酶（CrtR）的催化下合成虾青素。将虾青素合成途径中的上述 6 个关键酶（CrtYB、CrtI、CrtZ、CrtW、CrtS、CrtR）基因与不同强度的 RBS 进行组合，使虾青素的产量大幅提高，达到 5.8mg/g 细胞干重（DCW）[66]。

理论上组合高强度的启动子和高强度的 RBS 能够分别对基因的转录水平和翻译水平进行强化，大大提高目标化合物的产量。然而，实验发现，高强度的启动子和高强度的 RBS 的直接组合往往达不到理论上的高产效果。C. Lou 课题组通过在启动子和 RBS 中间添加一段"绝缘子"RiboJ 序列[67]，使强启动子和强 RBS 能够协同表达。B. Zhang 课题组通过构建 RBS 库，并组合不同强度的启动子＋RiboJ＋不同强度的 RBS 实现了莽草酸产量的大幅提高[68]。

除了对基因间的调控序列进行改造之外，对能与基因间调控元件相结合的调控因子进行改造也是组合同源代谢网络的研究方向，比如转录因子工程。由于转录因子往往能作用于细胞的整个代谢网络，成为合成生物学的一个研究热点。RNA 开关是一类有效的 RNA 水平的调控元件，主要包括天然的核糖核酸开关、核酶以及核酸温度计等。由于 RNA 开关普遍具有灵敏、快速等优点，也是合成生物学的研究热点。

除了在 DNA 和 RNA 水平对代谢网络进行整体或局部的调控，蛋白质水平上也可以通过蛋白质工程等手段对同源代谢网络进行改造。蛋白质工程主要是将特定蛋白质作为调控网络中的一个组件"生物元件"进行定制化的改造，使其性质更适用于新构建的系统。例如，对蛋白质的底物特异性进行改造，降低底物的专一性使其能识别非天然的小分子，从而合成非天然的目标化合物，或者提高底物的专一性，减少副产物的产生；对蛋白质的膜定位区进行截短或者删除，使膜蛋白能够游离在胞质中正确表达；通过蛋白质支架系统组合代谢途径中的几个关键酶，使其在细胞内的物理距离更接近，从而形成底物隧道效应，提高产量；同时也可以通过对酶的辅因子或者辅酶进行改造，进而提高产量。

目前生物的基因组中广泛存在大量的冗余基因，在基因组测序注释的基础上，可以通过 CRISPR 等技术删除大片段冗余基因，简化并模块化基因组，构建新的平台宿主；也可以人工合成基因组，构建合成生命。酿酒酵母 2.0 计划通过全球科学家的共同努力，将酿酒酵母天然染色体替换为全人工合成染色体，并开发出 SCRIMBLE 技术用于基因组水平的快速定向进化。

知识拓展 2-1

CRISPR

CRISPR（clustered regularly interspaced short palindromic repeats）是生命进化历史上，细菌和病毒进行斗争产生的免疫武器，简单说就是病毒能把自己的基因整合到细菌中，利用细菌的细胞工具为自己的基因复制服务，细菌为了将病毒的外来入侵基因清除，进化出 CRISPR 系统，利用这个系统，细菌可以不动声色地把病毒基因从自己的基因组上切除，这是细菌特有的免疫系统。

2.7.5　组合异源代谢网络

在底盘宿主中组合异源代谢网络，有利于合成多种次级代谢产物。常规的方法是直接将异源途径导入底盘宿主中，由于不同物种的种属特异性，常规实验往往很难实现目标产物的高产。通过密码子优化、蛋白质工程等手段实现异源基因在底盘宿主中的表达。在底盘宿主中往往不具备对异源代谢途径的调控机制，而大部分次级代谢产物和中间产物具有细胞毒性，其积累会严重影响细胞生长，因此往往利用[13]C标记、代谢组分析等方法对工程菌的主要代谢流进行分析，从而有指导性地调控异源途径，组合不同的异源代谢网络实现目标化合物的高产。

思考题

1. 描述生物积块（BioBriok）的标准连接方法。
2. PoPS 与 RiPS 的定义。
3. 如何理解合成生物学的层级结构？
4. 如何理解生物装置？
5. 请举例说明单输入与多输入结构在生物传感器设计中的应用。
6. 查阅文献寻找合成生物系统的组合逻辑结构及其应用。
7. 合成生物学中计算方法的优缺点是什么？
8. 模型框架的类型有哪些？分别具有什么特点？
9. 合成生物系统与传统遗传工程原理上的区别？
10. 简述基因组合成中的 DBT（设计-制造-测试）循环？
11. 合成基因网络的工程化设计原理是什么？
12. 如何通过定向进化的方式提高目标化合物的产量？

参 考 文 献

[1] Endy D. Foundations for engineering biology [J] . Nature，2005，438（7067）：449-453.
[2] 王钱福，等 . 生物元件的挖掘、改造与标准化 [J] . 生命科学，2011，（09）：860-868.
[3] Andrianantoandro E，et al. Synthetic biology：new engineering rules for an emerging discipline [J] . Mol Syst Biol，2006，2：2006-2028.
[4] Withers S T，Keasling J D. Biosynthesis and engineering of isoprenoid small molecules [J] . Appl Microbiol Biotechnol，2007，73（5）：980-990.
[5] Weber W，et al. A synthetic mammalian gene circuit reveals antituberculosis compounds [J] . Proc Natl Acad Sci USA，2008，105（29）：9994-9998.
[6] Basu S，et al. A synthetic multicellular system for programmed pattern formation [J] . Nature，2005，434（7037）：1130-1134.
[7] Lu T K，Collins J J. Engineered bacteriophage targeting gene networks as adjuvants for antibiotic therapy [J] . Proceedings of the National Academy of Sciences of the United States of America，2009，106（12）：4629-4634.
[8] Lee S K，et al. Metabolic engineering of microorganisms for biofuels production：from bugs to synthetic biology to fuels [J] . Current Opinion in Biotechnology，2008，19（6）：556-563.
[9] Benner S A，Sismour A M. Synthetic biology [J] . Nature Reviews Genetics，2005，6（7）：533-543.
[10] Casanova M，et al. A BioBrick-Compatible Vector for Allelic Replacement Using the XylE Gene as Selection Marker [J] . Biol Proced Online，2016，18：6.

[11]　Knight T. Idempotent Vector Design for Standard Assembly of Biobricks. MIT Artificial Intelligence Laboratory [J]. MIT Synthetic Biology Working Group，2003.

[12]　Vick J E，et al. Optimized compatible set of BioBrick vectors for metabolic pathway engineering [J]. Appl Microbiol Biotechnol，2011，92 (6)：1275-1286.

[13]　宋凯，黄熙泰. 合成生物学导论 [M]. 北京：科学出版社，2010.

[14]　Xie Z X，et al. "Perfect" designer chromosome V and behavior of a ring derivative [J]. Science，2017，355 (6329).

[15]　Purnick P E M，Weiss R. The second wave of synthetic biology：from modules to systems [J]. Nature Reviews Molecular Cell Biology，2009，10 (6)：410-422.

[16]　Waters C M，Bassler B L. Quorum sensing：Cell-to-cell communication in bacteria [J]. Annual Review of Cell and Developmental Biology，2005，21：319-346.

[17]　顾凡及. 生物控制论 [J]. 自然杂志，1984，10：010.

[18]　Alon U. Network motifs：theory and experimental approaches [J]. Nat Rev Genet，2007，8 (6)：450-461.

[19]　Brophy J A，Voigt C A. Principles of genetic circuit design [J]. Nat Methods，2014，11 (5)：508-520.

[20]　Bassalo M C，Liu R，Gill R T. Directed evolution and synthetic biology applications to microbial systems [J]. Current opinion in biotechnology，2016，39：126-133.

[21]　Hoynes-O'Connor A，et al. De novo design of heat-repressible RNA thermosensors in *E. coli* [J]. Nucleic Acids Res，2015，43 (12)：6166-6179.

[22]　Zalatan J G，et al. Engineering complex synthetic transcriptional programs with CRISPR RNA scaffolds [J]. Cell，2015，160 (1-2)：339-350.

[23]　Mangan S，Alon U. Structure and function of the feed-forward loop network motif [J]. Proceedings of the National Academy of Sciences，2003，100 (21)：11980-11985.

[24]　Goentoro L，et al. The incoherent feedforward loop can provide fold-change detection in gene regulation [J]. Molecular cell，2009，36 (5)：894-899.

[25]　Zhou S B. SYNTHETIC BIOLOGY Bacteria synchronized for drug delivery [J]. Nature，2016，536 (7614)：34-35.

[26]　Becskei A，Serrano L. Engineering stability in gene networks by autoregulation [J]. Nature，2000，405 (6786)：590-593.

[27]　Liu D，et al. Negative feedback regulation of fatty acid production based on a malonyl-CoA sensor-actuator [J]. ACS synthetic biology，2014，4 (2)：132-140.

[28]　Ma D，Peng S，Xie Z. Integration and exchange of split dCas9 domains for transcriptional controls in mammalian cells [J]. Nature communications，2016，7.

[29]　Sriram K，Soliman S，Fages F. Dynamics of the interlocked positive feedback loops explaining the robust epigenetic switching in Candida albicans [J]. Journal of Theoretical Biology，2009，258 (1)：71-88.

[30]　Zhang X P，et al. Linking fast and slow positive feedback loops creates an optimal bistable switch in cell signaling [J]. Physical Review E，2007，76 (3)：031924.

[31]　Gupta S，Bram E E，Weiss R. Genetically programmable pathogen sense and destroy [J]. ACS synthetic biology，2013，2 (12)：715-723.

[32]　Hwang I Y，et al. Reprogramming Microbes to Be Pathogen-Seeking Killers [J]. Acs Synthetic Biology，2014，3 (4)：228-237.

[33]　Pham E，Li I，Truong K. Computational modeling approaches for studying of synthetic biological networks [J]. Current Bioinformatics，2008，3 (2)：130-141.

[34]　Ma'ayan A，et al. Formation of regulatory patterns during signal propagation in a Mammalian cellular network [J]. Science，2005，309 (5737)：1078-1083.

[35]　Chandran D，et al. Mathematical modeling and synthetic biology [J]. Drug Discov Today Dis Models，2008，5 (4)：299-309.

[36]　Haseltine E L，Arnold F H. Synthetic gene circuits：design with directed evolution [J]. Annu Rev Biophys Biomol Struct，2007，36：1-19.

[37]　AbuOun M，et al. Genome scale reconstruction of a salmonella metabolic model comparison of similarity and differ-

ences with a commensal *Escherichia coli* strain ［J］. Journal of Biological Chemistry，2009，284（43）：29480-29488.

［38］ Feist A M，et al. A genome-scale metabolic reconstruction for *Escherichia coli* K-12 MG1655 that accounts for 1260 ORFs and thermodynamic information ［J］. Molecular systems biology，2007，3（1）：121.

［39］ Resendis Antonio O，et al. Metabolic reconstruction and modeling of nitrogen fixation in Rhizobium etli ［J］. PLoS computational biology，2007，3（10）：e192.

［40］ Spence S A. Synthetic biology：back to the basics ［J］. Nat Methods，2014，11（5）：463.

［41］ Leonard E，et al. Engineering microbes with synthetic biology frameworks ［J］. Trends Biotechnol，2008，26（12）：674-681.

［42］ Agarwal K，et al. Total synthesis of the gene for an alanine transfer ribonucleic acid from yeast ［J］. Nature，1970，227（5253）：27-34.

［43］ Hutchison C A，et al. Design and synthesis of a minimal bacterial genome ［J］. Science，2016，351（6280）：aad6253.

［44］ Annaluru N，et al. Total synthesis of a functional designer eukaryotic chromosome ［J］. Science，2014，344（6179）：55-58.

［45］ Gibson D G，et al. Creation of a bacterial cell controlled by a chemically synthesized genome ［J］. Science，2010，329（5987）：52-56.

［46］ Shen Y，et al. Deep functional analysis of syn Ⅱ，a 770-kilobase synthetic yeast chromosome ［J］. Science，2017，355（6329）.

［47］ 张春霆. 合成生物学：我国急需发展的前沿科学 ［J］. 前沿科学，2007，（3）：55.

［48］ Chen X，et al. DCEO Biotechnology：Tools To Design，Construct，Evaluate，and Optimize the Metabolic Pathway for Biosynthesis of Chemicals ［J］. Chem Rev，2017.

［49］ Rabinovitch-Deere C A，et al. Synthetic Biology and Metabolic Engineering Approaches To Produce Biofuels ［J］. Chemical Reviews，2013，113（7）：4611-4632.

［50］ Becker J，Wittmann C. Advanced Biotechnology：Metabolically Engineered Cells for the Bio-Based Production of Chemicals and Fuels，Materials，and Health-Care Products ［J］. Angewandte Chemie International Edition，2015，54（11）：3328-3350.

［51］ Guo Y，et al. YeastFab：the design and construction of standard biological parts for metabolic engineering in Saccharomyces cerevisiae ［J］. Nucleic Acids Res，2015，43（13）：e88.

［52］ Hatzimanikatis V，et al. Exploring the diversity of complex metabolic networks ［J］. Bioinformatics，2005，21（8）：1603-1609.

［53］ Rodrigo G，et al. DESHARKY：automatic design of metabolic pathways for optimal cell growth ［J］. Bioinformatics，2008，24（21）：2554-2556.

［54］ Chou C H，et al. FMM：a web server for metabolic pathway reconstruction and comparative analysis ［J］. Nucleic acids research，2009，37（suppl＿2）：W129-W134.

［55］ Carbonell P，et al. A retrosynthetic biology approach to metabolic pathway design for therapeutic production ［J］. BMC systems biology，2011，5（1）：122.

［56］ Yang C，et al. Synergy between methylerythritol phosphate pathway and mevalonate pathway for isoprene production in *Escherichia coli* ［J］. Metabolic engineering，2016，37：79-91.

［57］ Eichenberger M，et al. Metabolic engineering of Saccharomyces cerevisiae for de novo production of dihydrochalcones with known antioxidant，antidiabetic，and sweet tasting properties ［J］. Metab Eng，2017，39：80-89.

［58］ Li L，et al. Engineered jadomycin analogues with altered sugar moieties revealing JadS as a substrate flexible *O*-glycosyltransferase ［J］. Applied Microbiology and Biotechnology，2017：1-10.

［59］ Wang F，et al. Combining Gal4p-mediated expression enhancement and directed evolution of isoprene synthase to improve isoprene production in Saccharomyces cerevisiae ［J］. Metabolic engineering，2017，39：257-266.

［60］ Madsen K M，et al. Linking genotype and phenotype of Saccharomyces cerevisiae strains reveals metabolic engineering targets and leads to triterpene hyper-producers ［J］. PLoS One，2011，6（3）：e14763.

［61］ Jari M，et al. Cloning and expression of poly 3-hydroxybutyrate operon into *Escherichia coli* ［J］. Jundishapur journal of microbiology，2015，8（2）.

［62］　Yang J，et al. Synthetic RNA devices to expedite the evolution of metabolite-producing microbes ［J］. Nature communications，2013，4：1413.

［63］　Cimdins A，et al. Translational control of small heat shock genes in mesophilic and thermophilic cyanobacteria by RNA thermometers ［J］. RNA biology，2014，11 (5)：594-608.

［64］　Foo J L，et al. The imminent role of protein engineering in synthetic biology ［J］. Biotechnology advances，2012，30 (3)：541-549.

［65］　Liu Q，et al. Engineering an iterative polyketide pathway in Escherichia coli results in single-form alkene and alkane overproduction ［J］. Metabolic engineering，2015，28：82-90.

［66］　Zelcbuch L，et al. Spanning high-dimensional expression space using ribosome-binding site combinatorics ［J］. Nucleic acids research，2013，41 (9)：e98.

［67］　Lou C，et al. Ribozyme-based insulator parts buffer synthetic circuits from genetic context ［J］. Nature biotechnology，2012，30 (11)：1137-1142.

［68］　Zhang B，et al. Ribosome binding site libraries and pathway modules for shikimic acid synthesis with Corynebacterium glutamicum ［J］. Microbial cell factories，2015，14 (1)：71. 34987.

第 3 章
合成生物系统的基因线路

引言

　　合成生物学是 21 世纪初出现的新兴交叉学科，它是以工程化设计思路构建标准化的元器件和模块，其核心是以工程化理念，设计、改造、优化生物系统，突破自然体系的限制，实现合成生物体系在化学品、新材料制造、医学、农业、环境等领域的应用，并帮助理解生命现象的本质。合成基因路线是经过人工设计的、由不同功能的生物分子和基因元件组成的自动控制装置。合成基因线路是合成生物学中重要的组成部分，本章介绍了基因线路的起源和发展过程，详细介绍了组成基因线路的调控元件——逻辑门和开关基因线路、基因线路调控开关，并实例介绍了基因线路的应用。

知识网络

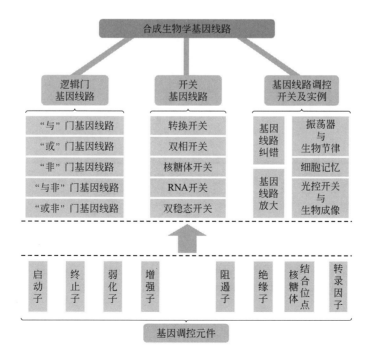

学习指南

1. 了解：基因线路的起源和发展过程；基因线路的类型；逻辑门的概念；开关基因线路概念；基因线路的调控方式及应用。

2. 掌握：基因调控元件的组成；不同逻辑门之间的区别和关联；不同开关基因线路的关联。

3. 难点：逻辑门基因线路的设计；开关基因线路和逻辑门基因线路的关联及应用。

3.1　基因线路概述

基因线路是合成生物学中重要的一部分，是由各种调控元件和被调控的基因组合而成的遗传装置，在给定条件下可调节并可定时定量地表达基因产物。人们利用基本的生物元件设计和构建了基因开关、振荡器、放大器、逻辑门、计数器等合成器件，实现对生命系统的重新编程并执行特殊功能。

3.1.1　基因线路的起源

电子计算机是人类进入信息化时代进步的关键技术之一，在很大程度上改变了人类的生活方式，电子计算机的核心是各种逻辑之间的电路运算。而自然生物体内会利用各种 RNA、蛋白质和修饰的 DNA 调节器来控制基因的表达，这些相互作用的调节器会导致类似于计算机操作的基因线路，遗传工程学家努力构建基因路线来实行人造编程以实现基因表达，这将是对生物技术的革命性影响[1]。

1961 年 F. Jacob 和 J. Monod 提出的乳糖操纵子模型第一次明确提出了基因表达调控的概念[2]，被认为是分子生物学发展的第二个里程碑，此后越来越多的研究者致力于基因调控的研究。20 世纪 90 年代，一些研究者借鉴电磁学中描述电器件关系的"Circuit"方法，提出了"Gene Circuit"和"Genetic Circuit"概念，用于研究基因受蛋白质、mRNA 等物质调控的关系和相应的数学模型[3~5]。生物计算机的诞生和发展是对基因线路的进一步发展，它是一种利用生物分子元件组装成的具有并行数据处理、三维储存器和神经网络等特征的智能计算机，目前主要有蛋白质计算机和 DNA 计算机，基因线路是设计中重要的一部分。

科技史话 3-1

操纵子学说

操纵子学说是关于原核生物基因结构及其表达调控的学说。 大肠杆菌在环境中存在乳糖时，会合成分解乳糖的酶；但环境中不存在乳糖时，则不合成相应的酶。 1961 年法国巴斯德研究所著名科学家雅各布（F. Jacob）和莫诺德（J. Monod）根据对该系统的研究提出了"乳糖操纵子"学说来解释这一现象，并因此获得诺贝尔奖。 此外在 10 年内，此学说经许多科学家的补充和修正得以逐步完善。 乳糖操纵子是参与乳糖分解的一个基因群，由乳糖系统的阻遏物和操纵序列组成，使得一组与乳糖代谢相关的基因受到同步调控。

3.1.2　基因线路的类型

利用转录水平、转录后水平等的调控机理，合理组合转录元件、基础基因路线、基因模块的拓扑结构。目前基因线路的功能主要分为两大类：逻辑基因线路和其他功能遗传线路[5]。

合成生物学中逻辑基因线路起源于数字电路中逻辑运算的思想，主要是借鉴控制理论和逻辑电路的设计规则研究基因线路的逻辑关系与调控方法，模拟各种逻辑关系和数字元件的基因线路，类似于计算机编程一样，实际是对生物体的一种编程语言，生成 DNA 序列，基因路线在细胞内运行。

其他功能遗传线路是具有特定生物功能的遗传线路，主要是利用基因模块原有的功能，设计全新的基因线路，并利用基因重组、基因克隆等基因操作手段对现有的生物系统进行改造，使生物系统具有特定的期望功能。

3.2　基因线路调控元件

基因表达过程是储存着遗传信息的基因经过一系列步骤表现出其生物功能的整个过程，包括将基因转录成其互补的 RNA 序列；对于蛋白质编码基因，其 mRNA 继而翻译成多肽链，并装配加工成最终的蛋白质产物。基因线路的调控也主要体现在对基因转录和翻译的调控，特别是基因的转录调控。转录调控以转录起始调节为中心，通过启动子（promoter）、RNA 聚合酶（RNAP）和调控基因编码的调控蛋白质之间的相互作用实现基因表达的开启或关闭；主要通过 DNA 与蛋白质之间的相互作用和蛋白质与蛋白质之间的相互作用实现基因表达的调控。

原核生物基因表达调控的基本功能单位是操纵子，基本结构包括：结构基因、启动子、调控基因、终止子（terminator）等。真核生物的基因表达调控元件包括顺式作用元件和反式作用因子。顺式作用元件是存在于基因旁侧序列中能影响基因表达的 DNA 序列，包括启动子、增强子和调控序列等，它们本身不编码任何蛋白质，仅仅提供一个作用位点，要与反式作用因子相互作用而行使功能。反式作用因子是指能直接或间接地识别或结合在各类顺式作用元件核心序列上以参与调控靶基因转录效率的蛋白质，多为转录因子。

3.2.1　启动子

启动子（promoter）是指位于结构基因 5′端上游，可被 RNAP 特异性识别和结合的一段特殊 DNA 序列。作为基因的一个组成部分，启动子本身并不控制基因活动，而是通过与 RNAP 及调节蛋白的相互作用实现基因转录的开启或关闭。启动子的结构影响了它与 RNAP 和调节蛋白的亲和力，从而影响了基因表达水平。启动子一般位于转录起始位点（TSS）上游，而转录起始起点为 DNA 链上对应于新生 RNA 链第一个核苷酸的碱基，研究表明通常为嘌呤。描述碱基位置时，转录起点为+1，其前面即 5′端的序列称为上游，编号+2、+3…；其后面即 3′端的序列称为下游，编号-1、-2、-3…。

RNAP 同启动子结合的区域称为启动子区。许多原核生物都含有两个重要的启动子区：一个是位于+1 转录起始位点上游 10bp 处，由核苷酸 TATAAT 组成的共同序列，以其发现者的名字命名为 Pribnow 框，又称-10 区；另一个是位于-35bp 处的共同序列 TTGACA，即-35 区[7]［图 3.1(a)］。比如，大肠杆菌中常用的强启动子包括噬菌体来源的基于 T7 RNA 聚合酶的 T7 启动子[8]和受控于温度敏感抑制物的 P_L、P_R 启动子[9]；相对

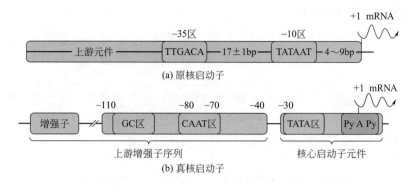

图 3.1 原核和真核 (酵母) 启动子概图[6]

较弱的启动子包括 lac、tac、P_{BAD} 和 $rhaP_{BAD}^{[10\sim12]}$ 等；另外，应用 $tetA$ 启动子/操纵子和 TetR 抑制系统人工合成的启动子也已应用于大肠杆菌[13,14]。

　　真核细胞含有三种 RNAP，其中 RNAP Ⅱ 用于合成 mRNA 和大多数 snRNA，可识别 Ⅱ 类启动子。真核启动子不像原核启动子那样有明显共同一致的序列，而是不同启动子的序列很不相同，要比原核启动子更复杂、序列也更长；并且单靠 RNAP 难以结合 DNA 而启动转录，而是需要多种蛋白质因子的相互协调作用，不同蛋白质因子又能与不同 DNA 序列相互作用；另外，不同基因转录起始及其调控所需的蛋白质因子也不完全相同。真核启动子一般包括转录起始位点及其上游约 100～200bp 序列，包含有若干具有独立功能的 DNA 序列元件，每个元件约长 7～30bp。真核启动子通常可分为两个特殊的区域：核心启动子元件和上游增强子序列 [图 3.1(b)]。核心启动子元件产生基础水平的转录，是 RNA 聚合酶起始转录所必需的最小的 DNA 序列，通常由转录起始位点和−30bp 处富含 TA 的 Hogness 盒两部分组成[15]。上游增强子序列包括通常位于−70bp 附近的 CAAT 盒或 GC 盒以及距转录起始点更远的上游元件。这些元件与相应的蛋白质因子结合能提高或改变转录效率。不同基因具有不同的上游增强子元件，其位置也不相同，这使得不同的基因表达分别有不同的调控。上游增强子序列中含有特定的称为转录因子结合位点 (TFBSs) 或对接点的保守序列，可以结合转录激活子或抑制子，由此调控转录频率或启动子强度。

　　启动子工程是构建一系列梯度强度的合成型启动子用于优化基因表达的技术。原核生物中−10 区同−35 区之间核苷酸的种类和数目的变动会影响基因转录活性的高低；真核生物中，在转录因子结合位点 (TFBSs) 中引入突变来减弱转录因子的作用，从而改变启动子的强度。常用的启动子工程策略包括易错 PCR、饱和突变、杂合启动子工程和转录因子结合位点 (TFBSs) 的系统化修饰[6]。

3.2.2 终止子

　　终止子 (terminator) 是位于基因编码区下游，能够给予 RNAP 转录终止信号的特殊 DNA 序列。在一个操纵元中至少在结构基因群最后一个基因的后面有一个终止子。

　　原核生物的终止子均具有回文结构，回文序列的两个重复部分 (每个 7～20bp) 由几个不重复的碱基对节段隔开，回文序列的对称轴一般距转录终止点 16～24bp。原核终止子可分为两类：一类不依赖于蛋白质辅因子就能实现终止作用，也叫内在终止子 (intrinsic terminators)；另一类则依赖蛋白质辅因子才能实现终止作用，这种蛋白质辅因子称为释放因子 (release factor)，通常又称 ρ 因子。内在终止子的回文序列中富含 GC 碱基对，在回文序列的下游方向又常有 6～8 个 AT 碱基对 (在模板链上为 A、在 mRNA 上为 U)，使 RNA

转录产物形成寡聚 U 及发夹形的二级结构，引起 RNAP 变构及移动停止，导致 DNA 转录的终止（图 3.2）[16]。依赖 ρ 因子的终止子中回文序列的 GC 对含量较低，在回文序列下游方向的序列没有固定特征，其 AT 对含量比前一种终止子低，由 ρ 因子识别特异的终止信号，并促使 RNA 的释放[16]。不同终止子的作用也有强弱之分，有的终止子几乎能完全停止转录；有的则只是部分终止转录，一部分 RNAP 能越过这类终止序列继续沿 DNA 移动并转录。内在终止子属于强终止子，而依赖 ρ 因子的终止子相对较弱。

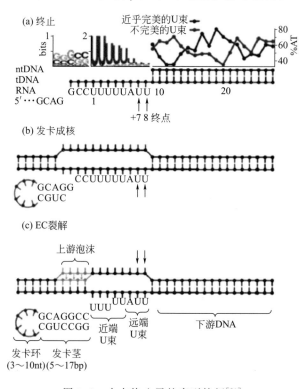

图 3.2　内在终止子的序列特征[20]

（a）延伸复合物移动到终止点时转录停止；（b）RNA 发夹成核；
（c）完整的 RNA 发夹结构使延伸复合物裂解，转录终止

真核生物的终止子在 mRNA 前体的近 3′ 端处转录产生一组共同序列，即 AAUAAA 和 GU 富集序列，为转录终止的识别位点和 poly（A）修饰识别位点。在转录越过修饰点后，RNA 链在修饰点处被水解切断，转录终止，随即进行加尾修饰[17]。

3.2.3　弱化子

弱化子或称衰减子（attenuator），是指原核生物操纵子中能显著减弱甚至终止转录作用的一段核苷酸序列，该区域位于操纵子的上游，能形成不同的二级结构，利用原核微生物转录与翻译的偶联机制对转录进行调节。弱化子可使操纵子的转录开始后还未进入第一个结构基因时便终止，不能使所有正在转录中的 mRNA 全部都中途终止，仅有部分中途停止转录，称为衰减作用或弱化作用。

弱化子是在研究大肠杆菌的色氨酸操纵子表达弱化现象中发现的（图 3.3）。在 trp mR-NA 5′ 端 trpE 基因的起始密码前有一段长 162bp 的 mRNA 序列称为前导区，其中第 123～150 位核苷酸如果缺失，trp 基因的表达水平可提高 6～10 倍；123～150 位序列终止转录的

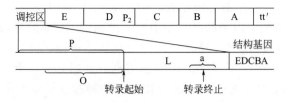

图 3.3　色氨酸操纵子及其调控区排列[18]

作用是可以被调控的，如在培养基中完全不含色氨酸，则转录不会终止，这个区域被称为弱化子[19]。细胞内 trp-tRNA 浓度满足前导肽的翻译，使核糖体翻译前导肽后所滞留的位置改变了其后引导 RNA 的二级结构，使衰减子的核苷酸序列形成类似于终止子的茎环结构，使转录起始后还没有到达第一个结构基因时便终止[20]。通过衰减子的 RNAP 分子的比例随着色氨酸含量的降低而增加（图 3.4）。

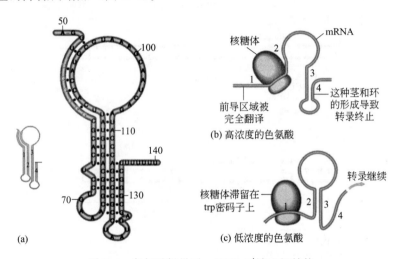

图 3.4　色氨酸操纵子 mRNA 5′端二级结构

弱化作用在原核生物中是相当普遍的，大肠杆菌和鼠伤寒沙门氏菌中已陆续发现不少操纵子都有弱化现象。它们和色氨酸操纵子一样，在第一个酶的结构基因前面都有一个可调控的终止位点，位于前导区中。前导区内密码序列都有前导肽，并且在前导肽中富含该操纵子合成的那种氨基酸。当细胞内某种氨基酸-tRNA 缺乏时，该衰减子不表现终止子功能，转录进行；当这种氨基酸-tRNA 足够时，该衰减子表现终止子功能，转录终止，从而达到基因表达调控的目的[21]。这种调控方式也称为导入区调节，属于次级转录调节系统，是细菌辅助阻遏作用的一种精细调控。

3.2.4　增强子

增强子（enhancer）是指位于结构基因附近，能够明显增强该基因转录活性的一段DNA 序列。增强子是真核基因中的一类顺式作用元件，与反式作用因子相互作用，能显著增强启动子转录活性。增强子由同样出现在启动子中的短序列元件组成，但是元件的密度要远高于启动子。增强子大多为重复序列，各种增强子的重复序列长短不一，一般在 50～100bp。增强子有两类，其中能够在特定的细胞或特定的细胞发育阶段选择性调控基因转录表达的增强子称为细胞特异性增强子；而在特定刺激因子的诱导下，才能发挥其增强基因转录活性的增强子称为诱导性增强子。

增强子的作用特点为[22,23]：①具有远距离效应，即增强子可在距转录起始位点相当远的距离起增强作用，且在启动子的上游或下游都能起作用；②无方向性，即增强子既可位于转录起始位点上游 5′端调控区，也可存在于基因的 3′端调控区，还可以存在于基因的内含子；③无物种和基因特异性，即增强子只有启动子存在时才能发挥作用，但对启动子不具有特异性，对异源基因也具有增强功能；④有组织或细胞特异性，即增强子的效应需特定的蛋白质因子参与；⑤增强子的作用与其序列的正反方向无关，将增强子方向倒置依然能起作用。

增强子的详细作用机理仍然不是很清楚，但对增强子作用机制提出了多种推测和假说[24,25]，最经典的有：①增强子为转录因子提供进入启动子区的位点［图 3.5(a)］，增强子为 RNAP Ⅱ 或其他亚基提供了双向进入位点，转录因子与增强子结合后，再滑向启动子附近，从而增强了基因的转录。②增强子可改变染色质或 DNA 的构象［图 3.5(b)］，调节蛋白质与增强子的相互作用，改变了 DNA 构象，同时也影响了转录速率。③增强子模块化作用模型［图 3.5(c)］，该模型认为增强子和启动子是由独立的功能模块构成，每个模块能够与一个或多个转录因子结合，模块间的间隙能够发生弯曲，不同的转录因子结合于增强子模块，在蛋白质因子相互作用下，DNA 成环，向启动子区弯曲靠拢，从而起转录增强作用。

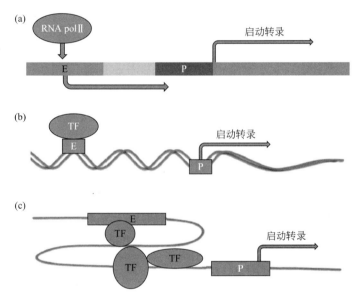

图 3.5 增强子的作用机制[24,25]
E：增强子；P：启动子；TF：转录因子

随着人类基因组计划的完成、增强子相关研究的积累以及生物信息学和计算机科学的发展，越来越多的研究人员利用生物信息学的方法通过计算机模拟和计算来预测和定位增强子[26]。通过基因敲除和定点突变获得增强子相关序列，进而分析增强子序列模型矩阵，利用生物信息学技术，进行比对识别增强子；采用进化保守区浏览器可以初步筛选保守的增强子区域，并预测增强子在基因组的位置；通过提供同源 DNA 序列和与增强子功能相关的转录因子（TF）的特异性结合矩阵，增强子元件探测器可用于预测序列保守性增强子的位置和结构[26]。

3.2.5 阻遏子

阻遏子（repressor）是基于某种调节基因表达的一种调控蛋白质，在原核生物中具有抑制特定基因（群）产生特征蛋白质的作用，也称阻遏蛋白。由于它能识别特定的操纵基因，当操纵序列结合阻遏蛋白时会阻碍 RNA 聚合酶与启动序列的结合，或使 RNA 聚合酶不能沿 DNA 向前移动，阻遏转录，介导负性调节，因而可抑制与这个操纵基因相联系的基因群，也就是操纵子的 mRNA 合成。

以大肠杆菌色氨酸操纵子为例，色氨酸操纵子的转录除了受衰减系统调控外，还受阻遏系统的调控。阻遏蛋白通过与操纵基因的结合与否来控制结构基因是否被转录，阻遏蛋白的活性受到色氨酸水平的控制。阻遏作用为细胞内游离的色氨酸与调节基因表达产生的无活性的阻遏蛋白结合，使阻遏蛋白的构象发生改变，转变成有活性的阻遏蛋白，后者与操纵基因结合，阻碍了 RNAP 的结合，从而抑制转录的起始（图 3.6）[27]。

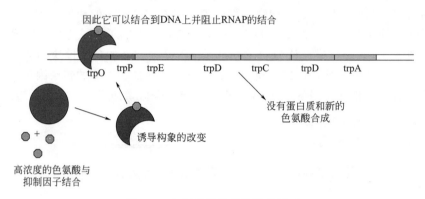

图 3.6　色氨酸操纵子的阻遏原理

3.2.6　绝缘子

绝缘子（insulator）是在基因组内建立独立的转录活性结构域的边界 DNA 序列。作为真核生物基因组的调控元件之一，绝缘子能够阻止邻近的增强子或沉默子对其界定的基因的启动子发挥调控作用。绝缘子的活性可能与 CTCF 蛋白密切相关[28]。

绝缘子的抑制作用具有"极性"的特点，即只抑制处于绝缘子所在边界另一侧的增强子或沉默子，而对处于同一染色质结构域内的增强子或沉默子没有作用。绝缘子由多种组分所构成，它们自主协同阻断增强子或沉默子的作用，但绝缘子界定结构域的机制仍不明。

3.2.7　核糖体结合位点

核糖体结合位点（ribosome bind site，RBS）是 mRNA 上的起始密码子 AUG 上游的一段非翻译区，核糖体可以识别并结合这一序列来启动翻译过程。

在原核生物中该序列称为 SD 序列，位于 mRNA 的起始 AUG 上游约 8～13 核苷酸处的一段由 4～9 个核苷酸组成的共有序列-AGGAGG-，可被核糖体 RNA 的 16S rRNA 亚基通过碱基互补精确识别，促使核糖体结合到 mRNA 上，有利于翻译的起始。RBS 的结合强度取决于 SD 序列的结构及其与起始密码 AUG 之间的距离，在一定程度上决定了翻译效率。在枯草芽孢杆菌和大肠杆菌中，SD 序列与起始密码 AUG 之间的最佳距离是 7～9bp[29]。原核生物中，SD 序列对于转录起始可能是非必需的，但 RBS 与起始密码子的间隔序列对 mRNAs 的翻译则是至关重要的[30]。利用 RBSDesigner[31] 和 RBS Calculator[32] 可以设计表达特定编码基因的合成型 RBSs 并对其与核糖体的结合作用进行预测，从而获得所需的蛋白质表达量。

Kozak 序列是位于真核生物 mRNA 5′端帽子结构后面的一段核酸序列，通常是

GCCACCAUGG，它可以与翻译起始因子结合而介导含有 5′ 帽子结构的 mRNA 翻译起始。对应于原核生物的 SD 序列。

3.2.8 转录因子

转录因子（transcription factor，TF）是指可以结合到特定 DNA 序列进而调控遗传信息从 DNA 到 mRNA 的蛋白质。

原核生物转录起始不需要转录因子，RNAP 可以直接结合启动子。但是转录因子可以和操纵子的调节序列结合来调控转录。开发快速有效的转录因子识别方法，从基因组序列中预测某个物种的全部转录因子，对研究基因转录调控具有重要意义。转录调控因子预测（简称 TreP）[33] 主要基于减法策略，可自动实现，结果明显好于利用 BLAST 搜索所得结果。

真核生物转录起始十分复杂，往往需要多种蛋白质因子的协助，转录因子与 RNA 聚合酶 II 形成转录起始复合体，共同参与转录起始的过程。真核生物的转录因子也称为反式作用因子，可分为二类：第一类为通用转录因子，它们与 RNA 聚合酶 II 共同组成转录起始复合体时，转录才能在正确的位置开始，除 TF II D 以外，还发现 TF II A、TF II F、TF II E、TF II H 等，它们在转录起始复合体组装的不同阶段起作用；第二类转录因子为组织细胞特异性转录因子，这些转录因子是在特异的组织细胞或是受到一些类固醇激素或生长因子或其他刺激后，开始表达某些特异蛋白质分子时才需要的一类转录因子。

典型的真核转录因子含有 DNA 结合区、转录调控区、核定位信号区以及寡聚化位点等功能区域，这些功能区域决定了各个转录因子的具体功能[34]。DNA 序列中有很多具有重要作用的顺式作用元件，能够识别并与之结合的氨基酸序列就是转录因子的 DNA 结合区；转录调控区是转录因子的关键功能区域，其包括转录激活区和转录抑制区，这个结构区共同决定着各个转录因子的具体调控功能；核定位信号区是转录因子中富含精氨酸和赖氨酸残基的区域，转录因子在合成后需转入细胞核内才能发挥其功能，而且转录因子有无功能就取决于核定位信号区；转录因子之间能够相互聚合的功能结构域称为寡聚化位点，寡聚化位点影响着转录因子与顺式作用元件的结合、各转录因子的特异性、核定位特性[45]。

转录水平的调控是基因调控的重要环节，其中转录因子和转录因子结合位点（transcription factor binding site，TFBS）是转录调控的重要组成部分。为了解析基因转录调控过程中 TF 与其 TFBS 相互作用的分子机理，鉴定 TFBS 及构建基因转录调控网络，需要对已发现的 TF 及其 TFBS 信息进行系统的收集、整理和分析。目前，国际上已经出现不少关于 TF 及其 TFBS 的专业数据库[35]，如 TRANSFAC、JASPAR、TRRD、TRED、PAZAR、MAPPER，这些数据库对基因转录调控及 TF 相关的分子生物学、系统生物学及生物信息学的研究非常重要，对这些领域的研究起到了显著的推进作用。

3.3 逻辑门基因线路

逻辑门是数字电路的基本内容，是各种现代化高精尖数字仪器的基础部件和最基本的运算单元，以布尔代数为基础的逻辑电路是计算机制造的重要基石，由于逻辑电路可以用真值表非常清晰而简单地描述，所以被广泛应用于很多领域的输入和输出的描述。合成生物学中逻辑门基因线路起源于数字电路中的逻辑运算，借鉴其控制理论和逻辑电路的设计规则来研究基因线路的逻辑关系与调控方法，即模拟各种逻辑关系和数字元件的遗传路线，复杂的生物学被抽象成 {0,1} 空间的映射关系，这有助于更好地深入认识网络自身的主要功能。

生物体内的很多蛋白质可以结合特定的 DNA 序列（操纵子），用这些蛋白质来调节生物体内最简单的方法是设计启动子与操纵子结合来限制 RNA 聚合酶结合或前进。这种阻遏子是由锌指蛋白、转录激活器效应物、TetR 同源物、噬菌体阻遏物和 LacI 同源物构建而来的。DNA 结合蛋白可用以电路设计，也可作为激活剂（activators）来增加 RNA 聚合酶在 DNA 上的通量（flux）。许多逻辑门的构建是基于 DNA 结合蛋白构成的。

3.3.1 "与"门基因线路

"与"门（AND gate）是常见的逻辑门之一，其逻辑计算原则是只有输入信号全部同时为"真"时，才会输出"真"的信号。其真值表见表 3.1（0 表示"假"，1 表示"真"）。

表 3.1   "与"门真值表

输入 1	输入 2	输出
0	0	0
1	0	0
0	1	0
1	1	1

"与"门基因线路的设计在逻辑门基因线路中非常常见，通常是基于 DNA 结合蛋白设计的。如图 3.7 所示，J. C. Anderson 在大肠杆菌中设计的"与"门逻辑线路[36]，两个启动子 P_sal 和 P_BAD 作为输入，绿色荧光蛋白（GFP）作为输出。启动子 P_BAD 控制着 T7 RNA 聚合酶，聚合酶内部的两个琥珀终止密码子阻碍翻译的进行；启动子 P_sal 控制着琥珀密码子抑制基因的 tRNA 基因 *supD*，当 *supD* 转录时可与琥珀终止密码子结合形成色氨酸。只有当启动子 P_sal 和 P_BAD 同时输入时，T7 RNA 聚合酶合成，激活 T7 启动子的表达，同时下游 *gfp* 表达。没有启动子输入或者只有一个启动子输入时，T7 RNA 聚合酶无法表达，因而 T7 启动子不能激活，*gfp* 不能表达。

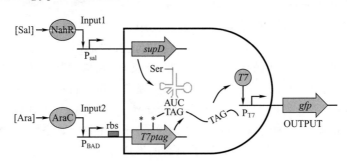

图 3.7   AND 逻辑门基因路线示意图

两个启动子 P_sal 和 P_BAD 是逻辑门中的输入量。启动子 1 P_sal 连接着琥珀抑制因子 tRNA *supD* 的转录，
启动子 2 P_BAD 能促进 T7 RNA 聚合酶转录。聚合酶基因里修饰了两个琥珀终止子（*T7ptag*）。
当 *supD* 转录时，琥珀终止子可以翻译成色氨酸。只有当 *supD* 和 *T7ptag* mRNA 同时
转录时，T7RNA 聚合酶表达，T7 启动子被激活，*gfp* 表达，输出绿色荧光蛋白

3.3.2 "或"门基因线路

"或"门（OR gate）逻辑计算原则是输入信号有一个为"真"时，输出即为"真"，其真值表见表 3.2。

表 3.2 "或"门真值表

输入 1	输入 2	输出
0	0	0
1	0	1
0	1	1
1	1	1

在逻辑门的基因线路设计中，我们可以通过串联启动子基因线路或者在两个分散的组件中表达目标基因来实现"或"门逻辑运算。A. Wong 利用两个串联的启动子构建了"或"门逻辑门[37]，如图 3.8 所示，启动子 P_{BAD} 和 P_{RHAB} 是两个输入量，红色荧光蛋白（RFP）是输出。在没有鼠李糖和阿拉伯糖存在时，RhaS 和 AraC 表达，分别抑制启动子 P_{RHAB} 和 P_{BAD}，RFP 无法启动，输出"假"值。当输入阿拉伯糖或鼠李糖或两者同时存在时，启动子 P_{BAD} 或启动子 P_{RHAB} 或两个启动子 P_{BAD} 与 P_{RHAB} 同时被激活，RFP 表达产生红色荧光，输出"真"值。

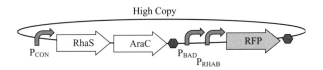

图 3.8 OR 逻辑门基因设计路线示意图

RhaS 和 AraC 分别是启动子 P_{RHAB} 和 P_{BAD} 的抑制子，由启动子 P_{CON} 启动。鼠李糖和阿拉伯糖均
不存在时，RhaS 和 AraC 分别与其对应的启动子结合，抑制 RFP 的转录。当鼠李糖或
阿拉伯糖存在时，启动子 P_{RHAB} 或 P_{BAD} 开启 RFP 的表达

3.3.3 "非"门基因线路

"非"门（NOT gate）是数字逻辑中实现逻辑非的逻辑门，又称反相器（inverter），其真值表见表 3.3。

表 3.3 "非"门真值表

输入	输出
0	1
1	0

"非"门基因路线设计时，通常是由阻遏子和它们作用的启动子共同组成，即通过连接输入的启动子和阻遏子来关闭输出启动子。如图 3.9 所示，B. Wang 在 *E. coli* MC1061 中构建的 NOT 逻辑门[38]，诱导剂 IPTG 为输入量，绿色荧光蛋白（GFP）为输出量。当没有 IPTG 输入时，LacI 抑制启动子 P_{lac} 启动，CI 蛋白无法表达，使得启动子 P_{lam} 开启 *gfp* 的转录，输出绿色荧光蛋白。当系统中输入 IPTG 时，启动子 P_{lac} 启动，表达 CI 蛋白，抑制了启动子 P_{lam} 启动，*gfp* 无法表达。

3.3.4 "与非"门基因线路

"与非"门（NAND gate）是"与"门和"非"门的结合，"与非"门的结果是对两个输入信号先进行"与"门运算，再对"与"门运算的结果进行"非"门运算。其真值表见表 3.4。

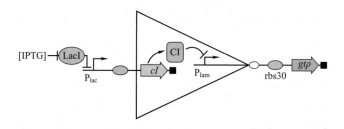

图 3.9　NOT 逻辑门基因设计路线示意图

LacI 能抑制启动子 P_{lac}，CI 蛋白抑制启动子 P_{lam}，而启动子 P_{lam} 可以启动 gfp 的表达。当系统输入
IPTG 时，LacI 蛋白被抑制，启动子 P_{lac} 被启动，cI 基因表达，CI 蛋白抑制启动子 P_{lam}，使得绿色
荧光蛋白（GFP）无法表达，无输出结果。当系统没有 IPTG 输入时，LacI 蛋白抑制启动子 P_{lac}，
没有 CI 蛋白产生，启动子 P_{lam} 启动，gfp 表达，输出绿色荧光蛋白

表 3.4　"与非"门真值表

输入 1	输入 2	输出
0	0	1
1	0	1
0	1	1
1	1	0

　　在逻辑门的基因线路中，"与非"门与前面三个逻辑门（"与"门、"或"门、"非"门）相比，更复杂一些，它是几个逻辑门的组合。图 3.10 中，B. Wang 用"与"门和"非"门组成"与非"门[38]。系统的输入量是 IPTG 和 Arab，绿色荧光蛋白（GFP）是输出量。当系统没有输入时，启动子 P_{lac} 和 P_{BAD} 被抑制，蛋白质 HRPR 和 HRPS 无法表达，使得启动子 P_{hrpL} 无法启动 CI 蛋白的表达，进而启动子 P_{lam} 启动，gfp 表达输出荧光。当系统输入 IPTG 或 Arab 时，启动子 P_{lac} 或 P_{BAD} 启动，蛋白质 HRPR 或 HRPS 表达，但启动子 P_{hrpL} 仍无法启动，CI 蛋白不表达，启动子 P_{lam} 可以启动 gfp 表达，并输出荧光。当系统同时输入 IPTG 与 Arab 时，启动子 P_{lac} 和 P_{BAD} 启动，蛋白质 HRPR 和 HRPS 同时表达，启动子 P_{hrpL} 启动 CI 蛋白的表达抑制了启动子 P_{lam}，使得 gfp 无法表达，没有荧光输出。

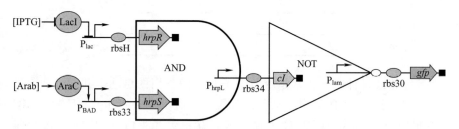

图 3.10　NAND 逻辑门基因线路示意图

LacI 抑制启动子 P_{lac}，AraC 抑制启动子 P_{BAD}，CI 抑制启动子 P_{lam}，
启动子 P_{hrpL} 需要蛋白质 HRPR 和 HRPS 同时存在时才被激活

3.3.5　"或非"门基因线路

　　"或非"门（NOR gate）与"与非"门类似，是"或"门和"非"门的结合，"或非"门的功能是将"或"门功能的结果进行"非"门运算，当任一输入为"真"或两者都为

"真"时，其输出为"假"；反之，当输入同时为"假"时，输出才为"真"。其真值表见表 3.5。

表 3.5 "或非"门真值表

输入 1	输入 2	输出
0	0	1
1	0	0
0	1	0
1	1	0

跟上述的逻辑门一样，"或非"门也是由 DNA 结合蛋白构建而成的。"或非"门类似于"非"门，通过输入启动子连接阻遏子来关闭输出启动子，如图 3.11，当系统中没有输入时，输出启动子没有阻遏子的抑制，诱导后续基因表达，输出"真"值。当系统有 P_{IN1} 或 P_{IN2} 输入时，阻遏子表达并结合了输出启动子，抑制其表达，后续基因的表达也被抑制，系统输出"假"值。同样，当 P_{IN1} 和 P_{IN2} 同时输入时，阻遏子表达抑制输出启动子活性，系统输出"假"值[39]。

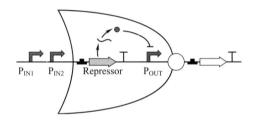

图 3.11 NOR 逻辑门基因线路示意图

3.4 开关基因线路

基因开关是指某种化学诱导物存在或缺乏时，或者在两个独立的外源刺激作用下，基因处于两种可能状态中的一种。它是除逻辑门基因路线以外，最基本的基因表达调控部件。

3.4.1 转换开关

转换开关类似于"非"门逻辑门运算，输出是输入的转换函数，即输入为低时，输出高，反之，输入高时输出为低。天然系统中有许多基因调控的转换开关存在，如正控阻遏系统，是一种天然的转换开关，即效应物分子的存在使激活蛋白处于非活性状态，转录不能进行；效应分子输入为低时，基因表达，系统输出为高。

3.4.2 双相开关

双相开关即基因本身转录既有正调控作用又有负调控作用。如图 3.12 所示，λ 噬菌体的一个双相操纵子 P_{RM} 由阻遏蛋白 CI 和反阻遏蛋白 Cro 结合到相邻的三个结合位点 OR_1、OR_2 和 OR_3 来调控。OR_1 具有较高的亲和力，CI 蛋白浓度低时首先跟 OR_1 结合并促进与 OR_2 结合和自身转录，当 CI 蛋白浓度逐渐增高时，OR_1、OR_2 和 OR_3 三个位点均被结合，CI 基因的转录受到抑制，CI 蛋白浓度逐渐降低。由于双相开关的调控，CI 蛋白浓度低时促

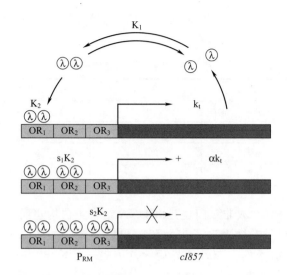

图 3.12　双相开关示意图

启动子 P_{RM} 有三个结合位点：OR_1、OR_2（促进转录）和 OR_3（抑制转录）

进了基因的转录即正调控，CI 蛋白浓度高时抑制了基因转录表达，为负调控[40]。

3.4.3　核糖开关

核糖开关主要是通过核糖核酸（RNA）构象的改变来实现"开关"的功能。跟其他 RNA 调控结构不一样，它直接与小分子配体结合，大部分核糖开关只有一个识别靶向配体的结合位点或适配体，这些适配体一般位于基因表达区域附近，当适配体与代谢产物结合时，改变自身结构，在转录或翻译水平上行使基因调控的功能。核糖开关是复杂折叠的 RNA 区域，也可作为特定代谢产物的受体。利用结构的变化来控制基因表达从而与代谢物结合，即通过形成抑制构象来过早地终止转录或者抑制翻译的起始。很多研究表明，在很多生物体内，核糖开关在参与调节基本代谢过程中是最强的遗传因子[41~44]。

核糖开关可以调节一些代谢过程，比如生物合成维生素（如核黄素、维生素 B_1 和维生素 B_{12}）、蛋氨酸、赖氨酸和嘌呤的新陈代谢。在古细菌和真核生物中也发现了核糖开关的存在，它调节基因表达不需要任何蛋白质因子作为中介，是最古老的调节系统之一。图 3.13 是 R. T. Batey 设计的关于鸟嘌呤与配体结合的核糖开关[44]。在转录初始如果鸟嘌呤浓度较高，其核糖开关会迅速形成一个结合区域与其迅速结合，次黄嘌呤（HX）稳定鸟嘌呤结合区域和 P1 螺旋结构，促使 mRNA 形成终止子终止转录。在没有配体 HX 时，P1 螺旋不稳定，反终止子形成，促进持续转录。

3.4.4　RNA 开关

RNA 分子结构灵活，可以根据环境变换不同构象，具有变构特性。具有生物学功能的 RNA 具有编码蛋白和非编码蛋白的功能，非编码的 RNA 有不同的功能性质，如基因调节、酶催化和配体结合性能。此外 RNA 序列、结构和功能之间的关系容易理解和预测。这些性能使 RNA 在合成生物学成为一个非常有效的设计基板。随着合成生物学的发展和进步，出现了模块化设计、可编程、RNA 开关等[45~47]。

RNA 开关通常连接一个输入域（RNA 适配子）和一个输出域（RNA 基因调控组件），调节基因表达的控制元件与一个配体结合，如蛋白质或小分子[46]（图 3.14）。对外源小分

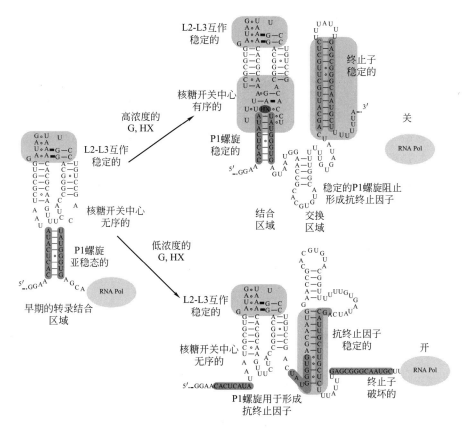

图 3.13　鸟嘌呤核糖开关基因路线示意图

次黄嘌呤（HX）能稳定鸟嘌呤核糖开关结构，形成 P1 螺旋，从而形成后续的终止
子结构，终止转录。在低浓度的次黄嘌呤时，鸟嘌呤核糖开关结构不稳定，
与后面的终止子结合形成了反终止子结构，促进了转录的进行

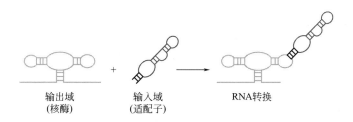

图 3.14　RNA 开关组成示意图

子响应的合成 RNA 开关已经可以在不同宿主细胞的多种输出域中使用。当 RNA 开关的输入域和输出域不同时，新的输入域能被选中重新合成并很快地与现存的开关平台融合。

3.4.5　双稳态开关

大多数关于细胞信号转导的生物化学反应是可逆的，比如蛋白质的磷酸化和去磷酸化，第二信使的合成和降解或者释放和分离，蛋白质进入和游出细胞核等。但是很多生物转换是不可逆的，比如细胞循环转换，细胞可以从 G2 相态到 M 相态，反之则不能。可逆的细胞信号转导路线如何导致细胞命运的不可逆变化？Monod 和 Jacob 最早给出了解释，他们认为基因调控系统之间是线路相连的[48]。

双稳态开关也称"拨动开关"，可通过人为调控实现基因线路在两种不同稳定状态间的切换。经典的转录水平的双稳态开关由两个启动子组成，每个启动子的"开"和"关"状态之间具有明显的界限，只有通过瞬时的诱导因素变化才能切换基因拨动开关至其中一个稳态，且在移除其输入刺激后仍维持原来的状态[5]。如图 3.15 所示，T. S. Gardner 等基于特定蛋白对特定基因的表达和开启作用设计了一种转录水平的双稳态开关[49]。两种不同的启动子 1 和 2 分别控制着阻遏子 2 和阻遏子 1 基因的表达，而阻遏子 2 和 1 的基因表达产物又分别抑制着启动子 2 和 1 的启动，阻遏子 1 下游报告基因的表达产物可以作为输出信号表征系统目前所处的状态。当启动子 1 表达时，阻遏子 2 基因被激活表达，产生的阻遏蛋白 2 抑制了启动子 2，阻遏子 1 不表达，系统稳定于启动子 1 开启而启动子 2 关闭，启动子 2 下游的报告基因无法启动，系统无特定输出产物。当启动子 2 启动时，阻遏子 1 被激活表达产生阻遏蛋白 1，导致启动子 1 受到抑制，阻遏子 2 不表达，系统稳定于启动子 2 启动而启动子 1 抑制的状态，启动子 2 下游基因被启动，系统有产物输出。

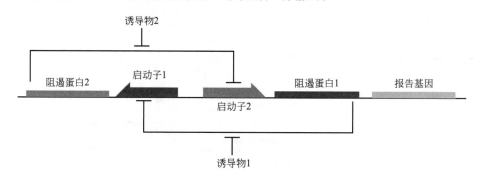

图 3.15　双稳态开关基因路线设计

启动子 1 可以激活阻遏蛋白 2，启动子 2 能激活阻遏蛋白 1，同时，阻遏蛋白 2 会抑制启动子 2 活性，阻遏蛋白 1 会抑制启动子 1 活性。当启动子 1 启动时，阻遏蛋白 2 表达，抑制启动子 2 启动，系统下游报告基因无法开启。当启动子 2 启动时，阻遏蛋白 1 表达，启动子 1 受到抑制，阻遏蛋白 2 无法表达，启动子 2 稳定开启，系统下游报告基因表达输出

3.5　基因线路调控方式

合成生物学的目的是通过各种人工生物体的应用，解决环境、能源、健康等方方面面的问题。基因线路是合成生物学中重要的一部分，是由各种调节元件和被调节的基因组合成的遗传装置，可以在给定条件下可调、可定时定量地表达基因产物。除了上述基因线路的介绍，基因线路的调控方式也备受关注。

3.5.1　基因线路纠错

基因线路纠错是通过检测生物体内的变化产生相应的反应，阻止转录、翻译或者进一步反应的进行，使其按照正确的方向进行转录或翻译。如 RNA/DNA 嵌合寡核苷酸介导的嵌合体修复，根据 RNA 可提高同源配对效率，合成的 RNA/DNA 杂合寡核苷酸分子基因线路，将其导入细胞后，嵌合体可有效地与基因组中同源序列配对，并在靶位点处形成错配碱基对，体内的修复机能以导入的 RNA/DNA 寡核苷酸为模板，修改基因组中的同源序列，从而实现定点纠错。

3.5.2　基因线路放大

生物体在生存和发展的过程中一定经历过生长和环境信号编码处理。基因线路的放大顾名思义，就是通过设计基因路线，使环境中的信号放大，能更灵敏、准确地检测到环境中信号的变化，从而做出相应的反应。比如基因开关和逻辑门的线路放大，通过基因线路的放大，可以更好更快更灵敏地检测到物质信号的变化，有效地应用于医学检测[50,51]。

3.6　基因线路实例

在合成生物学基因路线中，人们利用基本的生物学元件设计和构建了基因开关、振荡器、放大器、逻辑门、计数器等合成器件，实现对生命系统的重新编程并执行特殊功能。

3.6.1　振荡器与生物节律

基因振荡是一种基因调控机制，它由振荡的幅度和周期来决定基因表达的时间。这种基因表达的时间控制可以实现在大规模基因网络中仅利用少量的调控因子即可调控相对较多的基因，从而实现对复杂细胞行为的调控。M. B. Elowitz 在转录水平上构建的基因振荡器，其原理是：将三个表达产物相互抑制的基因模块串联成一个环状结构，利用基因模块间的彼此抑制和解抑制即可实现振荡器的功能[52]。如图 3.16 所示，启动子 $P_L$lac01 控制基因 *tetR-lite* 的表达，其表达产生的四环素 TetR 抑制启动子 $P_L$tet01，启动子 $P_L$tet01 控制基因 *λcI-lite*，其表达产生的 cI 蛋白抑制启动子 λP_R，启动子 λP_R 控制基因 *lacI-lite*，其表达产生的乳糖阻遏蛋白 LacI 抑制启动子 $P_L$lac01。当启动子 $P_L$lac01 启动时，基因 *tetR-lite* 表达，产生四环素 TetR，抑制启动子 $P_L$tet01，基因 *λcI-lite* 无法表达，启动子 λP_R 抑制解除，基因 *lacI-lite* 表达产生乳糖阻遏蛋白抑制启动子 $P_L$lac01，启动子 $P_L$lac01 由开启状态转换为关闭状态，抑制了基因 *tetR-lite* 表达，启动子 $P_L$tet01 抑制解除，由关闭状态转换成开启状态，基因 *λcI-lite* 表达，启动子 λP_R 抑制，由开启状态转换成关闭状态，基因 *lacI-lite* 无法表达，启动子 $P_L$lac01 抑制解除，由关闭状态变为开启状态。如此反复，三个

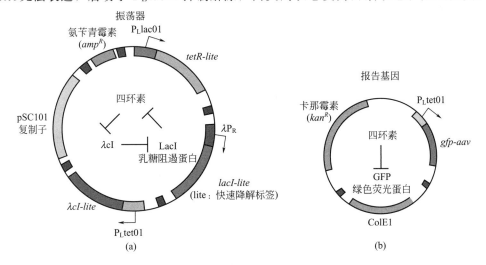

图 3.16　振荡器质粒构建示意图

（a）为振荡器质粒，黑色方块代表转录终止子，后缀 "lite" 表示具有
快速降解标签的蛋白质；（b）为携带荧光基因的质粒

启动子环环相扣形成一个完整的振荡器，阻遏蛋白周而复始振荡，蛋白质 *TetR-lite* 的浓度也发生振荡，其对启动子 $P_L$tet01 抑制作用也出现相应的振荡，导致输出的绿色荧光蛋白（GFP）的表达量也随着 TetR 浓度的变化而变化。

3.6.2　细胞记忆基因线路

逻辑和记忆是基因线路中重要的功能，可以产生复杂、相关性的反应[53]。细胞记忆可以定义为对短暂刺激的一种延长反应，早期设计的双稳开关或拨动开关都属于细胞记忆基因路线的一种[54]。细胞记忆基因线路是很多基因线路中的核心部分，可以与基因逻辑运算结合用于 DNA 计算机，也可与其他的开关基因线路或逻辑门基因线路结合，形成更复杂、精确的基因线路。

3.6.3　光控开关与生物成像

光控开关与生物成像系统由感受光照刺激的光感应器和调控遗传线路响应的应答因子组成，利用光感应器来接收光照刺激，将刺激信号传递给应答调节因子，通过应答调节因子对遗传线路进行调控，从而开关基因线路或者产生能被人类视觉感官看到的色彩，进而成像[55,56]。A. Levskaya 设计了一种包含人工合成感应激酶的微生物成像系统，能够使大肠杆菌菌苔发挥生物胶片的功能[55]。如图 3.17 所示，绿色是光感应器，由光敏色素基因 Cph1组成。橙色是组氨酸激酶结构域和响应调节域组成的，由基因 Envz-OmpR 组成，当有红光照射时，Envz 蛋白的自磷酸化受抑制，OmpR 蛋白也无法磷酸化，启动子 ompC 关闭，作为融合基因的 *lacZ* 无法表达，无黑色化合物产生；反之，当没有红光照射时，Envz 蛋白自磷酸化，通过 OmpR 蛋白激活启动子 ompC，*lacZ* 基因表达，此区域为黑色。

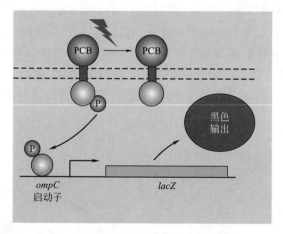

图 3.17　生物成像示意图　　　　　　　　　　彩图 3.17

绿色（PCB）是光感应器，由 Cph1 组成。橙色是应答调节子，由 EnvZ 和 OmpR 两种蛋白质
组成，前者是一种组氨酸激酶，在高渗环境下能发生自身磷酸化，起感应器的作用；后者
是反应调节子，含有天冬氨酸残基，能接受来自 EnvZ 的磷酸而被磷酸化，磷酸化的 OmpR
可以作为转录因子输出 EnvZ 的信号对启动子 ompC 进行调控。*lacZ* 基因与大肠杆菌
染色体上的 *ompC* 基因融合，其编码的 LacZ 蛋白能够催化 S-Gal 产生黑色化合物

思考题

1. 双输入-单输出"基因逻辑门（genetic logic gates）"共有多少种可能？它们的名称

是什么？试设计出这些基因逻辑门的基因线路。

2. 列出"双稳态（bistability）"和"持续振荡（sustained oscillation）"这些基因线路的详细设计方案。用微分方程系统研究双稳态和振荡这些非线性行为发生的参数范围。

参 考 文 献

[1] Nielsen A A K，Segall-Shapiro T H，Voigt C A. Advances in genetic circuit design：novel biochemistries，deep part mining，and precision gene expression [J]. Current opinion in chemical biology，2013，17（6）：878-892.

[2] Jacob F，Monod J. Genetic regulatory mechanisms in the synthesis of proteins [J]. Journal of molecular biology，1961，3（3）：318-356.

[3] Kosman D，Reinitz J，Sharp D H. Automated assay of gene expression at cellular resolution [C] //Proceedings of the 1998 Pacific Symposium on Biocomputing. 1998：6-17.

[4] Sharp D H，Reinitz J. Prediction of mutant expression patterns using gene circuits [J]. Biosystems，1998，47（1）：79-90.

[5] 宋凯，黄熙泰. 合成生物学导论 [M]. 北京：科学出版社，2010.

[6] 余君涵. 通过启动子工程来组合优化大肠杆菌 CO_2 的转运和固定过程 [D]. 天津大学，2015.

[7] Nair T M，Kulkarni B D. On the consensus structure within the *E. coli* promoters [J]. Biophysical chemistry，1994，48（3）：383-393.

[8] Studier F W，Moffatt B A. Use of bacteriophage T7 RNA polymerase to direct selective high-level expression of cloned genes [J]. Journal of molecular biology，1986，189（1）：113-130.

[9] Elvin C M，Thompson P R，Argall M E，et al. Modified bacteriophage lambda promoter vectors for overproduction of proteins in *Escherichia coli* [J]. Gene，1990，87（1）：123-126.

[10] De Boer H A，Comstock L J，Vasser M. The tac promoter：a functional hybrid derived from the trp and lac pro-moters [J]. Proceedings of the National Academy of Sciences，1983，80（1）：21-25.

[11] Guzman L M，Belin D，Carson M J，et al. Tight regulation，modulation，and high-level expression by vectors containing the arabinose PBAD promoter [J]. Journal of bacteriology，1995，177（14）：4121-4130.

[12] Haldimann A，Daniels L L，Wanner B L. Use of New Methods for Construction of Tightly Regulated Arabinose and Rhamnose Promoter Fusions in Studies of the *Escherichia coli* Phosphate Regulon [J]. Journal of bacteriology，1998，180（5）：1277-1286.

[13] Cox R S，Surette M G，Elowitz M B. Programming gene expression with combinatorial promoters [J]. Molecular systems biology，2007，3（1）：145.

[14] Skerra A. Use of the tetracycline promoter for the tightly regulated production of a murine antibody fragment in *Escherichia coli* [J]. Gene，1994，151（1）：131-135.

[15] Smale S T，Kadonaga J T. The RNA polymerase Ⅱ core promoter [J]. Annual review of biochemistry，2003，72（1）：449-479.

[16] Peters J M，Vangeloff A D，Landick R. Bacterial transcription terminators：the RNA 3′-end chronicles [J]. Journal of molecular biology，2011，412（5）：793-813.

[17] Birnstiel M L A，Busslinger M，Strub K. Transcription termination and 3′ processing：the end is in site [J]. Cell，1985，41（2）：349-359.

[18] 严锦文，隋德新. 衰减子与基因表达的调控 [J]. 生物学通报，1992，8：005.

[19] Bertrand K，Squires C，Yanofsky C. Transcription termination in vivo in the leader region of the tryptophan operon of *Escherichia coli* [J]. Journal of molecular biology，1976，103（2）：319-337.

[20] Oxender D L，Zurawski G，Yanofsky C. Attenuation in the *Escherichia coli* tryptophan operon：role of RNA secondary structure involving the tryptophan codon region [J]. Proceedings of the National Academy of Sciences，1979，76（11）：5524-5528.

[21] Yanofsky C. Attenuation in the control of expression of bacterial operons [J]. Nature，1981，289（5800）：751-758.

[22] Blackwood E M，Kadonaga J T. Going the distance：a current view of enhancer action [J]. Science，1998，281（5373）：60-63.

[23] 方福德. 增强子 [J]. 中华预防医学杂志, 2004, 38 (5): 357.

[24] Khoury G, Gruss P. Enhancer elements [J]. Cell, 1983, 33 (2): 313-314.

[25] Dynan W S. Modularity in promoters and enhancers [J]. Cell, 1989, 58 (1): 1-4.

[26] 熊春江, 江黎明. 增强子及其生物信息学预测 [J]. 生命的化学, 2011, 31 (3): 446-449.

[27] Squires C L, Lee F D, Yanofsky C. Interaction of the trp repressor and RNA polymerase with the trp operon [J]. Journal of molecular biology, 1975, 92 (1): 93-111.

[28] Bell A C, West A G, Felsenfeld G. The protein CTCF is required for the enhancer blocking activity of vertebrate insulators [J]. Cell, 1999, 98 (3): 387-396.

[29] Vellanoweth R L, Rabinowitz J C. The influence of ribosome-binding-site elements on translational efficiency in *Bacillus subtilis* and *Escherichia coli* in vivo [J]. Molecular Microbiology, 1992, 6 (9): 1105.

[30] Omotajo D, Tate T, Cho H, et al. Distribution and diversity of ribosome binding sites in prokaryotic genomes [J]. Bmc Genomics, 2015, 16 (1): 1-8.

[31] Na D, Lee D. RBSDesigner: software for designing synthetic ribosome binding sites that yields a desired level of protein expression [J]. Bioinformatics, 2010, 26 (20): 2633.

[32] Salis H M. The ribosome binding site calculator [J]. Methods in Enzymology, 2011, 498: 19.

[33] 刘翟. 原核生物转录因子预测方法和高等植物基因数据分析 [D]. 北京大学, 2005.

[34] 李贺, 宋冰, 郑士梅, 等. 转录因子的结构与功能区分析 [J]. 安徽农学通报, 2013, 19 (19): 23-24.

[35] 陈鸿飞, 王进科. 转录因子相关数据库 [J]. 遗传, 2010, 32 (10): 1009-1017.

[36] Anderson J C, Voigt C A, Arkin A P. Environmental signal integration by a modular AND gate [J]. Molecular systems biology, 2007, 3 (1): 133.

[37] Wong A, Wang H, Poh C L, et al. Layering genetic circuits to build a single cell, bacterial half adder [J]. BMC biology, 2015, 13 (1): 40.

[38] Wang B, Kitney R I, Joly N, et al. Engineering modular and orthogonal genetic logic gates for robust digital-like synthetic biology [J]. Nature communications, 2011, 2: 508.

[39] Brophy J A N, Voigt C A. Principles of genetic circuit design [J]. Nature methods, 2014, 11 (5): 508-520.

[40] Isaacs F J, Hasty J, Cantor C R, et al. Prediction and measurement of an autoregulatory genetic module [J]. Proceedings of the National Academy of Sciences, 2003, 100 (13): 7714-7719.

[41] Vitreschak A G, Rodionov D A, Mironov A A, Gelfand M S. Riboswitches: the oldest mechanism for the regulation of gene expression? [J]. Trends in Genetics, 2004, 20 (1): 44-50.

[42] Mandal M, Breaker R R. Gene regulation by riboswitches [J]. Nature Reviews Molecular Cell Biology, 2004, 5 (6): 451-463.

[43] Nudler E, Mironov A S. The riboswitch control of bacterial metabolism [J]. Trends in biochemical sciences, 2004, 29 (1): 11-17.

[44] Batey R T, Gilbert S D, Montange R K. Structure of a natural guanine-responsive riboswitch complexed with the metabolite hypoxanthine [J]. Nature, 2004, 432 (7015): 411-415.

[45] Badorrek C S, Gherghe C M, Weeks K M. Structure of an RNA switch that enforces stringent retroviral genomic RNA dimerization [J]. Proceedings of the National Academy of Sciences, 2006, 103 (37): 13640-13645.

[46] Michener J K, Smolke C D. High-throughput enzyme evolution in Saccharomyces cerevisiae using a synthetic RNA switch [J]. Metabolic engineering, 2012, 14 (4): 306-316.

[47] Ray P S, Jia J, Yao P, et al. A stress-responsive RNA switch regulates VEGFA expression [J]. Nature, 2009, 457 (7231): 915-919.

[48] Ferrell J E. Self-perpetuating states in signal transduction: positive feedback, double-negative feedback and bistability [J]. Current opinion in cell biology, 2002, 14 (2): 140-148.

[49] Gardner T S, Cantor C R, Collins J J. Construction of a genetic toggle switch in *Escherichia coli* [J]. Nature, 2000, 403 (6767): 339-342.

[50] Bonnet J, Yin P, Ortiz M E, et al. Amplifying genetic logic gates [J]. Science, 2013, 340 (6132): 599-603.

[51] Courbet A, Endy D, Renard E, et al. Detection of pathological biomarkers in human clinical samples via amplifying genetic switches and logic gates [J]. Science translational medicine, 2015, 7 (289): 289ra83.

[52] Elowitz M B, Leibler S. A synthetic oscillatory network of transcriptional regulators [J]. Nature, 2000, 403

（6767）：335-338.

[53]　Siuti P，Yazbek J，Lu T K. Synthetic circuits integrating logic and memory in living cells ［J］. Nature biotechnolo-
　　　gy，2013，31（5）：448-452.

[54]　Ajo-Franklin C M，Drubin D A，Eskin J A，et al. Rational design of memory in eukaryotic cells ［J］. Genes & de-
　　　velopment，2007，21（18）：2271-2276.

[55]　Tabor J J，Salis H M，Simpson Z B，et al. A synthetic genetic edge detection program ［J］. Cell，2009，137
　　　（7）：1272-1281.

[56]　Levskaya A，Chevalier A A，Tabor J J，et al. Synthetic biology：engineering *Escherichia coli* to see light ［J］.
　　　Nature，2005，438（7067）：441-442.

第 4 章
合成生物系统的设计与组装

引　言

　　设计和组装一个合成生物系统以利用简单碳源（糖类、淀粉等）实现特定化学品、药用小分子以及各类生物燃料分子等是一个复杂的系统工程，涉及特定代谢产物合成途径和表型特征的设计、宿主细胞（底盘细胞）的选择与改造、代谢途径中各个基因的优化表达、目标产物的检测、菌株筛选和代谢途径的重新设计以及所得合成生物的系统性进化等众多方面。由于生物系统本身的复杂性，在现阶段还很难对合成生物系统进行全面精确的设计和控制，需要通过"设计-构建-检验-重设计"循环对已有合成生物系统进行优化。从该循环所获得的知识可进一步加深我们对合成生物系统的认识，从而用于更好地指导计算机辅助设计以降低对该循环的依赖，进而使得合成生物系统在定量化和标准化等方面逐步接近其他工程系统。近 20 年来，由于合成生物学、系统生物学和代谢工程的相互促进和发展，合成生物系统的研究取得了令人瞩目的成就，比如在酵母中成功生物合成青蒿酸和阿片类药物等以及成功合成病毒和支原体的基因组，新领域的大门正在逐步打开。

　　以合成生物学中最为经典的青蒿素合成为例。青蒿素是抗疟特效药之一，是从黄花蒿中提取而来的一种倍半萜内酯。从植物中提取的青蒿素，由于在其最初的需求和最终的供应之间存在 18 个月的滞后期，因此其供应量和价格通常难以预测，受天气和收成的影响比较大。为解决这一问题，来自美国加州大学伯克利分校的 Jay Keasling 课题组领头开展了半合成青蒿素项目。该项目旨在通过对合成生物系统的设计，采用微生物发酵的方法生产青蒿素后期化学合成的前体——青蒿酸，以稳定青蒿素的供应和价格。他们首先选取了大肠杆菌作为生产的底盘细胞，通过对大肠杆菌的工程化改造，建立了从葡萄糖到紫穗槐二烯（青蒿酸的重要前体）的合成途径。但由于大肠杆菌发酵过程中所产生的紫穗槐二烯浓度有限且不是半合成青蒿素所优选的底物，因而随后他们针对青蒿素合成途径中的关键酶（细胞色素 P450 酶）特性，利用真核酿酒酵母体系，通过对代谢途径的优化实现了较高产青蒿酸菌株的构建。最后，通过对高产所需新酶的挖掘和发酵工艺的改进等，青蒿素的微生物发酵生产得以实现，并于 2014 年由医药巨头赛诺菲（Sanofi）公司生产出售。青蒿素微生物发酵生产商业化的成功第一次证明了合成生物系统在药物生产和研发上具有巨大潜力。

　　在本章中，将以合成生物系统为核心，介绍其相关的设计、组装、构建及优化的理论和技术。与此同时，还将介绍合成生物系统研究过程中的常见分析筛选方法以及如何通过"设

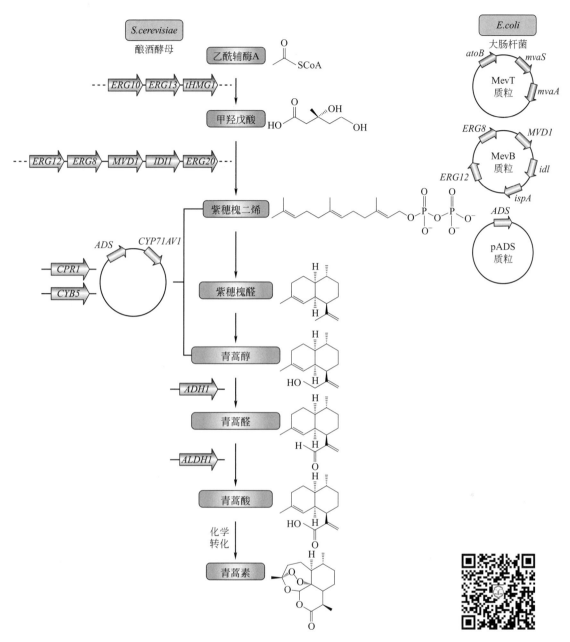

引言图　青蒿素合成生物系统的构建和优化[1]　　　　　　引言彩图

最初选用大肠杆菌作为表达和优化甲羟戊酸途径的底盘细胞。通过两个质粒（MevB 和 MevT）在大肠杆菌中异源表达
甲羟戊酸的途径，同时表达黄花蒿（*Artemisia annua*）中的紫穗槐二烯合酶（ADS）以使乙酰 CoA 转化为紫穗槐
二烯。但是在紫穗槐二烯合成之后的步骤难以在大肠杆菌中异源重构，因此酿酒酵母被用作整个工程化合成
途径的底盘细胞。除了质粒携带的 ADS 和 CYP71AV1 基因之外，将紫穗槐醛转化为青蒿酸所需的其余基因
全部被整合到酿酒酵母基因组中。该途径的最后一步，即将青蒿酸转化为青蒿素，需要体外化学的转化
方可实现。蓝色基因来源于大肠杆菌，黄色基因来源于酿酒酵母，紫色基因来源于金黄色葡萄球菌，
绿色基因来源于黄花蒿，其中，黄花蒿来源的基因都已经过针对酵母细胞的密码子优化

计-构建-检验-重设计”循环对合成生物系统进行优化。最后，简要介绍合成生物系统中的群
体感应，即将合成生物系统由单细胞个体扩展到多细胞群体。

知识网络

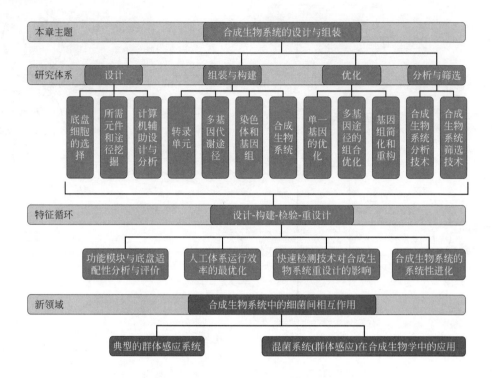

学习指南

1. 重点：合成生物系统的组装、构建和优化；"设计-构建-检验-重设计"的特征循环。
2. 难点：合成生物系统的设计。

4.1　合成生物系统的设计

　　为了利用合成生物系统进行特定产品的高效生产，首先需要根据所需产品的特性，对合成生物系统开展多个方面的设计。本节将阐述合成生物系统设计过程中需要考虑的一些基本因素，包括底盘细胞的选择、所需元件和途径的挖掘以及合成生物系统的设计（图4.1）与理论分析等。

4.1.1　合成生物系统底盘细胞的选择

　　在开展一个合成生物系统设计的最初，需要根据目标产品的特性，选择一个性状优良的底盘细胞，也就是用于该产品生产的宿主。底盘细胞选择的优劣将直接影响合成生物系统设计的成败。如果不幸选择了一个低效的底盘细胞，就会事倍功半。

　　因为一个底盘细胞往往需要很多的遗传操作和基因改造才有可能成为一个良好的细胞工厂，所以底盘细胞首要的特性就是具有遗传可操作性和稳定性，能够在可控的条件下接受外源DNA。尤其是在对一个特定的表型进行文库的组合构建和筛选的过程中，高效的转化系统是十分必要的。虽然转化方法在过去的研究中已经发展了很多，但是这些方法大都是宿主

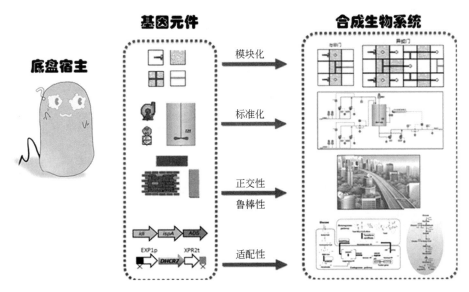

图 4.1　合成生物系统的设计

特异的，且包含很多的经验成分，无法作为一种普适性方法得以在不同的物种上推广使用。除了转化方法外，同源重组效率也是底盘细胞遗传可操作性和稳定性的重要方面。为了实现外源 DNA 的稳定遗传，通常需要将其整合到底盘细胞的基因组中。为了重塑与目标产物相关的代谢网络，也需要对宿主基因组中相关的基因进行操作与调控。近年来发展起来的 CRISPR/Cas9 技术已经在多个物种中实现了成功应用，通过引入 DNA 单链或者双链的断裂提高对特定序列的编辑能力，提高了很多底盘的遗传可操作性。

其次，底盘细胞需要有特征明确且可控的代谢工程模块，从而可以实现对表型有目标的调控。比如，具有强度和功能已知且可控的启动子、终止子、转录调控开关等各种元件。人工生物模块的设计、构建和完善将有助于实现对复杂生物系统的操控和检测。针对目标底盘细胞开发定量化、模块化、标准化的功能模块是合成生物系统研究的重要方面。此外，底盘细胞最好能够有各种组学分析的工具和算法，从而可以对细胞在不同操作和环境下进行各种组学特性的表征。清晰的组学表征和调控网络将有助于根据目标产物的特性对底盘的适配性进行评价和优化。

为了尽量减少生产成本，一个好的底盘细胞还需要尽可能具备以下特性：①能够在含有廉价碳源的基础培养基中生长，比如可以同时利用己糖和戊糖，使木质纤维素生物质中的所有糖成分都可以转化成所需的产物；②生长周期短，能够在短时间内实现生物个体的快速增殖和目标产物的生产；③代谢率高，快速高效的代谢速率是高生产率和高转化率所必不可少的；④发酵过程简单，便于降低操作成本和最大限度地控制大规模生产的风险；⑤具有强大的环境适应性，如尽可能耐受生产过程中的高温和低 pH 等不利条件以及生物质预处理中的抑制剂；⑥对高浓度底物和产物具有耐受性，从而获得目标化合物的高效价。

常用的底盘细胞主要是细菌和真菌。大肠杆菌因其生长速度快、遗传操作简便等特性，是目前最为常用的底盘细胞。在真菌中，酿酒酵母因其遗传背景清晰、基因操作工具完备而最为常用。此外，还有其他常用的底盘细胞，包括丙酮丁醇梭菌、谷氨酸棒杆菌、枯草杆菌、链霉菌和黑曲霉等。随着遗传操作的简便性提高，植物如烟草、拟南芥以及单细胞微藻也开始逐渐作为底盘细胞用于特定产物的生产（图 4.2）。针对目标产物进行底盘细胞的改造以提高其适配性和高产性是合成生物系统研究的重要方面。底盘细胞的基因组精简化，由于其物质和能量代谢简单可控、外源 DNA 承载能力强大以及遗传操作方法简易，一直是人们梦寐以求的。

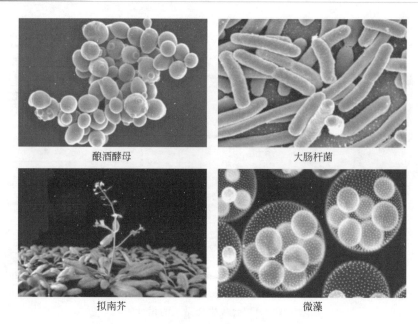

酿酒酵母   大肠杆菌

拟南芥   微藻

图 4.2 常见的合成生物系统底盘细胞

长久以来，人们一直在不断地从自然界中探索新的具有某些优良性状的野生型底盘。随着合成生物学的发展，人们开始根据特定目标产品对这些野生型底盘进行局部或全面改造，形成性状更加优良的基因工程底盘细胞。随着合成基因组学的发展，人类开始具备在全基因组水平的设计与合成能力，对底盘细胞基因组进行全面而系统的设计和构建。

4.1.2 合成生物系统所需元件和途径挖掘

合成生物学中的元件包括编码蛋白质的特定功能性酶以及对基因表达进行调控的各类调控元件如启动子、终止子和核糖体结合位点等。为了获得所需的元件和目的途径，需要开展下面一系列的研究。

（1）天然宿主的基因组序列测定与分析

利用目前较为成熟的第二代测序技术（也常称为高通量测序技术，以 Illumina 公司为代表），通过将基因组片段打断成不同大小的片段进行序列测定，随后利用软件对其进行组装、预测和分析。为了获得拼接更好的基因组序列，可以结合第三代测序技术，也就是单分子测序技术（目前以 PacBio 公司为代表）。基于序列同源性的计算机辅助基因组注释是目前使用最多的基因及功能注释方法。尽管在自动化和样品通量上面具有优势，但是这些方法都不能鉴定出与数据库中所储存的序列没有任何同源性的新基因的功能。细菌中，某一代谢途径的相关基因通常以基因簇或者操纵子的形式存在于基因组中，这一排布特点有助于原核生物合成生物系统中相关元件和途径的挖掘。

知识拓展 4-1

基因操纵子

基因操纵子是细菌中与同一种生化功能有关的几个基因(如控制色氨酸合成的有关

基因)在基因组内聚成一簇而紧密连锁，并受一个基因调控。 基因操纵子只在细菌中发现，在真核生物基因组内很少发现。 真核生物的结构基因一般是单独调控的，但真核生物中也有称为超基因的结构。

　　人类基因组的超基因如血红蛋白基因簇，位于 16 号染色体，跨度约 30kb，由编码血红蛋白的类珠蛋白的基因聚集成簇。 位于 2 号染色体上跨度约 60kb 的血红蛋白的类珠蛋白编码的基因也聚集成簇。 在个体发育的不同时期，基因簇中的不同基因进行表达。 类珠蛋白基因簇中有 3 个假基因 ψζ、ψα 和 ψβ，类 β-珠蛋白基因簇中也有一个假基因 ψβ。

（2）天然宿主的转录组测序/蛋白质组学分析

　　基因组序列可以让我们了解到这个物种中所有的基因组成，但这些基因并不会同时全部表达。转录组/蛋白质组的测定可以帮助我们鉴定某个天然产物合成途径中所需表达的各个酶。尤其当特定天然产物是在宿主的某种状态下才得以生产，那么比较该宿主在该天然产物合成和不合成两个状态下的转录组，可以极大地促进代谢通路的鉴定。同一代谢途径中的酶的编码基因通常具有类似的转录模式，可作为鉴定的辅助。即便所关注的途径是组成型表达，转录组/蛋白质组的数据也有助于对活性基因的鉴定和注释，以及发现具体执行功能的选择性剪切转录本。

（3）天然宿主中代谢途径的分析

　　对特定底物和产物的鉴定是合成生物系统中挖掘特定功能性酶的必备技术。通过稳定性同位素标记技术可以示踪目标化合物的去向及流量分配，从而可以用于新代谢途径的挖掘和解析。在这种情况下，可以鉴定新的细胞途径和代谢物，而无需靶向的遗传修饰或重组蛋白质研究，使得代谢途径挖掘的对象生物体可以具备更大的灵活性。

（4）其他技术手段的辅助

　　通过转录组或者蛋白质组的分析，我们很可能锁定了一些与目标代谢途径相关的关键酶，但是对其具体的功能却不清楚。此时可以借助一些其他的技术手段对其活性进行研究，主要包括：①基于体外活性的代谢组学分析，通过示踪纯化后的酶所诱导的复杂代谢提取物的变化，鉴定其对应的底物和产物。②离体代谢组学分析，通过鉴定与敲除/表达水平变化相关联的细胞代谢组变化，鉴定其对应的底物和产物。③计算酶学，很多的酶都具有较为保守的结构域，通过序列或者三维结构的比对可以对未知功能的酶进行功能预测；通过晶体结构的解析，还可以鉴定与纯化的酶相关的共结晶的小分子，从而鉴定与其紧密结合的配体（底物/产物/中间体）。④基于活性的蛋白质谱分析（activity-based proteomic profiling，ABPP），通过使用活性位点导向的小分子基共价探针以实现对目标酶的共价修饰，然后通过质谱技术进行鉴定以实现对酶的底物和催化机制的探索。

　　除了特定功能性酶外，对基因表达进行调控的各类调控元件也是合成生物系统所需挖掘的对象。可以通过计算机预测、定义和挖掘，实现对生物元件的抽象化和标准化，以便获得具有明确定义的特定功能元件。启动子、终止子等元件通常具有保守的生物学基序和显著的序列特征，可用于鉴定一个未知序列是否可作为特定的生物元件。比如，启动子通常位于基因的转录起始位点之前（有义链的 5′区域），长度大概在 100bp 到 1000bp 之间，细菌的启动子的－10 区域具有保守的 TATAAT 序列，并且－35 区域具有保守的 TTGACA 序列等。不同的转录因子通常具有特异性的结合序列，可以特异激活或者抑制相应启动子的活性。转录因子结合序列的鉴定可以通过 Chip-seq 等实现，有助于对启动子的活性增加一层额外的调控。根据对启动子和终止子等元件的序列组成的深入认识，可以完全人工合成具有活性的合成型启动子和终止子。相较于从自然界中挖掘的野生型元件，合成的启动子和终止子的序列更加精简、调控更加清晰，将有助于提升合成生物系统的可控性和可预测性。

此外，还需对挖掘出的元件进行模块化和定量化，以提高元件的可用性和通用性。功能元件的检测方法可以分为体内和体外两个大的方面。通过转录组测序可以检测基因的表达水平，为启动子和终止子的活性评价提供依据。通过将启动子或者终止子与特定的表征基因（比如荧光蛋白和 LacZ 等）组成完整的转录单元，可以凭借荧光强度或者酶活检测评价相应元件的活性。在合成生物系统中，经常需要将功能元件在异源宿主中进行应用，以便利用性状优良底盘细胞的特性降低成本、提高产量和实现工业化生产，比如在模式生物中进行的目标途径的解析和优化。因此，需要根据具体的底盘检测相应元件的功能。

4.1.3 合成生物系统的计算机辅助设计与分析

所有工程学科的复杂系统的设计过程都离不开定量化的组成元件，以及能够预测这些元件所组成的系统输出的方法。因此，我们需要基于所选的底盘细胞、挖掘的元件和途径，利用这些方法对合成生物系统进行设计和理论分析。

通过数学建模可以对生物系统的设计提供全局性的支撑，指导元件的选择并预测所构建系统的输出。由于生物元件在不同的底盘细胞中具有行为模式的复杂性和难以预测性，这种由下至上的设计过程通常需要相应的计算机软件的辅助，并且对相对简单的系统的应用效果较好。对于复杂系统，则需要通过"设计-构建-检验-重设计"循环对原始设计加以验证和修正。基于酶分类和可能的化学转化类型，已经设计了几种算法来搜索所有可能的途径并根据一些参数（例如途径所需经历的反应步数、热力学效率和最大预测产量）对这些途径进行评估排序，以便寻找理论上最适合于生产某种化合物的代谢途径。对于选定的代谢途径，需要依据所需的元件类型采用合适的策略实现候选元件的计算识别。通过对相关元件数据库的搜索，通常可以找到能够满足设计需求的元件及其相关信息。在更复杂的情况下，对酶家族中底物特异性的自动化计算预测将允许对可能的靶标进行更有效的优先排序。除此之外，为了优化通过候选途径的代谢流量，需要根据单独的催化效率以及总体途径反应化学计量来找到途径内的每一部分的最佳组合。

然后，对于可能的最优代谢途径，经过计算机辅助的设计或重设计后，可以通过计算机模拟并预测其整合到候选底盘细胞的代谢模型后，其代谢网络与外源途径的拓扑结构的相互适应的过程。与内源途径和代谢物的竞争、不可预测的副产物和反馈环路都是底盘细胞对外源途径产生的一些可能的影响。基于每个反应的化学计量、质量守恒以及目标途径通量最优化的目标函数可以计算出一个新的代谢网络的流量稳态分布。在代谢稳态网络的构建过程中，通常以生物量的最大化生产为目标函数，在合成生物系统中也会使用"代谢网络调整最小化"为目标函数以在通量分布最接近野生型的情况下寻找可行的构建方案。这方面的计算机模拟软件主要由用于代谢模型快速重建的高通量模型生成软件和用于快速高效地分析建模结果的代谢网络可视化软件所构成。

针对以上计算机辅助设计与分析的各方面内容，一些常用的数据库和软件如表 4.1 所示。

表 4.1 一些常用的数据库和软件

数据库及软件	描述
元件挖掘	
Registry of Standard Biological Parts[IGEM]	麻省理工学院部件登记处，包含各种类型的生物元件，如启动子、RBS、转录终止子和质粒，主要由在 iGEM 比赛期间收集的元件组成
IMG[2]	集成微生物基因组；用于微生物基因组比较和进化分析，包括邻域直系同源基因的搜索

续表

数据库及软件	描述
antiSMASH[3]	次生代谢物生物合成基因簇的鉴定、注释和比较分析
KEGG[4]	代谢物和代谢途径数据库的关键集合；包括代谢途径和网络的生物体特异性/通用图谱，基因-酶相关信息，直系同源信息等
ASC[5]	活性位点分类（active site classification）；使用蛋白质结构寻找酶活性位点附近的残基，用它来构建酶家族内的酶的亚型分类（例如底物特异性）
元件选取与优化合成	
RBS Calculator[6]	基于转录起始热力学模型的 RBS 自动设计
RBSDesigner[7]	用于预测 mRNA 翻译效率的算法，以及用于根据所需蛋白质表达水平设计相应的 RBS
Gene Designer 2.0[8]	基因、操纵子和载体设计的软件包，也可用于密码子优化和引物设计
DNAWorks[9]	用于基于 PCR 的基因合成寡核苷酸设计的 Web 服务器，集成了密码子优化的功能
通路和电路设计	
Asmparts[10]	通过元件组装模型生成生物系统模型的计算工具
GenoCAD[11]	用于设计多基因通路的 CAD 软件，可以对设计草案进行交互式"语法检查"
SynBioSS[12]	用于设计、建模和仿真合成遗传结构的软件套件；适用 BioBricks 或其他部件
CellDesigner[13]	可以以系统生物学标记语言（SBML）存储的调控和生化网络的图形绘制编辑器
代谢建模与通量平衡分析	
COBRA toolbox[14]	代谢建模与通量平衡分析的标准工具箱
SurreyFBA[15]	用于基因组水平的代谢网络约束建模的命令行工具和图形用户界面
BioMet toolbox[16]	用于分析基因组规模代谢模型的 Web 工具箱；包括基因敲除分析、通量优化等
iPATH2[17]	代谢途径数据的交互式可视化；可以根据用户的喜好对 KEGG 代谢图进行着色
途径挖掘	
BNICE[18]	生化网络集成浏览器；一个用于鉴定和热力学评估所有可能的降解或合成给定化合物的途径的软件架构
DESHARKY[19]	鉴定与特定宿主的天然代谢网络最匹配的途径，并向用户提供来自亲缘关系密切的生物体的相应酶的氨基酸序列
RetroPath[20]	一个统一的反向合成途径设计框架，整合了通路预测和排名、宿主基因的相容性预测、毒性预测和代谢建模等功能
FMM[21]	From Metabolite to Metabolite；一个可以找到 KEGG 数据库内两种代谢物之间的生物合成途径的网络服务器

4.2　合成生物系统的组装与构建

完成合成生物系统的设计后，需要利用一系列的方法快速、高效地完成从单个转录单元的合成组装到整个合成生物系统的组装构建，用以实现设计的目标功能。本节将由小到大逐一介绍每个组装过程中所需要用到的方法以及需要注意的问题。随着合成生物系统设计能力的增强，更多的优秀方法正在不断地被开发出来。

4.2.1　转录单元的合成组装

为了保证在特定底盘中转录单元功能的正常发挥，可以通过计算机辅助的密码子优化将转录单元的编码序列的密码子的使用频率与其底盘相匹配，以实现转录单元的高效翻译。常用的密码子偏好性计算方法包括 Fop、CAI、ENc 以及 tAI 等。除了密码子偏好性之外，其他的一些因素，包括密码子上下游序列、mRNA 的二级/三级结构、GC 含量和隐藏的终止密码子等，也是编码序列重编所需要考虑的因素。由于细胞中的 tRNA 可重复加载氨基酸用于同一 mRNA 的翻译（Codon reuse），在编码序列的某一区域通常倾向于使用同一密码子以提高翻译效率。常用的编码序列重编软件包括 Synthetic Gene Developer、Gene Designer 2.0 和 Codon Optimization OnLine（COOL）等。如何定量预测密码子同义替换对蛋白质翻译的影响将是编码序列优化领域未来发展的重要方向。

在对编码序列进行优化后，需要选取合适的功能元件，比如启动子、RBS 以及终止子等实现对编码序列的预期调控。组装好的转录单元可以直接通过同源重组整合到底盘基因组中，也可以通过合适的质粒载体以实现其复制和表达。除了常规的分子克隆方法，许多优秀的克隆方法可用于进行转录单元的组装，包括限制性内切酶依赖的组装技术（BioBrickst™、BglBricks 和 Golden gate 等）和同源序列依赖的拼接技术（In-Fusion™、SLIC 和 Gibson 恒温组装等）。Gibson 恒温组装利用 5′外切酶产生同源悬挂序列，DNA 聚合酶填补同源配对后的序列缺省，最后由耐热 DNA 连接酶实现 DNA 片段之间的无痕连接。Golden gate 方法利用Ⅱ型限制性内切酶切割位点在识别序列外部的特点，通过切割后的悬挂序列的互补性来实现 DNA 片段的无缝顺序拼接。Gibson 恒温组装和 Golden gate 都可以一步实现转录单元的高效组装，这有利于节省后续对转录单元的元件组成进行优化替换的时间（图 4.3）。

彩图 4.3

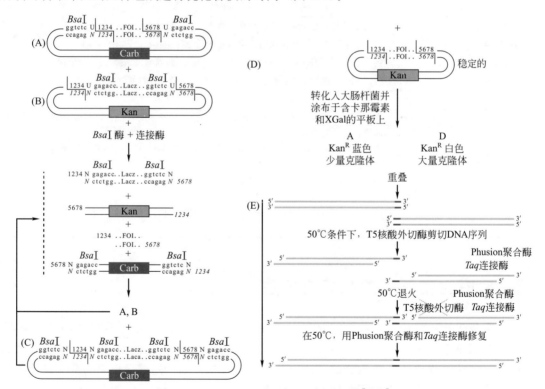

图 4.3　Golden gate 和 Gibson 恒温组装[22,23]

（A）～（D）Golden gate 组装过程：将入门克隆 A 和表达载体 B，与 Bsa Ⅰ和连接酶一起混合在一个管中。在 4 种可能的连接产物（A 至 D）中，只有所需的产物 D 是稳定的，而所有其他连接产物都是可以被 Bsa Ⅰ重新消化的。数字 1～8 表示选择的任何核苷酸，斜体的数字表示互补的核苷酸。FOI 表示目标 DNA 片段。（E）Gibson 恒温组装过程：两个相邻的 DNA 片段（品红色和绿色）共享末端序列重叠（黑色）。T5 核酸外切酶从双链 DNA 分子的 5′末端去除核苷酸，互补的单链 DNA 突出端退火，Phusion 聚合酶填补空白，并由 Taq 连接酶密封缺口。T5 核酸外切酶具有热不稳定性，在 50℃孵育过程中失活

4.2.2　多基因代谢途径的构建

目标代谢途径通常不止包含一个基因，多基因代谢途径的组装是合成生物系统构建过程中常见任务。对组装好的转录单元，既可以利用具有不同选择性标记的多个质粒携带不同的转录单元转化进入底盘，也可以将多个转录单元组装到同一个质粒中转化进入底盘，还可以直接将代谢途径整合到底盘基因组中。

在选择质粒载体时，需要考虑以下三个方面的因素：①质粒拷贝数；②筛选标记；③多克隆位点。一般而言，低拷贝质粒在不同的发酵过程中要比高拷贝质粒更稳定，并且通常可以容纳更大的异源表达序列。然而，高拷贝质粒将有助于目的基因的过度表达。营养标记和抗性基因是常用的筛选标记基因，不同的底盘中可供选择的筛选标记并不相同，这也决定了该底盘中用多质粒系统时的灵活程度。Gibson 恒温组装和 Golden gate 组装方法可以克服多克隆位点的限制，在多基因途径的组装中使用越来越广泛。

通过设计大于 40bp 的同源序列，DNA 组装可以利用酵母内源的高效同源重组系统实现多基因代谢途径的一步组装（包括组装到质粒和染色体上两个方面）（图 4.4）。将多基因代谢途径组装到一个质粒中时，需要考虑启动子-终止子之间的相互作用，当两个转录单元串联放置而没有足够的间隔时将有可能导致转录效率的下降。当代谢途径比较复杂，导致合成序列长度超过质粒的承载能力时，基因组整合将是首选，并且整合形式能够获得比质粒更好的稳定性。多基因代谢途径中的转录单元既可以分别整合到基因组的不同位置，也可以串联整合到基因组的同一位置。由于染色体环境可以对基因的表达水平产生影响，选取合适的基因组承载位点将有助于目的基因的高效表达。在酵母细胞中，由于自身的多拷贝性质，rDNA 区域和 δ 位点常被选作需要多拷贝表达的基因的承载位点。多转录单元串联时，通常选择不同的启动子来优化表达并避免由重复元件的同源重组而引起的不稳定性。

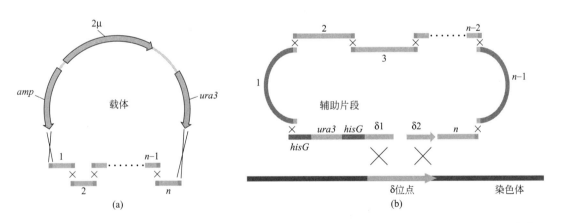

图 4.4　DNA 组装，利用内源性同源重组系统在酿酒酵母中进行生化途径的一步法组装和整合[24]

(a) 一步装配到载体上；(b) 一步整合到酿酒酵母染色体上的 δ 位点

n 代表片段的数目

4.2.3　染色体和基因组的组装

当外源 DNA 的大小超过一定程度时，质粒将很难承载，会导致一系列的 DNA 复制和稳定性等问题。经过长期的发展，多种人工染色体被构建出来用于在不同的生物体中实现大片段 DNA 序列（染色体或者基因组）的承载。

（1）细菌人工染色体（bacterial artificial chromosome，BAC）

用于细菌（通常为大肠杆菌）中的大片段 DNA 载体。BAC 载体以大肠杆菌的育性质粒（F-质粒）为基础改造而来，可承载高达 300kb 左右的 DNA 片段，通常在细胞中以单拷贝的形式存在。其典型组成包括：一个来源于细菌育性质粒（F-质粒）的复制起始位点，*repE* 基因（人工染色体的复制及拷贝数控制），*parA*、*parB* 和 *parC* 基因（用于在分裂过程中将染色体 DNA 平均分配至子细胞），抗性基因（提供筛选标记）以及多克隆位点（外源 DNA 的插入）等。在反式作用因子（TRF）存在的情况下，通过在 BAC 载体中添加第二个复制起始位点（oriV），可以增加 BAC 载体在细胞中的拷贝数。

知识拓展 4-2

反式作用因子

　　参与基因表达调控的因子，它们与特异的靶基因的顺式元件结合起作用。编码反式作用因子的基因与被反式作用因子调控的靶序列(基因)不在同一染色体上。反式作用因子有两个重要的功能结构域：DNA 结合结构域和转录活化结构域。它们是其发挥转录调控功能的必需结构，此外还包含有连接区。反式作用因子可被诱导合成，其活性也受多种因素的调节。

（2）P1 噬菌体人工染色体（P1 artificial chromosome，PAC）

用于细菌（通常为大肠杆菌）中的大片段 DNA 载体。PAC 载体以 P1 噬菌体的基因组为模板改造而来，在溶源状态下可以环状形式独立于细菌基因组而存在，其承载能力与 BAC 类似。PAC 载体可以通过 P1 噬菌体的"溶源-裂解"过程以实现外源 DNA 的快速扩增。

（3）酵母人工染色体（yeast artificial chromosome，YAC）

用于酵母中的大片段 DNA 载体，包含真核生物染色体维持所需的所有元件（复制起始位点、着丝粒和端粒）以及原核生物质粒所需元件。与 BAC 或者 PAC 相比，YAC 的承载能力显著增强（超过 1000kb），但是与酵母内源染色体的分离过程较为复杂，克隆后不易获得大量的染色体 DNA。由于酵母本身的高效同源重组系统，YAC 常被用于外源大片段 DNA 的体内组装。

（4）人类人工染色体（human artificial chromosome，HAC）

可用于在人类细胞中承载大片段 DNA 的微染色体。相较于人类细胞中常用的基于病毒的基因传递系统，HAC 具有以下优势：首先，HAC 中的着丝粒的存在能够保证 HAC 长期以单拷贝的形式稳定存在于细胞内，而不会整合到底盘的基因组中，从而可以最小化外源 DNA 序列被沉默的风险；其次，HAC 的 DNA 承载能力是目前人工染色体中最强的，上限并不清楚；再次，HAC 可以实现细胞之间的转移；最后，由于缺乏病毒序列，HAC 载体能够最小化底盘免疫原性应答的不良反应和细胞性状转化的风险。现有的 HAC 主要来自两个方面：一是对自然界中的人类染色体的工程化改造（比如通过 21 号染色体的截短改造而来的 21HAC）；二是直接从头设计（比如利用类 a-高重复序列从头设计而来的 alphoid^{tetO}-HAC）。

基于不断发展的 DNA 合成组装技术，染色体和基因组的合成领域近二十年来取得了丰硕的成果，病毒、原核生物的基因组相继被成功合成，第一个真核生物基因组合成计划（合成酵母基因组计划，Sc2.0 计划）也取得了重要的进展。截至 2017 年，6 条酵母染色体已经被成功合成并支持酵母的正常生长。从合成的 100bp 左右的寡聚核苷酸到染色体甚至是基因组，通常需要多轮的连续组装过程，需要用到多种体外或体内的组装方法。下面以几个典型的基因组的组装过程加以说明：

2003 年，Craig Venter 研究组利用聚合酶循环组装（polymerase cycling assembly，PCA）的方法在 14 天的时间内将化学合成的寡核苷酸库组装成了完整的且具感染性的噬菌体 φX174 基因组（5386bp）。主要步骤包括：噬菌体 φX174 基因组所需的寡核苷酸的计算机辅助设计与合成，合成的寡核苷酸经凝胶电泳纯化后进行磷酸化和连接，连接产物需聚合酶循环组装，组装所获得的染色体进行 PCR 扩增，扩增产物经凝胶纯化和环化，再进行大肠杆菌转化及噬菌体基因组的提取和测序。

2008 年，Craig Venter 研究组使用了五步组装法组装了 582970bp 的生殖支原体（*M. genitalium*）基因组，通过在大肠杆菌中进行的前三步组装获得了 4 个大约 144kb 的 BAC，之后利用转化辅助的 DNA 重组技术（transformation-associated recombination，TAR），在酿酒酵母体内完成了后面两步的组装，并通过测序获得了正确的基因组序列。两年后，第一个由合成基因组支持存活的原核生物诞生——蕈状支原体（*M. mycoides*，JCVI-syn1.0）。鉴于生殖支原体基因组合成的经验，蕈状支原体的合成基因组组装过程完全在酵母中进行，如图 4.5 所示。

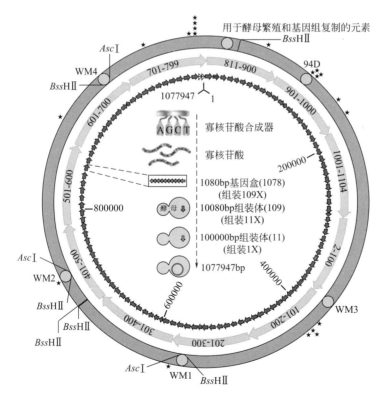

图 4.5　蕈状支原体（*M. mycoides*）基因组的三步组装[25]　　彩图 4.5

首先由合成的 1078 个 DNA 片段（橙色箭头）在酵母中利用同源重组组装成 109 个
10kb 左右的片段（蓝色箭头）。第二步将它们进一步组装成 11 个 100kb 左右的
片段（绿色箭头）。最后，将这 11 个片段组装成完整的基因组（红色圆圈）

　　酵母基因组由 16 条染色体组成，Sc2.0 计划采用了每条染色体单独合成再合并成完整基因组的组装策略。以酵母的 XII 号染色体的组装为例，主要包括在大肠杆菌中完成的寡核苷酸到 10kb 片段的组装以及在酵母体内完成的 30kb 片段的组装和染色体序列的迭代替换，主要过程如图 4.6 所示。为了加快整个组装过程，采用了基于酵母细胞减数分裂的染色体平行分级组装策略（图 4.7）。

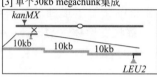

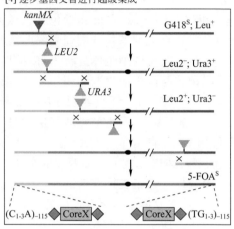

图 4.6　酵母合成染色体的组装过程

首先根据设计序列合成 100bp 左右的寡核苷酸，然后通过 PCR 的方法将这些寡核苷酸组装成一个个的 1.6kb 的 minichunk，然后借助 Golden gate 的方法进一步组装成 10kb 左右的 chunk，进一步将三个左右的 chunk 转化进入酵母，利用同源重组进行单个 30kb 的 megachunk 的野生型染色体序列的替换。通过 LEU2 和 URA3 基因的 交替使用实现 megachunk 的 SwAP-In，以 30kb 的 megachunk 为单位，将野生型的染色体逐步替换成合成的序列

4.2.4　合成生物系统的构建

　　将 DNA 组装成较大的 DNA 片段甚至是全基因组后，需要实现对这些片段的移植和复活，才能最终完成合成生物系统的构建。对于病毒基因组，可通过体外或体内的病毒组装过程以实现合成基因组的复活。以 Poliovirus 的合成基因组为例，可通过 RNA 聚合酶将合成的病毒基因组 cDNA 转录成 RNA，通过体外的翻译、复制和病毒颗粒组装，最终形成一个有功能的病毒颗粒。原生质体融合是实现基因组移植和复活的一个常用手段，可以减少操作过程中机械剪切力对大片段 DNA 的损伤，实现合成基因组的快速移植。现有的在酵母中组装完成的原核生物基因组（Mycoplasma genitalium、Mycoplasma mycoides 和 JCVI-syn3.0 最小基因组）都是通过原生质体融合来实现合成基因组的移植和复活的。为了避免移植和复活过程中各种可能存在的问题，另外一种合成生物系统的构建和复活策略是利用目的生物体本身的同源重组系统，直接利用合成的序列替换其原有的野生型序列。以酿酒酵母的基因组合成为例，通过带有营养缺陷型标记基因（LEU2 或者 URA3）的迭代替换，可以最终实现将整条染色体的序列替换成合成的序列。一些高效的基因编辑系统的出现，为在酵母以外的生物体中利用同源重组实现合成生物系统的复活提供了可能。比如 MAGE（multi-

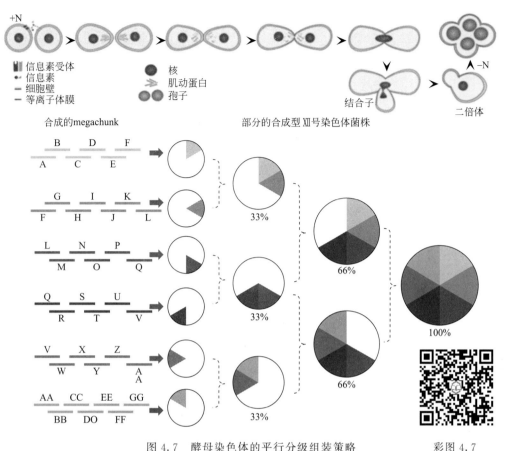

图 4.7　酵母染色体的平行分级组装策略　　　　彩图 4.7

酵母细胞通常以单倍体形式存在，具有两种交配型。在富营养的条件下，这两种
交配型的细胞可以交配形成二倍体。在缺乏营养的条件下，二倍体细胞可以
进行减数分裂，重新形成单倍体细胞。利用减数分裂过程中的同源重组
（效率远高于有丝分裂过程中的同源重组），酵母第ⅩⅡ号染色体的组装
采用了平行分级组装的策略，将整条染色体分成了 6 个部分，分别
在六个菌株中进行整合，然后通过多轮的交配和减数分裂
最终形成完整的ⅩⅡ号染色体

plex automated genome engineering）和 CAGE（conjugative assembly genome engineering）
技术的出现使得快速且多位点替换 E. coli 的基因组成为可能；CRISPR/Cas9 编辑系统的出
现，使得对高等生物细胞的原位合成基因组替换得以实现。

　　人工合成细胞（artificial cells）是合成生物系统构建的终极目标之一。除了前面所介绍
的利用合成基因组的方法通过剔除或更换生命有机体的基因组来创建之外（自上而下），还
可以通过非生命组分的有序组装来形成能够复制天然细胞的基本性质的有机整体（自下而
上）（图 4.8）。由自下而上的方法所构建的人工合成细胞将减轻合成生物系统对自然界原有
细胞环境的依赖，有可能实现对自然界原有细胞环境的部分或者完全替代，但是这一领域发
展得还不是很成熟。目前，自下而上的方法所构建的人工合成细胞有很多种不同的形式，它
们既可以是具有细胞样结构并展现出活细胞的一些关键特征（比如进化、自我复制和新陈代
谢）的整体生物细胞模仿物，也可以是仅模仿细胞的一些性质（例如表面特征、形状、形态
或一些特定功能）的工程材料。自下而上的方法所构建的人工合成细胞必须具备三个最基本
的元件：携带信息的分子（决定人工合成细胞的功能和性质）、细胞膜（为人工合成细胞内

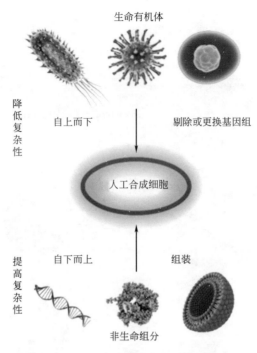

图 4.8　人工合成细胞的两种构建形式

的分子提供一个栖息地，同时也是与外界进行物质交换的媒介）和代谢系统（提供能量）。以翻译过程的重新构建为例，通过在棕榈酰油酰磷脂酰胆碱（POPC）脂质体中加入核糖体亚基、信使 RNA［poly（U）］、tRNA^{Phe}、苯丙氨酰-tRNA 合成酶、一些翻译延伸因子以及底物苯丙氨酸，成功地实现了多聚苯丙氨酸肽链的合成。然而，即使是最简单的单细胞生物也是非常复杂的，实现人工合成细胞对自然界原有细胞的完全替代，目前来说非常困难。

4.3　合成生物系统的优化

　　合成生物系统构建后一般都无法直接达到理想的功能状态，还需要进行很多其他后续的优化，如增加底物供给、提高代谢途径中酶的表达量、优化调控代谢途径的因子、对途径中关键酶的改造优化以及敲除竞争性通路等。下面将对合成生物系统优化过程中的主要方法和需要注意的问题加以介绍。

4.3.1　单一基因的优化

　　合成生物系统优化的基本操作单元是对单一转录单元的优化，而这其中对于转录单元表达量的优化显得尤为重要。可以利用不同的调控元件实现基因表达水平的优化，包括启动子、RBS、终止子和适配体等。

　　启动子的活性差异非常大，可分为组成型表达和诱导型表达两大类。组成型启动子提供恒定水平的表达，诱导型启动子可以控制基因何时被表达。当基因表达会对细胞造成不良影响时，这种控制是可取的。然而，在选择使用诱导型启动子之前，应该考虑以下几个因素：①诱导剂诱导表达的经济代价；②启动子对诱导剂的敏感性；③诱导时间；④不存在诱导剂时的背景表达。除了天然启动子之外，已经通过诱变文库（比如易错 PCR）的高通量筛选或人为设计来开发合成型启动子。天然启动子和合成型启动子相互补充可以为基因表达的优化调控提供更为连续、定量和可控的材料。人为设计的合成型启动子允许对序列进行更显著的处理，产生与天然启动子具有低序列同源性的合成启动子，从而实现外源途径与内源代谢网络的正交调控。终止子对于 mRNA 转录的终止和 mRNA 的半衰期具有重要的调控作用。与启动子类似，野生型和合成型的终止子都是可供选择的优化对象。

知识拓展 4-3

易错 PCR

易错 PCR 是在采用 DNA 聚合酶进行目的基因扩增时，通过调整反应条件，如提高镁离子浓度、加入锰离子、改变体系中四种 dNTPs 浓度或运用低保真度 DNA 聚合酶等，来改变扩增过程中的突变频率，从而以一定的频率向目的基因中随机引入突变，获得蛋白质分子的随机突变体。其关键在于对合适突变频率的选择，突变频率太高会导致绝大多数突变为有害突变，无法筛选到有益突变;突变频率太低则会导致文库中全是野生型群体。理想的碱基置换率和易错的最佳条件主要依赖于突变的 DNA 片段的长度。

通常，经一次突变的基因很难获得满意的结果，由此发展出连续易错 PCR(sequentialermr-prone PCR)策略。即将一次扩增得到的有益突变基因作为下一次扩增的模板，连续反复地进行随机诱变，使每一次扩增得到的正向突变累积而产生重要的有益突变。由于易错 PCR 涉及的遗传变化只发生在单一分子内部，故属于无性进化(asexualevolution)。它虽然可以有效地产生突变，且操作方法简单，但其一般只适用较小的基因片段，且突变碱基中转换高于颠换，应用范围较为有限。

核糖体结合位点（ribosome-binding site，RBS）是 mRNA 转录物起始密码子上游的核苷酸序列，具有保守的 Shine-Dalgarno 序列（AGGAGG），负责在蛋白质翻译起始过程中募集核糖体。大多数情况下，RBS 特指细菌的序列，真核生物中的核糖体募集通常由存在于真核生物 mRNA 上的 5′帽序列介导。RBS 序列的亲和力和数目可以调控核糖体招募到 RBS 上的速率和翻译起始的效率。RBS 功能的发挥与其所处的序列环境相关，一些 RBS 在新的环境中可能无法发挥其预期的功能。一些软件已经被开发以解决这一问题，针对给定的期望翻译起始速率，设计相应的 RBS 序列，比如 RBS Calculator 和 RBS Designer。

适配体是近年快速发展起来的调控基因表达的手段。适配体是短的单链核酸，具有非常高的结合亲和力和特异性（在许多方面可以和单克隆抗体相媲美），结合宽范围的不同配体。由于在配体结合时发生 RNA 的构象变化，适配体可以用作有效的条件性基因表达的调节剂（图 4.9）。通过调节核糖体和剪接体等蛋白质复合体与 mRNA 的结合，适配体可以根据配体的存在与否调节 mRNA 的翻译起始和选择性剪切等，从而实现对目的基因原位选择性调控。

真核生物的代谢过程是在细胞内有规则结构的细胞器内或者细胞器上进行的，每个细胞器都具有其独特的生化环境和代谢物、酶和辅因子等（图 4.10）。在转录单元的设计过程中通常会忽视这一定位信息，导致通量不平衡以及丧失通路区室化所带来的动力学优势。除此之外，不同的细胞器定位有助于实现代谢途径间的物理分割，消除代谢串扰。在实际应用过

基于适配体的原核生物中的基因表达控制

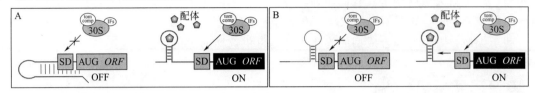

基于适配体的真核生物中的基因表达控制

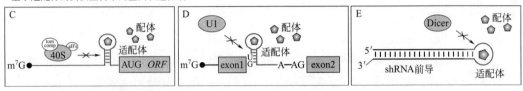

图 4.9　基于适配体的原核生物（A、B）和真核生物（C～E）中的基因表达控制[26]

细菌中的翻译起始由 Shine-Dalgarno（SD）序列的可及性控制。适配体可以通过与 SD

碱基配对（A）或通过空间位阻抑制核糖体结合（B），从而调控基因的表达。

在真核生物中，适配体-配体复合物可以通过干扰核糖体扫描（C）、

前体 mRNA 剪接（D）和 siRNA 加工（E）调控基因的表达

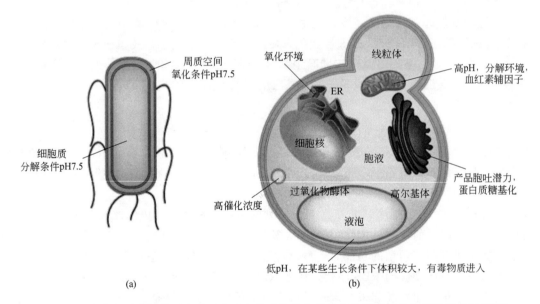

图 4.10　真核细胞器提供了多种对合成生物系统具有吸引力的不同于细胞质溶胶的环境[27]

（a）细菌，如大肠杆菌，只有一个简单的双室系统；（b）相比之下，真核生物具有许多专门的

细胞器，每种细胞器的条件都不同于胞质溶胶，这可以为一系列代谢途径提供更好的环境

程中需要根据蛋白质的性质和作用机制加以选择合适的细胞器。以线粒体为例，线粒体是细胞中唯一的血红素生物合成位点，也是有效加载铁硫酶类的主要位点，将铁硫酶类定位到线粒体将有可能带来高的酶活性。此外，线粒体中存在的一些高浓度代谢物，包括来自三羧酸循环、氨基酸生物合成和脂肪酸 β-氧化的中间体以及辅因子四氢叶酸、泛醌、氨基乙酰丙酸、生物素和硫辛酸等。当目标酶的活性发挥需要这些中间体或者辅因子时，线粒体将是一个理想的位置。

4.3.2　多基因途径的组合优化

通过合成生物学手段对特定代谢途径（内源或外源）进行组合优化以提高特定产物的产量或者生产全新的产品是实现合成生物系统的实际应用的关键步骤。最佳的多基因途径需要平衡途径中的酶的活性以获得最大产量并避免累积中间代谢物，特别是有毒的中间代谢物。目前多基因途径的优化技术主要可以分为理性和非理性两个方面。

由于细胞代谢的高度复杂性、对大多数生产途径的先验知识的有限性以及缺乏前瞻性的设计标准，非理性优化是进行多基因代谢途径初期优化的一个优良方案。基于自然界中的自发突变或者人为诱变所创造的遗传多样性，通过一定的筛选手段即可实现多基因代谢途径的定向进化过程。以酿酒酵母的乙醇耐受性进化为例，由于乙醇耐受的多基因性和复杂性，利用在不断升高的乙醇压力下酵母的自发突变进行长期的定向进化是提高其耐受性的有效方式。相对于不耐受的菌株，耐受菌株在高浓度乙醇条件下具有更高的适应性（fitness），通过不断提高乙醇浓度和长期筛选，就有可能富集并筛选出积累了耐受突变的菌株。基于耐受菌株，通过基因组改组技术（genome shuffling）可以将不同的耐受菌株的耐受基因组合到某一个特定菌株之中，从而进一步提高耐受性。

随着研究的深入，人们对于一些常用底盘的代谢网络以及一些目的多基因途径已经有了一些理解，基于这些知识，可以实现多基因途径的理性优化。通过转录组、代谢组和蛋白质组等的分析，可以为途径限速步骤和有害中间体的寻找提供帮助。通过对途径关键酶类的转录水平的组合调控（用底盘特异的不同强度的启动子突变体对代谢途径进行从头装配，随后进行高通量筛选），可以实现底盘特异的代谢流量的平衡，从而定制优化目标代谢途径（customized optimization of metabolic pathways by combinatorial transcriptional engineering，COMPACTER）（图 4.11）。另外，多种计算机辅助的算法被开发出来用于最优条件的快速挖掘。

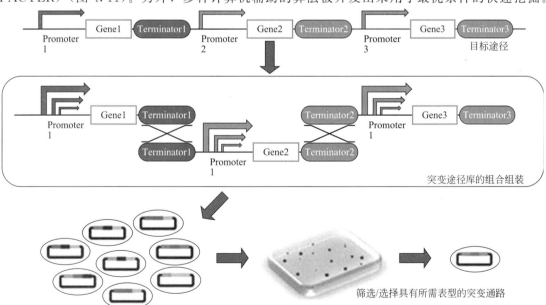

图 4.11　COMPACTER 方法组合通路优化的一般方案[28]

在该方案中，以单拷贝质粒承载外源代谢途径（消除多拷贝质粒的不稳定的拷贝数对表达水平的影响，也有利于在不同的菌株中实现途径文库的快速转移）。途径中的每个基因都在不同的启动子和终止子的准确控制之下，以避免可能导致途径中不希望的重组事件的重复序列。通过诱变，产生一系列不同强度的启动子突变体，以 DNA 组装方法实现突变库的组装。最后使用高通量筛选方法来鉴定特定底盘中具有最优的平衡代谢流的突变途径以多模块组合优化算法在大肠杆菌中紫杉二烯的产量提升中的应用为例（图 4.12）：首先将紫杉醇的代谢途径分为由大肠杆菌内源的上游类异戊二烯途径和外源的下游萜类途径两个模块；然后分别过表达上游的限速酶（dxs、idi、$ispD$ 和 $ispF$）、下游的香叶基香叶基焦磷酸（GGPP）合酶和紫杉二烯合酶，从而实现对主要的代谢中间物 IPP（isopentenyl pyrophosphate，异戊烯焦磷酸）的推（增加来源）和拉（加速去向）。通过两个模块表达量的变化高效地采样影响途径通量的主要参数，然后通过系统多变量搜索确定了两个途径模块的最佳平衡条件，以使得紫杉二烯产量最大化和抑制性中间产物吲哚的积累量最小化，从而将紫杉二烯产量提升 15000 倍，达到 (1.02 ± 0.08)g/L。

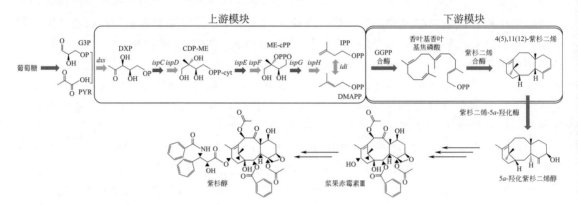

图 4.12　类异戊二烯途径优化的多模块化方法[29]

为了增加通过上游 MEP 途径的通量，将四个主要的限速酶 dxs-idi-ispDF 合并成一个操纵子进行过表达（灰色框）。为了将来自通用类异戊二烯前体 IPP 和 DMAPP 的溢流导向紫杉醇的生物合成，将下游基因 GGPP 合酶和紫杉二烯合酶合并成一个操纵子进行过表达。两个途径均置于诱导型启动子的控制下，以控制其相对的基因表达量

4.3.3　基因组简化和重构

基因组具有冗余性，冗余基因的敲除通常不会对生命体的存活造成影响。基因组中的基因可以划分为必需基因和非必需基因两大类，非必需基因的敲除将有助于简化基因组。基因组的精简化可以避免不必要的能量和物质浪费，使得细胞具有较为明确的调控网络，从而有利于根据后续需求有目的性地改变生命体的性状。另外，通过基因组的精简化可以获得在一定的条件下对生命体的存活所必需的一套遗传物质，对这些精简化的基因组的研究将有助于理解生命所必需的核心功能和基本元件。基因组的精简化和重构是合成生物学的一个核心和前沿研究课题，也是从头设计合成生命体的必要基础。

转座子介导的基因敲除是探索基因组的必需基因组成、实现基因组精简化的常用手段之一。利用改造的 Tn5 转座子介导的染色体序列敲除，$E.coli$ K-12 的基因组可以被减小 200kb。同样也是基于 Tn5 转座子介导的突变策略，通过"设计-构建-测试"的循环，$M.mycoides$ 基因组可以被缩小近一半（从 1.08Mb 缩小到 531kb）（图 4.13），从而产生了比自然界中已知的任何原核生物基因组都要小的最小合成基因组。相较于野生型基因组，在最终的能够支持存活的最小基因组中总共敲除了 428 个基因。然而，在剩下的 473 个基因中，既包括严格的必需基因，还包括敲除后会显著影响生长的准必需基因（quasi-essential gene）。通过酿酒酵母基因组的系统性敲除，鉴定了其含有一千一百多个必需基因。然而，仅仅这些必需基因的组合显然难以支持酵母细胞的存活，因为酿酒酵母的遗传学研究显示，

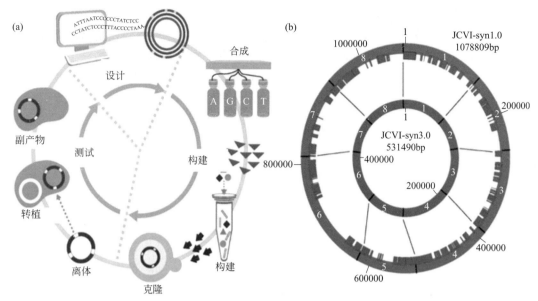

图 4.13　最小原核生物基因组示意图[30]

（a）JCVI-syn3.0 最小基因组的"设计-构建-测试"循环示意图：基于 Tn5 全局性转座子突变数据所得出的最小
基因组合，进行最小基因组序列的计算机辅助设计，然后在酵母细胞中完成设计序列的合成构建，最后对构
建好的基因组进行移植和功能测试。每个循环之后，都会进行全局性的转座子突变以重新评估基因
的必需性。（b）JCVI-syn3.0 基因组（内部红色圈）和 JCVI-syn1.0（外部蓝色圈）对比示意图，
基因组大小缩小了近一半

许多非必需基因的合并敲除都会导致合成致死现象。找到包括必需基因在内的最小基因组合是酿酒酵母简化与重构需要解决的首要问题。

彩图 4.13

另外一种可能可行的基因组简化和重构的方法，是基于对支持存活所必需的最小基因集合的生信分析的自下而上的方法。通过比较不同物种之间的基因功能的异同，可以获得一个不同生命之间所共享的核心基因集合。通过合成基因组学的方法，将可能基于这一核心基因集合构建出支持生命存活所必需的最简基因组。然而，受限于我们对于基因组功能的认知不全面性，这一方法目前还没有可报道的成功案例。通过比较最早测序完成的两个细菌的基因组，即流感嗜血杆菌（*Haemophilus influenzae*，革兰氏阴性细菌）和生殖支原体（*Mycoplasma genitalium*，革兰氏阳性细菌）的基因组，产生了一个由 256 个基因组成的理论最小基因集合的版本。然而，后续的研究发现来自这一最小基因集合的约 15% 的基因，可以在生殖支原体中获得可存活的敲除突变体，并且结合这一基因集合和后续的转座子敲除实验所得出的必需基因集合，所构建的新版本的理论最小基因组并没有成功支持存活。通过增加比较物种的数目、算法的优化以及引入最小代谢网络的修正，重构出自然界不存在的但能支持存活的最简基因集合的可能性仍然存在。

4.4　合成生物系统的分析与筛选

合成生物学包括对现有生物系统的重设计和改造，以及对自然界中不存在的新生物系统的设计和构建两个方面。无论是在原有的基础上进行改造还是从头设计，都需要有合适的技术对按照现有设计和构建好的合成生物系统进行分析和筛选，以便检测合成生物系统是否实现了预设的功能，并将符合预期的合成生物个体筛选出来，为后续重设计和功能优化提供数据参考和起始材料。快速、准确和高通量的分析和筛选技术，可极大地加速合成生物系统的功能分析过程，是未来发展的重要方向。单细胞检测和筛选技术的兴起，是对传统技术的有效补充。特别是以微流控为基础的单细胞检测技术，由于其优秀的处理和操纵小体积流体的能力、较好的分析性能（就速度、效率和可控性而言）、单位成本低以及能够在单位时间内获取大量单独的实验样本等特点，逐步被应用到合成生物系统的分析与筛选过程中。

4.4.1　合成生物系统分析技术

合成生物系统涉及生命活动的整个过程，传统的对生命系统进行检测的分析技术（生化、细胞、遗传）同样适用于对合成生物系统的分析。同时，由于合成生物系统自身的特殊性，也对分析技术提出了新的要求，发展出了新的技术。

首先是对于核酸类物质（DNA 和 RNA）的分析技术。1977 年，Sanger 等人发明了双脱氧链终止法（即 Sanger 测序，又称为一代测序），并于次年公布了利用此方法测定的全长为 5375bp 的噬菌体 phiX174 的基因组序列。迄今为止，Sanger 测序还广泛地用于分子克隆中的短链 DNA 测序。对于通过合成生物学手段构建的长链 DNA，包括复杂的代谢途径、合成的染色体和基因组，则需要借助从 20 世纪末开始出现并迅猛发展起来的二代测序技术。二代测序的大规模平行测序的思路可以极大地提高测序的能力和速度，降低测序的成本。近年来，在二代测序技术的基础上发展起来的三代测序技术具有长读长（kb 级别）和可单分子测序的特点（图 4.14），已经在复杂基因组测序方面显现其优势。

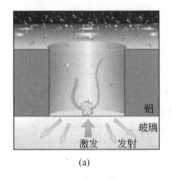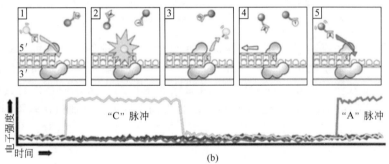

图 4.14　三代测序的单分子实时 DNA 测序原理[31]

（a）实验原理：单分子 DNA 模板结合的 DNA 聚合酶固定在独立的纳米小孔（zero-mode waveguide，ZMW）的底部，由底部的激光进行激发，通过荧光信号捕捉并转变为相应的序列信息进行实时测序。（b）磷酸化 dNTP 的循环掺入示意图，底部为所检测到的荧光强度的相应预期时间曲线。1—磷酸化核苷酸与聚合酶活性位点中的模板形成同源关联；2—引起相应颜色通道上荧光输出的升高；3—磷酸二酯键形成释放染料连接物——焦磷酸盐产物，并从 ZMW 中扩散，从而结束荧光脉冲；4—聚合酶转位到下一个位置；5—下一个同源核苷酸结合起始后续脉冲的活性位点

然后是对多肽类和蛋白质类物质的分析技术。多肽类和蛋白质类物质既可以是合成生物系统的最终产物（比如酶制剂和疫苗），也可以是合成生物系统发挥其功能的关键因子。传统的蛋白质生化分析手段（如蛋白质凝胶电泳、柱色谱和高效液相色谱等）以及荧光定位等细胞生物学分析手段，目前仍然广泛地用于目标蛋白质的分析。质谱是对多肽和蛋白质进行定性和定量分析的一个重要手段。iTRAQ、SILAC、MRM 和 SWATH 等定量蛋白质组学技术不仅能鉴定出不同状态下表达的蛋白质，而且能对其丰度进行精确定量。这对合成生物系统的分析具有重要意义。另外，对于多肽和蛋白质的结构生物学分析也可以为蛋白质功能的设计和优化提供极其有用的信息。

合成生物系统的一个重要功能就是生产异源代谢产物或者一些具有重要功能的全新化合物。在合成生物系统的分析技术中，对于代谢产物的分析技术占据了非常重要的地位。代谢产物手性和同分异构体的存在给分析过程带来了不小的难度。对于这些代谢产物的分析主要依赖于液相色谱、气相色谱和质谱等技术手段。通过表达来自植物、哺乳动物、细菌和酵母本身的超过 20 个基因，研究者们成功在酿酒酵母体内实现了阿片类物质的生产。通过具有多重反应监测的高效液相色谱-串联质谱法（high performance liquid chromatography-tandem mass spectrometry with multiple reaction monitoring，HPLC-MS/MS MRM），研究者们成功证明了合成型酵母菌能够产生具有与标准品一样的色谱行为和质谱峰图的阿片类物质（图 4.15）。

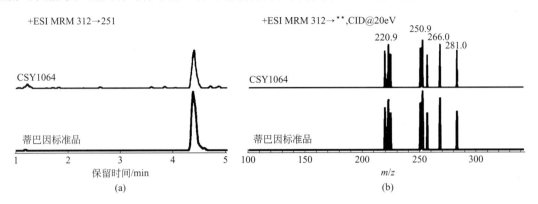

图 4.15　酵母中蒂巴因的完全生物合成

（a）合成酵母产生的蒂巴因和蒂巴因标准品（7.8μg/L，25nmol/L）中检测到的蒂巴因的色谱图；（b）由合成酵母产生的蒂巴因和蒂巴因标准品的质谱峰图

通常需要对合成生物系统进行多个方面的分析，用以产生对其的详细了解。通过多组学的分析，研究者们证实了根据 Sc2.0 原则设计并合成的酿酒酵母第二号染色体能够行使与野生型类似的生物学功能，具有相似的转录、翻译和代谢状态（图 4.16）。

前面介绍的分析技术，所得到的都是对某一个细胞群体的平均值，但是这些均值是否准确地反映了所研究的每个不同的单细胞的行为是需要实验验证的。近年来，单细胞技术的兴起和发展为在单细胞水平分析合成生物系统提供了强有力的手段，是对过去经典方法的重要补充。由于单细胞中的被分析物含量特别少，对分析的灵敏度和精确度都提出了更高的要求。随着技术的发展，现在我们已经能够对单细胞的核酸序列、酶活、转录活性和代谢状态等进行研究分析。

分析所需的单细胞可以通过流式细胞仪（FACS）方法进行分离、通过显微操作将特定位置的单个细胞分离出来和通过微流控技术进行单细胞分选等方法获得。FACS 分选的方法需要较大的起始细胞量，而显微操作技术则依赖于人工操作，无法实现高通量。微流体装置可以高通量方式运输、固定、培养、注入试剂、保持观察和取出单个细胞，其应用为通过光谱、质谱或其他方式进行单细胞分析提供了便捷的单细胞样品来源和分析平台。

通过对单细胞进行 DNA 和 RNA 测序，我们可以高精度地了解单个细胞水平的基因组突变情况和表达状况，从而获得对特定样本中的细胞基因型组成和细胞转录状态组成的全面认识。基于荧光报告基因和定量时差显微镜（quantitative time-lapse microscopy，QTLM）可以准确跟踪特定蛋白质在单个活细胞中的动态行为。利用此项技术，人们发现许多调节因子会经历持续和重复地激活脉冲。通过调节脉冲的振幅、频率或持续时间，可以使其具有不同的生物学输出特性（图 4.17）。由于代谢物结构多样、动态范围很大、可以在很短的时间

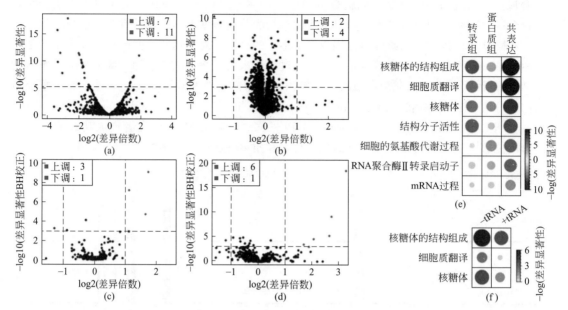

图 4.16　利用贯穿组学技术分析合成的 SynⅡ染色体对细胞生理学过程的影响[32]

在（a）转录组水平、（b）蛋白质组水平、（c）代谢水平和（d）脂质组水平进行了分析，用野生型 BY4741 细胞
作为参照。其中相对于野生型显著上调和下调的部分被分别标记为红色和绿色。（e）GO 分析显示在转录组和
蛋白质组中富集的途径和共表达谱。（f）具有/不具有 tRNA 阵列的 SynⅡ的 RNAseq 分析。通过添加
包含在 SynⅡ染色体设计和构建过程中所删除的 tRNA 编码基因的合成 DNA 阵列，可以大大减轻
翻译功能的上调。对于（e）和（f），显著性水平由热图颜色强度和符号大小表示，其中
相对于野生型上调被标记为红色，下调被标记为绿色

内动态地对环境做出反应和不能进行扩增以及标记（荧光标签会干扰其正常功能的发挥）的特性，单细胞代谢组学分析是单细胞分析里面最难进行的一种。但也正因为如此，单细胞代谢组学可以提供其他单细胞分析所不能提供的合成生物系统功能的更加即刻和动态的表征。

彩图 4.16

　　除了对以上具体的合成生物系统对象进行分析外，我们通常还需要在整体水平（通路、网络、单个细胞、细胞群体）对合成生物系统进行分析。在分析的过程中，通常需要根据具体的分析对象，采用多种方式对合成生物系统进行全面的定性和定量分析，以便获得对合成生物系统的运行过程中的重要参数以及最终功能的实现程度的评估，进而为下一步的重设计和优化奠定基础。

4.4.2　合成生物系统筛选技术

　　除了分析技术，合成生物系统功能的实现和优化还依赖于有效的筛选技术的建立和应用，尤其是高通量、自动化的筛选技术。筛选技术可以分为筛（连续检测每一个变异个体，screening）和选（并行检测群体中的所有个体，selection）两个方面，其核心是对合成生物系统适应度（fitness，对特定突变体执行所选功能的能力的定量描述）的选择。合成生物系统的筛选技术主要可分为：体内（in vivo）、体外（in vitro）和计算机分析三个大类。无论哪种筛选技术，在筛选的过程中都需要尽量减少假阴性和假阳性事件的发生。新的筛选技术正在被不断开发出来，为日益增长的挑战提供定制解决方案，增加筛选过程的可控性、通量和准确度。

　　相比较于其他两类筛选技术，体内筛选技术是最接近合成生物系统的基因型和表型之间

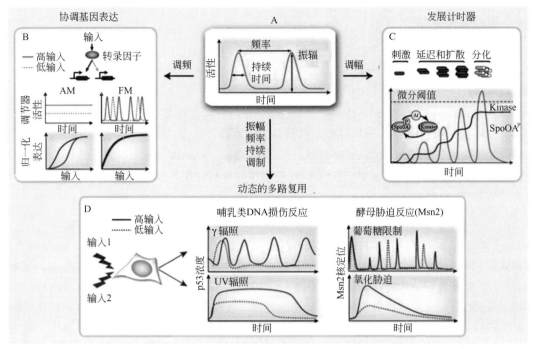

图 4.17　脉冲可以实现多样化的细胞功能[33]

（A）细胞可以通过调节脉冲的特征（包括幅度、频率和持续时间）实现多种调节功能。（B）转录因子（绿色）可以不同的阈值或不同的亲和力（亮和暗箭头）激活不同的靶启动子。因此，基于浓度的调节（幅度调节，AM）将导致不同的非比例响应曲线（左下方）。相比之下，通过有效控制所有目标基因表达的时间分数进行脉冲的频率调节（FM），将导致以固定比例（右下）表达目标基因（将每个基因的表达量用自己的最大表达量进行标准化后，表达曲线重叠）。

（C）发育定时器中的脉冲调控功能。枯草芽孢杆菌在孢子形成之前通过增殖，多个细胞周期来响应突然的营养限制。其背后的基因调控模型可以用基于具有假设的时间延迟（Δt）的正反馈回路（箭头）来解释。（D）动态复用使得单个路径能够发送多个信号。在每种情况下，不同类型和水平的投入为指定的调节蛋白产生不同的动态激活模式

的真实关系的筛选技术，在筛选的过程中细胞保持了其自身的完整性和代谢活性。体内筛选过程主要依赖于对细胞死活、生长率的差异或基于报告基因的活性（例如基于荧光报告基因的流式细胞筛选技术）来实现对合成生物系统的筛选。生物逻辑电路（比如生物传感器）也可以用在此处，通过监视细胞的整体状态或通过响应与筛选过程相关的一个或多个输入因子以实现增强体内筛选技术的筛选效果（图 4.18）。

彩图 4.17

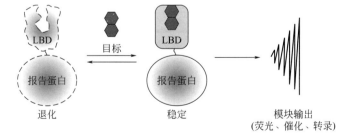

图 4.18　构建小分子生物传感器的一般方法[34]

模块化生物传感器由来自条件不稳定的配体结合结构域（ligand-binding domain，LBD）和与其融合报告因子所构成。在不存在目标小分子的情况下，传感器将被降解，而存在目标小分子的情况下则不会被降解，从而产生荧光等输出信号

知识拓展 4-4

生物传感器

　　生物传感器(biosensor)，是一种对生物物质敏感并将其浓度转换为电信号进行检测的仪器。 是由固定化的生物敏感材料作识别元件（包括酶、抗体、抗原、微生物、细胞、组织、核酸等生物活性物质）、适当的理化换能器（如氧电极、光敏管、场效应管、压电晶体等）及信号放大装置构成的分析工具或系统。 生物传感器具有接收器与转换器的功能。

　　通过使用乳化剂在细胞样隔室中进行筛选是合成生物系统筛选常用的一种体外方法。油包水乳化剂通常不允许隔室间组分的显著交换，因此可用于分离个体室内的合成生物系统。体外筛选技术的好处是可以不依赖于完整的细胞，可以在较为极端的环境中进行筛选。尤其是针对一些不能够进行遗传转化的底盘，体外的无细胞体系则成为目标合成生物系统筛选的重要方式。体外展示是另外一种合成生物系统筛选技术，比如噬菌体展示和酵母展示，在抗体和受体-配体的合成生物学研究中被广泛使用。目前体外展示的筛选技术几乎都是通过将天然定位于宿主表面的蛋白质与目标蛋白质之间的融合以实现显示，这也为该方法带来了一定的局限性：目标蛋白质及其融合配体必须能够在融合后保持活性并成功地展示到宿主表面。鉴于合成生物系统的复杂性，通常构建数百万甚至数万亿的样品仍然不能覆盖其所有的可能性，因此计算机辅助的筛选技术显得十分必要。通过计算机进行先期的可能性计算、设计并按照一些必要的原则进行筛选过程的模拟，可极大减少后续构建和测试的工作量。

彩图 4.19

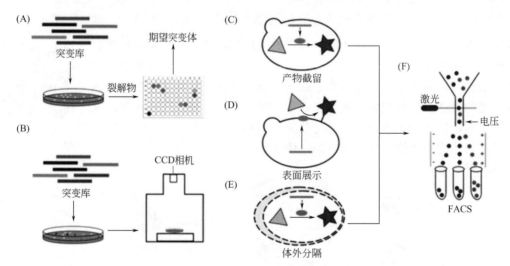

图 4.19　几种常见的合成生物系统高通量筛选技术[35]

　　(A) 微孔板：将带有合成生物系统的细胞铺板培养，使其发挥功能。然后将细胞裂解并将裂解物转移到微孔板进行目标产物的测定。(B) 光学成像：在克隆的筛选期间可以通过使用先进的光学成像设备，提高筛选的效率。(C) 产物截留：横条形、椭圆形、三角形和星形分别代表基因、基因产物、底物和产物。某些酶反应的荧光产物可以被截留在细胞内，这使得细胞可以通过荧光进行筛选。(D) 表面展示。(E) 体外分隔 (in vitro compartment-alization，IVTC)：黄色椭圆形表示乳化液滴，用以作为人造生物反应器。(F) FACS：具有不同荧光信号的细胞或乳化液滴可以通过 FACS 进行高通量分选微流控技术由于其优秀的处理和操纵小体积流体的能力、较好的分析性能（就速度、效率和可控性而言）、单位成本低以及能够在单位时间获取大量单独的实验样本等特点，在单细胞筛选技术中占据了重要的部分。在微流控技术中，荧光、电化学（电流、电导率和电位）、化学发光、红外光谱、拉曼光谱、吸收光谱和折射率变化等多种参数，都已作为单个合成生物系统的筛选依据。几种常见的合成生物系统高通量筛选技术见图 4.19。

4.5　"设计-构建-检验-重设计"的特征循环

"设计-构建-检验-重设计"循环是合成生物系统一个最重要的特征，四个阶段相辅相成、循环往复，贯穿了合成生物学研究的整个过程，是最终实现合成生物系统预设功能的必经之路（图 4.20）。该循环与大部分的工程学科，比如计算机工程，颇为相似。但是由于生物系统的复杂性和难以预测性，该循环也具有有别于其他现有工程学科的独特之处。在前面的4.1~4.4 节中，已经对"设计-构建-检验"等三部分做了详细的介绍，这里再简要总结一下它们之间的关系。

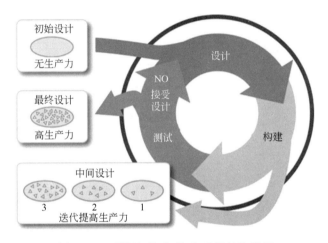

图 4.20　"设计-构建-检验-重设计"循环

"设计"是这一特征循环的核心所在。合成生物学旨在扩展或修改生物的行为，并使它们执行设计的新功能。合成生物系统的设计首先要服务于这一目标。对于自然界现有功能元件和系统的发掘和研究，为合成生物系统的设计提供了对象和可供参考的原则。而从头设计则为实现自然界中并不存在的一些生物学功能提供了不可替代的手段。合成生物系统的层级化设计（图 4.21），与计算机工程颇为相似。标准化、抽象化、模块化、可预测性、可靠性和均匀性是合成生物学设计的重要原则，可大大提高设计的速度和易用性。可靠性和鲁棒性则是合成生物系统设计的主要挑战。"重设计"是实现预设功能最优化的必经之路。由于现有认知的不足，原始设计通常会因一些无法预计的原因而导致最终的合成生物系统无法发挥其预期的功能。而上一轮的循环能够提供信息用于指导下轮循环的重设计，通过多轮的循环调整最终实现预设功能。

"构建"是设计的实现手段，"检验"是设计的分析评估。建立快速、高通量且可靠的方法是"构建"和"检验"这两步的重大挑战，可以极大地缩短循环的时间和耗费，并为后续的重设计和优化提供基础。DNA 的合成和重组技术是构建合成生物系统的关键技术手段。从寡核苷酸链的化学柱式合成到寡核苷酸链的化学芯片合成，DNA 合成的通量得到了显著提高，成本发生了显著下降，为合成更多不同的生物元件以及构建更复杂的生物系统奠定了材料基础。化学合成的寡核苷酸的长度通常为 200nt 以下。为了满足合成生物系统的需求，通常需要经过多轮的逐步组装，将合成的 DNA 片段不断加长。在目的 DNA 片段还较短时（通常在 100bp~30kb 范围内），主要可以通过连接酶和 PCR 这两种介导组装方式进行 DNA 片段的加长，然后利用大肠杆菌进行完成组装序列的扩增。Golden gate 和 Gibson 组装就是连接酶介导组装的代表。对于较为复杂的生物功能的构建，甚至是整个基因组的构建时，则需要借助生物宿主的同源重组系统来进行。由于其自身的高效同源重组系统和较大的外源 DNA 承载能力，酿酒酵母是外源大片段 DNA 组装的一个优良宿主。根据合成生物系统的自身特性，选择合适的分析技术，设计合适的筛选手段，可为整个循环的成功提供保障。单细胞技术的兴起为合成生物系统的"检验"提供了非常有前景的技术平台。

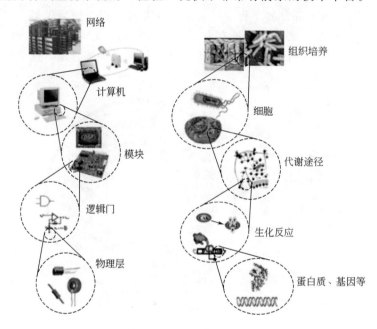

图 4.21　合成生物系统与计算机工程的层次结构类比[36]

新功能的设计发生在层次结构的顶端，但是需要从下到上逐层实现。层次设计的底部是 DNA、RNA、蛋白质和代谢物（包括脂质和碳水化合物、氨基酸和核苷酸），类似于计算机工程中晶体管、电容器和电阻，即物理层。上一层为调节信息流动和操纵物理过程的生化反应，等同于在计算机工程中执行计算功能的逻辑门。在模块层，合成生物学家使用不同的生物元件库来组装像集成电路那样起作用的复杂途径。这些模块相互连接并且与宿主细胞的融合允许合成生物学家以程序化的方式扩展或修改细胞的行为。尽管单独的合成系统可以执行不同的复杂任务，但是与通过细胞群体或者组织等实现更复杂的协调任务是可能的，就像计算机网络的情况一样

4.5.1　功能模块与底盘适配性分析与评价

合成的任何一个功能模块都需要一个合适的底盘来帮助其实现预设的生物学功能。生物底盘的复杂性为功能模块的正常运行增加了大量的不可预知的影响因素。基因表达噪声、突变、细胞死亡、细胞内外环境的变化都会影响模块功能的发挥。模块功能的发挥需要使用底盘的资源并受到底盘的调控，但同时也会修改底盘本身的状态。因此功能模块与底盘的适配性分析与评论十分必要，功能模块与底盘的适配性直接影响甚至决定了功能模块的功能发挥以及发挥程度。

一个理想的微生物底盘要能够在不干扰其原始目标的情况下长时间地支持功能模块的活性。主要可以从以下几个方面对功能模块与底盘的适配性进行分析与评价：

①底盘的生存形式与细胞状态是否适合功能模块的发挥，底盘是否能在最终的应用条件下存活？比如来源于原核生物的功能模块需要通过一定的改造才能在真核生物中发挥作用。

② 外源功能模块是否会和底盘的内在组成发生相互作用，即两者是否正交？模块功能的发挥是否会对底盘产生毒害作用？很显然，我们不能用细菌来作为生产抗生素的底盘。

③ 细胞的代谢状态是否能够为模块功能的发挥提供足够的物质和能量支持？是否存在模块发生功能所需要的前提物质和辅因子？

④ 外源功能模块是否能在底盘中稳定存在？

4.5.2　人工体系运行效率的最优化

作为自然界长期进化的产物，生物体系在许多方面的运行效率都要远高于现有的人工体系。这说明人工体系的运行还有很多可以优化的空间，如何实现人工体系运行效率的最优化是合成生物学发展的一个重要议题。主要可以通过对人工体系本身和对底盘细胞两个方面对人工体系运行效率进行最优化。

对于人工体系本身，可以通过调节体系内的基因表达水平、蛋白质定位和稳定性、酶活性等，对人工体系进行优化。基因转录水平受到大量的蛋白质因子、小分子甚至是非编码小RNA 的调控，对这些因子的工程化改造将有利于对基因转录水平的调节。另外，对启动子本身的改造和合成也可以对目的基因的转录水平进行调节。对转录相关蛋白质因子的改造将更有可能对转录过程产生全局性的影响，而对启动子序列的改造将更具有针对性。在蛋白质序列中插入非天然氨基酸可以对蛋白质的性质和功能进行调节；针对具体的底盘，对目的基因的编码序列进行密码子优化，可以改变蛋白质的翻译效率，从而对蛋白质水平进行调控。

对于底盘细胞，可以通过建立全细胞模型，对代谢流进行可控调节，使其对细胞的物质和能量（代谢物、ATP、核苷酸、氨基酸、转录和翻译机器）进行重新分配，从而有利于人工体系的运行。基因组精简，则是另外一个减少底盘不必要的物质和能量耗费以及减少对人工体系干扰的方法，尤其是最小基因组的设计和构建一直是合成生物学的热点问题。除此之外，还可以利用定向进化的方法对底盘进行改造，使其更好地支撑人工系统的功能。

4.5.3　快速检测技术对合成生物系统重设计的影响

合成生物学是一门工程性很强的学科。对于所有的工程性学科而言，所面对的一个重要挑战就是如何缩短"设计-构建-检验-重设计"循环的时间，快速检测技术对于缩短"检验"时间至关重要，快速、精准的检测技术将为合成生物系统的重设计奠定基础。对合成生物系统的设计而言，对合成生物系统和底盘的现有认识还非常有限，这就造成了在很多情况下的初步原始设计并不能按照预先的设想进行工作。快速检测技术能够在很大程度上缩短试错的时间和次数，为重设计提供大量的有效信息，进而缩短重设计所需要的循环数。

以 DNA 序列的快速检测为例，二代测序和单细胞测序等都可以对大量的样品进行平行检测，极大地增加了测试的样本量。由于生物系统的复杂性，较大的样本量将为后续的重设计提供更多有用的信息，使其更加接近合成生物系统的最优状态，减少重设计的循环数。对于利用合成生物系统生产天然代谢产物而言，开发针对天然代谢产物的快速检测方法使得我们能够及时获得对产物的性质和产量的评估，从而指导后续重设计过程中对相应合成生物系统的功能优化。由于天然产物本身的复杂性，现在主要通过液质或气质联用的方法进行相关的检测，很难实现高通量。设计能够感知天然产物的生物环路或者研发相应生物传感器（biosensor）将有助于实现对天然产物的高通量快速检测，这使得我们能够在较短时间内测试尽可能多的设计，为重设计提供足够多的指导，减少重设计的次数。

4.5.4　合成生物系统的系统性进化

由于合成生物系统的特殊性，系统性进化对于合成生物系统的性能优化十分重要，能够从另一方面弥补依据现有知识进行理性设计的不足。系统性进化能够很好地缩短重复进行"设计-构建-检验-重设计"循环所耗费的时间，减少这中间的花费。"设计-构建-检验-重设计"的理性设计循环和合成生物系统的系统性进化两者可以相辅相成，从而实现人工生物系统的功能最优化。

定向进化指导是改善合成生物系统性能的一个强大且普适的方法。一个成功的定向进化主要依赖于两个方面：遗传的多样性和有效的筛选手段。

除了自发突变、遗传重组以及半理性诱变等传统的遗传多样性产生途径，合成生物学手段本身也可以设计并产生突变。一方面，可以利用 DNA 合成和重组技术对目的基因进行理性突变甚至饱和突变；另一方面，可以通过合成生物学手段引入别的突变系统甚至是全新的突变体系以提高突变的频率。通过在酵母细胞内引入 Ty1 介导的体内连续突变系统 [*in vivo* continuous evolution，ICE]，每轮突变可以产生高达 $1.6 \times 10^7/L$ 的突变文库，是目前突变效率最高的酵母体内突变系统（图 4.22）。在 Sc2.0 计划中，在合成基因组中引入的人工设计的可诱导型进化系统（Synthetic Chromosome Rearrangement and Modification by LoxPsym-mediated Evolution，SCRaMbLE），可以在诱导 Cre 重组酶表达的情况下对合成基因组进行随机重排，从而在极短的时间内产生大量的不同基因组成的基因组，是一种非常好的底盘细胞系统性进化方法（图 4.23）。

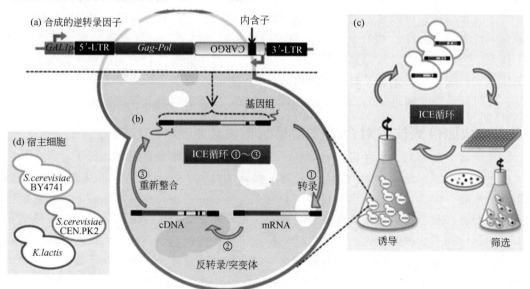

图 4.22　酵母中 ICE 的原理图[37]

在 ICE 的工作过程中：（a）将目标突变对象（Cargo）的序列克隆入诱导型 Ty1 逆转录转座子的基因组中；（b）诱导逆转录酶转录，启动逆转录，以易错的方式将 Ty1 基因组（包括突变对象）转化成 cDNA，然后重新整合到稳定的基因座中，此过程被定义为一个循环；（c）诱变和筛选过程合起来被定义为一轮突变；（d）这种方法可以应用于不同的酵母菌

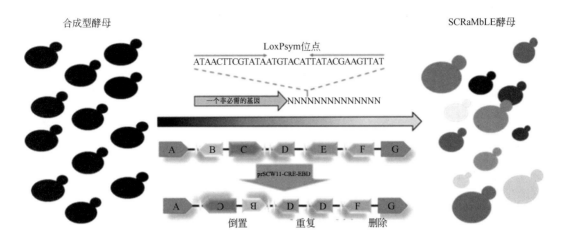

图 4.23　合成酵母基因组中植入的诱导型进化系统 SCRaMbLE[38]

在合成的基因组中的每个非必需基因的 3′末端插入了一个对称型的 LoxPsym 位点。Cre 重组酶由在子细胞中特异性
表达的弱启动子 SCW11 驱动表达，并在其 C 末端融合了一个雌激素结合结构域（estradiol binding domain，
EBD），用以控制 Cre 重组酶的入核。加入 β-雌二醇进行诱导后，表达的 Cre 重组酶会
进入子细胞的细胞核介导基因组的重排，造成基因片段的倒置、重复和删除

具有一个高效的筛选手段是合成生物系统的系统性进化取得成功的一个关键因素。选择
筛选手段首先要考虑的是筛选对象本身的物化和生物学性质，从而挑选一种合适的筛选方
法。然后需要考虑施加多强的一个筛选压力，压力过强会导致筛选对象的死亡或者失活，从
而无法筛出任何个体；压力过弱会导致假阳性率的升高而导致真正的阳性个体。最后考虑的
是筛选方法的通量和筛选速率。

从"构建以助于理解"的合成生物学理念出发，选取合适的技术方法，以"设计-构建-
检验-重设计"循环和系统性进化为实现途径，促进合成生物系统在生命认知和实际应用中
遍地开花。

4.6　合成生物系统中的细菌间相互作用

合成生物学是一门结合了工程学、生物学和数理科学等多领域交叉融合的新学科，它通
过"自下而上"的理念，致力于由最基本的"元件"或"模块"来设计生物学系统，最终期
望创造全新的生物学系统乃至人工生命体。与传统的研究方法相比，基因工程方法主要通过
调整一个或几个基因来解决复杂的生物学问题，而合成生物学的理念，是将工程学的原理和
方法应用于遗传工程与细胞工程等生物技术领域，着眼于对现有生命构架的整体改造，从头
构建新的生命系统。因此，自然环境中已存在的基因元件，像构建摩天大楼的砖瓦一样，构
成了合成生物学发展的重要基石。目前，合成生物学已经对多个基因信号通路进行了深入分
析和研究，其中，细菌的群体感应机制是一个典型的研究模型。群体感应是细菌进行种内
（intra-species）或种间（inter-species）交流的重要方式，利用信号分子的分泌传递，使细
菌对环境中的细胞密度和菌群组成的改变做出群体响应。由于该系统结构相对简单、机制清
晰，因此作为基因模块常被应用于表征复杂的细胞内应答机制和不同细菌的相互作用研究，
对合成生物学的研究有着深远的意义。

4.6.1 典型的群体感应系统

群体感应（quorum sensing，QS）是细菌通过分泌和感受自诱导剂（autoinducer）来响应环境变化的一种细胞与细胞间的交流方式。环境中信号分子的量会随着细胞数量的累积而增加，当信号分子的浓度达到某一阈值时，会改变下游相关基因的表达，使微生物群体产生少量细胞时不会产生群体效应，例如生物发光、生物膜的形成、毒力因子的分泌等。不同的信号分子种类、细胞感受器、信号分子转导方式以及信号分子的作用靶点，都会使不同菌种之间有各自独特的群体感应系统。

（1）革兰氏阴性菌的群体感应

第一个群体感应系统发现于可生物发光的海洋微生物费氏弧菌（*Vibrio fischeri*）中，该菌株的群体感应系统被认为是绝大多数革兰氏阴性菌群体感应系统的范例（图 4.24）。费氏弧菌定植于夏威夷鱿鱼的发光器官中，由于发光器官中富含的高营养可以使细菌增殖到在普通海水中无法达到的细胞量。当微生物增殖到高密度时，会引发与生物发光相关基因的表达，鱿鱼利用微生物产生的生物发光来照亮阴影和躲避捕猎者的袭击。该群体感应系统包含两个最基本的调控蛋白 LuxI 和 LuxR。LuxI 是自诱导剂的合成酶，可以产生高丝氨酸内酯类（acyl-homoserine lactone，AHL 或 HSL）的信号分子；而 LuxR 具有双重功能，既是胞质信号分子的接收器，又是 DNA 结合的转录调控因子，两种蛋白质共同调控与生物发光直接相关的荧光素酶操纵子（*luxICDABE*）的表达。随着自诱导剂的产生，AHL 信号分子可以自由地扩散进出细胞膜，其浓度随着细胞密度的增加而增加。当信号分子的浓度达到阈值时，会与 LuxR 结合形成复合物，复合物激活编码荧光素酶的操纵子转录。

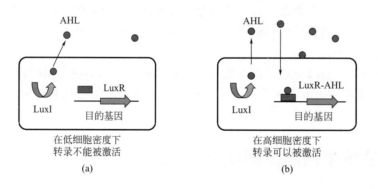

图 4.24　典型的革兰氏阴性菌群体感应系统[39]　　　　彩图 4.24

高丝氨酸内酯（AHL）信号分子（红色圆圈）由 LuxI 合成酶家族产生，与 LuxR 蛋白结合后激活下
游目的基因表达。(a) 细胞密度较低时，胞内与胞外的信号分子浓度较低，无法激活 LuxR 的
转录调控功能；(b) 细胞密度较高时，AHL 与 LuxR 结合激活下游基因通路

绝大多数革兰氏阴性菌的群体感应与费氏弧菌的 LuxI/LuxR 群体感应系统结构类似，该类系统通常都由编码信号分子合成酶的基因（*luxI* 家族）和编码合成 LuxR 蛋白类似物的基因组成。例如，在铜绿假单胞菌（*Pseudomonas aeruginosa*）中，就存在两套类似的群体感应系统，*lasI*/*lasR* 系统和 *rhlI*/*rhlR* 系统（图 4.25）。以 *lasI*/*lasR* 系统为例，*lasI* 基因编码信号分子合成酶 LasI，而 *lasR* 基因编码响应调控因子 LasR，当信号分子的量达到一定阈值后与 LasR 蛋白形成复合物，激活下游相应基因的表达。具有相似群体感应系统的革兰氏阴性菌还有很多，包括肺致病菌（*Burkoholderia cepacia*）、肠致病菌（*Yersinia enterocolitica*）和植物致病菌（*Agrobacterium tumefaciens*）等。

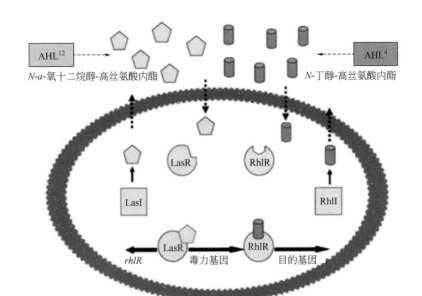

图 4.25　铜绿假单胞菌的两种主要的群体感应系统[40]

以 C$_{12}$-AHL 为信号分子的 *lasI*/*lasR* 群体感应系统激活一系列目的基因的表达，包括
毒力因子的分泌和第二种群体感应信号分子 C$_4$-AHL 的合成。C$_4$-AHL 信号
分子调控的 *rhlI*/*rhlR* 群体感应通路又会再激活其他目的基因的表达

（2）革兰氏阳性菌的群体感应

革兰氏阳性菌的群体感应系统是以修饰的寡肽作为信号分子，以双组分的膜连接组氨酸感受激酶作为响应器。信号流通过磷酸化级联反应调控，磷酸流通过影响 DNA 结合转录调节因子，即响应调节器的活性，来调控信号流的传递。与革兰氏阴性菌类似，革兰氏阳性菌的信号分子也具有高度的特异性，是细菌种内交流的主要方式之一。不同的是，肽信号分子不能自由地进出细胞膜，因此信号分子的释放是通过精密的寡肽输出系统进行调控。大多数寡肽信号分子是由更大的前体肽分子裂解而来，随后被内酯、硫代内酯环、硫化双丙氨酸或异戊二烯基团进行修饰。

金黄色葡萄球菌（*Staphylococcus aureus*）具有典型的革兰氏阳性菌的群体感应系统。金黄色葡萄球菌通常是对人体无害的共生菌，但是当渗透到人体组织内部时就会转变成致病菌。在低细胞密度的时候，金黄色葡萄球菌的分泌促进黏附和定植的蛋白质因子；然而在高细胞密度时，这些通路受到抑制，细菌启动毒素因子和与传染有关的蛋白酶的分泌。这一基因表达通路的变化，就是由金黄色葡萄球菌的 Agr 群体感应系统来调控的（图 4.26）。该系统由 *agrD* 编码的自诱导肽信号分子（autoinducing peptide，AIP）和双组分感受激酶（AgrC）-响应调节因子（AgrA）组成。AgrB 蛋白将信号分子转运到胞外并添加硫代内酯环修饰，当 AIP 与膜上的感受激酶 AgrC 结合后，会导致 AgrA 的磷酸化，从而引发调节 RNA（RNAⅢ）的表达，调节 RNA 抑制黏附因子的表达，同时激活分泌因子，使金黄色葡萄球菌产生相关毒素因子。

（3）种间交流的群体感应系统

除了革兰氏阴性菌用于种内交流的 AHL 群体感应系统，以及革兰氏阳性菌用于种内交流的 AIP 群体感应系统之外，微生物细胞还可以进行种间交流。这种不同种属微生物之间的信息传递，依赖于一类可以被多种细胞识别的信号分子——AI-2 信号分子。该系统的典

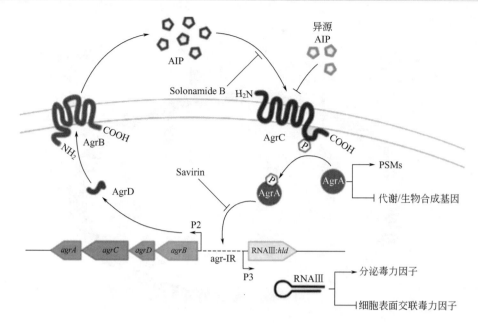

图 4.26 金黄色葡萄球菌的 Agr 群体感应系统[41]

金黄色葡萄球菌的群体感应系统由 *agr* 操纵子调控，该启动子不但调控了
AIP 信号分子的自激活过程，还调控了与毒力因子分泌相关基因的表达

型特征是，信号分子由 LuxS 蛋白合成，不同种属细胞产生的信号分子结构类似，均属于 AI-2 家族，但不同菌种对 AI-2 信号分子的响应方式又各不相同（图 4.27）。

AI-2 群体感应通路的发现经历了漫长的历史，Greenberg 等在 1979 年首次指出微生物细胞之间存在种间交流的群体感应信号分子，研究发现哈氏弧菌的生物发光效应可以被其他菌体的无菌上清液引发。直到 1993 年这个现象才被完全解释，Bassler 等发现，缺陷了 AHL 群体感应系统的 *V. harveyi*，仍然可以激活群体感应相关基因的表达，证明了存在第二条群体感应通路的可能性，该通路被另一种全新的信号分子调控，被命名为 AI-2 信号分子。并且，进一步研究发现，哈氏弧菌对 AI-2 信号分子的响应，并不像其他系统一样具有极强的特异性，而是能识别多种其他细菌的 AI-2 分子，进而证明 AI-2 信号分子是一类小分子的类似物，并且该类小分子可以跨种属进行信号传递。目前，在 1402 种已知完整序列的细菌中，537 种细菌中含有 LuxS 的同系物基因。

4.6.2 混菌系统（群体感应）在合成生物学中的应用

细菌的群体感应信号分子合成酶、感受器和同源的启动子元件等都是合成生物学中被广泛使用的基因元件。由于群体感应的自诱导信号分子水溶性好，容易被细胞吸收利用，因此是一类具有快速响应特性的调控因子。而且，由于改造后的细菌本身可以合成群体感应的自诱导剂，细菌会根据环境中细菌数量的变化来相应地调控目的基因的表达，而不需要外源添加诱导剂进行调控。更重要的是，众多不同的群体感应系统构成了一个庞大丰富的素材库，研究者们往往可以根据不同的需求来挑选需要的元件，自由设计所需的合成生物学回路。然而，该系统在目前的合成生物学中仍然具有一定的局限性，例如，多种微生物之间存在普适的群体感应信号分子（universal signal molecules），这就使得在复杂体系中构建群体感应回路时，需要考虑所选的群体感应系统是否会对环境中其他微生物的自诱导剂产生响应，从而破坏了所构建体系的特异性和响应性。

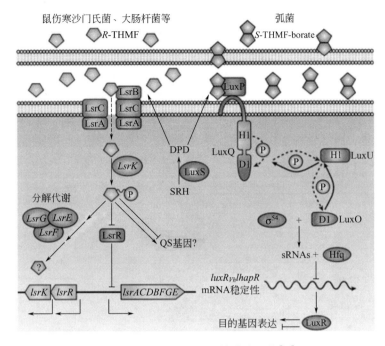

图 4.27 AI-2 调控的群体感应系统[42]

LuxS 蛋白在胞质中将 S-核糖基同型半胱氨酸（SRH）转换为 AI-2 信号分子的前体物质，4,5-二羟基-2,3-戊二酮（DPD）。DPD 随后发生自环化反应并排出胞外，虽然它可以自由穿过细菌的外膜，但是需要与内膜上相应的受体结合后，才能在细菌内发挥功能。根据细菌种类的不同，对 AI-2 信号分子的响应也各不相同。对于以鼠伤寒沙门氏菌和大肠杆菌为代表的一类细菌，DPD 环化后产生的衍生物为 2-甲基-2,3,3,4-四羟基四氢呋喃（R-THMF）。R-THMF 会与周质结合蛋白 LsrB 结合，通过 ABC 转运蛋白运回胞内，被 LsrK 磷酸激酶磷酸化后，与转录调控因子 LsrR 结合，解除其对 lsr 操纵子的抑制，从而激活下游通路的表达，使更多 AI-2 信号分子进入胞内。而弧菌属的 AI-2 群体感应系统又与大肠杆菌不同，DPD 前体转化成呋喃酰硼酸二酯（S-THMF），与周质结合蛋白 LuxP 形成复合物。随后复合物作用于内膜蛋白 LuxQ，使 LuxQ 发生构象改变从而产生磷酸酶活性。该过程会夺取磷酸转移蛋白 LuxU 的一个磷酸基团，从而导致响应调控因子 LuxO 的去磷酸化，解除 LuxO 对下游基因的抑制，使弧菌属产生群体感应的生物发光现象

由于革兰氏阳性菌群体感应的 AIP 信号分子无法自由穿过细胞膜，需要借助细胞膜上的转运蛋白完成信号分子的传递，而 AI-2 信号分子自身的化学结构不稳定，容易发生自环化反应而失活，因此，目前应用于工程菌株构建的群体感应系统主要为革兰氏阴性菌的 QS 系统，包括 luxI/luxR 系统、lasI/lasR 系统和 rhlI/rhlR 系统等。在合成生物学研究中，群体感应系统（QS）的应用主要包括如下三个方面。

（1）利用 QS 回路调控细菌的群体行为

群体感应是细菌进行细胞间通信的最主要方式，因此利用该回路可以非常容易地实现对同种菌株群体基因表达的调控，建立目的基因与环境中细菌数量的联系。例如，将程序性死亡模块与群体感应回路结合，实现对微生物群体细胞密度的调控。将 *Vibrio fischeri* 的 LuxI/LuxR 群体感应系统克隆至工程菌 *Escherichia coli* 中，并在群体感应回路的下游插入自杀基因。当细菌生长到一定数量的时候，累积的 3OC6HSL 信号分子激活自杀蛋白 LacZα-ccdB 的表达，使得细菌发生程序性死亡。而随着活细菌的量减少，3OC6HSL 的浓度

下降，细菌又可以再次生长繁殖。另一个很典型的例子是将假结核耶尔森菌（*Yersinia pseudotuberculosis*）表达的侵袭素（invasin）基因插入至 QS 回路下游，使其在工程菌 *E. coli* 中表达。通过该回路，使得改造后的 *E. coli* 细菌具有侵染癌细胞（例如，Hela 细胞）的能力。在此基础上，还可以利用工程菌的构建实现对肿瘤细胞的靶向治疗，通过在 *E. coli* 中加入 QS 回路和自杀回路，实现抗癌药物的周期性间歇释放（图 4.28）。当细菌密度高时，AHL 的累积激活了自杀基因的表达，使细菌裂解，将抗癌药物释放到环境中；而当细菌密度降低到一定程度，AHL 的浓度不足以激活 QS 系统，此时细菌得以存活并在此繁殖，从而实现周期性的循环给药。经该方法和化疗联合给药治疗后的肝-结肠癌转移小鼠，相比于对照组存活率显著提高。

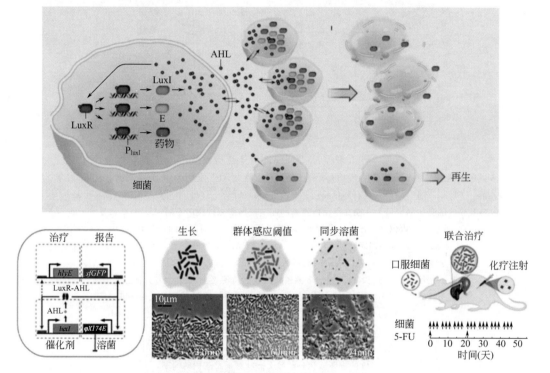

图 4.28　利用 QS 回路调控细菌的群体行为[43,44]

利用细菌群体感应原理，通过环境中信号分子浓度的累积激活构建的自杀及药物合成通路，使细菌
在小鼠体内形成周期性"增殖-溶解死亡-释放药物"的循环，实现辅助治疗肿瘤的目的

（2）利用 QS 回路调控细菌群落的时空行为

除了调控单一基因的表达与否，利用 QS 回路还可以实现对细菌群体的运动行为进行调控，使细菌群体生长形成具有一定规则的图案。例如，将 LuxI/LuxR 群体感应回路与细菌运动调控回路相结合，利用 LuxI/LuxR 回路调控 λ 阻遏因子的表达，而 λ 阻遏因子又会反过来抑制 *cheZ* 的转录 [图 4.29(a)]。*cheZ* 是调控细菌运动的关键基因，它编码的 CheZ 蛋白是促进 CheY-P 去磷酸化的关键蛋白，当 *cheZ* 的表达被抑制时，细菌更趋向于不停打转，表现为在半固体琼脂培养基上失去运动能力。通过这两个回路的构建可以使细菌自发地在半固体琼脂上形成交替的低细胞密度和高细胞密度的环形条带。利用相似的原理，将 QS 回路与黑暗感受器结合，还可以使 *E. coli* 分辨出光暗的边界，实现边界的可视化 [图 4.29(b)]。

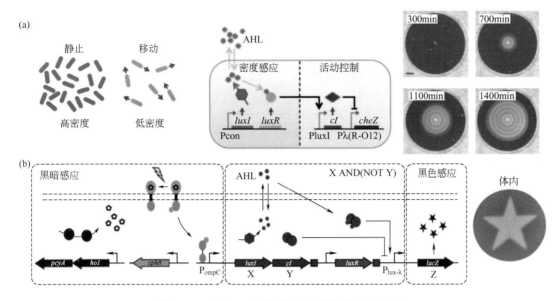

图 4.29　利用 QS 回路调控细菌群落的时空行为

(a) 将 QS 回路与细菌运动调控相结合，使细菌在半固体琼脂上自发形成规律的环形结构[44]；

(b) 将 QS 回路与黑暗感受单元结合，使细菌能自发地识别光暗边界，实现边界的可视化[45]

（3）利用 QS 回路实现两种细菌群落的交互

作为细菌体内天然存在的交流方式，群体感应回路的改造有利于实现两种细菌间的交互，形成"sender-receiver"系统。基于此，无论是两种改造后的菌株之间的相互作用，还是工程菌与野生菌的相互作用，都可以通过自诱导信号分子的传递与接收过程实现。例如，利用这种交互体系可以构建生态学中的"捕食者-被捕食者"模型［图 4.30(a)］，对数学模型中提出的诸多假设进行验证。该模型是分别将 *Vibrio fischeri* 的 LuxI/LuxR 群体感应系统和 *Pseudomonas aeruginosa* 的 LasI/LasR 群体感应系统构建在 *E.coli* 中，模拟出"捕食者"（predator）和"被捕食者"（prey）体系。当"被捕食者"的细胞密度较低时，"捕食者"细胞由于持续表达自杀基因 *ccdB* 而死亡。而当"被捕食者"的细胞密度高时，"被捕食者"细胞合成的信号分子 3OC6HSL 会大量累积，当 3OC6HSL 的浓度累积到足够浓度时，与"捕食者"的转录调控因子 LuxR 结合，激活解毒基因 *ccdA* 的表达，从而使"捕食者"得以存活。并且，随着"被捕食者"细胞数量的增加，"捕食者"产生另一种信号分子 3OC12HSL 传递到"被捕食者"群体中，与"被捕食者"的转录调控因子 LasR 结合，激活"被捕食者"细胞内自杀基因 *ccdB* 的表达，产生"捕食"现象。该合成生物学体系利用了 QS 回路的设计，模拟了生态环境中"捕食者"与"被捕食者"之间的关系，是验证捕食理论很好的实验模型。

细菌生物膜（biofilm）是由一种或多种细菌群落组成的，在表面通过细菌自分泌和释放的多糖、蛋白质、DNA 和脂质等物质形成的复杂细菌生态系统。生物膜对内部细菌具有很强的保护作用，其中，致病菌生物膜所导致的细菌耐药性是长期以来临床上难以解决的科学难题。群体感应是调控细菌生物膜形成和分散传播的重要机制，而利用合成生物学手段构建工程菌用于去除致病菌生物膜是极具潜力的技术手段。在工程菌 *E.coli* 中构建的 LasR 群体感应回路不但可以特异性识别 *Pseudomonas aeruginosa* 产生的信号分子，并且利用该信号分子调控自身基因的表达，*E.coli* 不但可以识别 *P.aeruginosa* 在环境中的数量，还能

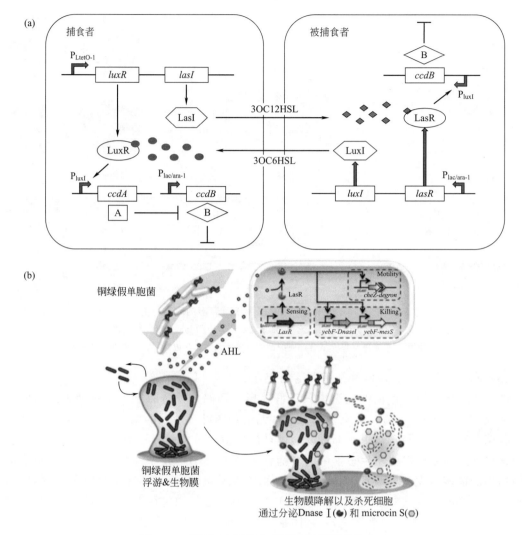

图 4.30　利用 QS 回路实现两种细菌群落的交互
（a）将两种 QS 系统，LuxI/LuxR 和 LasI/LasR 分别构建到工程菌中，建立"捕食者-被捕食者"
生态模型[46]。（b）利用 QS 信号分子的分泌传递，构建工程菌特异性的识别
环境中的致病菌，实现对致病菌生物膜的有效清除[3]

通过细菌运动回路以及生物膜去除回路的激活，使 *E. coli* 自主运动到 *P. aeruginosa* 周围，释放降解生物膜的 DNA 酶和去除 *P. aeruginosa* 的细菌素 microcin S［图 4.30(b)］。这是利用 QS 回路构建的合成生物学体系解决生物医学领域问题的又一典型范例。由此可见，如果未来善加利用自然界中天然存在的、与群体感应类似的、已经被完全解析的基因模块，将可以更高效地辅助解决许多生命健康难题，进而推进合成生物学的高速发展。

思考题

1. 理想化的合成生物系统底盘应该具有哪些特征？
2. 简述青蒿酸合成系统的底盘改造过程及目的。
3. 简述合成生物系统所需元件的类型、挖掘手段和设计方法。

4. 现从活火山口发现了一株微生物菌株能够生产一种极具经济价值的产物，对其合成途径进行初步预测。

5. 简述 Golden gate 和 Gibson 恒温组装的原理及步骤。

6. 请选用合适的方法实现青蒿酸途径在酵母中的组装并简述选取的理由。

7. 简述合成生物系统常见的人工染色体及其特点。

8. 假设现在需要对大肠杆菌的基因组进行重新合成构建，请简述主要的技术步骤。

9. 简述基因表达量的优化方法。

10. 现需要在大肠杆菌中优化甲羟戊酸途径，请简要说明优化的依据、方法和所使用的工具。

11. 简述实现大肠杆菌基因组最小化的可能方法。

12. 请结合具体的例子简述合成生物系统分析和筛选的主要方法。

13. 简述单细胞分析技术的优点、难点以及可能的应用范围。

14. 简述"设计-构建-检验-重设计"循环的主要内容及两两间的相互关系。

15. 可以从哪些方面评价功能模块与底盘的适配性？

16. 如何利用快速检测技术实现合成生物系统的快速进化？

17. 请结合具体的例子简述细菌群感系统主要类型和信号转导机制。

18. 列举群感系统的主要应用。

19. 请发挥想象，设计一个新的群感系统的应用模型。

参 考 文 献

[1] Paddon C J, Keasling J D. Semi-synthetic artemisinin: a model for the use of synthetic biology in pharmaceutical development [J]. Nat Rev Microbiol, 2014, 12: 3240.

[2] Mavromatis K, Chu K, Ivanova N, Hooper S D, Markowitz V M, Kyrpides N C. Gene Context Analysis in the Integrated Microbial Genomes (IMG) Data Management System [J]. PLOS ONE, 2009, 4: 7979.

[3] Kanehisa M, Goto S, Kawashima S, Nakaya A. The KEGG databases at GenomeNet [J]. Nucleic Acids Res, 2002, 30: 42-46.

[4] Röttig M, Rausch C, Kohlbacher O. Combining structure and sequence information allows automated prediction of substrate specificities within enzyme families [J]. PLoS Comput Biol, 2010, 6: 1000636.

[5] Salis H M, Mirsky E A, Voigt C A. Automated design of synthetic ribosome binding sites to control protein expression [J]. Nat Biotechnol, 2009, 27: 946-950.

[6] Na D, Lee D. RBSDesigner: software for designing synthetic ribosome binding sites that yields a desired level of protein expression [J]. Bioinforma Oxf Engl, 2010, 26: 2633-2634.

[7] Villalobos A, Ness J E, Gustafsson C, Minshull J, Govindarajan S. Gene Designer: a synthetic biology tool for constructing artificial DNA segments [J]. BMC Bioinformatics, 2006, 7: 285.

[8] Hoover D M, Lubkowski J. DNAWorks: an automated method for designing oligonucleotides for PCR-based gene synthesis [J]. Nucleic Acids Res, 2002, 30: 43.

[9] Rodrigo G, Carrera J, Jaramillo A. Asmparts: assembly of biological model parts [J]. Syst Synth Biol, 2007, 1: 167-170.

[10] Czar M J, Cai Y, Peccoud J. Writing DNA with GenoCAD [J]. Nucleic Acids Res, 2009, 37: 40-47.

[11] Weeding E, Houle J, Kaznessis Y N. SynBioSS designer: a web-based tool for the automated generation of kinetic models for synthetic biological constructs [J]. Brief Bioinform, 2010, 11: 394-402.

[12] Funahashi A, Matsuoka Y, Jouraku A, Morohashi M, Kikuchi N, Kitano H. CellDesigner 3.5: A Versatile Modeling Tool for Biochemical Networks [J]. Proc IEEE, 2008, 96: 1254-1265.

[13] Schellenberger J, Que R, Fleming R M T, Thiele I, Orth J D, Feist A M, Zielinski D C, Bordbar A, Lewis N E, Rahmanian S, et al. Quantitative prediction of cellular metabolism with constraint-based models: the COBRA

Toolbox v2. 0 [J]. Nat Protoc, 2011, 6: 1290-1307.

[14] Gevorgyan A, Bushell M E, Avignone-Rossa C, Kierzek A M. SurreyFBA: a command line tool and graphics user interface for constraint-based modeling of genome-scale metabolic reaction networks [J]. Bioinforma Oxf Engl, 2011, 27: 433-434.

[15] Garcia-Albornoz M, Thankaswamy-Kosalai S, Nilsson A, Väremo L, Nookaew I, Nielsen J. BioMet Toolbox 2. 0: genome-wide analysis of metabolism and omics data [J]. Nucleic Acids Res, 2014, 42: 175-181.

[16] Yamada T, Letunic I, Okuda S, Kanehisa M, Bork P. iPath2.0: interactive pathway explorer [J]. Nucleic Acids Res, 2011, 39: 412-415.

[17] Hatzimanikatis V, Li C, Ionita J A, Henry C S, Jankowski M D, Broadbelt L J. Exploring the diversity of complex metabolic networks [J]. Bioinforma Oxf Engl, 2005, 21: 1603-1609.

[18] Rodrigo G, Carrera J, Prather K J, Jaramillo A. DESHARKY: automatic design of metabolic pathways for optimal cell growth [J]. Bioinforma Oxf Engl, 2008, 24: 2554-2556.

[19] Carbonell P, Planson A-G, Fichera D, Faulon J-L. A retrosynthetic biology approach to metabolic pathway design for therapeutic production [J]. BMC Syst Biol, 2011, 5: 122.

[20] Chou C-H, Chang W-C, Chiu C-M, Huang C-C, Huang H-D. FMM: a web server for metabolic pathway reconstruction and comparative analysis [J]. Nucleic Acids Res, 2009, 37: 129-134.

[21] Engler C, Kandzia R, Marillonnet S. A One Pot, One Step, Precision Cloning Method with High Throughput Capability [J]. PLOS ONE, 2008, 3: 3647.

[22] Gibson D G, Young L, Chuang R-Y, Venter J C, Hutchison C A, Smith H O. Enzymatic assembly of DNA molecules up to several hundred kilobases [J]. Nat Methods, 2009, 6: 343-345.

[23] Shao Z, Zhao H, Zhao H. DNA assembler, an in vivo genetic method for rapid construction of biochemical pathways [J]. Nucleic Acids Res, 2009, 37: 16.

[24] Gibson D G, Glass J I, Lartigue C, Noskov V N, Chuang R-Y, Algire M A, Benders G A, Montague M G, Ma L, Moodie M M, et al. Creation of a bacterial cell controlled by a chemically synthesized genome [J]. Science, 2010, 329: 52-56.

[25] Weigand J E, Suess B. Aptamers and riboswitches: perspectives in biotechnology [J]. Appl Microbiol Biotechnol, 2009, 85: 229-236.

[26] Hammer S K, Avalos J L. Harnessing yeast organelles for metabolic engineering [J]. Nat Chem Biol, 2017, 13: 2429.

[27] Du J, Yuan Y, Si T, Lian J, Zhao H. Customized optimization of metabolic pathways by combinatorial transcriptional engineering [J]. Nucleic Acids Res, 2012, 40: 142.

[28] Ajikumar P K, Xiao W-H, Tyo K E J, Wang Y, Simeon F, Leonard E, Mucha O, Phon T H, Pfeifer B, Stephanopoulos G. Isoprenoid Pathway Optimization for Taxol Precursor Overproduction in Escherichia coli [J]. Science, 2010, 330: 70-74.

[29] Hutchison C A, Chuang R-Y, Noskov V N, Assad-Garcia N, Deerinck T J, Ellisman M H, Gill J, Kannan K, Karas B J, Ma L, et al. Design and synthesis of a minimal bacterial genome [J]. Science, 2016, 351: 6253.

[30] Eid J, Fehr A, Gray J, Luong K, Lyle J, Otto G, Peluso P, Rank D, Baybayan P, Bettman B, et al. Real-time DNA sequencing from single polymerase molecules [J]. Science, 2009, 323: 133-138.

[31] Shen Y, Wang Y, Chen T, Gao F, Gong J, Abramczyk D, Walker R, Zhao H, Chen S, Liu W, et al. Deep functional analysis of syn II, a 770-kilobase synthetic yeast chromosome [J]. Science, 2017, 355: 4791.

[32] Levine J H, Lin Y, Elowitz M B. Functional Roles of Pulsing in Genetic Circuits [J]. Science, 2013, 342: 1193-1200.

[33] Feng J, Jester B W, Tinberg C E, Mandell D J, Antunes M S, Chari R, Morey K J, Rios X, Medford J I, Church G M, et al. A general strategy to construct small molecule biosensors in eukaryotes [J]. eLife, 2015, 4.

[34] Xiao H, Bao Z, Zhao H. High Throughput Screening and Selection Methods for Directed Enzyme Evolution [J]. Ind Eng Chem Res, 2015, 54: 4011-4020.

[35] Andrianantoandro E, Basu S, Karig D K, Weiss R. Synthetic biology: new engineering rules for an emerging discipline [J]. Mol Syst Biol, 2006, 2: 0028.

[36] Crook N, Abatemarco J, Sun J, Wagner J M, Schmitz A, Alper H S. In vivo continuous evolution of genes and

pathways in yeast [J]. Nat Commun, 2016, 7: 13051.

[37] Dymond J, Boeke J. The Saccharomyces cerevisiae SCRaMbLE system and genome minimization [J]. Bioeng Bugs, 2012, 3: 168-171.

[38] Li Y-H, Tian X. Quorum Sensing and Bacterial Social Interactions in Biofilms [J]. Sensors, 2012, 12: 2519-2538.

[39] Gobbetti M, De Angelis M, Di Cagno R, Minervini F, Limitone A. Cell-cell communication in food related bacteria [J]. Int J Food Microbiol, 2007, 120: 34-45.

[40] Painter K L, Krishna A, Wigneshweraraj S, Edwards A M. What role does the quorum-sensing accessory gene regulator system play during Staphylococcus aureus bacteremia [J]. Trends Microbiol, 2014, 22: 676-685.

[41] Vendeville A, Winzer K, Heurlier K, Tang C M, Hardie K R. Making "sense" of metabolism: autoinducer-2, LuxS and pathogenic bacteria [J]. Nat Rev Microbiol, 2005, 3: 383-396.

[42] Liu C, Fu X, Liu L, Ren X, Chau C K L, Li S, Xiang L, Zeng H, Chen G, Tang L-H, et al. Sequential establishment of stripe patterns in an expanding cell population [J]. Science, 2011, 334: 238-241.

[43] Din M O, Danino T, Prindle A, et al. Synchronized cycles of bacterial lysis for in vivo delivery. Nature, 2016, 536 (7614): 81-85/nature18930.

[44] Zhou S. Synthetic biology: Bacteria synchronized for drug delivery. Nature, 2016, 536 (7614): 33-34/nature18915.

[45] Balagaddé F K, Song H, Ozaki J, Collins C H, Barnet M, Arnold F H, Quake S R, You L. A synthetic Escherichia coli predator-prey ecosystem [J]. Mol Syst Biol, 2008, 4: 187.

[46] Hwang I Y, Tan M H, Koh E, Ho C L, Poh C L, Chang M W. Reprogramming microbes to be pathogen-seeking killers [J]. ACS Synth Biol, 2014, 3: 228-237.

第5章
合成生物系统的调控与优化

引　言

　　基因表达调控是一个对生物体内的基因表达进行调节控制的极其复杂的过程，是生物体内细胞分化、形态发生和个体发育的分子基础，受转录水平、翻译水平和翻译后水平等不同层次的影响。基因表达调控可以使细胞中的基因表达在时间以及空间上处于有序的状态，并且对环境条件的变化有所反应。人们通常利用外源分子元件，或者直接利用内源性元件，对基因表达进行不同程度的调控，但外源分子元件在底盘细胞中的运用往往缺乏稳定性，而内源性元件则存在着本底噪声大、结构未知、调控信号不明等问题。如何减少生物元件间的干扰，简化分子元件作用模式，充分利用生物底盘来重新编程和合成稳定、高效的人工代谢网络，是科学家们普遍关心的问题。

　　合成生物学是生命科学在 21 世纪刚刚发展出来的一个分支学科，其目的在于利用合成的 DNA 理性地构建新的表达元件、功能模块、基因线路，甚至是全新的生命体。合成生物学采用"适配"以及系统进化的概念，通过调节不同模块的表达强度，使功能模块之间，或者功能模块与底盘细胞之间进行适配，从而实现代谢流最优化，让人工生物系统进行高效运转。基于合成生物学的思维和手段，科学家们构建了用于基因表达调控的元器件，并将其广泛地应用于疾病诊断与治疗、环境监测与控制，以及高附加值化学物品的生物合成中。Dueber 等[1]利用多细胞动物的信号传递模块，构建一种蛋白质支架，将多个酶分子进行空间重构，形成一个连续的反应体系。通过配基数量的优化，使几种酶之间达到一个最优的比例，从而使中间代谢物被快速利用，防止有毒代谢物积累。蛋白质支架的应用不仅降低了高迁移率群蛋白（HMG）对细胞的毒害作用，还将代谢流量提高了 77 倍。精准调控在细胞调节通路和响应复杂环境等方面具有十分重要的作用，利用理性设计的生物元件对生命体的代谢系统进行精密控制具有重大的科学意义和社会价值。

　　生命科学的迅速发展使得我们从生物遗传信息的"读取"阶段进入到后基因组时代，基因组的"改写"乃至"全新设计"正逐渐成为现实。以设计创造新生命体为目标的合成生物学在此背景下迅速发展，并在医药、制造、能源等领域显现了巨大的应用前景。基因组的从头合成和针对天然基因组的规模改造分属合成基因组学和基因编辑领域，均为当前合成生物学研究的热点。合成基因组学涉及基因组的从头设计、构建和功能表征等，属于"自下而上"的生物学研究策略；而基因编辑侧重于通过对现有基因组进行删除、替换、插入等分子操作，进而改写遗传信息，属于"自上而下"的生物学研究策略。以上两者的有机结合将极大地推动生物制造、疾病治疗等领域的革新；同时二者也将为后基因组时代，功能基因组学的研究提供强有力的技术手段。新生命体系的从头设计与合成不仅需要基因组序列的合成、拼接及转移等技术，也需要高效率、低脱靶率的编辑技术以实现在基因组上进行大规模的编辑改造。在不断地探索研究中，基因编辑技术已经从最初依赖细胞自然发生的同源重组，发展到几乎可在任意位点进行的靶向切割，其操作的简易和高效极大地推动了物种遗传改造的发展。基因编辑可为合成生命的进一步改造提供手段，为新物种的创造提供更多的可能性。

本章将着重介绍合成生物系统的单点与全局的调控和优化，以及理性与随机调节。阐述合成生物系统的基因组编辑技术，描述基因表达调控的多样性、智能性以及多功能性。

知识网络

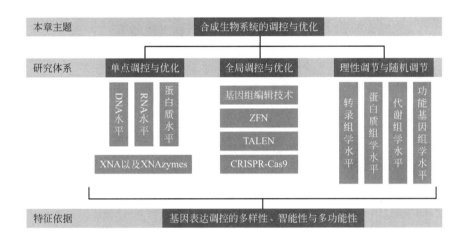

学习指南

1. 重点：合成生物系统的单点与全局的调控和优化，以及理性与随机调节。
2. 难点：合成生物系统的基因组编辑技术。

5.1　合成生物系统的单点调控与优化

在前面的章节中，提到"单一基因的优化"，旨在通过对单个基因的修饰来改善其性状，如提高代谢物的表达量，优化菌株自身性状等。本节在 DNA 水平、RNA 水平、蛋白质水平和 XNA 水平上分别论述合成生物系统对单基因的调控作用，涉及 RBS Calculator、RBS Designer 和 UTR Designer 基于热动力学原理设计的在线工具，通过构象变化来调控基因表达的核糖开关（Riboswitch）等，体现了基因表达调控的多样、智能与多功能性，同时，随着对生物体更深入的认识与生物技术的飞速发展，研究者基于此基础，使开发出更智能、更高效的基因调控方式成为可能。

5.1.1　合成生物系统在 DNA 水平的调控与优化

随着后基因组时代的到来，需要大量的蛋白质亲和试剂来进一步探究蛋白质组学的功能与特性，被广泛应用的抗体发挥了至关重要的作用。但是抗体的低产、高价与稳定性差等特性限制了对其进一步应用，造成了蛋白质亲和试剂制造使用的瓶颈。针对此问题，研究者进行了进一步的探索，合成了人工亲和试剂，它们有类似于抗体的特性，但同时规避了抗体本身特性差的一些缺陷，如免疫球蛋白结构域（scFv、Fab、Fv）、支架蛋白、核酸适配体与其他一些小分子配体等人工亲和试剂。

相比于传统的亲和试剂，人工合成亲和试剂更易于设计和操作，但它们的筛选工作却十分耗时耗力，需要大量的体外筛选特性，这限制了它们的使用。因此，寻找出更简单高效的合成方法是急需解决的问题。Berea 等[1]设计了一个可产生优质人工抗体的方法，并命名为合成体（synbodies）。构建一系列短序列、无结构的多肽链，它们能与蛋白质上的位点相互结合，这些多肽链能与二价的亲和试剂结合。DNA 分子结构可连接不同的短肽分子，以在空间位置上固定多肽链并固定它们的位置，如图 5.1 所示，将两个多肽链（Ⅰ、Ⅱ）各自与靶标结合，它们之间用双链 DNA(Ⅲ) 连接起来。与单链的多肽配体分子相比，组合的多肽配体分子有更好的亲和特性。

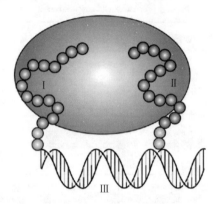

图 5.1　合成体（synbodies）示意图[1]

基于此概念，以人体中的转铁蛋白分子为对象，来验证此策略是否可行。结果表明，单个多肽分子配体与二价多肽合成体之间的亲和能力的差异可以达到 1000 倍。这也说明了此策略具有高效的特性。

5.1.2　合成生物系统在 RNA 水平的调控与优化

本小节从 RNA 水平上分析合成生物系统对基因的调控与优化过程，包括启动子方面的优化，RBS Calculator、RBS Designer 和 UTR Designer 等基于热动力学原理设计的在线工具，以及通过构象变化来调控基因表达的核糖开关（Riboswitch）这三部分内容，阐述快速高效调控方式的机理与应用。

5.1.2.1　通过修饰启动子来调控转录效率

启动子位于结构基因 $5'$ 上游，能与 RNA 聚合酶特异性结合并将其活化，以开启基因的转录。

对于启动子的修饰，传统的方法是对原有启动子的 -10 区与 -35 区进行间隔序列的修饰或者通过易错 PCR 的方式在启动子序列范围内引入随机突变以改变原有启动子的转录强度。也有通过将增强子等顺式激活元件序列与原有启动子结合或串联的方式组合在一起，即构建混合启动子。

对于有复杂调控机制的代谢网络通路而言，最优最适的转录效率是至关重要的，通过表征不同转录强度启动子所介导的预期产物的产量，以获得最优的可介导最高产物产量的启动子。Ajikumar 等[2]用含有不同强度的启动子跟不同拷贝数的载体来优化类异戊二烯途径中紫杉醇前体物质的生成，最终使其终产量显著提高到原产量的 15000 倍。

5.1.2.2 通过优化 RBS 与 UTR 来调节转录效率

RBS Calculator、RBS Designer、UTR Designer 等工具借助于热动力学与数学模型的方式，来参与基因转录起始的调节进程。

对于细菌等微生物而言，在蛋白质翻译过程中的限速步骤就是翻译起始过程。RBS 和其他一些 RNA 调控元件对于翻译起始进程有着积极有效的调控。

RBS（ribosome binding site）序列，即核糖体结合位点，是距起始密码子上游几个或者几十个碱基数的一段非编码区域，一般长度为 5 或 6 个碱基，其可以与核糖体中的 16S rRNA 的 3′端碱基互补配对，从而驱使核糖体结合于 mRNA 上以便翻译起始的进行。区别于传统的构建繁琐且后续筛选工作困难的 RBS 文库的方式，Salis 等[3]根据 mRNA 与核糖体结合的相互作用，通过热力学数学公式计算的方式设计不同 RBS 序列来优化翻译起始速率，设计了 RBS Calculator 工具，进而达到改善预期生物特性的目的。Na 等[4]通过 mRNA 折叠与 RBS 相互作用的关系，同样根据热动力学模型数学计算的方式，设计出了 RBS Designer工具，以在转录水平上精细而又便捷地调控微生物转录效率。

UTR（untranslated regions）即非翻译区，是 mRNA 分子两端的非编码序列。Seo 等[5]则通过对不同 mRNA 分子与对翻译起始折叠有关的非翻译区（UTR）的精确分析，也以热动力学数学模型的方式预测与 mRNA 翻译起始有关的 UTR 区域以此来调节蛋白质的转录效率。

借助于这些工具，能有效地对代谢途径等进行在 RNA 水平上的调控，用以优化生物途径，增加预期产物的生产量或改善生物体性状。

5.1.2.3 通过核糖开关（Riboswitch）来调节转录效率

核糖开关（Riboswitch）是在 2002 年由 Breaker 等[6]发现的，其可以响应配体分子结合，促使 Riboswitch 的构象发生变化，以调节基因表达水平来激活或者抑制其蛋白质表达的 mRNA 分子。大部分 Riboswitch 只有一个识别靶向配体的位点或者适配体（aptamer）。适配体是一段寡聚核苷酸链或者肽链，可以特异性地与目标靶分子结合。当配体分子结合在位于 Riboswitch 中的"aptamer"区域时，引起构象改变，从而调控 mRNA 的表达水平。

Riboswitch 的调控方式在自然界并不鲜见，但在细菌中较为广泛存在。其调控方面涉及代谢物的微生物合成、分解代谢、信号传递等方面。

随着生物技术与科技的发展，许多不同种类与调控机制的 Riboswitch 陆续被发现：硫胺素焦磷酸（thiamine pyrophosphate，TPP）核糖开关[7]、黄素单核苷酸（flavin mononucleotide，FMN）核糖开关[8]、S-腺苷甲硫氨酸（S-adenosyl methionine，SAM）核糖开关[9]、S-腺苷高半胱氨酸（SAH）核糖开关[10]、嘌呤（purine）核糖开关[11]、赖氨酸（lysine）核糖开关[12]、甘氨酸（glycine）核糖开关[13]等。

Fuchs 等[14]探究了来源于 *Enterococcus faecalis* 的 SAM riboswitch 作用机制，发现当无 SAM 存在时，编码 SAM 合酶的 mRNA 可正常翻译。当 SAM 浓度高时，mRNA 发生构象重排，此时 Shine-Dalgarno（SD）序列和 anti-SD（ASD）序列发生碱基互补配对，从而

使核糖体的 30S 亚基不能结合在 SMK box（图 5.2）上，也就抑制了翻译的起始。

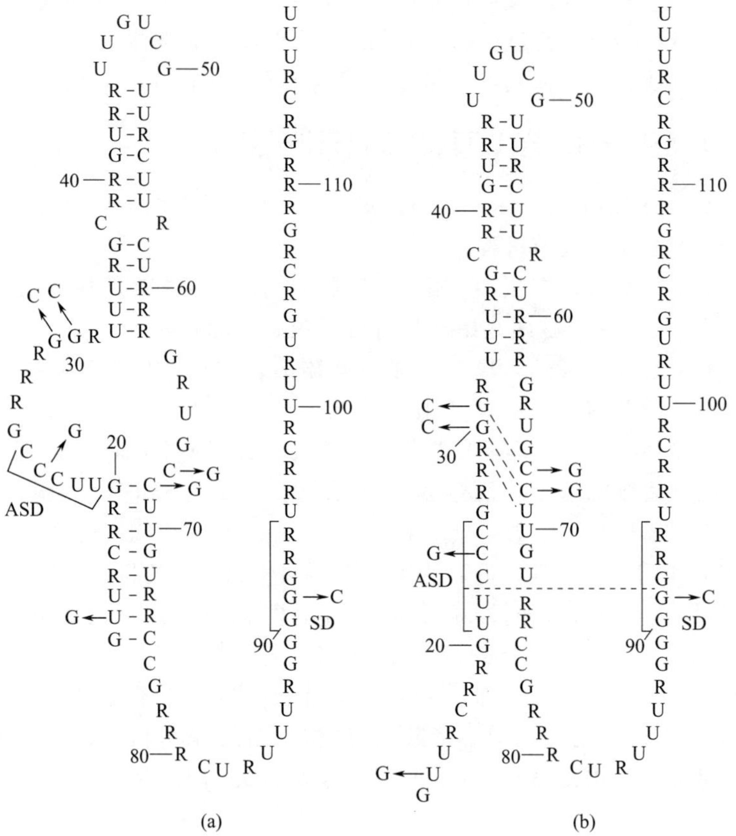

图 5.2　预测的 SMK box 结构[15]

（a）无 SAM 作用时的构象；（b）SAM 存在时的构象

　　Ogawa 等[16]人工构建了一个基于适配酶的 Riboswitch。其由 RBS 序列、适配酶、反 RBS 序列（anti-RBS）与 T7 启动子所组成。无小分子存在时，RBS 序列与 anti-RBS 序列可通过碱基互补配对的方式结合在一起，此时，转录过程被抑制。当小分子存在时，其构象发生变化，此时，RBS 因为适配酶的剪切作用而释放出来，被抑制的转录过程此时被激活，转录进程进而开始。

　　Riboswitch 由于其结构简单、快速高效与简易设计的特性，在很多领域有着广泛的应用。

　　（1）在开发抗生素新靶点方面的应用

　　区别于传统的抗生素，Riboswitch 有很多优势：其配体通常为小分子物质，易于进行设计与改造，同时，一种类型的 Riboswitch 可以在多种不同的细菌体内正常发挥作用，具有广谱作用效果。Riboswitch 广泛存在于原核生物中，调控的基因通常为致病菌的关键基因，基于此，开发 Riboswitch 作为抗生素新靶点研究的方向有着光明的前景。5 种可应用于抗生素靶点研究的 Riboswitch 已陆续被发现：TPP Riboswitch、FMN Riboswitch、Lys Riboswitch、Gua Riboswitch 和 glmS Riboswitch。

　　（2）在代谢物高产菌株方面的应用

　　Riboswitch 可以对菌体内的代谢物浓度快速响应，从而使 Riboswitch 构象发生变化，进而再将信号进行下一步的传递。将大肠杆菌中的 Lys Riboswitch 与 TatA 筛选模型联合应用，当 Lys 与 Lys Riboswitch 结合后，抑制 tatA 的表达，从而在高浓度 Ni^{2+} 的筛选压力下得到胞内赖氨酸含量丰富的菌体细胞[17]。

　　Riboswitch 在病毒疫苗、基因治疗、生物传感器等领域也有广泛的应用。同时，其他一些具有调控功能的 RNA 分子，如 miRNA、siRNA 与 CRISPR RNA 等，通过不同的作用机制在不同的宿主内来调控不同基因的表达，实现在 RNA 水平上的精确与精细的基因调控，丰富了生物体在 RNA 水平上的分子调控方式。

5.1.3　合成生物系统在蛋白质水平的调控与优化

5.1.3.1　支架蛋白（scaffold protein）在代谢工程领域的调控作用

　　支架蛋白通常含有多个蛋白质结合域，从而将多个蛋白质聚合在一起使它们发生相互作用[18]。在代谢工程领域，即使代谢途径中的酶以正确的构象表达出来，其有效酶浓度通常很低，致使酶分子与目标靶物质的分子间碰撞的概率明显降低，从而使代谢流不能及时有效地向预期方向流动，因而目标代谢物的产量很低。支架蛋白可以解决这个问题（图 5.3）。

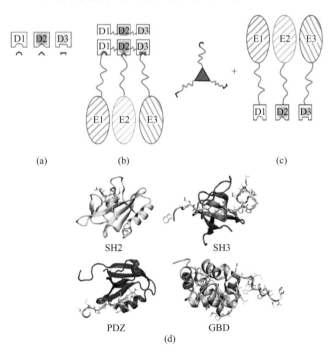

图 5.3　支架蛋白结构组成[19]

（a）支架蛋白模式图。三种不同适配体域（D1～D3）与各自的配体（黑线图示）结合。（b）支架蛋白
的组装形式。E1、E2 和 E3 这三种酶与连接有配体的连接链（linker）组装在一起，再通过上面的
配体与适配体域连在一起。（c）另一种支架蛋白模式。E1、E2 和 E3 通过 linker 与不同的适
配体连接，再与各自的配体结合。（d）不同支架蛋白域的三维结构图

　　Dueber 等[20]将支架蛋白的概念应用于代谢工程领域，使甲羟戊酸产物的产量提高了 77 倍。其中涉及三步反应，最后合成类异戊二烯的前体物质——甲羟戊酸，它由三个合酶模块所催化：乙酰乙酰辅酶 A 硫解酶（AtoB）、3-羟-3-甲戊二酰辅酶 A 合酶（HMGS）与羟甲戊二酰辅酶 A 还原酶（HMGR）。只有 AtoB 是大肠杆菌菌体内所自有的酶，HMGS 与

HMGR 则是来源于异源宿主酿酒酵母中的异源酶。为了避免代谢流紊乱导致的巨大的菌体代谢负担及增加产物的产量，使用三种支架蛋白 GBD、SH3 和 PDZ 与带有相应配体的 AtoB、HMGS 和 HMGR 相连接，构建关于这三种酶的支架蛋白结构体系。

将构建的支架蛋白系统应用于此代谢通路，如图 5.4 所示，结果表明，与未应用此支架蛋白体系的代谢体系相比，甲羟戊酸的终产量（图 5.4 输出端所指）只是有一些轻微的提升。

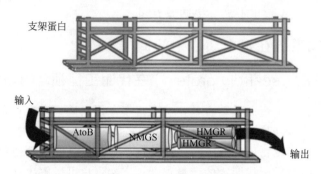

图 5.4   支架蛋白所介导的甲羟戊酸代谢反应[20]

基于此，对此支架蛋白体系做了进一步的优化工作：使用不同数量的 SH3 与 PDZ 来构建支架蛋白。最终的结果表明，GBD_1-$SH3_2$-PDZ_2 这一不同支架蛋白域的组合，即一个 GBD 域、两个 SH3 和两个 PDZ 的组合是可引导最高产量的支架蛋白结构，可使甲羟戊酸最终产量显著提高了 77 倍，如图 5.5 中（a）与（b）所示。

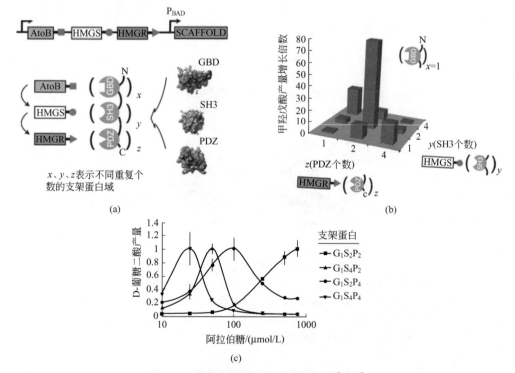

图 5.5   优化支架蛋白改善代谢反应[20,21]

同时为了表明此方法的普适性，研究人员将此支架蛋白策略应用于另一种物质 D-葡糖二酸的生产，如图 5.5(c) 所示。此代谢通路涉及三种酶：来源于酿酒酵母中的肌醇-1-磷酸合酶（Ino1）、来源于小鼠的肌醇加氧酶（MIOX）和来源于丁香假单胞菌的糖醛酸脱氢酶（Udh）。将 Ino1 与 MIOX 加入支架蛋白结构中，致使 D-葡糖二酸的最终产量与未应用此支架蛋白系统的表达体系相比，提高了 2 倍。此结果证明此支架蛋白体系在平衡菌体内复杂代谢流与提高菌体代谢物产量方面有着显而易见的优势与普适性，支架蛋白的概念无疑对合成生物学领域的发展添上了浓重的一笔。

5.1.3.2　支架蛋白在胞内信号传递过程中的应用

物质分子在时间与空间上的有序组合对于胞内复杂信号的传递有着至关重要的作用，在生物体复杂的信号传递进程中，支架蛋白越来越起着至关重要的作用[22]。

空间上的排布对于需要高保真的胞内信息传递有着至关重要的作用。通过支架蛋白、区室化（如细胞器）的作用与细胞膜的固定等方式，胞内的蛋白质分子可组装成特殊的结构，蛋白质分子在空间上的有序组合排列无疑会增加信号传递的准确性。

胞内信号传递过程也需要支架蛋白的作用，如对于酵母有丝分裂原激活蛋白激酶（mitogen-activated protein kinase，MAPK）途径中至关重要的 Ste5 与哺乳动物 Ras-Raf-MEK-MAPK 中的激酶抑制因子（kinase suppressor of Ras，KSR）。支架蛋白在细胞与细胞间的通信交流过程中也起着很重要的作用，如神经元突触的信号传递过程。支架蛋白在蛋白质折叠的装配过程中也起着重要作用，如 HOP 蛋白可引导未折叠蛋白质在分子伴侣 Hsp70 与分子伴侣 Hsp90 间传送，使之最终折叠成为正确构象的蛋白质（图 5.6）。

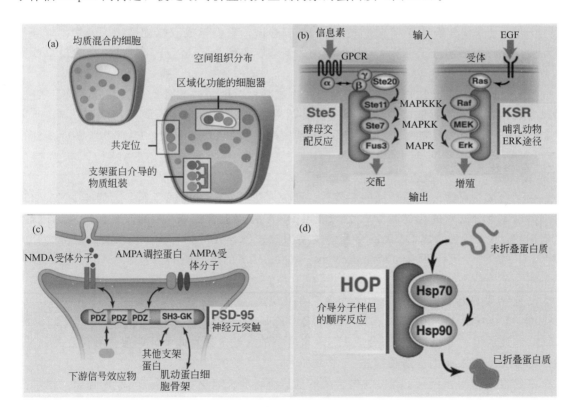

图 5.6　支架蛋白的生物学功能[23]

（a）支架蛋白的区室化作用；（b）胞内信号传递过程；（c）神经元突触的信号传递；（d）蛋白质装配折叠过程

支架蛋白因其结构和功能的多样性与高效性在一系列的生命活动中发挥着重要的功能，

因此，生物体内的反应得以有条不紊且快速地完成，在代谢工程领域与信号传递方面的显著作用得以印证。随着对生命活动发掘与认识的进一步深入，未知的途径与信号活动日益为人所认知，而毫无疑问，支架蛋白这个概念在改善与提升生物体的生命活动方面有着不可或缺的作用。

5.1.4　合成生物系统在 XNA 以及 XNAzymes 的调控与优化

一直以来，DNA 作为重要的遗传物质之一，在生物体的生长发育、遗传物质的传递等方面发挥着重要作用。随着科学的不断进步，生物领域已日益蓬勃发展起来，在此基础上，对 DNA 的研究也更深入和透彻，从而在分子水平上对 DNA 结构、功能有了更细致的了解。一直以来，DNA 在生物领域的地位和角色都是不可撼动和无与伦比的。但是，英国合成生物学家菲利普·霍利格尔与其他研究人员却在其实验室里人工合成了 XNA，即"一种人工合成的 DNA"，并称 XNA 可代替 DNA 行使部分功能。这一类似 DNA 但本质不是 DNA 的物质的人工合成，无疑拓展出了一种新的遗传物质，它的出现和应用无疑会对这个多彩的生物世界增添许多别样的色彩。

5.1.4.1　XNA——"人工合成的 DNA"

2012 年，由英国医学研究理事会分子生物学 MRC 实验室的科学家 Philipp Holliger 在《科学》杂志上发表了名为《具有遗传与进化特性的人工合成的多聚体》的文章[24]，拉开了人工合成 DNA 的序幕。

天然的 DNA 分子具有两条反向平行的核苷酸链，它们组成双螺旋结构。碱基、单糖与磷酸骨架这三部分组成了 DNA 的基本结构。碱基有四种，即 A、G、C、T。磷酸与单糖则构成了 DNA 的骨架结构。

XNA 的结构与天然的 DNA 结构类似，由碱基、单糖与磷酸骨架这三部分组成了 XNA 的基本结构，所不同的是单糖结构部分被其他六种五元或六元环的同系物（图 5.7）所取代：1,5-失水己糖醇合酶（HNA），环己烯基核酸（CeNA），$2'$-O,$4'$-C-亚甲基-β-D-核糖核酸（LNA），阿拉伯糖苷核酸（ANA），$2'$-氟-阿拉伯糖苷核酸（FANA），苏糖核酸（TNA）。

为了合成具有遗传基因功能的多聚体，研究者进行了三方面的工作：①能与 DNA 通过特殊的碱基互补配对的化学骨架；②对能以 DNA 为模板合成 XNA 的多聚酶的基因改造；③对能将 XNA 反转录成 DNA 的多聚酶的基因改造。寻找能指导合成 XNA 的聚合酶：构建 TgoT 的文库，即来源于 *Thermococcus gorgonarius* 的聚合酶的突变体库，用以上六种物质为组分来合成 XNA。

研究结果显示，其中的一个突变聚合酶 Pol6G12（TgoT：V589A，E609K，I610M，K659Q，E664Q，Q665P，R668K，D669Q，K671H，K674R，T676R，A681S，L704P，E730G）显示出了依赖 DNA 来合成 HNA 聚合酶的活性，并且此酶能合成足够长度的 HNA 链来储存如 tRNA 基因等遗传信息。

在已经筛选出能合成 HNA 的聚合酶的前提下，研究者又进行了进一步的探索，以求寻找出能反转录 HNA 的 DNA 聚合酶，从而将 HNA 中所存储的遗传信息转移到已研究日益透彻深入的 DNA 分子中去，以便对其进行分析与进化方面的研究。

通过随机突变与相应的酶学性质检测，筛选出了具有反转录酶活性的 RT521（TgoT：E429G，I521L，K726R）突变体，此酶的反转录酶活性与 Pol6G12 的聚合酶活性一致，可

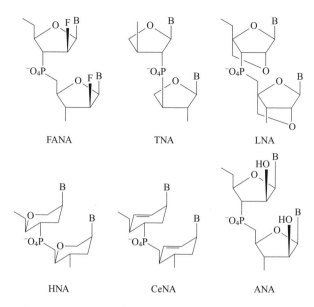

图 5.7　六种 XNA 基本组成成分的结构［引自：Pinheiro. Science，2012，336（6079）：341-344］

将遗传信息在 XNA 与 DNA 之间进行传递，构成了生物体遗传与进化的物质基础，为创造新生的人工生命迈出了举足轻重的一步。而后续的 XNA 能与核酸适配体结合的实验也表明 XNA 可自身进化的特性。

XNA 链与 DNA 链能相互结合，使遗传信息能相互传递，并且 XNA 具有储存、传递遗传信息和自身进化的特性。基于此，他们认为"DNA 与 RNA 并非为遗传系统与生物学信息传递所必需，XNA 具有遗传与进化这两个重要的生物学功能，因此，现有的遗传物质作用是可以被 DNA 类似物所取代的"。

作者 Philipp Holliger 认为："XNA 的所有特性和设计都完全依赖于实验人员的工作，这表明 XNA 合成是完全人工与可设计的。"Gerald Joyce 写道："这项研究预示着合成遗传学概念的兴起与发展，对外空生物学、生物技术等研究领域的更深层次的理解与认识有重要的实际意义。"XNA 的出现对于科学家解析生物进化过程起了重要的作用，也为科学家提供了新思路，或许在还没有被发现与挖掘的地球与其他星球的生命形式中，可能存在着不同于已知遗传物质的生命形式。

5.1.4.2　XNAzymes——"人工合成聚合物所组成的催化体"

自然界中不存在的、人工合成的组分"XNA"可构成 XNAzymes，从而合成全人工合成的不同于以 DNA 为基础的酶系。XNA 可用来储存与传递遗传信息，并能通过自然选择的方式进行自我进化。而英国医学研究理事会分子生物学 MRC 实验室的工作表明，XNA 同样具有另一种生命形式的重要特征，即可进行催化作用。

MRC 实验室发表了名为《人工合成聚合物所组成的催化体》的文章，文中阐述了如何制造出 XNAzymes，此酶可以催化简单的催化反应（如剪切和连接 RNA 等），其中有一种酶甚至能将 XNA 所组成的单链组装在一起[25]。

XNAzymes 由四种 XNA 寡聚物所组成：ANA、FANA、HNA 和 CeNA。之后通过 13～17 轮的筛选工作，具有催化功能的 XNA 序列则被筛选出来。

他们认为，这些结果表明了催化体的产生不局限于已知的具有功能的生物聚合物，并且拓宽了寻求自然界中不存在的催化体的探索范围。同时，该催化体也表明，在地球或者其他星球或许存在着另一种还不为人所知的生命形式，对于目前以 DNA 与 RNA 为遗传物质的生命，也许只是一种偶然选择。

同时，不同于已知的生物大分子，XNAzymes 为全人工合成，不能被自然界的已存在的物质所降解，因而其本身有着更好的稳定性，将其应用于一系列疾病的治疗，如癌症治疗和病毒治疗方面，有着光明的前景。

5.1.5 合成生物系统的全局调控与优化

5.1.5.1 全局转录调控的概念

全局转录调控（global transcription machinery engineering，gTME）的概念由麻省理工大学的 Alper 等于 2006 年提出[26]，即通过改变基因组转录水平以获得预期提高细胞表型的一种定向进化方法，在全局范围内对细胞进行目标表型的强化，可通过易错 PCR、DNA shuffling 等技术对细胞内的转录因子等元件进行突变，可在全局水平上改变基因的转录效率，从而改变生物体的表型来进行。

传统方法中，由于载体、宿主与转化效率等因素的限制，在多基因位点的修饰较为困难，因而在涉及多种基因控制产物合成的代谢途径中，此方法作用甚微。与之相比，全局转录调控可在基因组水平上对多基因在转录水平上进行修饰，以改变生物体的性状。全局转录调控用易错 PCR、DNA 重排（DNA shuffling）等[27]技术对 σ 因子与其他的转录因子等转录调控元件进行突变修饰，构建相关的转录调控元件的突变库，再经过几轮筛选，筛选最有益的突变体。同时，将表征优化提高的转录调控元件的突变体通过基因工程的手段导入到其他的宿主中，同样能使它们的表型得到显著提升。

5.1.5.2 全局转录调控的应用

在生物燃料乙醇的工业生产过程中，乙醇会逐渐积累，致使发酵罐内的乙醇浓度不断提高，而不断升高的乙醇浓度无疑对工业菌株的生长代谢带来很大负担，于是，这成为急需解决的难题。传统的方法是在发酵一定时间后，往发酵培养基中添加一些保护成分来解决此问题，此过程耗时耗力，且不断补料的过程极其容易染菌。而全局转录调控方法因其简便易行与效率高的特性，在解决此问题上有极大的优势。Alper 等[26]通过全局转录调控的调控策略，将与 σ 因子有关的 $rpoD$ 基因和启动子元件进行易错 PCR 的操作，并构建相应的调控元件突变库，再将此调控元件突变库导入野生型菌株中进行表达，通过表型筛选，筛选得到不同乙醇浓度下的生长情况不同的菌株。结果表明，σ^{70} 因子影响菌体的生长。再将含有突变的 σ^{70} 的菌株在高浓度乙醇培养基下进行培养，一段时间后，菌株的乙醇耐受性得到明显的提升。同时，相比于野生菌株，其在高浓度乙醇下的生长情况得到明显改善。

于慧敏等[28]也利用全局转录调控的方式，将 RNA 聚合酶中的与 σ 因子有关的 $rpoD$ 与 $rpoS$ 基因进行基因修饰，同时构建起相应的调控元件突变库。再将此突变库导入到野生菌株中，进行表型的筛选，筛选出高产透明质酸的大肠杆菌菌株，其透明质酸的最终产量可达 561.4mg/L，与野生型相比有了大幅度提高。

AprE 与 NprE 是枯草杆菌所分泌的胞外蛋白酶，它们在胞外蛋白酶活性中占比很高，高达 95% 以上。AbrB、DegU、ScoC 与 SinR 这几个调节因子可调控它们的表达，其中 CodY 对 ScoC 有抑制作用。当在有 $codY$ 基因的菌株中，缺失 $scoC$ 时，对这两种蛋白质的表达无明显影响，故 CodY 可通过抑制 ScoC 来调控这两种蛋白质的表达。当缺失 codY 时，ScoC 的过表达很少或不会对 AprE 和 NprE 产生去阻遏作用[29]。

环腺苷酸受体蛋白质（cyclic amp receptor protein，CRP）是原核生物共有的一类全局转录调控元件，CRP 可以对占原核生物 E.coli 基因总数一半左右起到调控作用。在发酵过程中，原料中的盐分与发酵过程中所产生的代谢物都会增加菌体的渗透压力，从而出现菌体胁迫现象，对发酵过程极为不利，致使发酵产量明显降低。所以解决发酵过程中的渗透压胁迫现象至关重要。Zhang 等[30]通过易错 PCR、DNA shuffling 等手段获得环腺苷酸受体蛋白质的突变库，之后，以含有 NaCl 的高渗透压条件来筛选得到渗透压抗性明显耐受的菌株。结果显示，第 52 位的赖氨酸被替换为异亮氨酸和第 130 位的赖氨酸被替换为谷氨酸的蛋白质突变体具有最优的抗渗透压特性。第 52 位的赖氨酸为带正电荷的氨基酸，此处替换为带有中性电荷的异亮氨酸，更有利于 CRP 所调控启动子的转录。第 130 位的赖氨酸被替换为谷氨酸替代氨基酸改变了 CRP 构象，影响 CRP 与 cAMP 所形成复合物结构，从而影响其与 RNAP 的结合而最终影响目的基因的转录。

全局转录调控技术作为一种定向进化技术，因具有简单高效、易于设计的特性使其在菌株特性改造中日益成为一种强有力的改造工具，并且在筛选优质菌株方面已经取得了很多进展。例如，全局转录调控技术可在基因组水平对菌株进行改造，由此多基因的表型可以得到显著改善。随着生物技术的发展与生物信息的日益完善，全局转录调控技术与最新的技术相结合，在更深层次、更高水平上对生物体特性进行修饰成为可能，从而更进一步揭示基因型与基因的关系，并为工业微生物进一步的菌种特性改善提供新思路与新方法。

5.2　合成生物系统在基因组水平的全局调控与优化

随着科学技术的成熟，基因组编辑技术也越来越多，如较传统的根据 DNA 同源重组原理的基因打靶技术，用同源基因片段替换目标基因片段；较新型的锌指核酸酶（zinc-finger nucleases，ZFN）、转录激活因子样效应因子核酸酶（transcription activator-like effector nucleases，TALEN）和 CRISPR（clustered regularly interspaced short palindromic repeats)-Cas（CRISPR-associated）系统等 3 种基因组编辑技术。相比于早前比较成熟的基因打靶技术，这 3 种新型基因编辑技术对靶位点具有高效准确、操作简单、耗时短的特异识别和编辑的特点而被广泛应用。同时，基因组大片段的插入、删除和剪切-粘贴及宏基因组学和比较基因组学，在基因编辑中也具有重要的应用。

5.2.1　传统的基因打靶技术

基因打靶技术早在 20 世纪 70 年代就已发展起来。大部分的外源 DNA 片段在酵母中大多是通过同源重组整合到基因组中，随机插入仅占小部分，后来基因打靶技术应用范围越来越广，并得到进一步的发展和改进。基因打靶技术依托同源重组和胚胎干细胞技术，使外源 DNA 同源重组靶向替换 DNA，改造生物遗传特性，实现外源基因在特异位点的整合，又被称为基因定点同源重组。哈佛医学院的著名遗传学家 George Church 开发出一种称为多重自动化基因组工程（multiplex automated genome engineering，MAGE）的方法[31]。他们首先设计大量的靶定细菌基因组的一段特定序列的寡核苷酸，电转化细菌细胞，通过同源重组同时对染色体上的许多位置进行单细胞或跨越细胞群的修饰，从而产生组合基因组多样性。随后通过重新转化反复检测基因组的快速变异。Church 课题组又将 MAGE 与第二种技术相结合，开发出新方法——接合组装基因组改造（conjugative assembly genome engineering，CAGE）[32]。

5.2.2　FokⅠ介导的合成生物系统基因组编辑技术（ZFN与TALEN）

5.2.2.1　锌指核酸酶

（1）ZFN技术及其结构原理

锌指核酸酶（zinc-finger nucleases，ZFN）是人工改造的限制酶，由两部分组成。一部分是负责特异性识别序列的锌指DNA结合域，另一部分是进行非特异性限制性内切酶切割的DNA剪切域（图5.8）。结合域可以特异结合DNA从而实现准确定位靶点的目的，而使DNA断裂则利用剪切域核酸酶的DNA水解活性。通常有3个独立的锌指（zinc finger，ZF）结构是DNA结合域部分，每个锌指结构可以识别3个核苷酸，所以一个锌指DNA结合域能识别9个核苷酸长度的特异性DNA序列（ZFN二聚体，包含6个锌指，所以可以识别18bp长度的特异性核酸序列）。

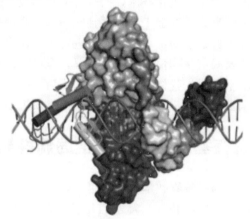

图5.8　DNA双链与一对ZFN结合的示意图[33]

与结合域C端相连的是ZFN的剪切域，由非特异性核酸内切酶FokⅠ羧基端的96个氨基酸残基组成。FokⅠ是一种限制性内切酶，仅在二聚体状态下才有酶切活性[34]。一个ZFN，由一个FokⅠ单体与一个ZFP相连，能够特异性识别靶位点；当两个识别位点相距比较合适的距离时（大概6bp到8bp），2个FokⅠ单体将聚合成二聚体，产生具有酶切活性的功能，形成双链断裂（double-strand breaks，DSB），从而在特定DNA位点进行剪切，实现基因编辑功能（图5.9）。

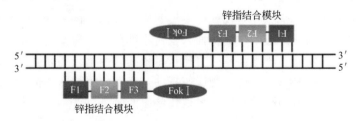

图5.9　ZFN特异性识别DNA并与DNA结合示意图

[引自：赵国华，中华医学遗传学杂志，2016，33（6）：857-862]

双链断裂如果得不到及时的修复，细胞就会死亡。在细胞内主要通过非同源末端连接

（NHEJ）和同源重组（HR）两种途径修复双链断裂。通过非同源末端连接（NHEJ）途径修复基因组 DNA，会产生基因小片段的插入或缺失，结果会造成移码突变，从而实现基因敲除；而通过同源重组（HR）途径，会使基因组 DNA 得到完全修复，或者在切割部位发生基因的替换（图 5.10）。

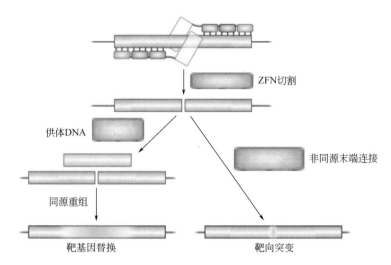

图 5.10　ZFN 切割基因组形成双链断裂后的修复[33]

（2）ZFN 技术的应用

ZFN 技术在农业、医疗等许多领域都有应用，应用价值很高。在农业和科研领域，该技术可以用于基因的敲除、插入和使基因激活或者阻断，或者按照人为意愿改造基因序列。在医疗方面，利用 ZFN 技术改造后的治疗性基因质粒或干细胞可实现基因治疗，或者直接利用该技术来对有害基因修改、替换或是直接删除，以达到治疗目的。理论上，研究人员甚至可以对任何物种处于任意生长时期的细胞进行 ZFN 操作，可以在不破坏细胞状态的情况下自如地修改其基因。与传统的基因操作技术相比，ZFN 技术优势集中于实现了基因定点整合的突破；但它仍然存在一些难以克服的缺陷，如具有细胞毒性、脱靶率高和需要经过多次筛选等。因此，很多研究者对该技术进行了改造，设计出新的锌指核酸酶。

5.2.2.2　转录激活因子样效应因子核酸酶

（1）TALEN 技术的来源

早在 1989 年，TALE 蛋白家族的第一个成员 AvrBs3[35]就已被人们发现。该家族来自一类特殊的植物病原体——黄单胞杆菌[35]。TALE 蛋白类似于真核生物的转录因子，它能够识别特异的 DNA 序列，从而调控宿主中植物内源基因的表达，提高宿主对该病原体的易感性[35]。因为 TALE 蛋白可以特异结合 DNA 序列，Fok I 能切割 DNA 序列，所以研究者利用它们各自的特性，将两者结合起来，形成了 TALEN 技术。

（2）TALEN 的结构与技术原理

TALEN 的结构与 ZFN 的结构有一个共同点，都由 Fok I 核酸内切酶功能的结构域组成。除此之外，TALEN 还包括核定位信号（nuclear localization signal，NLS）结构域和可识别特定 DNA 序列的结构域。TALE 蛋白的 DNA 结合结构域中有一段高度保守的串联重复序列，序列重复部分由 1 到 33 个重复单位串联而成，而每个重复单位都是由长度为 33～35 个氨基酸残基组成的，但是只有最后一个重复序列模块仅由 20 个氨基酸残基组成，因而也叫半重复序列模块。每个重复单位及半重复单位可特异地识别并结合一个特定的核苷酸。重复序列可变的双氨基酸残基（repeat-variabledi-residues，RVD）决定着 DNA 识别特异性，每个重复单位的第 12、13 位残基分别使 RVD 环稳定和特异结合碱基[36]，该关键位点就像氨基酸与密码子的关系，不同的 RVD 可以特异性地识别 A、T、C、G 这 4 种碱基中的一种或多种[36]，如 HD 识别 C、NG 识别 T、NI 识别 A、NN 识别 A 和 G、IG 识别 T 等，构建了一个较为简便的蛋白质和 DNA 相互作用的机制（图 5.11）。当 2 个 Fok I 聚合成二聚体，产生具有酶切的活性，从而介导 DNA 定点剪切，随后进行基因编辑，形成双链断裂（double-strand breaks，DSB）。

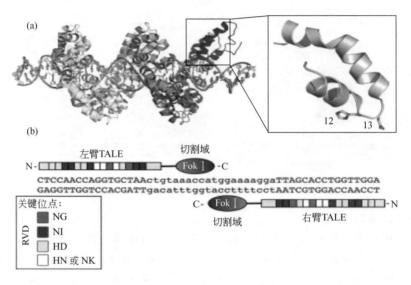

图 5.11　TALEN 的结构[37]

（a）与靶 DNA（灰色显示）结合的 TALE 蛋白；（b）TALEN 形成二聚体结合 DNA

（3）TALEN 技术的应用

近几年，TALEN 技术已成功运用于体外培养人类细胞、果蝇、斑马鱼等物种，并实现了基因组定点突变。成功实现了同源重组介导的基因敲除、插入和基因突变等在基因组层面上的编辑修饰。TALEN 介导的编辑人体细胞基因组将会为人类生物学和疾病研究的发展提供巨大的可能。相比于 ZFN 技术，TALEN 设计更简单，特异性更高。当然其缺点也是不容忽视的，包括具有一定的细胞毒性、模块组装过程繁琐等。在临床研究中，TALEN 技术被用于对抗胰蛋白酶缺乏症（AAT deficiency）患者中突变的基因进行修复。

5.2.3　CRISPR-Cas9 系统介导的合成生物系统基因组编辑技术

5.2.3.1　CRISPR-Cas 技术的发展史

CRISPR-Cas 系统是细菌和古生菌在进化过程中形成的抵御外来核酸并进行自我保护的一种免疫防御机制。1987 年，日本大阪大学的 Ishino 等学者在大肠杆菌碱性磷酸酶基因附近发现了一段独特的被非重复序列（即间隔序列）所间隔的"串联重复序列"。之后又发现具备这种特点的序列广泛存在于细菌和古生菌中。2002 年，间隔排列的串联重复序列被命名为 CRISPR（clustered regularly interspaced short palindromic repeats，成簇规律间隔短回文重复序列）。2005 年，科学家发现 CRISPR 中的间隔序列与细菌噬菌体序列高度相似，推测 CRISPR 可能与细菌和古生菌的自我保护的免疫机制有所联系。2007 年，通过实验，第一次证实了 CRISPR 系统的获得性免疫作用，并证实了获取的间隔序列与 CRISPR 相关基因在对抗噬菌体的免疫过程中发挥着重要作用。2008 年，揭示了间隔序列能转录形成具有指导 Cas 蛋白靶向性干扰外源性病毒增殖的 CRISPR RNA（crRNA），并且发现 CRISPR-Cas 系统的靶向是 DNA。2011 年，发现Ⅱ型 CRISPR-Cas 系统中另一个重要组分，反式激活 crRNA（trans-activating CRISPR RNA，tracrRNA），该分子指导 crRNA 分子的成熟，并与成熟的 crRNA 结合形成二元复合体，具有指导 Cas9 蛋白靶向切割的功能，还发现 Cas9 蛋白是此系统中的唯一必需蛋白质。2012 年，在体外证实了 Cas9 蛋白可以结合在靶 DNA 的特定位点上并切割 DNA 序列。如图 5.12 和图 5.13 所示，根据干扰靶基因的效应蛋白的数量，将 CRISPR-Cas 系统分为 1 类（包括Ⅰ、Ⅲ和Ⅳ型）和 2 类（包括Ⅱ、Ⅴ和Ⅵ型），而结构比较简单的Ⅱ型 CRISPR-Cas 系统则是应用最广泛的基因编辑工具之一。

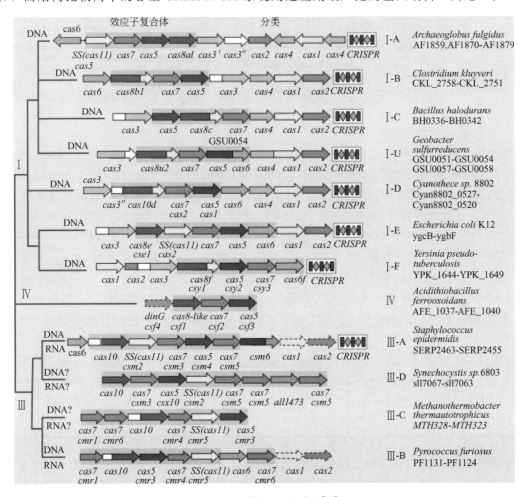

图 5.12　1 类的 3 种分型[38]

5.2.3.2　CRISPR-Cas9 系统的原理

　　CRISPR-Cas9 系统由 Cas 相关蛋白和 CRISPR 序列组成，CRISPR 序列由前导区（leader）、重复序列区（repeat）和间隔区（spacer）三部分构成。间隔区将相邻重复序列分隔开，间隔区可能是来自进化过程中所插入的外源入侵 DNA 片段。CRISPR 序列的转录加

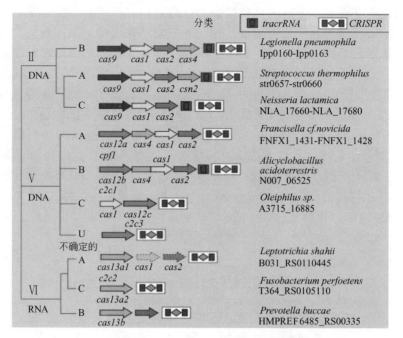

图 5.13　2 类的 3 种分型[38]

工产物称为 crRNA，与反式激活 CRISPR RNA 通过碱基配对形成双链 RNA 结构，称为向导 RNA。向导 RNA 既能与 Cas9 结合，又能通过碱基互补配对与外源 DNA 结合起到定位作用，并介导 Cas9 核酸酶对外源核酸进行切割降解，从而阻止外源质粒或噬菌体的基因表达。在外源 DNA 序列的间隔序列的下游存在一个序列保守的特殊结构，被称为 PAM 序列，又叫"前间区邻近基序"（proto-spacer adjacent motifs，PAM）。PAM 序列是 Cas9 蛋白将自身基因组 DNA 序列与外源 DNA 序列区分开，避免自我切割的重要标签。Cas9 同时切割靶标 DNA 的两条链，产生双链断裂（图 5.14）。

Cas9 蛋白的结构包括识别区 REC、由 HNH 结构域与 RuvC 结构域组成的核酸酶区以及位于 C 端的 PAM 结合区 PI。HNH 结构域和 RuvC 结构域可分别对与向导 RNA 互补和非互补的 DNA 进行切割，产生平末端的 DNA 双链断裂（图 5.15）。RuvC 结构域中的 D10A 突变体可导致 RuvC 结构域的失活，HNH 结构域的 H840A 突变体可导致 NHN 结构域的失活，但单点突变体可使 Cas9 成为切口酶，只能切割 DNA 双链中的一条产生单链断裂。D10A 和 H840A 同时突变会导致 Cas9 失去核酸酶的功能，使得 Cas9 只能靶向识别却不能切割 DNA 双链（图 5.16）。

基于研究者对 Cas9 结构的研究，发展出许多新的技术。无核酸酶活性的 Cas9（"dead" Cas9，dCas9），dCas9 可招募不同的效应蛋白至特定的基因组位点。例如，dCas9 与不同的效应蛋白如转录激活结构域（如 VP64）或转录抑制结构域融合后可调控特定靶基因的转录。dCas9 与转录激活结构域结合能够促进转录活性，称为 CRISPRa；与转录抑制结构域（如 KRAB）融合能抑制转录，称为 CRISPRi。

5.2.3.3　Anti-CRISPR

CRISPR 技术逐渐应用于医疗方面，控制好这种技术变得越来越紧迫。近年来人们发现了几种能阻断 CRISPR-Cas9 活性的蛋白质，Joseph Bondy-Denomy 等发现了两种抑制剂抗

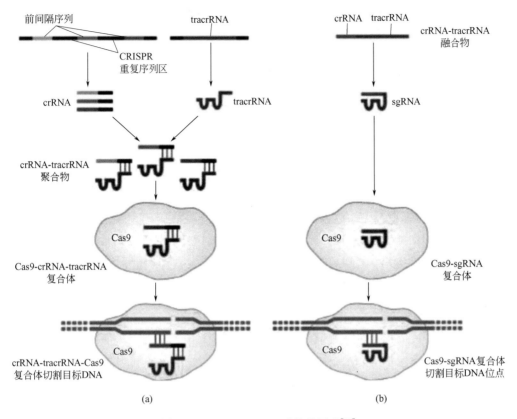

图 5.14　CRISPR-Cas9 系统的原理[39]

图 5.15　链球菌 Cas9 的结构域

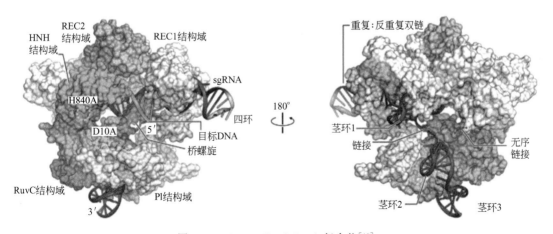

图 5.16　Cas9-sgRNA-DNA 复合物[40]

CRISPR 蛋白（AcrIIA2 和 AcrIIA4），其作用是通过阻碍化脓性链球菌（*Streptococcus pyogenes*）中的 Cas9 核酸酶的活性，进而来阻止细菌和人类细胞中的 CRISPR 基因编辑的活性。越来越多的能够抑制 Cas9 核酸酶的天然蛋白质家族被发现，这些抑制性蛋白质能直接绑定 Cas9，anti-CRISPRs 能够被作为人类细胞基因编辑的有效抑制剂，可以更好地控制基因编辑。

5.2.3.4 CRISPR-Cas9 系统的综合评价

CRISPR-Cas9 系统可以一步实现对多个基因进行编辑。可以通过 NHEJ 途径实现对多个靶基因的定点敲除，还可以通过 HR 途径对多个靶基因进行靶向修饰。ZFNs 和 TALENs 的突变效率随着靶位点的不同而差异显著。有研究表明，对于某些靶位点，ZFNs 和 TALENs 无法发挥其对基因组的编辑功能，ZFNs 的设计与筛选是一个技术难题，而且 ZFNs 蛋白的细胞毒性也是一个限制因素。但 TALE 蛋白的分子量相对较大，会对分子操作带来不便，增加了对靶基因结合的难度，而且在生物体内可能产生其他影响。可见，ZFN 和 TALEN 系统均基于蛋白质工程，构建基因（编码特异性结合靶基因的蛋白）较困难，而且由于切割时需以二聚体的形式才能发挥作用，需要成对设计，技术难度较大，构建组装时间较长。与 ZFNs 和 TALENs 相比，CRISPR-Cas9 系统的应用比较容易实现，简便易行，周期较短且效率更高。因为该系统是由 RNA 负责识别，与其他系统需合成不同的蛋白质相比，显然要容易得多，且注射体外转录的 RNAs 效率也相对较高，省时省力，遗传突变率也高。无论甲基化存在于 PAM 元件中还是靶序列中，Cas9 蛋白作用于靶序列都不会受到 DNA 甲基化的影响。

虽然 CRISPR-Cas9 系统有许多显著的优点，但是仍存在许多问题，比如脱靶、特异性不高、PAM 序列的限制等问题。为了降低脱靶率，提高特异性可采取一定方法，例如：①同时转入 2 个 sgRNA，分别引导 Cas9 在相邻位点切割 DNA 双链中的 1 条链在相邻的位点，进一步保证形成双链断裂；②截短与修饰 sgRNA，如截短其 3′端序列，在其 5′端增加两个额外的 GG 可提高 Cas9 的特异性；③对 Cas9 蛋白进行定点突变，可以扩大 PAM 序列的范围。

另外，CRISPR 技术被越来越多的人认为是许多疾病（如癌症）的"控制中心"，可以用来修复致失明的基因突变、治疗生物的遗传疾病甚至可以编辑人类胚胎基因来找出各种疾病的原因。CRISPR-Cas9 基因编辑技术凭借其快速和高精确度的特点，为治疗疾病带来新的机遇。因为基因编辑技术可以删除或修复有缺陷的基因，所以为基因治疗带来了新的希望。但是 CRISPR 的偏靶效应具有非常严重的潜在危害，导致的突变包括单核苷酸突变和基因组非编码区域。有研究者对两只 CRISPR 基因编辑的小鼠做了全基因组测序，并进行了健康程度比对。他们发现，利用 CRISPR 基因编辑技术成功修复了小鼠体内导致失明的基因，同时发现两只小鼠体内却出现了超过 1500 个单核苷酸位点变异，以及超过 100 个大片段序列插入或缺失。该技术在用于活体生物时可能会产生副作用，这将远远超出我们的想象。如何有效控制该技术，更加理性灵活地运用到人类难以攻克的重大疾病中，还需要更深入的研究。

5.2.3.5 CRISPR-Cas9 系统应用及研究进展

CRISPR-Cas9 系统介导的基因组编辑技术在细胞工厂、生物医学、农业、工业等方面均有广泛的应用。目前，CRISPR-Cas9 系统已成功应用于许多物种，有细菌、酵母、烟草、拟南芥、高粱、水稻、线虫、果蝇、斑马鱼、非洲爪蟾、小鼠、大鼠、家兔、猪、食蟹猴等，还有包括肿瘤细胞系和胚胎细胞在内的各种人类细胞。可以研究变异与生物功能或疾病之间的关系，通过利用 CRISPR-Cas9 系统快速高效建立基因突变的动物或细胞模型；可作为作物育种技术，快速获得抗病虫害、恶劣环境以及无外源 DNA 残留的重要农作物；在其他物种中直接导入乙醇合成代谢途径，获得可持续生产的低成本生物燃料；利用基因组编辑改造细菌，生产对社会有较高价值的药物与精细化学品等。将 Cas9 分裂为两个部分，然后分别与可被小分子或光诱导后二聚化的两个结构域融合，在诱导剂存在的条件下，Cas9 的两个部分可再重新组装起来，恢复成有活性的蛋白质发挥功能（图 5.17）。例如，有研究者将分开的 Cas9 的两个部分分别与 CIB1 和 CRY2 融合后，通过蓝光激活后可聚合在一起发挥作用。这种方法能实现 Cas9 的活性调控，重要的是能实现细胞过程中特定基因的实时调控。还有研究者基于 CRISPR-Cas9 系统构建出 pgRNA 库，对人源肝癌细胞系中近 700 个癌症或其他疾病相关长链非编码 RNA（lncRNA）的基因进行了功能筛选。基于 pgRNA 利用 CRISPR-Cas 系统对 lncRNA 基因的高通量功能筛选研究目前是首例，对其他非编码 RNA 功能的分析提供了新思路，具有巨大的潜在应用前景。有研究者利用 CRISPR-Cas9 开发出一种能标记和追踪活细胞中多达 7 个不同的基因组位点的新方法，称作 CRISPRainbow（CRISPR 彩虹）技术，这一标记系统对于实时研究基因组结构具有重要意义。

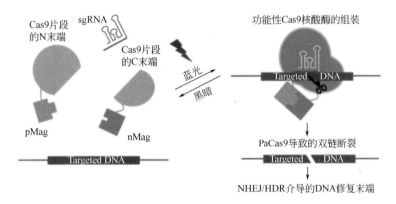

图 5.17　光诱导 Cas9[41]

5.2.4　基因组大片段的插入、删除和剪切-粘贴

在基因组水平，按着特定的目的进行编辑，往往会进行大片段基因的操作，例如一条完整的次级代谢途径的整合和一些非必需基因的大片段删除等。虽然人工合成基因组是最简单直接的，但由于其成本甚高，难以被广泛应用。目前，大片段 DNA 的合成成本比较低，进行定向改造更加容易操作，可提高基因组大片段编辑的效率。大片段 DNA 插入或删除技术主要包括位点专一的重组酶和它的特异性识别位点。例如，最早被识别的噬菌体溶源性基因组整合系统：整合酶和专一性位点；Cre/lox 重组系统；Flp/FRT 重组系统等。Kopenekh 等通过共转化，将 lox 靶位点和 cre 重组酶引入烟草中，依靠种子中特异性启动子的诱导，使 *bar* 基因表达盒从烟草基因组中全部删除。

5.2.5　宏基因组学和比较基因组学

宏基因组学（metagenomics），通常以土样、海水、根系等环境中的微生物群体的基因组为对象，通过功能基因筛选或测序分析，用来研究微生物多样性、进化关系、种群结构、相互协作关系及与环境之间的关系。一般研究流程包括从环境样品中提取各种微生物的总基因组 DNA，进行高通量测序分析，或克隆需要的 DNA，连接到合适的载体，转化，筛选转化子等工作。宏基因组学在开拓天然产物新资源、酶开发、微生物生态学、医学和新基因发现等方面都有着重要应用。

伴随着基因组的研究，相关信息增长迅速，迫切需要对大量基因组数据进行处理，比较基因组学应运而生。比较基因组学，顾名思义，是通过对不同物种之间的基因和基因家族的比较分析，使人们对于基因的功能和种类、基因家族的起源以及在进化过程中的变化更加清楚。而在基因组范围之内的序列比对，可以了解不同生物在核苷酸组成、同线性关系和基因顺序方面的异同，以实现基因分析预测与定位、克隆新基因、揭示基因功能等诸多目的。

5.2.6　总结与展望

十几年来，生物技术迅猛发展，如高通量的基因组测序技术更新换代的时间越来越短；工业微生物育种技术的发展离不开有效的遗传工具和生物信息学分析方法。目前，许多工业微生物的改造，逐渐放弃了传统的方法，如特征表型菌株的筛选、诱变育种和低效的遗传操作技术，而是选择了新型高效的 CRISPR-Cas9 等基因编辑技术，如对工程菌株的基因组进行有目的性的设计、修饰、重组和优化代谢网络，从而构建新型的工业微生物，高效地制备各种应用价值高的天然产物（如甲烷、乙醇、青蒿酸、紫杉醇等）。这些基因组工程技术的操作不再繁琐，实现了在基因组范围的多位点和多途径的组合优化。

基因编辑技术还在伦理学方面引起了争论。2015 年，美国科学家成功将 CRISPR-Cas9 基因编辑技术与基因驱动技术结合，开发了突变链式反应系统（mutagenic chain reaction，MCR），在果蝇中证实该系统可将突变传递给果蝇后代；该研究团队之后与另一研究团队合作研制出了一种转基因蚊子，该蚊子可携带抗疟疾基因且能将该基因传给后代。中国科学家利用 CRISPR 技术首次完成了对人类胚胎 DNA 的修饰。这些研究通过改造，实现了可遗传操作，并将性状传递给了后代，这引发了全球范围内的关于生态学风险和人类基因编辑伦理方面的争论。

5.3　合成生物系统的理性调节与随机调节

合成生物系统可以在分子水平或是组学水平上调控细胞或生物体，其中分子水平上可以在 DNA、RNA、蛋白质和 XNA 以及 XNAzymes 水平上进行调控，而组学水平上则可以在基因组水平、转录组水平、蛋白质组水平及代谢组水平等水平上进行。合成生物系统在组学水平上的理性调节与随机调节不仅为合成生物系统改造提供了更多的方法，也加快了合成生物系统改造的进程。本节就将围绕合成生物系统在结构基因组学之后出现的各类组学中的调控进行介绍。

以达尔文进化论为依据，人们逐渐发展出体外模拟自然进化的各种方法，应用生物学相关学科，就可以实现有目的性地对合成生物系统进行改造。随着基因工程、蛋白质工程以及计算机辅助设计等多门学科的迅速发展，科学家们又提出了快速模拟自然进化的方法，常用的为理性调节（rational regulation）和随机调节（random regulation）。在此基础上，近几年来新提出的半理性调节又综合了两者的优点，为合成生物系统的调节开辟了新的研究思路。

随机调节无需了解分子的作用机制，大大加速了自然进化过程，可用于任何性状的改造。虽然该方法简单易行，却往往需要建立快速灵敏的筛选方法，往往会耗费大量的财力、物力和人力。相比而言，理性调节通过分析已知信息进行有针对的改变，这种方法能够更快更高效地获得所需性状，但需要更多的生物信息及生物新技术，还需结合软件模拟进行数学模型的建立。

结合以上两种方法的优点，科学家建立了半理性调节（semi rational regulation）方法，在定向进化的基础上加入理性设计，在特定位点进行随机突变，有效地减小了筛选突变文库，更容易获得所需的突变体。

利用上述调节方法，人们即可在分子水平及组学水平上对合成生物系统进行调节。本节所介绍的组学（omics）见图 5.18，其中又以基因组学、转录组学、蛋白质组学和代谢组学的研究最为广泛。

图 5.18　组学的分类

5.3.1　合成生物系统在转录组学和蛋白质组学水平的调控

5.3.1.1　什么是转录组学和蛋白质组学

从广义上来讲，转录组是一个细胞或细胞群中所有 RNA 分子的集合，它与外显子的不同之处仅在于其仅包括在特定细胞群体中发现的 RNA 分子，并且通常除了分子本身之外还包括每个 RNA 分子的总量或浓度。而从狭义上来讲，转录组则代表总的 mRNA。转录组的研究需要在特定的时间及空间，这一特点也区别于基因组的研究。通过所获得的转录组信息，在遗传学中心法则的指导下，人们可以对基因组中目的功能基因进行解析，并以此进一步了解生物学的进程及某些疾病的发病机制。

对转录组的研究科学即为转录组学，该学科旨在从全局水平上对生命系统中基因的转录情况和转录调控规律进行分析研究。随着人类基因组计划的完成，科学家们发现基因组中所蕴含的秘密仍然需要更进一步的研究，简单的序列分析并不能完全解密生命体中所有基因的功能、表达差异与调控方式。在此背景下，研究人员提出了功能基因组学。

蛋白质组学则是对蛋白质的大规模研究，由科学家 Marc R. Wilkins 在二十世纪末首次定义。它特指一种细胞中的全基因组所表达的全部蛋白质的总和。蛋白质组学主要是在全局水平上研究蛋白质的表达水平、相互作用及翻译后修饰等特征，从而对细胞代谢、疾病发生等过程进行全局性分析。

蛋白质组学的研究在分子医学的发展中有着举足轻重的作用，为人类健康的研究提供了诸多便利。许多药物都可以对蛋白质间的相互作用产生干扰，它的靶分子与其本身本质均为蛋白质，因此也给这些物质的研究提供了更好的方法。在基础医学以及疾病机理的研究过程中，通过研究个体的各个发育阶段中不同的生理以及病理条件下各种细胞的基因表达特征，就可能找到与某一特异性生理或病理状态直接相关的分子，这也将推进特异靶点的作用药物设计进程。

5.3.1.2 合成生物系统在转录组学水平调控的应用

获得 RNA 转录产物的数据主要依据两类原则，即单个转录物的测序和转录物与核酸探针（微阵列）的有序阵列的杂交测序。

（1）基于单个转录物的转录组测序技术

转录组测序技术主要基于基础测序技术，包括以下几种方法。

① 表达序列标签技术（EST）

在遗传学中，表达序列标签是指 cDNA 序列中的一段短的亚序列，长度约 $200\sim800$bp，可用于鉴定基因的转录情况。同时，该技术也在基因发掘和基因序列测定中起着重要作用。随着该技术的飞速发展，科学家们已经建立起了一个包含约 7420 万表达序列标签的公共数据库。

利用 EST 测序技术进行转录组测序分析（图 5.19）的基础路线中，最重要的步骤为标准化 cDNA 文库的构建，该步骤可提高基因的发现率，随后再通过归一化文库的连续减法以维持发现率。

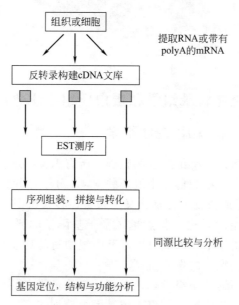

图 5.19　利用 EST 测序技术进行转录组测序分析

生物体内基因的复制数和表达量与表达序列标签数有着必然的联系，因此，人们常常通过检测标签的丰度来表征生物体内的基因表达。EST 图常用物理映射进行绘制，即通过辐射杂交映射、快速映射或荧光原位杂交等方法将 EST 映射到特定的染色体位置。如果源自 EST 的生物体的基因组已被测序，则可将 EST 序列与相应基因组数据库进行比对分析。

② 基因表达系列分析技术（SAGE）

SAGE 常用于样品中 mRNA 数量的快速检测，通过利用一组小的标签匹配转录产物的片段以完成检测。其基本原理图如图 5.20。利用统计学方法对不同样本的标签和数量进行分析，即可确定基因的表达丰度。例如，将正常的组织细胞与相应的肿瘤细胞进行对比，则可以确定哪些基因的表达出现异常，从而对疾病进行进一步的分析。科学家们至今已提出了 Long SAGE、RL-SAGE 以及最新的 Super SAGE 等许多改进后的分析技术，其中多种技术可以匹配更长的标签以更好地识别目的基因。

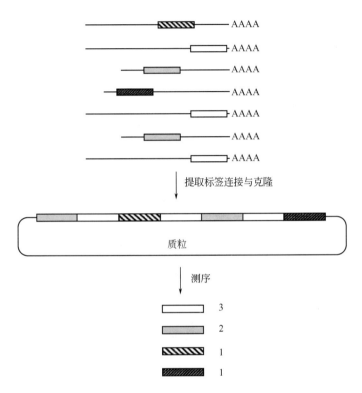

图 5.20　SAGE 原理图[42]

包含由四种物质组成的七个 mRNA 分子的真核细胞模型。矩形盒代表适应于 mRNA 物种的标签

③ 大规模平行测序技术（MPSS）

MPSS 可以提供 cDNA 在细胞内各个发育阶段的拷贝数及其相应序列，用于鉴定和定量 mRNA 转录产物，其数据结构类似于 SAGE，但其化学反应与测序步骤不同，其系统原理图如图 5.21。MPSS 可以通过产生与特定限制酶（通常为 Sau3A 或 DpnII）的 3′ 末端相邻的 17～20bp 特征序列来鉴定 mRNA 转录物。通过将某个特征序列克隆到百万微珠中的某一个微珠之上，确保每个微珠上仅有一种类型的 DNA 序列，然后将微珠排列在流动池中用于测序和定量。最后利用荧光标记的编码器杂交并解码序列特征，每个编码器都具有微珠阵列图像检测杂交后的唯一标签。检测所得的特征即可用于基因组中基因的注释与鉴定。

④ RNA 测序技术（RNA-seq）

RNA 测序技术又称为全转录组鸟枪法测序，这一技术主要利用二代测序技术（NGS）以测定特定时刻某生物样品中 RNA 的含量及种类。其实验流程如图 5.22。RNA-seq 主要用于分析不断变化的细胞转录组，这一技术有助于观察替代性基因剪接转录物、转录后修饰、基因融合、基因突变和基因表达随时间变化的能力，以及不同实验组及处理方式下的基因表达差异。除 mRNA 转录物外，RNA-seq 还可以分析其他各种形式的 RNA。此外，

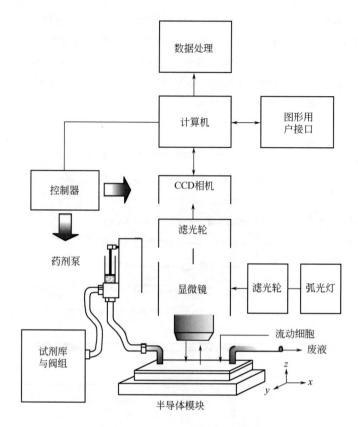

图 5.21   MPSS 系统原理图[43]

流动池安装在配有 75W 氙弧灯、机动滤光轮、计算机控制台、具有 2000×2000 像素阵列的 PXL 型
CCD 摄像机的共焦荧光显微镜和控温珀尔帖块的集成平台上。试剂选择、流速和流动池
温度由 LabVIEW 中编程的基于 Pentium 的计算机控制

RNA-seq 还可应用于确定外显子（内含子）边界并验证或修改先前注释的 5′ 或 3′ 基因的边界。

（2）基于杂交技术的微阵列技术

基于杂交技术的微阵列技术，主要用于研究基因表达的差异、寻找可能致病基因或疾病相关基因及基因突变和多态性检测等。Yu 等利用微阵列技术分析了肺动脉高压疾病过程中不同基因的表达情况，并显示出细胞的异常增殖和细胞周期调节等特征，而基于此新确定的途径则可能为治疗遗传性和特发性 PAH 提供新的靶标。Christiane 等利用基于 DNA 微阵列技术的程序对 83 个支原体物种和 11 个衣原体属进行了检测，并将该测定法推广适用于常规诊断环境以及微生物的研究。

5.3.1.3   合成生物系统在蛋白质组学水平调控的应用

蛋白质的研究主要包括蛋白质的鉴定、翻译后修饰以及功能的确定。蛋白质的鉴定方法除传统的 Western 及内肽的化学测序外，还包括图像分析技术、微量测序、质谱分析及氨基酸组分分析等更高效的方法。当蛋白质在翻译时或翻译后进行修饰后，其电荷状态、疏水性、构象及稳定性的改变都会影响蛋白质的功能，所以，对蛋白质翻译后修饰的类型及位点进行分析，将可以获得更为全面的蛋白质信息。最后，通过对酶活性、底物、细胞因子以及配基-受体结合的分析，就可以确定蛋白质的功能。此外，基因敲除、反义技术以及蛋白质

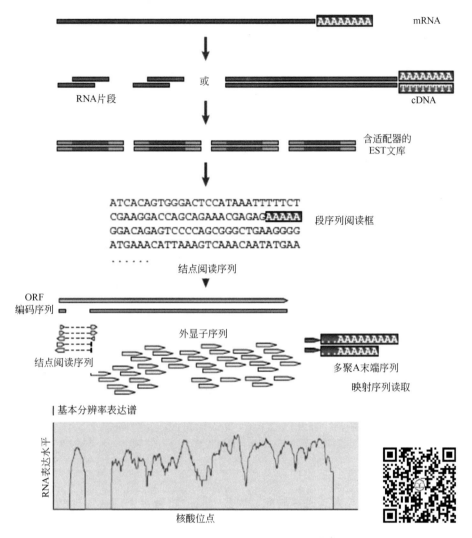

图 5.22 RNA 测序技术实验流程图[44]   彩图 5.22

长 RNA 首先通过 RNA 片段化或 DNA 片段化转化成 cDNA 片段文库。随后将序列衔接子（蓝色）加入
每个 cDNA 片段中，并使用高通量测序技术从每个 cDNA 中获得短序列。读出的序列与参考基因组或
转录组进行比对，并分为三种类型：外显子序列、连接序列和多聚 A 末端序列。这三种类型用于为
每个基因生成碱基分辨率表达谱（如图最下部分为含有一个内含子的酵母 ORF 序列）

定位等技术也常被应用于蛋白质功能的分析。

　　蛋白质微阵列技术的开发，使得示踪蛋白质研究其活性、相互作用以及功能的高通量检测成为可能。Cleton 等利用重组多重血清蛋白微阵列技术检测黄病毒属中重要的 NS1 蛋白，并发现了对 NS1 抗原敏感性和特异性较高的为 IgG 和 IgM，并以此区分乙型脑炎病毒疫苗的接种反应与感染。

　　通过转录组学与蛋白质组学相结合的方式，给蛋白质研究新添了一个思路。Kevin Maringer 等利用基于转录组学的蛋白质组学（proteomics informed by transcriptomics，PIT）技术研究了埃及伊蚊的蛋白质组，其技术概述如图 5.23。该技术绕过了基因组的研究，通过直接匹配转录蛋白质组数据分析埃及伊蚊蛋白，与"常规"蛋白质组学相比，PIT 技术可以识别埃及伊蚊细胞中的更多蛋白质，也可用于评估基因组注释，这将十分有助于提高非模

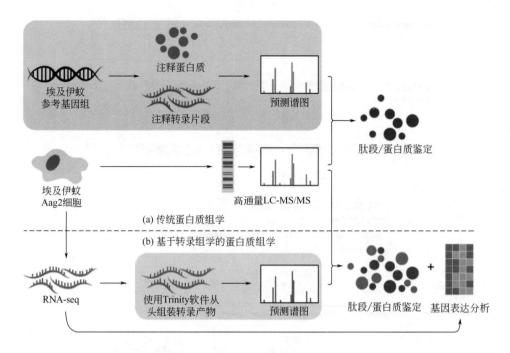

图 5.23　PIT 线路概述[45]

（a）传统蛋白质组学通过与埃及伊蚊参考基因组上的蛋白质或转录注释进行比对，并利用高通量 LC-MS/MS
检测和质谱图计算预测，以鉴定来自埃及伊蚊细胞提取物的蛋白质。（b）PIT 通过 RNA-seq 鉴定蛋白
质分离物相匹配的 RNA 样品中的转录产物来鉴定其他蛋白质。使用 Trinity 软件从头组装转录产
物，通过电脑模拟进行翻译并用于肽鉴定的质谱预测。PIT 技术可以实现从单个实验样品中
鉴定蛋白质，该技术无需参考基因组且可以从 RNA-seq 数据中推断转录物丰度

式生物体注释的效率。

　　蛋白质组学的研究通常为高通量研究，因其需要分析特定生理或病理状态下所有蛋白质
种类及其与周围环境分子间的关系，将获得的大量数据进行数据库对比分析，即可进行高效
的数据处理。Chong 等结合自动遗传学、高通量显微镜和计算特征分析开发了管道收集酵母
GFP 融合物的方法。该方法利用单细胞成像和自动分析获得酵母蛋白酶动力学数据，以作
为评估蛋白质组规模上的蛋白质丰度和定位。通过检测随时间变化过程中蛋白质组的丰度及
定位，根据不同的化学和遗传刺激来测量蛋白质组动力学。他们所构建的多样化本地数据库
也为许多类型蛋白质的比较研究、单细胞分析、建模和预测提供了方便。图 5.24 即为该研
究的部分结果图。

5.3.2　合成生物系统在代谢组学水平的调控

5.3.2.1　什么是代谢组学

　　代谢组学起源于 20 世纪 70 年代科学家们所提出的"代谢轮廓分析"，这一概念是在
基因组学的影响下，于 1997 年正式提出，其定义为"生物系统对病理、生理刺激或遗传
修饰的动态多参数代谢反应的定量测量"。代谢组学主要是在细胞或器官的水平的代谢分
析，涉及政策正常的内源性代谢。此外，由环境因素引起的代谢紊乱的信息、疾病过程
以及外源性影响下的状态均可利用代谢组学的方法进行分析。在代谢组学研究领域，英国

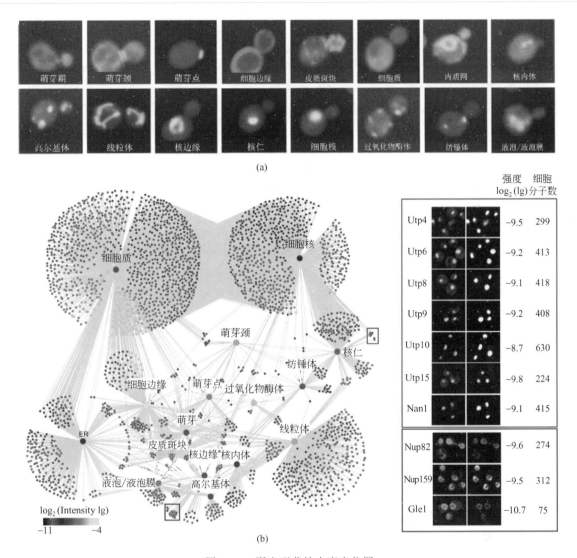

图 5.24　野生型菌株丰度定位图

[引自：Chong Y T et al. Cell，2015，161（6）：1413-1424)]

（a）利用文章中所构建的方法，分类典型蛋白质的单细胞图像。每株菌都可以产生标记细胞边界的胞质
红色荧光蛋白和另一个绿色荧光蛋白标记蛋白。（b）左图为蛋白质丰度定位图，图解了连接到代表
不同细胞位置的 16 个彩色中心中的一个或多个的 2834 个蛋白质（节点）的蛋白质丰度和定位
信息。以灰-绿-黄色标度代表每个蛋白质的绝对蛋白质丰度。右图为左侧网络图部分区
域的扩展视图，从细胞表达蛋白质的显微照片可以看出，特定区域［核仁（蓝框）
和核外围（红框）］的蛋白质丰度定位是由绿色荧光蛋白强度值估计得到的

帝国理工大学生物化学系教授 Jeremy K. Nicholson 的研究较为深入，他被称
为代谢组学之父。

　　代谢组学的分析技术主要包括气相色谱、气质联用色谱（GC-MS）、
高效液相色谱（HPLC）、毛细管电泳（CE）等分离技术以及质谱（MS）、
电子电离（EI）、二次离子质谱（SIMS）、核磁共振（NMR）等检测技
术。获得的数据即可进一步借助相应统计程序进行分析，目前全球已有多

彩图 5.24

个实验室进行了代谢组学数据分析软件的开发，如斯克利普斯研究所 Siuzdak 实验室所开发
的 XCMS 软件，该软件是科学文献中最为广泛引用的基于质谱的代谢组学软件程序之一。

5.3.2.2 合成生物系统在代谢组学水平调控的应用

代谢组学技术已在生物学和医学相关的各个领域获得了大量的应用，如疾病诊断、发病机制研究、中医药现代化、药物毒理及安全评价、植物、微生物、环境、营养等领域的研究。其中代谢组学在疾病诊断中的研究作用十分突出，可以通过代谢分析的毒理学来检测化学物质所引起的生理变化。在许多情况下，这些观察到的变化都与特定的疾病相关。Brindle 等采集了多例患者的血清及血浆进行研究，使用 NMR 技术对所获得的数据做代谢组学分析，结合多重模式识别技术实现了疾病的判别。

此外，代谢组学在植物细胞中的研究也较为深入，通过对植物细胞中的代谢组变化进行分析，从而表征基因型和表型的关系并进一步了解植物的代谢途径。Kusano 课题组通过对基于遗传多样性选择的多个玉米近交系，以及对其提供改进基因来源植株的代谢组学进行评估，分析得到谷粒中的常见代谢组变异，从而提供了对玉米进行代谢组学多样性分析的思路。

Charles R. Evans 等利用非靶向 LC-MS 研究了支气管肺泡液的代谢组学，并以此来鉴别患者是否患有急性呼吸窘迫综合征。图 5.25 即为该研究的数据处理流程示意图。

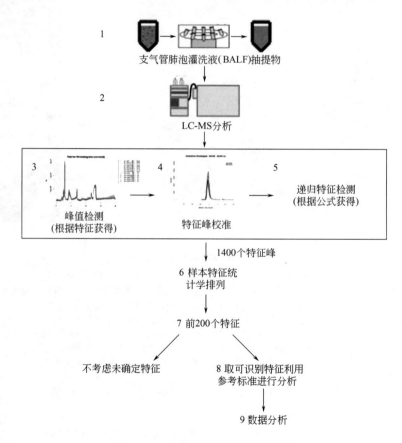

图 5.25 数据处理流程示意图[46]
步骤 1：样品提取；步骤 2：RP-MS 或 HILIC-MS 分析；步骤 3～5：利用分析软件 Masshunter
中的"按特征查找"及"按公式查找"功能对样品特征进行鉴定；步骤 6：使用"按公式
查找"功能校准样本峰值并进行统计学排列；步骤 7：取前 200 个排列进行附加分析；
步骤 8：取可识别特征利用参考标准进行分析；步骤 9：将急性呼吸窘迫综合征
(ARDS)支气管肺泡液与健康对照代谢物进行统计学比较分析

代谢组学在生物科学领域逐渐发挥出巨大的潜力。对于功能基因组学，代谢组学可以是确定基因操作改变表型的优秀工具，如基因缺失、插入等；对于营养基因组学，代谢组学可以协同其他多种组学对个体新陈代谢平衡做出反应；而对于环境代谢组学，则可以利用代谢组学方法来表征生物与其环境的相互作用。另外，代谢组学还可应用在药物开发、临床诊断和营养科学等方面以及微生物和植物表型的快速鉴定，不仅为新型代谢产物的开发提供了指导意义，还极大地推动了这些领域的发展。

5.3.3　合成生物系统在功能基因组学水平的调控

5.3.3.1　什么是功能基因组学

基因组学研究主要包括三个领域：结构基因组学，主要研究全基因组的遗传制图、物理制图及 DNA 测序；功能基因组学，主要研究整个基因组所包含的基因、非基因序列及其功能；比较基因组学，则侧重于比较不同物种的基因组间的差别，从而增强对多个基因组功能及发育相关性的认知。

人类对于自身基因组认识的第一个步骤就是基因组的测序。1977 年，Fred Sanger 等首次完成了 λ 噬菌体的全基因组测定。1990 年，美国启动跨世纪的"人类基因组计划"，历时 11 年，斥资 30 亿美元，破译了人类自身遗传密码。此后，世界各国科学家又协作完成了 4.2Mb 的大肠杆菌全基因组序列，以及高达 12Mb 的真核生物酿酒酵母的全基因组测序等工作。2017 年 3 月 10 日，"Science"杂志罕见地推出了"合成酵母基因组"特刊，该刊所介绍的人工合成酵母基因组计划也是继全基因组测序之后的又一个里程碑项目。

然而，即使基因测序全部完成，人们仍然无法完全了解每一个基因的特性。因此，随着人类基因组计划的顺利完成，基因组研究开始进入了"后基因组时代"，功能基因组学的研究逐渐成为研究主流。功能基因组学是以基因组与外界环境间的相互作用为研究对象，来进行全局规模（基因组范围或系统范围）基因和蛋白质的表达与功能的研究，阐明基因组在基因、RNA、转录以及蛋白质产物水平的功能，对"DNA 语言"进行解码。

5.3.3.2　合成生物系统在功能基因组学水平调控的应用

功能基因组学通过各种遗传技术来解析某个基因的功能。首先选择具有目的基因的物种作为研究对象，再利用多种遗传技术对该基因进行灭活，从而在生物体中分析其去除效果及对生物功能的贡献。与结构基因组学不同，功能基因组学侧重于研究 DNA 在基因、RNA 转录和蛋白质产物水平上的功能问题。

各种遗传技术在功能基因组学中起着不可或缺的作用，近期，火速发展的 CRISPR 技术已经与基因组规模的 gRNA 文库结合，用于进行高通量筛选功能基因组。Feng Zhang 等概述了使用 Cas9 蛋白进行基因组规模筛选的方法，并与 RNAi 筛选的设计进行了比较。如图 5.26，即为以阵列或合并形式进行的筛选策略。

在功能基因组学的基础上，科学家们发展并研究了数量性状基因座组学（QTLomics）。数量性状基因座是控制数量性状的遗传信息在基因组中的相对位置，常用 DNA 分子标记技术对其进行定位。印度科学家 Giriraj Kumawat 等以此为基础，研究并总结了大豆中 QTL 基因和性状的鉴定及其在其他豆类作物的翻译基因组学和育种中的意义。

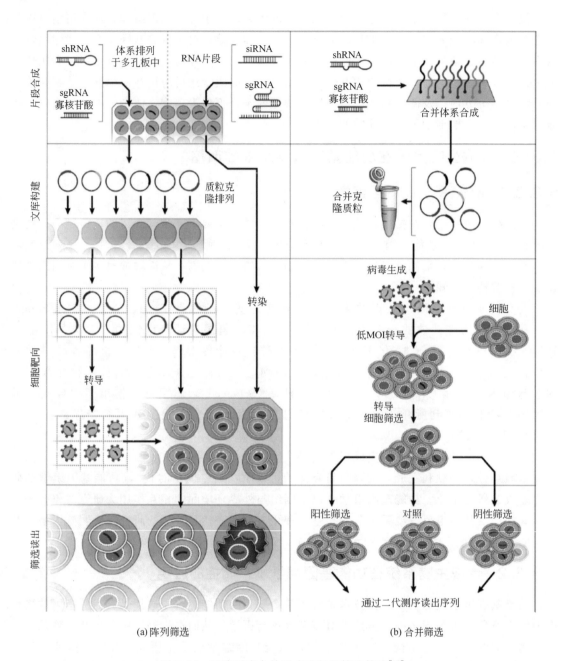

图 5.26　以阵列或合并形式进行的筛选策略[47]

遗传筛选一般遵循两种格式，这两种格式区别于构建靶向试剂的方式以及进行细胞靶向和读出的方式。（a）阵列
筛选策略，分别合成试剂并将靶向构建体系排列在多孔板中，在各孔中进行转染或病毒转导，最后筛选读出
单孔中的细胞密度值。（b）合并筛选策略，将试剂合成并构建在一个体系内，由于病毒转导限制转基因
拷贝数，故可以通过 PCR 或二代测序读取其整合数。MOI，感染复数；sgRNA，单链引导 RNA；
shRNA，短发夹结构 RNA；siRNA，小干扰 RNA

　　基因组序列的完全解码标志着基因组生物学研究新的起点，在"后基因组时代"里，我们不仅需要根据时代与社会的需求对基因组进行更深一步的研究，也应着眼其他生命物质，在各个水平上深入挖掘生命的密码。

5.3.4　组学的未来

组学的发展随着 21 世纪的到来，呈现出爆炸性的增长，在生命科学领域随处可见，根据 2010 年以前 "组学" 术语的变化情况（图 5.27），可清晰看出其增长趋势。科学家推测，在未来的 25 年内，"组学" 将在生物学中独居鳌头，这种新的科学技术将动摇我们知识大厦的根基，并改变我们对生命的看法。

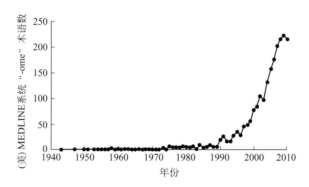

图 5.27　"组学" 及 "组" 的增长趋势图[48]

Genome 和 Genomics 两个名词的诞生引发出 "omes" 和 "omics" 的爆炸式出现，虽然一部分组学已经被确立为一个重要的知识体系和研究领域，另一部分却被认为词汇多余、琐碎而不合实际，是对组和组学的滥用。模仿基因组学，简单地给某个术语加上 "ome" 或 "omics" 并不一定能达到 "基因组学" 的效果，可能更多的是 "东施效颦"，适得其反。当然，我们也不能因噎废食，如果一个新的 omics 能够带来很好的影响，理应尽力使其留存下来。

思考题

1. 合成体由哪些成分所构成？这些成分是如何连接构成了完整的结构？
2. 核糖开关是什么？它的作用机理是什么并举例说明。
3. 支架蛋白是什么？它有哪几种结构形式？
4. XNA 与已知的遗传物质有什么不同之处？XNA 以及 XNAzymes 的发现有什么重要的生物学意义？
5. 全局转录调控是什么？它的作用机制是什么，并举例说明。
6. 什么是基因编辑技术？
7. 简述 CRISPR-Cas9 的原理及优缺点。
8. 在合成生物学领域应运而生了很多技术，简单列举几例并加以说明。
9. 简述 TALEN、ZFN 的原理及应用。
10. 试述研究者对基因组学的研究将会有什么重大的应用。
11. 简述分子生物学中组学的主要分类。
12. 试述基因组学与转录组学研究的相互关系与区别。
13. 试举例转录组学在合成生物系统调控中的应用。
14. 简述蛋白质组学中蛋白质鉴定的主要研究方法。
15. 代谢组学的应用领域有哪些？

16. 试述结构基因组学与功能基因组学的差异。

17. 简述酵母 2.0 计划的主要内容。

18. 谈谈你对组学未来发展的看法。

参 考 文 献

[1] Kushner A M，Vossler J D，Williams G A，et al. A biomimetic modular polymer with tough and adaptive properties [J]. Journal of the American Chemical Society，2009，131（25）：8766.

[2] Ajikumar P K，Xiao W H，Tyo K E J，et al. Isoprenoid Pathway Optimization for Taxol Precursor Overproduction in *Escherichia coli* [J]. Science，2010，330（6000）：70-74.

[3] Salis H M，Mirsky E A，Voigt C A. Automated design of synthetic ribosome binding sites to control protein expression [J]. Nature Biotechnology，2009，27（10）：946-950.

[4] Na D，Lee D. RBSDesigner：software for designing synthetic ribosome binding sites that yields a desired level of protein expression [J]. Bioinformatics，2010，26（20）：2633-2634.

[5] Roh K H，Shin K S，Lee Y H，et al. Accumulation of sweet protein monellin is regulated by thepsbA 5′UTR in tobacco chloroplasts [J]. Journal of Plant Biology，2006，49（1）：34-43.

[6] Winkler W，Nahvi A，Breaker R R. Thiamine derivatives bind messenger RNAs directly to regulate bacterial gene expression [J]. Nature，2002，419（6910）：952.

[7] Serganov A，Polonskaia A，Phan A T，et al. Structural basis for gene regulation by a thiamine pyrophosphate-sensing riboswitch [J]. Nature，2006，441（7097）：1167-1171.

[8] Serganov A，Huang L，Patel D J. Coenzyme recognition and gene regulation by a flavin mononucleotide riboswitch [J]. Nature，2009，458（7235）：233.

[9] Montange R K，Batey R T. Structure of the S-adenosylmethionine riboswitch regulatory mRNA element [J]. Nature，2006，441（7097）：1172-1175.

[10] Wang J X，Lee E R，Morales D R，et al. Riboswitches that sense S-adenosylhomocysteine and activate genes involved in coenzyme recycling [J]. Molecular Cell，2008，29（6）：691-702.

[11] Gilber T，Sunny D，Stoddard T，et al. Thermodynamic and kinetic characterization of ligand binding to the purine riboswitch aptamer domain [J]. Journal of Molecular Biology，2006，359（3）：754-768.

[12] Blount K F，Wang J X，Lim J，et al. Antibacterial lysine analogs that target lysine riboswitches [J]. Nature Chemical Biology，2007，13（1）：44-49.

[13] Mandal M，Lee M，Barrick J E，et al. A glycine-dependent riboswitch that uses cooperative binding to control gene expression [J]. Science，2004，306（5694）：275-279.

[14] Fuchs R T，Grundy F J，Henkin T M. S-adenosylmethionine directly inhibits binding of 30S ribosomal subunits to the SMK box translational riboswitch RNA [J]. Proceedings of the National Academy of Science，2007，104（12）：4876-4880.

[15] Fuchs R T，Grundy F J，Henkin T M. The S（MK）box is a new SAM-binding RNA for translational regulation of SAM synthetase [J]. Nature Structural & Molecular Biology，2006，13（3）：226-233.

[16] Ogawa A，Maeda M. An artificial aptazyme-based riboswitch and its cascading system in *E. coli* [J]. Chembiochem，2010，9（2）：206-209.

[17] Furukawa K，Ramesh A，Zhou Z，et al. Bacterial riboswitches cooperatively bind Ni（2+）or Co（2+）ions and control expression of heavy metal transporters [J]. Molecular Cell，2015，57（6）：1088-1098.

[18] Gotthardt M，Trommsdorff M，Nevitt M F，et al. Interactions of the Low Density Lipoprotein Receptor Gene Family with Cytosolic Adaptor and Scaffold Proteins Suggest Diverse Biological Functions in Cellular Communication and Signal Transduction [J]. Journal of Biological Chemistry，2000，275（33）：25616-25624.

[19] Horn A H C，Sticht H. Synthetic Protein Scaffolds Based on Peptide Motifs and Cognate Adaptor Domains for Improving Metabolic Productivity [J]. Frontiers in Bioengineering & Biotechnology，2015，3.

[20] Dueber J E，Wu G C，Malmirchegini G R，et al. Synthetic protein scaffolds provide modular control over metabolic flux [J]. Nature Biotechnology，2009，27（8）：753.

[21] Moon T S，Yoon S H，Lanza A M，et al. Production of glucaric acid from a synthetic pathway in recombinant *Esch-*

erichia coli [J]. Applied & Environmental Microbiology，2009，75（3）：589.

［22］ Walther C，Ferguson S S. Minireview：Role of Intracellular Scaffolding Proteins in the Regulation of Endocrine G Protein-coupled Receptor Signaling [J]. Molecular Endocrinology，2015，29（6）：814-830.

［23］ Good M C，Zalatan J G，Lim W A. Scaffold Proteins：Hubs for Controlling the Flow of Cellular Information [J]. Science，2011，332（6030）：680-686.

［24］ Philipp N，Paul R，Andrea C，et al. Structure of an intermediate state in protein folding and aggregation [J]. Science，2012，336（6079）：362-366.

［25］ Taylor A I，Holliger P. Directed evolution of artificial enzymes（XNAzymes）from diverse repertoires of synthetic genetic polymers [J]. Nature Protocols，2015，10（10）：1625-1642.

［26］ Alper H S，Stephanopoulos G，Fink G. Global Transcription Machinery Engineering [P]. 2016.

［27］ Alper H，Stephanopoulos G. Global transcription machinery engineering：A new approach for improving cellular phenotype [J]. Metabolic Engineering，2007，9（3）：258-267.

［28］ Yu H，Tyo K，Alper H，et al. A high-throughput screen for hyaluronic acid accumulation in recombinant *Escherichia coli* transformed by libraries of engineered sigma factors [J]. Biotechnology & Bioengineering，2010，101（4）：788-796.

［29］ Barbieri G，Albertini A M，Ferrari E，et al. Interplay of CodY and ScoC in the regulation of major extracellular protease genes of Bacillus subtilis [J]. Journal of Bacteriology，2016，198（6）：907.

［30］ Zhang H，Chong H，Ching C B，et al. Engineering global transcription factor cyclic AMP receptor protein of Escherichia coli for improved 1-butanol tolerance [J]. Applied Microbiology & Biotechnology，2012，94（4）：1107-1117.

［31］ Mosberg J A，Gregg C J，Lajoie M J，et al. Improving Lambda Red Genome Engineering in *Escherichia coli* via Rational Removal of Endogenous Nucleases [J]. Plos One，2012，7（9）：e44638.

［32］ Wang H H，Kim H，Cong L，et al. Genome-scale promoter engineering by Co-Selection MAGE [J]. Nature Methods，2012，9（6）：591-593.

［33］ Carroll D. Genome Engineering With Zinc-Finger Nucleases [J]. Genetics，2011，188（4）：773-782.

［34］ Zhang W H，Yu-Ning L I，Jin Y，et al. Correlation between Vitamin D Receptor Gene Fok I，Taq I Polymorphism and Rickets in Female Infants [J]. Journal of Applied Clinical Pediatrics，2009.

［35］ Bonas U，Stall R E，Staskawicz B. Genetic and structural characterization of the avirulence gene avrBs3 from *Xanthomonas campestris* pv. *vesicatoria* [J]. Molecular & General Genetics Mgg，1989，218（1）：127-136.

［36］ Christian M L，Demorest Z L，Starker C G，et al. Targeting G with TAL Effectors：A Comparison of Activities of TALENs Constructed with NN and NK Repeat Variable Di-Residues [J]. Plos One，2012，7（9）：e45383.

［37］ Gaj T，Gersbach C A，Barbas R C. ZFN，TALEN，and CRISPR/Cas-based methods for genome engineering [J]. Trends in Biotechnology，2013，31（7）：397-405.

［38］ Makarova K S，Zhang F，Koonin E V. SnapShot：Class 2 CRISPR-Cas Systems [J]. Cell，2017，168（1-2）：328.

［39］ Sander J D，Joung J K. CRISPR-Cas systems for editing，regulating and targeting genomes [J]. Nature Biotechnology，2014，32（4）：347-355.

［40］ Nishimasu H，Ran F A，Hsu P D，et al. Crystal Structure of Cas9 in Complex with Guide RNA and Target DNA [J]. Cell，2014，156（5）：935-949.

［41］ Yuta N，Fuun K，Takahiro N，et al. Photoactivatable CRISPR-Cas9 for optogenetic genome editing [J]. Nature Biotechnology，2015，33（7）：755-760.

［42］ Nishimura N，Nishioka Y，Shinohara T，et al. Novel centrifugal method for simple and highly efficient adenovirus-mediated green fluorescence protein gene transduction into human monocyte-derived dendritic cells [J]. Journal of Immunological Methods，2001，253（1）：113-124.

［43］ Brunner S. Gene expression analysis by massively parallel signature sequencing（MPSS）on microbead arrays [J]. Nature Biotechnology，2000，18（6）：630-634.

［44］ Craig D W，Goor R M，Wang Z，et al. Assessing and managing risk when sharing aggregate genetic variant data [J]. Nature Reviews Genetics，2011，12（10）：730.

［45］ Maringer K，Yousuf A，Heesom K J，et al. Proteomics informed by transcriptomics for characterising active transposable elements and genome annotation in Aedes aegypti [J]. Bmc Genomics，2017，18 (1)：101.

[46] Evans C R，Karnovsky A，Kovach M A，et al. Untargeted LC-MS metabolomics of bronchoalveolar lavage fluid differentiates acute respiratory distress syndrome from health [J]. Journal of Proteome Research，2014，13 (2)：640-649.

[47] Shalem O，Sanjana N E，Zhang F. High-throughput functional genomics using CRISPR-Cas9 [J]. Nature Reviews Genetics，2015，16 (5)：299.

[48] Mcdonald D，Clemente J C，Kuczynski J，et al. The Biological Observation Matrix (BIOM) format or：how I learned to stop worrying and love the ome-ome [J]. Gigascience，2012，1 (1)：7.

第6章
无细胞合成生物系统

引　言

　　合成生物学的核心在于受到多样化强大生命世界的启发，以快速可靠的人工设计生物功能，用于生物技术、医药健康、生物能源、环境治理等领域。它的特殊性在于重新程序化现有的生物体系，以加速"设计-构建-测试"循环，从而快速获得目标体系或产品。而在过去多年的合成生物学的发展中，主要还是以细胞为宿主进行工程化设计。但是对细胞进行工程化是费时、困难而且昂贵的。例如，在酵母中实现经济化生产青蒿素花费了150人/年的工作量[1]；杜邦公司和杰能科公司花了15年和575人/年去开发生物法生产1,3-丙二醇[2]。

　　目前以细胞为宿主的合成生物学，主要聚焦在基因线路构建、模块化设计、代谢路径改造等。而又随着基因编辑和测序技术的进步，进一步推动了合成生物学可快速可靠地设计改造生物体系。大多数生物合成的焦点都集中于应用在活细胞中，但是细胞的运作系统和内部途径给合成生物学的应用造成了障碍。这主要是因为细胞的生长、进化、优化及适应性过程，通常与工程设计目的是不一致的。由于活细胞生命系统的复杂性，细胞生长的不可取消性，胞内噪声干扰，再加上细胞膜的阻碍等，其大大限制了生物组件的改造，使得合成生物学面临难以逾越的四大挑战：难以标准化、不可预见性、不相容性和高复杂度。面对细胞的复杂特征及问题，亟须开发新的更容易的工程化手段。因此，为克服这些挑战，目前一项新的合成生物学手段正在兴起：无细胞合成生物学（cell-free synthetic biology，CFSB）。

　　什么是无细胞合成生物学？简单地讲，是无需活细胞的合成生物学手段，通过体外实现并控制基因转录和蛋白质翻译，从而人工设计出新的具有生物功能的产品或体系。无细胞生物合成体系是没有细胞膜的开放体系，没有复杂的生物学过程的激活作用，无需保持DNA遗传的能力，可将目的基因在体外快速转录翻译为目的蛋白，只专注于目标代谢网络，并且清除物理障碍（允许简单的基质添加、产物移除和快速取样）。由于它的简单性、开放性和易放大性，给生物合成工程化提供了极大的自由度，可与其他学科和技术手段任意融合。相比于细胞体系，无细胞合成更容易实现标准化操作；因为较小细胞噪声影响更具备可预见性；无细胞生长问题因而对元件的相容性更高；只聚焦于目标产品的合成路线更简单。并且通过无细胞系统的使用，避免了细胞生长（催化剂合成）和细胞产物（催化剂利用）之间的竞争，提供最大化的合成效率及效益。无细胞合成生物学目前已成功地应用在蛋白质结构功能解析、药物的高通量筛选、膜蛋白的可溶表达、非天然氨基酸的嵌入、对细胞有毒性分子的合成、生物能源的合成和人工细胞的构建等。简而言之，无细胞系统提供了前所未有的自由度，可以自由设计、改进和控制生物系统。

本章将着重介绍无细胞合成生物学的基本理念和设计思路、常用的无细胞合成系统及工程改造手段，阐述无细胞合成生物学的挑战，描述无细胞合成生物学在结构生物学、高通量筛选、生物医药、生物催化和疾病诊断等方面的应用。

知识网络

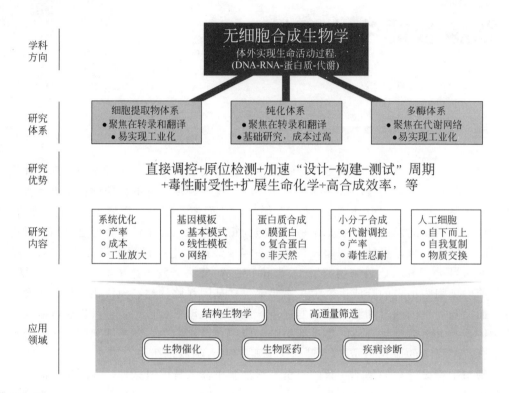

学习指南

1. 重点：无细胞合成生物学的基本概念、原理和学科优势；无细胞合成生物系统的分类和特点；无细胞合成生物学的应用、挑战和发展方向。

2. 难点：无细胞合成生物学的原理、特点、发展和挑战。

6.1 无细胞合成生物学理念与设计原理

无细胞合成生物学是在体外实现生物学中心法则的工程科学。它的理念在于跳脱细胞的束缚，在体外重新整合细胞资源，专注于用户自定义化的目标产品的合成。无细胞合成的基本操作流程（图6.1）是：获取细胞中转录和翻译所需要的基本组分，然后在体外外源添加DNA模板以维持基因转录、蛋白质翻译过程或代谢过程运转，从而合成目标产品（蛋白质、小分子等）。无细胞合成的特殊操作模式使得其系统存在着三个典型的特点：一是去除了细胞膜，可直接调控细胞内部的生物活动（转录、翻译、代谢等）；二是去除了天然基因组

DNA，消除了不需要的基因调控，也消除了细胞生长相关的需求，因而所有的物质和能量资源利用专注于目标产品的合成或目标体系的应用；三是开放的操作体系，该体系具有无物质运输障碍，易添加底物、去除产品，可快速地对系统过程进行监测和快速取样分析的特点。总的来讲，无细胞合成生物学因其减少了对细胞的依赖性，导致其具有工程化最大的自由度，从而不论在基础科学还是工程应用中都发挥了重要的作用。

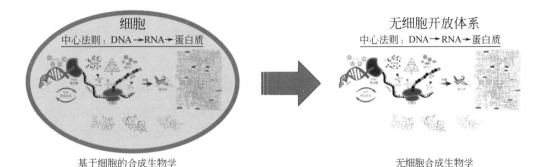

图 6.1 无细胞合成生物学的基本理念

科学史话 6-1

无细胞合成生物学历史发展的标志性事件

纵观无细胞合成生物学的历史发展，实际上早在 100 多年前就出现了无细胞合成的雏形。1897 年，Eduard Buchner 利用酵母提取物这一最简单的无细胞系统，将糖转化为乙醇和二氧化碳[3]，因揭示了酶的存在，获得了 1907 年的诺贝尔化学奖。而更具有里程碑意义的事件是获得了 1968 年诺贝尔生理学或医学奖的 Marshall Nirenberg，通过无细胞系统发现了基因密码子并揭示了蛋白质合成的工作原理[4]。而自此之后，在基础科学研究领域，无细胞系统就作为重要的研究平台用于揭示生命体系，特别是蛋白质翻译机器的作用机制。

自从 2000 年起，有关无细胞合成生物学的研究出版物呈现指数式的增长，这反映了无细胞合成生物学在基础科学和应用研究中发挥着越来越重要且独特的作用。无细胞合成系统最显著的特征是反应环境的开放性，例如可直接控制调节元件、简化代谢、添加辅因子和酶、减小毒性抑制以及进行原位监测。这些功能使得无细胞合成系统成为发展合成生物学应用引人注目的平台。无细胞合成生物学相比于传统的基于细胞体系的合成生物学展现出独特的优势。

6.1.1 直接体系控制

功能性合成途径依赖于适当的基因线路设计。体内系统必须实现代谢负荷平衡，以避免细胞毒性、维持细胞生长，并优化产品产量。我们对这些基因线路的行为预测能力有限，动力学和相互作用阻碍了在体内适当调节遗传线路。更特别的是，基因表达的变异性与每个基因部分的引入都有关，像启动子、核糖体结合位点、基因序列和重复的载体来源，这些都以不明确的方式影响表达水平，特异性和繁琐的基因递送方法也使优化合成途径进一步复杂化，这些障碍都增加了创造和优化可行的合成途径的时间、费用和复杂性。

随着合成途径变得越来越复杂，这就需要预测各个线路和元件的行为。虽然近年来，在改进预测分析方面已取得了长足的进步，但现有技术仍然不足以准确预测所有遗传因素的行为。无细胞合成能够简化和避免这些问题，并且可能是打开它们秘密的钥匙，使得它们能在未来合成生物学进行应用。

6.1.1.1　基因调控

尽管基因表达仍受遗传因素的影响，但无细胞合成生物系统可以通过允许用户直接操纵基因模板浓度等来克服控制基因表达的挑战，且表达水平与模板浓度呈正相关。此外，可以直接在 RNA 聚合酶水平甚至核糖体含量上进行精确的控制。因此，在无细胞合成中，基因设计可简化为单一盒型（例如 T7 启动子、终止子），允许高通量优化酶和辅因子平衡。通过模板浓度的简单控制的实例包括优化合成的 tRNA 含量[5]、平衡复合蛋白组装的蛋白质表达[6]、调节分子伴侣蛋白含量[7]、共表达免疫吸附测定[8]和体外真核翻译元件重组[9]等。

合成生物学有效设计的另一个关注点是监管各个要素的表征。在无细胞合成系统中，直接控制基因含量的能力使得它们成为确定个体调节水平的理想体系。无细胞体系允许调控元件的快速成型，在某些情况下表征时间可减小到体内细胞的五分之一。无细胞合成中共同表达多个元件，可直接了解元件之间的相互作用，同时减少了体内代谢负载不平衡或非特异相互作用的影响。这些准确监管元件作用的潜力，为更准确地建模和设计基因线路奠定了基础。进一步通过这些所获得的知识，提供了更准确进行计算机辅助设计所必需的细节，这是合成生物学发展非常需要的工具。

6.1.1.2　底物调节

异源宿主细胞内的环境本质上与需要合成元件原先所处的天然环境有很大不同。这些不相似性或不匹配性可能导致不良后果，如包涵体生成、蛋白质错误折叠、代谢负荷不平衡和对宿主细胞有毒性等。因此，不同的宿主细胞可能都需要独特的遗传和发酵工程来优化相关代谢合成途径和产品表达，这样会大大增加劳动力和成本。

正如无细胞合成系统的开放性质允许对 DNA 模板内容进行灵活操纵，同样可以自由地控制和优化无细胞体系的底物。可以直接添加、去除或抑制相关底物组分，包括核酸、蛋白质、辅因子和分子伴侣等。此外，针对不同需求可对反应环境（如氧化还原电位和 pH 值）进行调节优化。在无细胞蛋白质合成方面，可以直接控制如离子强度、pH、氧化还原电位、疏水性、酶和反应物浓度这样的变量，以调整蛋白质的合成。针对目标产品的合成，通过无细胞合成实现不必要代谢路径的消除、重要合成路径的精确控制等。

6.1.2　原位检测和产品获取

6.1.2.1　在线原位检测

合成途径的快速原位监测对研究的快速开展至关重要。目前用于体内实时监测的技术主要依赖于共表达的荧光报告基因蛋白、显著的代谢特征（如代谢物颜色）及与其他分子结合作用等。而其他监测技术，如气相色谱、液相色谱、质谱、RT-PCR 等，虽然准确但难以实现快速原位监测。一般来说，细胞体内的原位监测受到细胞膜的阻碍，更加难以实施。

无细胞系统大大扩展了原位监测的方便度。作为开放的合成体系，除了荧光蛋白表达直接监测外，也可通过生物发光、FRET、基于适配体的结合测定。特别是在高通量筛选研究中，无需细胞破碎可直接进行原位检测，体现出无细胞系统的巨大优势。目前许多监测技术都是依赖于分光光度法。而开放的无细胞系统，无细胞生存问题，这样就提供了一个巨大的机会，可以通过化学、电等非分光光度方式来监测系统动态并适时进行合成控制。

6.1.2.2　直接产品获取

在无细胞系统中，细胞壁或细胞膜的缺乏促进了在线的产品监控，然后使得 DNA、RNA 或蛋白质可在恰当时段进行一步获取或纯化。无需细胞破碎，可使用亲和色谱分析的手段一步纯化目标蛋白质，这些方法包括组氨酸标记蛋白质的纯化，或利用亲和磁珠在原位进行产物纯化。另外也可将无细胞代谢工程与质谱分析耦联在一起，直接分析限速步骤，来优化从葡萄糖生成磷酸二羟丙酮（DHAP）的多酶催化系统[10]。

6.1.3　加速"设计-构建-测试"周期

现今的生物工程是时间和金钱密集的过程。因此，合成生物学的关键目标之一是加快生物工程所需的"设计-构建-测试"周期，以减小成本。现在，基于细胞的体内合成手段平均花费 3~4 个月完成这个"设计-构建-测试"循环，其中大部分时间被用来识别和修饰潜在的基因，并随后进行基因组装和合成目标产品。然而，这些都常常受制于细胞生长的限制等。而在无细胞系统中，设计周期却不受细胞繁殖速度的限制，相比细胞体系加速整个周期 10 倍以上，它可通过体系得到的信息对细胞体内平台提供反馈，辅助于细胞平台更好地设计。

无细胞系统的开放和简易模块化功能，使其发展成为快速技术测试平台。自动化的液体处理器可平行筛选无细胞微升反应，产生足够多的用于生物物理测定的产品产量，从而降低了生产和分析的时间，从数天减少到数小时[11]。目前微流控技术的最新进展提供了使用体外分隔（in vitro compartmentalization，IVC）的超高通量机制。毫微微升微流体反应器，如乳化液或插塞流模式已被用于合成细胞传感器、在线适配子测定、探测体外表达噪声，以及在稳态下探测复杂遗传线路。IVC 反应只需使用 $150\mu L$ 的试剂，便可分析一百万个基因[12]。研究人员使用 IVC，能够每秒分析多达 2000 次个体反应，允许一百万个基因在 1h 内进行良好的测定。使用 IVC 加速体外进化可最大限度地减少或完全避免体内系统的特异性步骤，如克隆、转化和基因恢复等。

知识拓展 6-1

微流控技术

微流控（microfluidics）是指使用微小管道来操纵微小体积流体的系统。微流控装置常被称为微流控芯片，因具有微型化、集成化、操作速度快等特点，又被称为芯片实验室（lab on a chip）。它的典型特征是在微尺度环境下具有特殊的流体现象，包括层流、液滴等，显著不同于宏观尺度。借助于特殊的流体现象和操作特点，微流控技术已经被广泛地应用于化学合成、临床诊断、高通量筛选、生物医学体外模型等。

6.1.4　毒性物质忍耐性

在细胞凋亡过程中，体内会产生细胞毒性物质，影响目标产品的合成；另一层面，如果合成的目标产品对细胞有毒性，会影响细胞的生长，因此很难获得高产的目标产品。而不受细胞活力或毒性限制的无细胞系统，解决了这一挑战性问题。在过去的十年中，研究人员已证实，可以利用无细胞系统来生产越来越多的对细胞有毒性的产品[13]，包括含有毒性氨基酸的蛋白质、细胞致死的疾病毒素、细胞毒性蛋白质等。对于肝炎，研究人员想要研究一个来自肝螺杆菌的对细胞有致死作用的扩张毒素，由于其高细胞毒性，以前在活体中不能产生足够数量水平的蛋白质用以观察其行为机制。利用无细胞合成方法，研究人员能够生产足够数量水平的蛋白质来测试毒性对心脏的影响[14]。另一个例子，细胞毒性 A2 蛋白的无细胞翻译比先前报道的在细胞中的产量高 1000 倍[6]。

6.1.5　扩展生命化学

生物系统的产物由生命中的化学所支配，这仅限于天然的构建元件。无细胞系统为非标准化学中合成生物学应用提供了优势。最著名的例子是利用无细胞系统将非天然氨基酸在特定位点嵌入蛋白质。相比于活细胞系统，无细胞系统不受天然氨基酸进入细胞的运输限制，且因为不需要维持细胞生存，所以有重新设计遗传密码的灵活性。通过利用无细胞系统，一般受运输限制的非天然氨基酸，比如对氧乙炔苯丙氨酸（p-propagyloxyphenylalanine）可被引入到蛋白质的特定位点上，显著高于活细胞系统中的产物产量[15]。

6.1.6　经济性

无细胞系统的一个新兴优势是减少分析和优化合成生物学所涉及的成本。例如，使用 IVC 代替平板筛选遗传基因可以使反应体积降低到原来的 1/78000。对于一百万个基因的筛选，这将使试剂的成本从 240 万美元降低到约 31 美元。随着反应量的减少，无细胞系统的产量不断增加。为进一步降低成本，可用连续交换操作模式替代常用的批式反应模式。降低了无细胞系统的成本，将进一步扩大其多种低利润的应用，如生物燃料和工业生物催化剂。

6.1.7　效率

无细胞系统的丰富多样性、不同反应模式和制备技术，为无细胞系统的应用提供了更多选择。例如，在过去 30 年间，大肠杆菌提取物精简的制备方法已经有了相当详细的描述。提取物的制备非常关键，制备提取物的难点在于要维持提取物的高活性，其活性受细胞生长速率、收获时间、基因含量、培养基组成和生长温度的影响。除了原核大肠杆菌，许多新的基于不同原核和真核细胞系统的无细胞平台得以发展。无细胞系统目前正朝着更简易且高效化的方向发展，并多样化地适用不同的应用需求。

由于无细胞系统具有开放性，允许操作者采用最有效的反应模式（批次、半批次、连续交换、连续搅拌釜反应器）。与通常受限于细胞的体内系统不同，无细胞系统可以优化每个合成途径中的生物反应器。对于反应器设计，无细胞合成反应器可以按序或平行排列，执行耦合和非耦合反应，并且可具有任何尺寸和形状以获得最佳性能。事实上，反应器设计原则可以直接应用于无细胞合成反应器工程。为此，无细胞合成反应器已经成功得到扩大化。

6.2　无细胞合成生物系统的分类

合成生物学虽是基于基因或转录的调节，但最终要发挥生物学功能还是要回归到蛋白质合成上。传统的蛋白质表达方法依赖于细菌、酵母菌、昆虫和哺乳动物细胞系统。这些成熟的工具涉及特定表达生物体的基因操作，在这方面，大肠杆菌仍然是最普遍的表达系统。其他主要的系统包括昆虫细胞表达系统和哺乳动物细胞系如中国仓鼠卵巢细胞（CHO）等。蛋白质生产中不常使用的系统包括纤毛虫、无脊椎动物、藻类、植物和转基因动物。原核表达系统在高通量表达方法方面是有优势的，但是缺乏哺乳动物细胞体系的蛋白质后修饰。真核表达系统有表达翻译后修饰蛋白质的能力，但整合到高通量方法很困难。因此，一个能够表达真核蛋白质且易于整合到高通量平台的强大表达系统在蛋白质的开发研究中是非常重要的。

在这样一个背景下，无细胞合成可以作为满足这一要求的强大技术平台。多年来无细胞系统一直作为理解转录和翻译、结构生物学、蛋白质进化等基础研究工具，现在技术的进展使得其可进行面向工业化应用的复杂蛋白质的合成。

6.2.1 基于细胞提取物体系

为了实现生产目标蛋白质，无细胞系统主要利用微生物细胞、动物细胞或植物细胞的粗裂解提取物中蛋白质以合成所必需的催化成分，该提取物中含有基因转录、蛋白质翻译和折叠、能量代谢相关的必需元件，包括核糖体、氨酰-tRNA 合成酶、翻译起始和延伸因子、释放因子和代谢酶等（图 6.2）。基于细胞提取物内的组分，为保障执行基因转录和蛋白质翻译的持续进行，需要补充添加核苷酸、氨基酸、DNA 或 mRNA 模板、能量底物、辅因子和必要的盐等。在开始无细胞蛋白质合成之后，如果其中一个底物（例如能量物质 ATP）耗尽或副产物积累（例如无机磷酸盐）达到抑制浓度，反应便立刻停止。

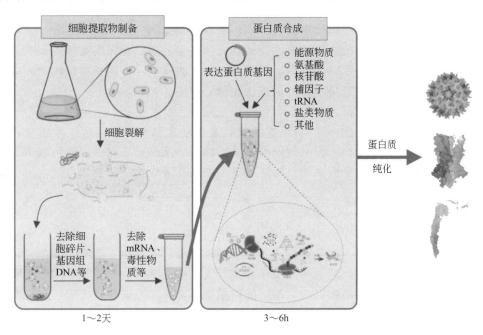

图 6.2　基于细胞提取物的无细胞系统基本制备和操作流程

无细胞合成系统设计的第一步是选择细胞进行提取物的制备。理论上，任何生物体或细胞都可以提供提取物，但仍需考虑细胞模式化、获取来源的方便性、蛋白质产率、蛋白质的复杂度、下游处理及成本等问题。目前，商业化的无细胞系统的提取物来源包括大肠杆菌[16]、小麦胚芽[17]、兔网织红细胞[18]和昆虫草地蛾细胞[19]，由于这些细胞体系具有本身天然性质的差异性，由此得到的细胞提取物也必然大有不同（表 6.1）。

表 6.1　不同提取物无细胞合成系统的比较

提取物来源	优点	缺点
大肠杆菌	1. 提取物易制备 2. 蛋白质合成率高 3. 转录和翻译信息明确 4. 较低成本	难以翻译后修饰
小麦胚芽	1. 可表达真核蛋白质 2. 复合蛋白质产量高	1. 细胞提取物产量低 2. 提取物的制备过程冗长复杂 3. 缺少好的遗传操作工具
兔网织红细胞	1. 细胞易破碎,因而提取物可快速制备 2. 可进行真核细胞特异性翻译后修饰	1. 需复杂的动物组织操作 2. 蛋白质合成率低 3. 内源性背景过高 4. 缺少好的遗传操作工具
昆虫细胞	1. 细胞易破碎,因而提取物可快速制备 2. 可进行真核细胞特异性翻译后修饰	1. 细胞培养昂贵且耗时 2. 缺少好的遗传操作工具

原核大肠杆菌无细胞系统是最常用的并且已经得到商业化[20]。采用大肠杆菌提取物进行无细胞合成主要有几方面的原因或优势。首先，大肠杆菌的基因组、蛋白质组、代谢组等信息非常明确，因此可对细胞进行理性化设计操作，通过添加或去除不必要的元件，以达到用户自定义合成的目的。第二，大肠杆菌用简单的培养基即可获得高密度培养，细胞培养易工业放大化，且细胞破碎简单，因此成本较低、提取物制备较易。第三，大肠杆菌无细胞系统获得蛋白质表达量较高，根据蛋白质的不同，从数百微克/毫升到毫克/毫升。第四，基于大肠杆菌提取物的无细胞反应成本较低，能量获取和再生占据了无细胞系统的大量成本，在大肠杆菌提取物体系中，能够很容易激活提取物中的代谢反应，特别是能量代谢，从而促进高水平的蛋白质合成，这也避免了昂贵的能量底物的使用。

另一大类无细胞系统就是真核体系，包括小麦胚芽、哺乳动物、兔网织红细胞和昆虫草地蛾细胞等，均已获得商业化[21]。与原核无细胞系统最大的不同是，真核无细胞系统可以更容易实现蛋白质翻译后修饰。而真核细胞体系的制备，从细胞培养、提取物制备等整个流程比较繁琐。如果以蛋白质合成率为目标，基于小麦胚芽提取物的无细胞系统的蛋白质表达量是最高的，每毫升反应可产生数百微克至毫克的重组蛋白质；而基于兔网织红细胞和昆虫细胞提取物的无细胞系统中，每毫升反应只能产生数十微克的重组蛋白质，相比前者要低1～2 个数量级。如果以蛋白质后修饰作为主要目标，兔网织红细胞和昆虫草地蛾细胞提取物明显优于小麦胚芽提取物，因其可以更容易实现糖基化、磷酸化、乙酰化和泛素化等。

除上述细胞提取物之外，其他研究工作者还开发了基于酵母、癌细胞等细胞提取物的无细胞系统。基于不同来源的细胞提取物的无细胞系统具有不同的优势和劣势，包括蛋白质合成率、蛋白质后修饰、成本等，需要根据不同的需求进行选择。

6.2.2　纯化体系

无细胞系统除了可以由粗提物组分产生外，也可以通过纯化的组分产生。粗提物制备通过裂解原核或真核细胞，比较低廉，且比纯化系统更容易制备。而纯化系统的每个组分都是确定的，去除了粗提物中可能对系统合成有害的物质（如蛋白酶和核酸酶）。日本 Ueda 团队发展的 PURE 系统[22]中，翻译所需的元件首先是独立过表达，其次经纯化获得的，最后在试管中混合。PURE 系统的一个优点是，研究人员能够实现蛋白质合成过程中每个元件的调控管理。PURE 系统只包含蛋白质翻译所需的酶和辅因子，大大降低了表达时的遗传背景，且反应效率高、下游纯化工艺更加简便。事实上，PURE 系统中对翻译所需成分进行匹配和控制的能力已被证明对蛋白质折叠和引入非天然氨基酸非常有用。该系统的主要缺点是成本过高。表达、纯化和添加每个组分的必要性都大大增加了与"自上而下"系统相比所需的反应物成本和时间，而且也很难实现规模化。

6.2.3 多酶体系

与基于提取物的系统相比，通过自下而上的方法将来自纯化组分的合成酶组织为合成路径，有时可促进自然界中并不发生的过程或反应。其核心思想是在体外重构多酶催化体系，通过模拟细胞代谢路径多酶体系，在体外环境下混合加入目标代谢路径所需要的酶，使得底物按照代谢次序多步反应，最终得到目标产物[23]。

体外多酶体系一般具备三要素：代谢途径重构、酶工程和反应工程。代谢途径重构需要以体内代谢途径为基础，匹配所必需的酶和辅酶。构建体外代谢途径必须设计辅酶再生系统和能量再生体系，而且需要进行详细的热力学分析和反应工程分析以获得最大化的产品得率[24]。由于碳通量对细胞生长不是直接的，无细胞系统可以实现比在活生物体发现的自然的生物过程更高的理论产量，例如用淀粉和水的 13 步合成酶途径中氢气产量远高于生物制氢发酵的理论产量[25]。然而，纯化稳定的且独立的酶的高成本，以及辅因子再生成本，限制了合成酶途径的实验室研究。目前发展的一大方向是通过酶的粗提物来体外构建多酶体系，以减小成本实现产业化。

6.3 无细胞合成生物系统的工程改造

以基因组学和生物信息学数据为基础，自然界中有成千上万种蛋白质仍是未知的，并且部分蛋白质已被证明可能在催化、医学等领域具有潜在价值。理论上，相比小分子的合成，蛋白质的合成可以得到更快速的发展，但实际上并非如此，主要是由于蛋白质的溶解性、理化稳定性、在组织中分布能力等问题使其难以达到预期功能。这表明了研究工作中优化蛋白质结构的重要性，并需对蛋白质进行修饰、快速合成和筛选。针对这些挑战，无细胞系统易工程化的优点可通过灵活优化或设计以满足这些日益增长的重大发展需求。

过去几十年来，无细胞系统已被广泛用作研究工具，并用于基础和应用研究。而目前的发展趋势是如何利用其优势，实现其工业化。

6.3.1 系统优化

尽管无细胞系统有着诸多优势，但是一些障碍因素限制了它们作为蛋白质生产技术的进一步拓展使用。这些障碍因素包括反应体系活性可持续时间短、蛋白质生产率仍然不理想、蛋白质二硫键的折叠问题、昂贵的试剂成本（特别是核苷酸和二次能源形式的高能磷酸盐化学品）、工业放大化问题等。过去十几年的技术进步试图去突破这些局限性，并使得无细胞合成重新发挥了它的活力，以满足日益增长的蛋白质合成需求。

无细胞系统一直是非常好的研究工具，为实现无细胞系统其工业化应用，必须要解决三方面的问题：产品得率、生产成本和工业放大化。

首先是提高产品得率的问题。在不同的细胞提取物体系中，原核大肠杆菌提取物和真核小麦胚芽提取物的蛋白质表达量是最高的，相比小麦胚芽，大肠杆菌从工艺调控方面更具有灵活性。为提高基于大肠杆菌提取物的无细胞系统的蛋白质产量，除了人为增加反应物浓度外，可以从三方面入手：一是延长反应体系活性维持时间，可从高密度发酵中获取活性提取物[26]，或在生长培养基中加入过量的葡萄糖，能够激活低成本能量再生途径和更有效的提取物[27]；二是提高蛋白质合成稳定性，可以敲除提取物来源宿主菌株的基因组上不利于蛋白质合成的基因，例如降解蛋白质的蛋白酶基因和不利于氨基酸稳定化的基因[28]等；三是通过连续补料操作模式提高最终产量，可采取连续补料双层交换操作模式[29]，其中被动扩散使得能够补充基质并除去副产物，连续进料大大延长了反应寿命和每反应体积的蛋白质产量，也提高了底物稳定性利用且避免有害副产物的积累。

　　第二方面需要解决的是成本问题。无细胞系统通常比体内系统生产蛋白质的成本更昂贵，其中约 50% 的无细胞系统的成本与所需能量源相关联。无细胞系统通常依赖于昂贵的高能代谢物（例如磷酸烯醇式丙酮酸，磷酸肌酸）作为主能量源。相比之下，体内系统可以依赖于更便宜和能量更多的分子用于 ATP 再生（例如葡萄糖）。为了实现商业化应用，成本必须继续被缩减。提取物制备方法的优化减少了提取物制备时间和超过 50% 的反应物成本，但减少仍然有限。因此，使用更多能量丰富的代谢物的无细胞合成系统将是有吸引力的。显而易见的策略是利用更便宜的化合物用于能量的生成。在改善能源方面已经取得了相当大的进步。在保证蛋白质合成的前提下，许多便宜的能量前体物质已经得到了成功的尝试，包括使用低廉的葡萄糖[30]、麦芽糖糊精或淀粉作为能量底物[31]，用核苷单磷酸（NMP）代替核苷三磷酸（NTPs）[32]等。Caschera 和 Noireaux 报道了一个改进的能量系统，代谢途径中包含了麦芽糖，在一个简单的批式反应中获得了高蛋白质表达量[33]。为了实现其全部潜力，越来越强大和廉价的能源对于无细胞系统的研究来说是必不可少的。

　　进一步需要考虑的是工业放大化的问题。目前无细胞合成系统可放大到 100L 反应体系，在 10h 内可生成 700mg/L 的人粒细胞巨噬细胞集落刺激因子（rhGM-CSF）[34]。因此，无细胞系统可以小到 20μL，大到 100L，而且是线性放大的模式。放大化技术的示范化工作，使得难以在胞内生产的蛋白质可通过无细胞系统的放大化实现工业化生产。如果未来的无细胞系统能够放大到 1000L 甚至 10000L 的规模，将进一步增强无细胞合成生物学在商业应用中的吸引力。此外，一个可扩展的真核无细胞系统的发展是必要的。

6.3.2　基因模板

　　合成生物学的主要任务之一就是编辑 DNA、设计基因线路，从而最终呈现新的生物功能。程序线路和逻辑开关的设计激发了新的方向，可以先在无细胞系统中建立测试进行预测，然后再转移到细胞体系中去。相关研究尚处于起步阶段。模块化基因线路是合成生物学"工具箱"中的重要工具，因为它允许快速组装和控制新颖的复杂网络。相比细胞体内的方法，体外方法具有独特的优势，包括反应环境的控制和可预测性、加速基因元件的设计，以及体外设计生成的反应线路可进行真正的模块化，比如，它可在 8h 内就可对含有 4 组分的基因开关进行原型设计和测试[35]，这是细胞体系很难达到的。

　　利用无细胞系统快速地进行原型设计以减少设计周期，目前，研究人员已经设计了许多无细胞遗传线路，包括不同的逻辑门（包括 AND、OR、NOR、XOR、NAND 和 NOT[36]），不同输入开关的存储元件[37]，以及许多振荡器[38]。通过无细胞系统设计遗传线路，最有吸引力的应用是工程化人工细胞或类似细胞的微型装置，它是基于人工细胞设计，可通过诱导产生大数据集的变异性，用于表征非线性生化网络和线路行为的参数估计。

面向于目标蛋白质的合成，常用的是含有 T7 启动子的质粒模板和 T7 RNA 聚合酶。除了标准的噬菌体聚合酶外，为了进一步扩展可利用的 RNA 聚合酶，在基于大肠杆菌提取物的无细胞系统中，研究工作者发展了一系列内源性大肠杆菌 RNA 聚合酶以代替标准的噬菌体聚合酶[39]。更多 RNA 聚合酶的可利用性，为基因电流的设计和可控化提供了重要的研究基础。

在无细胞蛋白质合成的情况下，开放的环境能够简化用于蛋白质表达的 DNA 模板的制备或作用过程。表达模板可被直接添加入合成系统中，并可通过控制浓度来优化目标产品的合成。目前通过 PCR 制备的线性 DNA 表达模板可被有效地用于无细胞翻译系统[40]。线性模板避免了耗时的基因克隆步骤，加速了过程和产品开发的通道。

通过提高局部有效的模板浓度是提高无细胞系统产率的另一种技术，例如通过交联线性模板 DNA 与 X 形 DNA 形成的 DNA 水凝胶作为转录模板[41]，与一般 DNA 模板相比，在小麦胚芽细胞提取物体系中，蛋白质产量提高了 300 倍。这种改善主要是由于 DNA 模板得到了保护，避免了 DNA 酶的降解。

在高通量筛选中，用于蛋白质合成的 DNA 基因模板设计非常重要。常用的是质粒，选择一个融合伴侣或标签到蛋白质上，这些融合伴侣可提供成像检测功能、增强蛋白质表达、提高被表达蛋白质的溶解度。例如，常用的 MBP 标记可克服蛋白质折叠过程中不溶性聚集体的形成；和荧光蛋白融合，用于成像检测；或者加入纯化标签 His_6 或 Strep。某些情况下，可以设计特异的氨基酸序列，其可被特异性蛋白酶剪切，如 TEV 蛋白酶、凝血酶或 Ⅹa 因子。也可以通过用 SIMPLEX 法稀释一个库到一个单一 DNA 分子，DNA 的一个分子可以通过无细胞系统实现表达，用于高通量筛选。

6.3.3　蛋白质合成

对于无细胞系统，PURE 体系的费用对于商业化应用成本过高，因此 PURE 体系通常用于基础研究，而面向商业化应用基于细胞粗提物的无细胞系统会更合适些。无细胞系统现已可以成功地用于医药蛋白（疫苗、抗体、抗菌肽等）和酶（氢酶等）。

6.3.3.1　膜蛋白

膜蛋白合成是无细胞系统的主要应用领域之一。膜蛋白占所有潜在药物靶标的四分之三，然而由于其复杂的结构、疏水跨膜区、宿主毒性以及耗时低效率的折叠步骤，使得它们在体内的过量表达存在瓶颈。现在多项研究表明，使用无细胞系统可以生产用于生物化学或结构研究的高水平膜蛋白。主要的思路是通过在体系中添加脂质体或表面活性剂，防止膜蛋白多肽的聚集，以有助于溶解膜蛋白，从而进一步合成膜蛋白，同时不损害蛋白质结构的完整性。例如，用纯化的大肠杆菌磷脂双层囊泡表达两种膜蛋白：四环素泵（TetA）和甘露醇通透酶（MtlA），分别获得了 $570\mu g/mL$ 和 $130\mu g/mL$ 的高产量，是细胞表达方法的 400 倍[42]。也有科研工作者利用磷脂囊泡封装无细胞反应，通过有孔蛋白 α-溶血素[43]，该蛋白质能够成功地整合到磷脂双层中并形成小分子选择性渗透通道，该技术也证明了膜蛋白和磷脂双层相互作用。

一类重要的药物靶点由最大的膜蛋白家族 G 蛋白偶联受体（GPCR）组成。GPCR 介导的信号通路的机理的认识对药物发现和开发至关重要。大肠杆菌中 GPCR 的高效表达通常导致这种蛋白质作为包涵体积累，而且在哺乳动物或昆虫细胞中获得有功能的 GPCR 表达水平通常十分低。Ishihara 等利用大肠杆菌提取物成功表达了人类 β2 肾上腺素受体（β2AR）、人类 M2 毒蕈碱乙酰胆碱受体（M2）和大鼠神经降压素受体（NTR）[44]。

6.3.3.2   复合蛋白

合成复合蛋白，主要有两方面的挑战：蛋白质结构的正确折叠和二硫键的正确形成。

通常将来自真核的蛋白质在原核系统表达时会有蛋白质折叠的问题，易聚集形成包涵体。基于大肠杆菌提取物的无细胞系统可以通过添加真核 Hsp70 伴侣 BiP，以模仿 ER 中的伴侣辅助折叠，从而使来源于真核生物的蛋白质在原核体系得到可溶性表达，且蛋白质产量得到改善[45]。另外一种方式是结合材料科学辅助于蛋白质折叠，比如可将两亲性多糖纳米凝胶掺入无细胞反应体系[46]，以此来改善分子间的结合形式和蛋白质折叠，从而允许先和肽链进行结合，然后控制释放，这样可以防止一些蛋白质的不可控聚集和错误折叠。这种通过添加非天然组件辅助于折叠的操作方式，进一步加大了无细胞系统组件设计的自由度。

二硫键的正确形成对于复合蛋白质的正确结构折叠和稳定性起到尤为重要的作用。在自然界的进化过程中，生物已经演变为可以使用不同的空间区域将蛋白质合成与氧化折叠分开，但无细胞系统寻求在相同的空间区域同时完成蛋白质合成、折叠和氧化二硫键形成。一个最简单直接的方式是调节无细胞系统的氧化还原环境，无细胞系统能够直接控制体系中的氧化还原电位，这在细胞中是不可能的。细胞内部通常是还原环境且难以改变，因而难以形成二硫键。因为无细胞系统是开放体系，可以人为地添加氧化物质（比如氧化性谷胱甘肽等）形成氧化环境，以催化二硫键的形成[47]。另外，也可用碘乙酰胺（IAM）预处理细胞提取物，以共价阻断细胞提取物中的游离巯基；也可在无细胞系统中添加蛋白质 DsbC，避免二硫键的错配[48]。

无细胞系统在表达含有异源亚基蛋白质复合物方面有显著的优点，因为它允许多个mRNA 的共同翻译组装以形成活性蛋白质复合物。Matsumoto 等通过共同翻译 mRNA 形成蛋白质 Trm8 和 Trm82 亚基，成功地表达了活性酵母 tRNA 甲基转移酶[49]。如果是分开表达蛋白质亚基，然后重组成复合体，则不能产生一个有活性的 Trm8-Trm82 异质二聚体。

表达富含 A/T 的低复杂性的多域真核蛋白质是一大挑战。通过疟疾疫苗研究发现，主要问题是缺乏理想的重组蛋白合成系统以表达一个富含 A/T 和低复杂性的疟疾基因组序列。如果用最常用的原核无细胞系统表达，核糖体中肽链生长速率会更快，因此所表达的蛋白质具有有限的溶解度和功能性。对于多域和富含 A/T（低复杂性）序列这两方面，在大肠杆菌无细胞系统和真核无细胞系统（如酵母菌、杆状病毒和 CHO 细胞）的表达效果都难以令人满意。而小麦胚芽无细胞系统则被证明非常有效，以可溶形式成功表达了 567 个疟疾目标基因中的 478 种蛋白质[50]。小麦胚芽无细胞系统被证明高度适合富含 A/T 疟疾基因表达，无需密码子优化。对真核多域低复杂性区域序列表达的进一步探索将是进一步研究的主要问题。

6.3.3.3   翻译后修饰

蛋白质的糖工程学是药物蛋白发展的一个越来越重要的领域。许多进展目前是通过表达系统优化使其能够实现糖蛋白的位点特异性修饰、高度糖基化和随后的化学共轭连接。糖基化药物蛋白未来的规则可能朝着更一致的蛋白质产物和控制的糖工程进程的要求发展。在这一点，无细胞体现出优势。因为无细胞系统可以特异性进行糖基化修饰，这有助于避免糖基化的不均匀性[51]。

6.3.3.4　非天然氨基酸

　　一般情况下，蛋白质是由 20 种标准天然氨基酸组成，但是可用于修饰改造的天然氨基酸侧链活性化学基团仅有氨基、羧基、巯基和羟基等几个，难以满足科学研究中对于新型结构和功能蛋白质的更多样化的修饰需求。到目前为止，化学家们已经合成了上百种带有丰富不同侧链化学基团的、但仍包含天然氨基酸基本骨架的非天然氨基酸。化学合成的非天然氨基酸可含有叠氮、炔基、烯基、酮基、醛基、酰胺基、硝基、磷酸根、磺酸根、降冰片烯、光敏基团等多样性不同的结构、功能或反应基团。嵌入蛋白质后，除本身的调节蛋白质功能外，也可进行多种修饰反应，如点击化学、光化学、糖基化、磷酸化和荧光显色等反应。通过非天然氨基酸在蛋白质中的嵌入及后修饰，为新型结构和功能的蛋白质的理论基础和应用科学研究拓展给予了新的契机。

　　而将氨基酸嵌入蛋白质必须要通过细胞的蛋白质翻译体系。在生命体系中，将天然氨基酸嵌入蛋白质需通过蛋白质翻译体系来实现。其中涉及的主要元件除天然氨基酸外，还包括 mRNA、tRNA、氨酰-tRNA 合成酶（aminoacyl tRNA synthetase，aaRS）、核糖体（ribosome）、延伸因子（elongation factor，EF）、释放因子（release factor，RF）等。如果要将非天然氨基酸（unnatural amino acid，uAA）嵌入蛋白质，就要遵循这样一个基本策略原则：首先选取对应的密码子，然后找到对应的 tRNA/aaRS 配对，最后对元件进行优化。近年来，主要有两种将非天然氨基酸嵌入蛋白质的策略得到很好的发展。一种是最早研究的全局抑制（global suppression）策略。该策略基本思路是利用不能合成某种氨基酸的营养缺陷型菌株，在生长环境中加入与缺失氨基酸构象相似的非天然氨基酸，以达到嵌入目的。因其利用的是天然翻译机器，因此这种策略受限于嵌入的非天然氨基酸必须和天然氨基酸构象相似。最常用的体系是蛋氨酸营养缺陷型菌株。另一种是正交翻译体系（orthogonal translation system，OTS）策略。在该策略中，首先选取非天然氨基酸对应的专有密码子，然后引入对非天然氨基酸有特异性的正交 tRNA（orthogonal tRNA，o-tRNA）和正交氨酰-tRNA 合成酶（orthogonal aminoacyl tRNA synthetase，o-aaRS）。该 OTS 策略中有两种方式：一种是称为琥珀抑制（amber suppression）[52]，美国科学家 Peter Schultz 的团队做了相关开创性的工作，该方式选取琥珀终止密码子 TAG，引入来自詹氏甲烷球菌（*Methanocaldococcus jannaschii*）的 tRNATyr/TyrRS 配对，或来自梅氏甲烷八叠球菌（*Methanosarcina mazei*）和巴氏甲烷八叠球菌（*Methanosarcina barkeri*）的 tRNAPyr/PyrRS 配对；另一种是叫移码密码子（frame-shift codon）[53]，英国科学家 Jason Chin 的团队采用了四联体或者五联体密码子，然后选取改造相应的 o-tRNA/o-aaRS 配对。总的来讲，由于琥珀抑制的方法具有广泛的适用性，因此目前研究中最主流的策略就是琥珀抑制。

　　然而，在目前普遍采用的细胞体系中，很多因素限制了非天然氨基酸的高效精准嵌入。主要问题包括：①因为复杂的细胞代谢环境造成低的嵌入效率；②大基团或带电荷的非天然氨基酸因为低的细胞膜渗透性，无法进入细胞内部；③高浓度非天然氨基酸及对应的 o-tRNA/o-aaRS 配对可能引起细胞毒性的问题。

　　为解决上述细胞体系的本质问题，无细胞系统成为非天然氨基酸嵌入蛋白质策略的重要选择。无细胞系统可以解决上述三个问题：①因为无细胞系统中所有的物质和能量代谢集中在目标蛋白质的合成上，所以非天然氨基酸的嵌入效率是细胞体系的 10 倍以上；②因无细胞膜渗透问题，所以大基团或带电荷非天然氨基酸较容易进入翻译体系中；③因不涉及细胞生长，基本无细胞毒性问题。

具体地，在无细胞系统中，可以优化非天然氨基酸、o-tRNA、o-aaRS 浓度以显著提高蛋白质产量。这种使用无细胞系统将新型化学物质引入蛋白质的能力，开辟了许多不同的应用，包括控制药物连接到抗体以均匀生产治疗剂，定向控制将生物分子共价固定到非生物分子表面，功能化病毒样颗粒和不同特性分子结合等。目前利用无细胞系统，非天然氨基酸已经可以很好地嵌入到各种医药蛋白中[47,54,55]。另外一个无细胞非天然氨基酸掺入重要例证是，将聚乙二醇化氨基酸的特异嵌入蛋白质治疗剂中，延长了其在血液中的稳定性，从而延长药物蛋白在血液中的寿命[56]。

6.3.4　小分子合成

小分子的合成主要是基于多酶体系，通过体外对代谢路径进行重新构建得以实现。众所周知，细胞代谢网络纵横交错非常复杂，无论如何进行优化，小分子合成的得率总是离理论值相差甚远。而在无细胞系统，可以只专注于目标小分子的代谢路径的构建，使得无细胞系统中小分子的合成更接近理论得率。此外，因为无细胞系统对毒性的高忍耐性，可以合成高浓度的可能对细胞产生毒性的小分子。而且，开放的无细胞系统有助于更全面了解小分子合成的代谢特征，从而可以进一步理性设计小分子最优合成路线。为降低成本，通常利用酶的粗提取物来构建无细胞合成系统。

目前，无细胞系统已经可以实现激活重要的代谢，比如中央代谢、三羧酸循环、氧化磷酸化等，并以此为基础整合其他代谢路径用于不同小分子的合成。利用无细胞系统合成小分子可充分体现出细胞体系无法比拟的优势。

（1）灵活的设计自由度

为实现多羟基丙酮磷酸酯（DHAP）的高效稳定合成，Bujara 等设计了从葡萄糖转化为 DHAP 的多酶催化路径[10]。首先，为了合成高浓度的 DHAP，解决抑制路径的问题，在提取物来源菌株中敲除两个关键酶，使得 DHAP 合成浓度达到 12mmol/L，远远高于细胞体系所能合成的极限。其次，DHAP 本身是不稳定的分子，为解决该问题，直接向无细胞反应体系中添加丁醛和兔肌肉醛缩酶将 DHAP 转化为更稳定的形式。这表明，通过提取物来源宿主菌株的基因组修饰和直接添加新组分来高效稳定合成小分子，显示出无细胞系统具有更大的工程设计自由度。

（2）更清晰理解代谢过程

基于基因编辑技术的进步，可通过无细胞系统在基因组水平上实现代谢网络特性的微调，从而可以直接监控系统属性以进行实时分析，进而全面了解代谢网络动态和潜在瓶颈。Bujara 等使用粗提取物系统获得体外 DHAP 生产的详细代谢"蓝图"[10]，他们借助于高分辨率质谱分析手段，可快速地对代谢物进行分析以鉴定整个 DHAP 代谢的限速步骤，从而指导代谢合成路径的优化，使得 DHAP 产量比之前增加了 2.5 倍。

（3）高的产品得率

在无细胞系统，可只专注于构建跟小分子合成直接相关的物质和能量代谢路径，以期获得接近理论值的合成得率。Zhang 等将无细胞系统用于生物制氢[57]，由于细胞代谢路径的复杂性，生物制氢通常无法超越每单位葡萄糖生产 4 个氢气的得率，因此他们将来自兔、菠菜、激烈热球菌、酿酒酵母和大肠杆菌的 13 种酶进行组合，将淀粉作为碳源生产氢气，最终每单位葡萄糖获得 12 个单位氢气，已基本达到理论得率值，远远超出了细胞合成的得率极限。

（4）高的毒性忍耐性

因其不涉及细胞生长，无细胞系统具有更高的毒性忍耐性。通常情况下，生物质水解产物较多的是纤维二糖，如果直接被细胞利用一般是有毒性的。Wang 等构建了 12 个酶组成的无细胞系统，能够充分利用纤维二糖，并且能够达到几乎 100% 理论产量的能力。这表明，可利用无细胞系统开发合成由于毒性限制难以在细胞中实施的生物制造。

（5）小分子标记

对小分子进行标记（比如同位素标记），可用于探究生命合成体系的结构特征。通常情况下，小分子的同位素标记可通过纯化学合成形式进行，而生物标记方式也显示出其独特的潜力。比如，嘌呤（ATP，GTP）和嘧啶（UTP，CTP）进行同位素标记，经过基因转录后，通过核磁共振检测可探测 RNA 的结构和特征。Schultheisz 等通过组合 28 种物种的嘌呤和 18 种物种的嘧啶生物合成酶，以达到生物法进行同位素标记的目的[58,59]。

不同于蛋白质，通常小分子化合物的附加值较低，它的生产成本会是工业化进程中较大的限制因素，是工业化急需重点解决的问题。

6.3.5　人工细胞

人工细胞的设计，一方面便于我们对生命及其起源的理解，另一方面期待高效生产生物产品或特殊应用。主要有两种设计方法手段：一个是"自上而下"，努力寻求基因组最小化以降低体内的复杂性；另一种是"自下而上"，基于无细胞系统，体外将基因转录和翻译体系与细胞膜进行整合，以试图建立可以进行自我复制的生物系统。基于无细胞系统的"自下而上"手段，试图组装生命所需的最小数量的细胞成分，如将 DNA、RNA 和蛋白质装入类脂膜内。构建最小化细胞的目标将加深我们对生命及其起源的理解，并促进生物技术的应用工程，包括自然和非自然的生物分子的进化优化以及潜在的商业化应用。

基于无细胞合成生物学的人工细胞构建，其中涉及通过将关键的生物大分子和小分子底物汇集在一起来创建最小的细胞，而重点在于构建一个最小化的 DNA-RNA-蛋白质系统。有科研工作者试图利用这种手段模拟一个 RNA 的世界。这种"自下而上"建造人工细胞的主要难点在于：一是如何实现自我复制的能力；二是如何有效地去除副产物并能够实现与外界环境交换[60]。有研究人员使用无细胞系统开发出了一个能从 RNA 模板合成锤头状的 RNA 聚合酶核酶，这也证明在该过程中 RNA 可以自我复制并产生有功能的 RNA[61]。

人工细胞的构建，关键在于整合自我复制所必需的亚生物学系统，包括区室（或膜泡）、使底物和产物能够流入和流出的区室，以及能够激活复杂生化反应的区室内的生化网络。

人工细胞的膜必须是能够生长和分裂的，必须是渗透性的，允许底物和产物能够进入进出，并且在复制和基因表达的情况下必须是稳定的。而这种接近天然膜功能的结构目前还难以实现，但近年来已经有了重要的发展。Luisi 课题组将转录翻译的 PURE 系统装入脂质体中，构建成一个人工细胞，表达涉及磷脂合成的两种酶和膜蛋白[62]。这是第一个在合适的脂质构成的脂质囊泡中合成膜蛋白的成功实例，虽然他们最初旨在观察人工细胞生长和分裂，但由于低产量和生物化学反应中的问题还未观察到形态变化。还有研究人员构建了一个将 DNA 扩增和巨型囊泡自我复制相结合的人工细胞，从而构建了一个可自我复制的超分子体[63]。虽然在这个领域取得了巨大的进步，但这个系统有两个限制：一是随着膜中磷脂的百分比逐渐降低，DNA 的自我复制受到抑制；二是巨型囊泡中用于复制 DNA 的 PCR 条件会导致合成或引入囊泡中的任何一种蛋白质变性。另外，可以通过控制相反电荷囊泡的融合，来调节和维持最小细胞模型中的新陈代谢[64]，具体来说，含有 DNA 或 RNA 聚合酶的囊泡可以在融合时触发基因表达。这种方法为不能通过孔道扩散进入系统的大分子提供了一种引入方法。

除了构建可以生长、分裂和整合细胞过程的膜以形成有自我复制能力的人工细胞外，另一个发展的关键领域集中在解除最小细胞中对营养和能量的限制。一个具有里程碑意义的研究是在含有无细胞反应体系的磷脂膜中嵌入孔道（来自金丝桃链霉菌的 α-溶血素蛋白）[43]，这个孔道具有选择渗透性，能实现长时间的无细胞转录和翻译。

除了聚焦于人工细胞膜的设计和发展外，还需要激活囊泡内自我复制所需的复杂的生化过程，主要集中在脂质体环境中如何激活转录、翻译等，特别是能够自主地实现这些过程。到目前为止比较成功的是 2008 年的一个实例，主要是实现了 RNA 的自我复制[65]。其基本工作原理是：当 RNA 被翻译成 β 亚基蛋白时，组装成功能性 Qβ 复制酶，然后这种复制酶可以复制 RNA 模板，从而实现自我翻译。但是该"RNA-蛋白质"自我实现系统仍与预期的"DNA-RNA-蛋白质"自我实现相差甚远。在脂质体形成的人工细胞空间中，DNA 复制可以通过 PCR 来实现，但 PCR 反应所需的高温条件会造成执行转录和翻译的蛋白质变性。在未来人工细胞的发展中，细胞膜和膜内生化活动的自我复制都是最具挑战性的问题。

6.4 无细胞合成生物系统的工程应用

重组蛋白质高合成率、成本降低、可规模化以及可处理复杂性问题，进一步扩大了无细胞系统的基础研究和应用工业化。在这一节重点讲述无细胞系统的新兴应用。

6.4.1 结构生物学

无细胞系统可用于结构组学的研究，主要由于该系统可以合成细胞内难以合成的膜蛋白、复合蛋白和对细胞有毒性的蛋白质等。得到正确构象的蛋白质就可以进行结构解析。

使用核磁共振进行稳定同位素标记的蛋白质结构分析，或在无细胞系统中使用 X 射线晶体学在结构生物学项目中起着至关重要的作用。无细胞系统的主要优点是高效嵌入标记氨基酸、高蛋白质表达率和表达产物无需纯化直接进行核磁共振分析，直接进行异核核磁共振分析。目前，已经使用无细胞系统确定了数千种蛋白质结构[66]。

除去添加非天然氨基酸外，便于对蛋白质进行各种标记也是无细胞系统的一大优点。例如通过结合双重标记和荧光共振能量转移的方法可以辨别两个标记了不同荧光发光集团的分子是否结合到一起，从而促进蛋白质相互作用的研究。另外，无细胞合成系统还被广泛用于核糖体展示、mRNA 展示等。

限制性内切酶对细胞的重组表达提出了重大的挑战。Pab I，来自高度嗜热古细菌火球菌（*Pyrococcus abyssi*），对细胞的重组表达具有细胞毒性。通过采用紧密阻遏的表达系统和同源甲基转移酶表达的方法是不成功的。Pab I 可在小麦胚芽无细胞系统中被成功表达，以天然的和硒代蛋氨酸的形式，用于通过 X 射线晶体学方法进行结构研究[67]。另一种毒性蛋白，人类微管结合蛋白（MID1），由于特定突变可导致奥皮茨综合征（Opitz syndrome），是重组表达的难点。MID1 突变体表达困难，原因在于它们干扰细胞内的代谢路径，阻碍细胞分离。像大肠杆菌、毕赤酵母菌、昆虫细胞和哺乳动物 COS 细胞表达系统不能产生

MID1 蛋白质。基于大肠杆菌提取物的无细胞快速翻译系统，可成功合成 MID1[68]，从而进一步可以进行结构生物学的研究。

6.4.2　高通量筛选

随着基因测序技术的进步，在这个已知大量基因组数据的后基因组时代，高效快速的高通量蛋白质表达和筛选平台变得越来越重要。无细胞系统的诸多优点，可以满足这一需求。首先，可以直接使用 PCR 产物作为表达模板，避免了时间繁琐的分子克隆步骤。其次，因其蛋白质高表达量和灵活的合成体积模式，使得在多孔板（96 或 384）中进行蛋白质合成成为可能。第三，可使用具有巨大潜力的小型化和自动化的微芯片仪器设备等。第四，因无细胞膜屏障可更容易地操纵反应条件，包括掺入同位素标记的氨基酸。第五，因无需细胞破壁，蛋白质产物可以直接进行高通量分析。

无细胞合成平台也可作为大规模合成功能基因组学蛋白质文库的基础技术平台。例如，使用无细胞合成系统快速有效地产生蛋白质原位阵列（protein in situ array，PISA），以全面研究微芯片上的蛋白质间相互作用网络[69]。蛋白质微阵列（蛋白质芯片）技术的基本原理是，将编码目标蛋白质的 DNA 通过物理隔离印在载玻片上，然后通过无细胞系统合成目标蛋白质。为了提高蛋白质分离和稳定性，蛋白质通常被设计含有抗原标记（如 C 端谷胱甘肽 S-转移酶标记），在芯片设计中，将能够结合带有抗原标记的蛋白质的抗体固定在玻片上。由于该方法无需分别合成、纯化和固定蛋白质，这也就允许了具有新特征的蛋白质能够被快速合成和分析。进一步使得芯片上的基因合成技术整合到蛋白质分析中，将有望拥有更大的技术拓展能力。在示范性实例中，基于小麦提取物的无细胞系统被用作"人类蛋白质工厂"，试图合成 13364 个人类蛋白质[70]。在合成的蛋白质（12996 或 97.2%）中，许多测试结果显示了其功能（例如 75 个测试的磷酸酶中的 58 个），并且成功地将 99.86% 印刷到载玻片上以构建蛋白质微阵列。因为无细胞系统可以将蛋白质合成、纯化、固定进行一体化整合，因而可以结合不同的工具箱和更快的方法来探测蛋白质不同方面的功能。为进一步降低结合检测限，有研究工作者将无细胞系统和碳纳米管材料相结合，将检测限从 100nmol/L 降低到 10pmol/L[71]。除了蛋白质阵列之外，还有其他功能基因组学方法，比如序列蛋白质表达，也有助于揭示每一种基因产物的功能。

6.4.3　生物医药

无细胞系统非常适合医药蛋白的表达，正在和将来都会被更普遍应用。无细胞系统允许高通量形式的蛋白质工程，灵活的糖基化和化学连接策略，以及非天然氨基酸易于作为蛋白质构建元件被使用。因此，无细胞系统可以用来修饰蛋白质以改善溶解度、稳定性和医药蛋白的药物动力学特性。

由于成本、规模化和蛋白质折叠不再是无细胞技术不可逾越的障碍，因此利用无细胞系统合成进行商业化生物医药的生产将成为具有极大潜力的发展方向。而且，由于无细胞系统小量体积和灵活调控的特点，用其设计和制造个性化药物，其潜力也是非常独特和令人兴奋的。令人瞩目的是，治疗淋巴瘤的疫苗在传统哺乳动物细胞表达通常需要几个月，而无细胞系统可以在几天内完成合成。无细胞系统快速、灵活和高产量的表达能力与简单的下游处理相结合，为基于蛋白质特异性药物的设计和制造带来了令人兴奋的新可能。

知识拓展 6-2

疫苗合成研究的难点和热点

传染性疾病在人类历史上造成了数以亿万计生命的死亡。在人类与其不断的斗争过程中，应对传染性疾病最主要或有效的手段就是预防，而接种疫苗被认为是最行之有效的预防措施。一般来讲，疫苗是将病原微生物（如细菌、病毒等）或其有效组分，经过人工减毒、灭活或基因工程等方法制成的自动免疫制剂。在当今医学发展中，疫苗领域的发展仍然面临着四方面的挑战：一是针对迅速流行爆发的传染性疾病或新型传染性疾病，如何快速设计和生产出疫苗；二是针对抗原漂移和抗原转换等问题，如何设计有效的通用性疫苗；三是不局限于传染性疾病，针对肿瘤也可进行疫苗的设计，过去多数的研究是针对传染性疾病，对肿瘤疫苗的研究较少；四是针对小范围的特殊疾病案例，如何低成本地进行个性化疫苗设计和生产。为应对这些挑战，无细胞合成生物学系统可作为有效的技术手段之一。

除了设计特定药物之外，无细胞系统还可以帮助筛选新的候选药物，以应对癌症、肝炎和疟疾中现有和未来可能新出现的威胁。无细胞快速的蛋白质表达平台已经在筛选方面发挥越来越大的作用。Tsuboi 等利用基于小麦胚芽提取物的无细胞系统将疟疾基因组中的 124 个基因作为疫苗候选者，这些蛋白质表达产物中的 75％以可溶形式表达[72]，而值得注意的是，具有天然密码子的基因与优化的密码子具有同样高的产量。其他实例中，无细胞系统也已经合成超过 1mg/mL 浓度的肉毒杆菌毒素的候选疫苗[73]。

无细胞合成系统已被证明对于抗体生产是有利的。例如，在生产 HER2 抗体和抗体片段时，加入分子伴侣（酵母和大肠杆菌蛋白二硫键异构酶）以促进原核无细胞系统合成高达 300mg/L 的活性蛋白质，在反应体系中可直接添加谷胱甘肽缓冲剂能够优化氧化还原条件，以促进每个抗体 16 个二硫键的正确形成[74]。另外无细胞系统还可以灵活调整多种基因的按序表达，以促进正确的多亚基复合蛋白的正确合成。例如，可以先添加抗体轻链表达质粒让抗体轻链单独产生 1h，然后加入重链表达质粒生成互补重链以合成正确结构的抗体。该策略避免了在没有足够的轻链蛋白的情况下自然发生的重链蛋白的聚集。除了原核生物的无细胞合成系统之外，目前研究工作者还正在研究真核生物的无细胞系统来生产抗体。研究人员目前正在研究内质网来源的膜囊泡，以促进正确的折叠和翻译后修饰，如糖基化修饰[75]。

Kanter 等使用大肠杆菌无细胞系统合成了针对 B 细胞淋巴瘤治疗的、将免疫球蛋白（Ig）的单链抗体片段（scFv）与细胞因子融合的抗体药物[76]。这种"个性化"地将抗体片段 scFv 与小分子药物融合的模式，成功地引发了免疫应答。

对于非传染性的癌症，无细胞系统可以合成癌细胞表面蛋白的抗体，通过嵌入非天然氨基酸连接抗癌化学药物以形成抗体药物偶联物，该偶联物在体内会特异识别癌细胞，通过内吞作用进入癌细胞后，抗癌药物发挥作用杀死癌细胞以达到治疗癌症的目的[74]。

类病毒颗粒（virus-like particle，VLP）是从一种或多种结构蛋白自组装的 25～100nm 复合物，在结构上与病毒相似，它们能引起免疫原性反应，但由于不含有遗传物质，因此可以被用作安全疫苗。此外，它们的自组装和中空结构使得 VLP 可作为药物递送和基因治疗剂。控制合适的颗粒结构对于 VLP 的免疫原性反应是非常重要的，因此在其重组生产中的关键设计是考虑 VLP 亚基的组成和一致性以及最终产物的纯度和分布。在细胞体系中生产 VLP 存在蛋白质杂质，会产生结构不一致问题，以及相关重组菌株设计的成本高，因此在体内重组生产 VLP 具有挑战性。目前已经成功利用大肠杆菌无细胞系统的平台，大大提高了 VLP 的可制造性，在无细胞系统可以进行快速合成和组装，并可能将其扩大到工业生产水平[77]。

除了利用无细胞系统来生产组装 VLP，其功能也可以被大大扩展，并进一步得到应用。目前可通过无细胞系统将非天然氨基酸嵌入 VLP，然后将抗体、疫苗、疫苗佐剂等表面展示在 VLP 表面，实现多功能化的疫苗颗粒[78]。如果将疫苗助剂蛋白（比如鞭毛蛋白）展示在 VLP 表面，鞭毛蛋白的生物活性提高了 10 倍，为新一代高效用的疫苗发展奠定了基础[55]。

另外，为了提高 VLP 稳定性，可控制大肠杆菌无细胞系统的氧化还原电位，从而能够控制衣壳单体之间的二硫键形成[79]。这些进展进一步证实了无细胞系统作为药物递送和疫苗应用的巨大潜力。

6.4.4　生物催化

无细胞系统提供了一个可平行控制多种产物的表达环境，来评估共同生产对个别产物活性的影响。无细胞系统明显体现出通过体外酶催化的生化级联反应来控制生产所需天然产物的工程优点，将会被用来优化多酶合成和下一代生物催化剂的设计合成。

在生物催化中使用无细胞合成可以生产复杂的生物催化剂。例如，[FeFe]-氢酶具有自然界最快的氢气生产速率，但由于其对氧气极其敏感，遇氧即失活。[FeFe]-氢酶的合成需要多个专门的分子伴侣来将 [FeFe] 生物催化核心装配到氢酶上。相比细胞培养表达体系，使用无细胞系统可在厌氧环境和合适的分子伴侣存在下合成氢酶蛋白质，并进一步成功地组装成 [FeFe]-氢酶[80,81]。这表明，基于无细胞系统的工具，能作为普适性手段来实现有机金属生物催化核心的装配。此外，研究人员已经通过在无细胞系统中添加分子伴侣，来增加工业用脂肪酶的 5 倍以上的产量提高，并且蛋白质得到正确恰当的折叠[82]。

通过模拟生物学途径，利用无细胞系统，只专注于目标产品合成相关的酶，并控制酶的协同作用，可快速反应高效制备目标产品，用来开发新的反应途径。例如，在从葡萄糖生产氢气的过程中，无细胞合成酶路径比微生物理论最大产量高出 3 倍以上[24]。

6.4.5　疾病诊断

生物传感器是多学科交叉的技术领域，正进入全面的研究开发时期，各种智能化、微型化、实用化、集成化的新型生物传感系统不断地涌现，在医疗方面具有广阔的应用前景。生物传感器的特点之一是相比于医用大型仪器检测，具有成本低、灵敏度高、便携便捷等优点，但是目前依然存在一些问题，如果以酶作为识别元件的传感器，由于酶的价格较昂贵且稳定性不够，因此其应用受到一定限制。纳米颗粒及微流控传感体系制作复杂，且成本比嵌入纸张等介质的无细胞系统高出很多，全细胞生物传感器会造成生物安全问题。

而无细胞系统能够行使生物传感器的功能，无以上传感器的缺点。在无细胞系统中的生物传感器能像全细胞传感器一样接收外界样品中输入信号，经过一系列蛋白质合成的生化反应后，输出可被检测的光信号、电信号等。因此，利用无细胞系统与 DNA 生物传感器结合，开发新的检测方法以实现低成本、低消耗、灵敏度高的快速诊断方法。迎合现今社会快节奏、高效、便捷的生活习惯，可以将无细胞系统中的生物传感器结合可视化技术，将传感体系放置于便于携带且成本较低的介质中，以达到便携便捷且高效的目的。

2014 年埃博拉（Ebola）病毒的肆虐再次引起全世界对传染性病毒疾病的关注。这也使我们不得不再次回顾 2009 年爆发的"猪流感"（H1N1）和 2003 年的 SARS。除近年来爆发的传染性疾病外，全世界也一直在抗争着其他严重流行的传染性疾病（如痢疾和艾滋病等）和非传染性疾病（如癌症、阿尔兹海默症和帕金森病等）。在这些流行性疾病多年的抗争中，为更好地诊断、治疗和预防这些疾病，对于相关手段提出了更高的要求。对于疾病诊断，要求便宜、快速、精确、微型化和结果易读取化。而对于疾病治疗，则要求稳定、专一、高效快速和智能个性化。

为发展简单高效的体外诊断技术，可利用无细胞系统体外转录翻译的特点，将其嵌入滤纸冷冻干燥储存。使用时取出加水湿润，然后滴入患者血液样品。血液中的病毒基因经过无细胞系统的转录翻译和特异标记，并通过颜色显现出来，以此快速诊断特异病毒的感染[83]。

在合成生物学的生物工程领域中，无细胞系统正在成为克服活细胞固有局限性的有力工具。具体来说，无细胞系统的开放性能够实现对基因表达、底物优化、原位监测和自动化等前所未有的自由控制。此外，由于无细胞系统的成本降低和效率提高，使得其在工业化应用中具有越来越大的吸引力。多年的研究已经证明了无细胞系统是抗体生产、疫苗组装、基因线路开发、生物催化剂生产和非天然氨基酸嵌入应用的有效工具。这些都为无细胞合成生物学的新兴时代打下坚实的基础。

在过去的十年里，无细胞合成生物学的成果以惊人的速度增长，而这一新兴领域即将面临的挑战和机遇包括：构建低成本的并大规模整合的可预测的基因或酶网络；缩小体内和体外调控的功能性差距；蛋白质翻译机器体系的进一步发展；设计更加通用的平台以可靠地合成任何生物活性蛋白质；缺乏低成本和可扩展的真核无细胞系统平台；可控的糖基化模式等。

思考题

1. 无细胞合成生物学的主要优势是什么？
2. 无细胞合成主要有哪几个体系？
3. 无细胞蛋白质合成体系主要组分都包含哪些？
4. 基于细胞提取物的无细胞系统，细胞提取物的主要来源有哪些细胞？
5. 无细胞系统的生产成本主要是哪些原因造成的？
6. 是否可以将线性 DNA 模板直接用于无细胞合成？
7. 对于膜蛋白的合成，无细胞合成的优势主要体现在哪些方面？
8. 在无细胞系统，辅助于蛋白质折叠主要有哪些手段？
9. 为什么说非天然氨基酸的嵌入，在无细胞系统更有优势？
10. 在无细胞系统，小分子的合成是否更容易接近理论产率？
11. 基于无细胞系统的人工细胞的构建，主要的挑战是哪两方面？

参 考 文 献

[1] Kwok R. Five hard truths for synthetic biology [J]. Nature, 2010, 463: 288-290.

[2] Hodgman C E, Jewett M C. Cell-free synthetic biology: thinking outside the cell [J]. Metab Eng, 2012, 14:

261-269.

[3]　Buchner E. Alkoholische Gärung ohne Hefezellen [J]. Ber Chem Ges，1897，30：117-124.

[4]　Matthaei J H，Nirenberg M W. Characteristics and stabilization of DNAase-sensitive protein synthesis in *E. coli* extracts [J]. Proc Natl Acad Sci USA，1961，47：1580-1588.

[5]　Albayrak C，Swartz J R. Cell-free co-production of an orthogonal transfer RNA activates efficient site-specific non-natural amino acid incorporation [J]. Nucleic Acids Res，2013，41：5949-5963.

[6]　Smith M T，Varner C T，Bush D B，et al. The incorporation of the A2 protein to produce novel Q ss virus-like particles using cell-free protein synthesis [J]. Biotechnol Progr，2012，28：549-555.

[7]　Smith M T，Hawes A K，Shrestha P，et al. Alternative fermentation conditions for improved *Escherichia coli*-based cell-free protein synthesis for proteins requiring supplemental components for proper synthesis [J]. Process Biochemistry，2014，49：217-222.

[8]　Layton C J，Hellinga H W. Integration of cell-free protein coexpression with an enzyme-linked immunosorbent assay enables rapid analysis of protein-protein interactions directly from DNA [J]. Protein Sci，2011，20：1432-1438.

[9]　Masutani M，Machida K，Kobayashi T，et al. Reconstitution of eukaryotic translation initiation factor 3 by co-expression of the subunits in a human cell-derived in vitro protein synthesis system [J]. Protein Expres Purif，2013，87：5-10.

[10]　Bujara M，Schumperli M，Pellaux R，et al. Optimization of a blueprint for in vitro glycolysis by metabolic real-time analysis [J]. Nat Chem Biol，2011，7：271-277.

[11]　Grimley J S，Li L，Wang W N，et al. Visualization of Synaptic Inhibition with an Optogenetic Sensor Developed by Cell-Free Protein Engineering Automation [J]. J Neurosci，2013，33：16297-16309.

[12]　Fallah-Araghi A，Baret J C，Ryckelynck M，et al. A completely in vitro ultrahigh-throughput droplet-based microfluidic screening system for protein engineering and directed evolution [J]. Lab Chip，2012，12：882-891.

[13]　Katzen F，Chang G，Kudlicki W. The past，present and future of cell-free protein synthesis [J]. Trends Biotechnol，2005，3：150-156.

[14]　Avenaud P，Castroviejo M，Claret S，et al. Expression and activity of the cytolethal distending toxin of Helicobacter hepaticus [J]. Biochem Biophys Res Commun，2004，318：739-745.

[15]　Bundy B C，Swartz J R. Site-specific incorporation of *p*-propargyloxyphenylalanine in a cell-free environment for direct protein-protein click conjugation [J]. Bioconjug Chem，2010，21：255-263.

[16]　Shrestha P，Holland T M，Bundy B C. Streamlined extract preparation for *Escherichia coli*-based cell-free protein synthesis by sonication or bead vortex mixing [J]. Biotechniques，2012. 53：163-174.

[17]　Takai K，Sawasaki T，Endo Y. Practical cell-free protein synthesis system using purified wheat embryos [J]. Nat Protocols，2010，5：227-238.

[18]　Olliver L，Boyd C D. In Vitro Translation of mRNA in a Rabbit Reticulocyte Lysate Cell-Free System∥Rapley R，editor. The Nucleic Acid Protocols Handbook. Totowa，NJ：Humana Press，2000：885-890.

[19]　Ezure T，Suzuki T，Ando E. A cell-free protein synthesis system from insect cells [J]. Methods Mol Biol，2014，1118：285-296.

[20]　Schoborg J A，Hodgman C E，Anderson M J，et al. Substrate replenishment and byproduct removal improve yeast cell-free protein synthesis [J]. Biotechnol J，2014，9：630-640.

[21]　Carlson E D，Gan R，Hodgman C E，et al. Cell-free protein synthesis：applications come of age [J]. Biotechnol Adv，2012，30：1185-1194.

[22]　Shimizu Y，Inoue A，Tomari Y，et al. Cell-free translation reconstituted with purified components [J]. Nat Biotechnol，2001，19：751-755.

[23]　Zhang Y H P. Simpler Is Better：High-Yield and Potential Low-Cost Biofuels Production through Cell-Free Synthetic Pathway Biotransformation (SyPaB) [J]. Acs Catal，2011，1：998-1009.

[24]　Rollin J A，Tam T K，Zhang Y H P. New biotechnology paradigm：cell-free biosystems for biomanufacturing [J]. Green Chem，2013，15：1708-1719.

[25]　Wang Y，Huang W，Sathitsuksanoh N，et al. Biohydrogenation from biomass sugar mediated by in vitro synthetic enzymatic pathways [J]. Chem Biol，2011，18：372-380.

[26]　Zawada J，Swartz J. Maintaining rapid growth in moderate-density *Escherichia coli* fermentations [J]. Biotechnol

Bioeng, 2005, 89: 407-415.

[27] Jewett M C, Swartz J R. Mimicking the Escherichia coli cytoplasmic environment activates long-lived and efficient cell-free protein synthesis [J]. Biotechnol Bioeng, 2004, 86: 19-26.

[28] Calhoun K A, Swartz J R. Total amino acid stabilization during cell-free protein synthesis reactions [J]. J Biotechnol, 2006, 123: 193-203.

[29] Endo Y, Sawasaki T. Cell-free expression systems for eukaryotic protein production [J]. Curr Opin Biotechnol, 2006, 17: 373-380.

[30] Calhoun K A, Swartz J R. An Economical Method for Cell-Free Protein Synthesis using Glucose and Nucleoside Monophosphates [J]. Biotechnol Progr, 2005, 21: 1146-1153.

[31] Kim H-C, Kim T-W, Kim D-M. Prolonged production of proteins in a cell-free protein synthesis system using polymeric carbohydrates as an energy source [J]. Process Biochemistry, 2011, 46: 1366-1369.

[32] Jewett M C, Calhoun K A, Voloshin A, et al. An integrated cell-free metabolic platform for protein production and synthetic biology [J]. Mol Syst Biol, 2008, 4: 220.

[33] Caschera F, Noireaux V. Synthesis of 2. 3mg/ml of protein with an all *Escherichia coli* cell-free transcription-translation system [J]. Biochimie, 2014, 99: 162-168.

[34] Zawada J F, Yin G, Steiner A R, et al. Microscale to manufacturing scale-up of cell-free cytokine production—a new approach for shortening protein production development timelines [J]. Biotechnol Bioeng, 2011, 108: 1570-1578.

[35] Sun Z Z, Yeung E, Hayes C A, et al. Linear DNA for Rapid Prototyping of Synthetic Biological Circuits in an Escherichia coli Based TX-TL Cell-Free System [J]. Acs Synth Biol, 2014, 3: 387-397.

[36] Iyer S, Karig D K, Norred S E, et al. Multi-Input Regulation and Logic with T7 Promoters in Cells and Cell-Free Systems [J]. Plos One, 2013, 8.

[37] Subsoontorn P, Kim J, Winfree E. Ensemble Bayesian Analysis of Bistability in a Synthetic Transcriptional Switch [J]. Acs Synth Biol, 2012, 1: 299-316.

[38] Niederholtmeyer H, Stepanova V, Maerkl S J. Implementation of cell-free biological networks at steady state [J]. P Natl Acad Sci USA, 2013, 110: 15985-15990.

[39] Garamella J, Marshall R, Rustad M, et al. The All E-coli TX-TL Toolbox 2. 0: A Platform for Cell-Free Synthetic Biology [J]. Acs Synth Biol, 2016, 5: 344-355.

[40] Schinn S M, Broadbent A, Bradley W T, et al. Protein synthesis directly from PCR: progress and applications of cell-free protein synthesis with linear DNA [J]. New Biotechnol, 2016, 33: 480-487.

[41] Park N, Um S H, Funabashi H, et al. A cell-free protein-producing gel [J]. Nat Mater, 2009, 8: 432-437.

[42] Wuu J J, Swartz J R. High yield cell-free production of integral membrane proteins without refolding or detergents [J]. Biochim Biophys Acta, 2008, 1778: 1237-1250.

[43] Noireaux V, Libchaber A. A vesicle bioreactor as a step toward an artificial cell assembly [J]. P Natl Acad Sci USA, 2004, 101: 17669-17674.

[44] Ishihara G, Goto M, Saeki M, et al. Expression of G protein coupled receptors in a cell-free translational system using detergents and thioredoxin-fusion vectors [J]. Protein Expr Purif, 2005, 41: 27-37.

[45] Welsh J P, Bonomo J, Swartz J R. Localization of BiP to translating ribosomes increases soluble accumulation of secreted eukaryotic proteins in an Escherichia coli cell-free system [J]. Biotechnol Bioeng, 2011, 108: 1739-1748.

[46] Sasaki Y, Asayama W, Niwa T, et al. Amphiphilic Polysaccharide Nanogels as Artificial Chaperones in Cell-Free Protein Synthesis [J]. Macromolecular Bioscience, 2011, 11: 814-820.

[47] Lu Y, Swartz J R. Functional properties of flagellin as a stimulator of innate immunity [J]. Sci Rep-Uk, 2016, 6: 18379.

[48] Kim D M, Swartz J R. Efficient production of a bioactive, multiple disulfide-bonded protein using modified extracts of *Escherichia coli* [J]. Biotechnology and Bioengineering, 2004, 85: 122-129.

[49] Matsumoto K, Tomikawa C, Toyooka T, et al. Production of yeast tRNA (m(7)G46) methyltransferase (Trm8-Trm82 complex) in a wheat germ cell-free translation system [J]. J Biotechnol, 2008, 133: 453-460.

[50] Tsuboi T, Takeo S, Arumugam T U, et al. The wheat germ cell-free protein synthesis system: A key tool for novel malaria vaccine candidate discovery [J]. Acta Tropica, 2010, 114: 171-176.

[51]　Guarino C，DeLisa M P. A prokaryote-based cell-free translation system that efficiently synthesizes glycoproteins [J]．Glycobiology，2012，22：596-601.

[52]　Liu C C，Schultz P G. Adding New Chemistries to the Genetic Code [J]．Annu Rev Biochem，2010，79：413-444.

[53]　Wang K H，Sachdeva A，Cox D J，et al. Optimized orthogonal translation of unnatural amino acids enables spontaneous protein double-labelling and FRET [J]．Nat Chem，2014，6：393-403.

[54]　Lu Y，Chan W，Ko B Y，et al. Assessing sequence plasticity of a virus-like nanoparticle by evolution toward a versatile scaffold for vaccines and drug delivery [J]．Proc Natl Acad Sci USA，2015，112：12360-12365.

[55]　Lu Y，Welsh J P，Chan W，et al. Escherichia coli-based cell free production of flagellin and ordered flagellin display on virus-like particles [J]．Biotechnol Bioeng，2013，110：2073-2085.

[56]　Tada S，Andou T，Suzuki T，et al. Genetic PEGylation [J]．Plos One，2012，7.

[57]　Zhang Y H，Evans B R，Mielenz J R，et al. High-yield hydrogen production from starch and water by a synthetic enzymatic pathway [J]．Plos One，2007，2：e456.

[58]　Schultheisz H L，Szymczyna B R，Scott L G，et al. Enzymatic de novo pyrimidine nucleotide synthesis [J]．J Am Chem Soc，2011，133：297-304.

[59]　Schultheisz H L，Szymczyna B R，Scott L G，et al. Pathway engineered enzymatic de novo purine nucleotide synthesis [J]．Acs Chem Biol，2008，3：499-511.

[60]　Noireaux V，Maeda Y T，Libchaber A. Development of an artificial cell，from self-organization to computation and self-reproduction [J]．Proc Natl Acad Sci USA，2011，108：3473-3480.

[61]　Wochner A，Attwater J，Coulson A，et al. Ribozyme-catalyzed transcription of an active ribozyme [J]．Science，2011，332：209-212.

[62]　Kuruma Y，Stano P，Ueda T，et al. A synthetic biology approach to the construction of membrane proteins in semi-synthetic minimal cells [J]．Biochim Biophys Acta，2009，1788：567-574.

[63]　Kurihara K，Tamura M，Shohda K，et al. Self-reproduction of supramolecular giant vesicles combined with the amplification of encapsulated DNA [J]．Nat Chem，2011，3：775-781.

[64]　Caschera F，Sunami T，Matsuura T，et al. Programmed vesicle fusion triggers gene expression [J]．Langmuir，2011，27：13082-13090.

[65]　Kita H，Matsuura T，Sunami T，et al. Replication of Genetic Information with Self-Encoded Replicase in Liposomes [J]．Chembiochem，2008，9：2403-2410.

[66]　Endo Y，Sawasaki T. High-throughput，genome-scale protein production method based on the wheat germ cell-free expression system [J]．Biotechnol Adv，2003，21：695-713.

[67]　Watanabe M，Miyazono K，Tanokura M，et al. Cell-free protein synthesis for structure determination by X-ray crystallography [J]．Methods Mol Biol，2010，607：149-160.

[68]　Betton J M. Rapid translation system（RTS）：a promising alternative for recombinant protein production [J]．Curr Protein Pept Sci，2003，4：73-80.

[69]　He M，Stoevesandt O，Taussig M J. In situ synthesis of protein arrays [J]．Curr Opin Biotechnol，2008，19：4-9.

[70]　Goshima N，Kawamura Y，Fukumoto A，et al. Human protein factory for converting the transcriptome into an in vitro-expressed proteome [J]．Nat Methods，2008，5：1011-1017.

[71]　Ahn J H，Kim J H，Reuel N F，et al. Label-free，single protein detection on a near-infrared fluorescent single-walled carbon nanotube/protein microarray fabricated by cell-free synthesis [J]．Nano Lett，2011，11：2743-2752.

[72]　Tsuboi T，Takeo S，Arumugam T U，et al. The wheat germ cell-free protein synthesis system：a key tool for novel malaria vaccine candidate discovery [J]．Acta Trop，2010，114：171-176.

[73]　Zichel R，Mimran A，Keren A，et al. Efficacy of a potential trivalent vaccine based on Hc fragments of botulinum toxins A，B，and E produced in a cell-free expression system [J]．Clin Vaccine Immunol，2010，17：784-792.

[74]　Yin G，Garces E D，Yang J H，et al. Aglycosylated antibodies and antibody fragments produced in a scalable in vitro transcription-translation system [J]．Mabs，2012，4：217-225.

[75]　Merk H，Gless C，Maertens B，et al. Cell-free synthesis of functional and endotoxin-free antibody Fab fragments by

translocation into microsomes [J]. Biotechniques, 2012, 53: 153.

[76] Kanter G, Yang J, Voloshin A, et al. Cell-free production of scFv fusion proteins: an efficient approach for personalized lymphoma vaccines [J]. Blood, 2007, 109: 3393-3399.

[77] Bundy B C, Franciszkowicz M J, Swartz J R. Escherichia coli-based cell-free synthesis of virus-like particles [J]. Biotechnol Bioeng, 2008, 100: 28-37.

[78] Patel K G, Swartz J R. Surface functionalization of virus-like particles by direct conjugation using azide-alkyne click chemistry [J]. Bioconjug Chem, 2011, 22: 376-387.

[79] Bundy B C, Swartz J R. Efficient disulfide bond formation in virus-like particles [J]. J Biotechnol, 2011, 154: 230-239.

[80] Kuchenreuther J M, Myers W K, Stich T A, et al. A radical intermediate in tyrosine scission to the CO and CN-ligands of FeFe hydrogenase [J]. Science, 2013, 342: 472-475.

[81] Kuchenreuther J M, Myers W K, Suess D L, et al. The HydG enzyme generates an Fe(CO)2(CN) synthon in assembly of the FeFe hydrogenase H-cluster [J]. Science, 2014, 343: 424-427.

[82] Park C G, Kwon M A, Song J K, et al. Cell-Free Synthesis and Multifold Screening of Candida Antarctica Lipase B (CalB) Variants After Combinatorial Mutagenesis of Hot Spots [J]. Biotechnol Progr, 2011, 27: 47-53.

[83] Pardee K, Green Alexander A, Takahashi Melissa K, et al. Rapid, Low-Cost Detection of Zika Virus Using Programmable Biomolecular Components [J]. Cell, 2016, 165: 1255-1266.

第7章
合成生物学建模与计算机辅助工具

引 言

　　合成生物学在经过数十年的发展之后，已经取得了非常重大的突破[1]，其将生物学与数学、工程学以及信息科学融合，这无疑是一个非常成功的策略。由于生物系统的复杂度相对较高，故使用数学模型或者计算机工具预测系统的行为，不仅可以加深对已有合成系统原理的理解，还可以极大地节约研究者的时间和实验成本的投入。所以，掌握一定的数学建模知识，熟悉一部分计算机工具的使用，对于合成生物学的研究会起到很好的促进作用。

　　大数据技术的出现，为合成生物学研究带来了新的活力——模型的数据通量不断增加，复杂度和精度也不断提高，但新的挑战也随之出现，所以，寻找新的发展方向，开发新的技术，对于突破目前的瓶颈问题至关重要。此外，随着合成生物学的不断发展，涌现出了一大批实用的计算机辅助设计工具。从生物分子（包括 DNA、RNA 和蛋白质）的辅助分析与设计，到基因线路的设计与构建，再到合成途径的设计和分析，计算机技术都可大显身手。

　　本章将介绍如何对合成生物系统进行数学建模，并简述了大数据时代下合成生物学模型与文库的特点、发展的瓶颈和未来的发展方向，最后举例介绍部分计算机工具在合成生物学研究中的具体应用，希望读者能有所启发。

知识网络

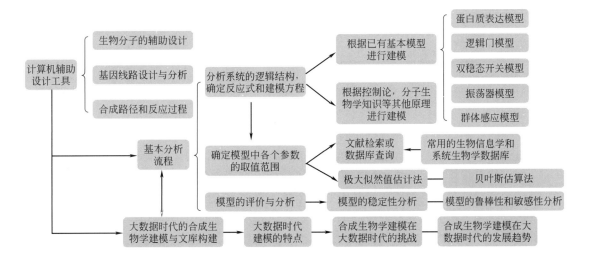

学习指南

1. 重点：合成生物学模型的基本特点；建模的基本分析流程与方法；合成生物学研究中常用的计算机工具。

2. 难点：模型参数的估计与模型的检验；大数据时代合成生物学模型与文库的特点与趋势。

7.1　概述

7.1.1　合成生物学建模目的及模型特点

合成生物学最令人兴奋的一方面就是它能实现应用的多样性，因为合成生物学研究人员具有非常广泛的学科背景，包括化学工程、电气工程、计算机科学和机械工程等工程学科，以及生物物理学、生物化学、医学、生物医学工程和分子细胞生物学等生物学的一些分支学科[2]。这种学科的多样性使得合成生物学拥有着种类繁多的研究方法和广阔的发展前景。合成生物学研究的特色和重点是用更具建设性的方法来理解、操纵和改造生物系统，但这是一个具有挑战性的目标，因为生物系统非常复杂，随机性（stochasticity）、非线性（nonlinearity）、进化性（evolution）和多级调控（multi-level regulation）等性质均存在于天然生物系统中。而这些特点同样存在于现在的合成的生物系统中。复杂的生物环境和繁多的调控机制，影响着合成生物系统中各个元件的行为，在增加了元件的不可预测性的同时也降低了其可控性，要达到完整而又精确地明确其运转原则仍需时日。同时，目前大部分生物设计仍存在周期缓慢、过程复杂和耗资昂贵等问题。大多数传统研究只是经验性地用相对少量元器件或装置进行装配，尽管这些合成生物学研究已经实现了许多令人兴奋的概念验证（proof of concept）基因线路，但是"个案研究"已经不再是一种高效的方法。经过一定时间的探索，研究人员已经得到了大量的数据并且进行了可观的研究工作积累，但这些工作并未形成完整的体系，这是由于单个实验室可能无法将合成生物系统的开发及优化设计周期中的所有步骤都包含进来，有效的研究数据分散在多个研究机构中，不能被很好地串联起来。如果研究者无法总结出一些较为普遍的规律，而仍旧消耗很长的时间去对每一个案例都进行验证，那么研究工作量无疑将会剧增。更为重要的一点是，经过数十年的发展，世界各地的研究者们都为这个学科贡献了很多"独立"的数据，很多学科问题或许已经能够通过这些数据得到解决，但人们缺乏有力的工具来整合并分析这些数据，以致现在的数据量已经使得"单兵作战"无法取得成功。所以利用数学建模和计算机技术来整合这些数据，并从中发现和分析出关于基因、RNA、蛋白质和细胞等层面上的一些科学规律，将成为一个理想的选择。可以预见，未来的合成生物学研究将大幅整合数学建模和计算机辅助工具，从一个"解梦"的过程演变到一个"算命"的过程。

合成生物系统的模型和大部分自然生物系统的模型是类似的，故大部分已有的系统生物学工具可以被直接运用到合成生物系统的建模分析中，系统生物学试图用数学建模来理解生物系统，在基因、分子、细胞甚至是组织和个体的层面上来阐明生物学中一些规律，这与合成生物系统的建模研究内容有着广泛的交叉，所以使用现有的系统生物学分析技术，能有效提高研究效率，并减轻研究者们重新构建模型的工作负担。但上文也提到，实际的合成生物系统中存在随机性（stochasticity）、非线性（non-linearity）、进化性（evolution）和多级调控（multi-level regulation）等性质，而现有的生物学建模工作在大部分情况下只着眼于通用元件（generic parts）的模拟，即把合成生物系统中的元器件视为功能确定并且特性恒定的实体，但实际上生物元件的功能在很多时候并不是完全确定的，它们会随着环境的不同而改变，即上文提到的进化性（evolution）——元器件的功能可能随着环境的变化而进化，抑或是在传代过程中发生改变，最后甚至可能完全改变以前的功能[3]。所以对合成生物系统的建模，需要考虑引入自适应元件（adaptive-generic parts）来描述某些生物元器件。

知识拓展 7-1

自适应元件

　　自适应元件（adaptive-generic parts）是合成生物学领域的一个重要的调控元件，是为了协调其他元件的环境不稳定性，使整个合成生物学模块的代谢效率达到最高。

　　同时，由于大数据技术的飞速发展，合成生物学的模型构建也从原来的"短小精悍"逐渐变得"十项全能"[4]。近年来，高精度的复杂模型不断涌现，耦合了大数据分析技术的生物信息学方法也发展迅猛，在不久的将来，合成生物学的建模研究必将结合大数据技术，并整合高通量的分析方法，为更精确地模拟合成生物系统原理工作，并为预测基因线路等提供有效的工具。

　　但需要注意的是，尽管建模的技术不断取得突破和进展，各种实用的工具也不断被开发出来，但基本的建模分析方法和科学思维仍是一个建模研究人员需要掌握的最重要的技能，其中对基本模型的理解能更好地运用于一些新型计算分析工具的开发和使用中。大规模的模型和高数据通量的分析方法仅仅是建模研究者用于实现自己研究目标的一种工具而已，这种工具并不能完全取代研究者的思维，所以在建模的学习过程中，绝不可舍本逐末，过分关注使用新兴工具而忽略了对最基本的科学思维的锻炼。

7.1.2　计算机技术对于合成生物学研究的重要性

　　计算工具对于现代化工程设计是必不可少的。使用数学模型进行计算机预测和分析潜在的设计方案及其可能出现的结果，是绝大部分工程师都应该掌握的技能。比如在集成电路设计中，使用标准化部件（如逻辑与门），可以非常准确地验证逻辑线路的设计是否符合预期的要求。而合成生物学作为一门新兴的工程学科，显然需要相应的计算工具来辅助进行设计。在"自上而下"的研究中，合成生物系统的设计可被连续地改进，计算机工具可以在此过程中的多个步骤进行辅助，包括从设计目标的规划、可行设计方案的定性核查，到最终系统的详细运转原理解析。显然，真正的设计过程将是一个"建模-测试-改进"的不断循环的过程，而且需要通过实验测试来实现后续的改进，因为目前大多数生物部件缺乏量化特征，通常需要不同级别的计算分析之间的相应迭代。此外，传统工程系统有时无法很好地描述生物学的特征，例如随机噪声，工程系统中蜂窝环境的不确定性和组件的有限绝缘（即元件之间可能会相互干扰）使设计过程复杂化，并需要相应的模型和分析方法。同时合成生物学可以借助合理的设计技术来创建允许细胞重新编程新型功能的遗传网络。然而，网络复杂性的增加使得通过计算机方法来完善基因线路的设计过程越来越重要。

近年来，研究者已经开发了许多计算机辅助工具，包括从分子设计到线路模拟与预测，再到基因或代谢网络的设计与重构等，特别是系统生物学领域的许多工具都已经在合成生物学研究中得到应用[5]。

科技视野 7-1

合成生物学研究中常用的计算机辅助设计工具汇总

工具	基于高通量实验数据的精炼通量状态预测
OMNI	预测基因和蛋白质表达水平
MILP	动态通量平衡分析
E matrix	用于模拟微生物财团的多级优化
DFBA	OptCom 的动态变体
OptCom	使用基因缺失进行菌株设计的双层优化
d-OptCom	菌株设计结合增加/减少的基因表达
OptKnock	基于磁通的应变设计
EMILiO	使用基本模式的应变设计
CosMos	基于关键节点的通量比的应变设计
CASOP	应变设计结合了底物水平抑制
FBrAtio	应变设计结合了过程动力学
k-OptForce	DNA 序列变异对启动子强度的预测
DySScO	预测蛋白质翻译起始率
PWM	基于高通量实验数据的精炼通量状态预测
RBS calculator	预测基因和蛋白质表达水平

这类工具将在 7.6 节进一步介绍。综合来说，计算机技术已经在以下几个方面对合成生物学研究起了重要的促进作用：

首先，在元件层面，标准化的生物元件需要通过计算机建模工具以适当的方式进行描述。现在广泛使用的系统生物标记语言（systems biology markup language，SBML)[6]，能允许在不同的软件中表示生化反应网络和元件的模型。研究者已经在 SBML 的基础上开发出可以自动组装零件模型的不同软件，Antimony（将在 7.6.2 中介绍）就是一个典型的例子[7]。同时，合成生物学研究中需要用到的关键生物分子也可以通过计算机软件辅助设计，无论是 DNA、RNA 还是蛋白质的分子设计，计算机技术的强大辅助作用都展露无遗。

在组合元件设计装置或系统的过程中，计算机技术可以通过耦联各大元件的数据库，再加以先进的参数测试和优化功能辅助，为研究者提供接近理想的设计思路。在将元件组合成装置或系统后，计算机技术同样有施展其本领的广阔空间，从帮助研究者预测基因线路或合成生物系统的行为，到对已构建系统的鲁棒性、稳定性及敏感性测试，随处可见计算机技术的身影。

在基因或代谢网络设计方面，计算机算法还可以使用预定义的功能演化基因表达网络，并在活细胞中对遗传选择方法进行进一步的演化。而从实验中得到的结果则有助于优化计算方法，为理解基因网络的设计原理和进化过程提供帮助。通过开发分子动力学模型并结合相应的转录组数据，可以预测给定生物体的转录组反应并建立全局转录网络模型。然后，计算机模型可以通过敲除或上调转录因子来修改转录网络，并随后预测基因表达量的分布。此外，研究者希望重新布局某些基因或者代谢网络，使其具有特定的动力学特征，同时能最大化地适应细胞的生长过程。这意味着必须将表达机制、代谢和信号转导等过程全面地考虑到建模之中。这个过程需要使用的工具，诸如通量平衡分析、基因表达的细胞模型和基因网络动力学研究的技术，都需要计算机的辅助。

可以预见，未来的合成生物学研究必将更加广泛和紧密地结合计算机技术，与此同时，这对未来合成生物学的研究人员的学习能力也提出了更高的要求，不过，随着计算机辅助工具的用户体验的不断进展，即使不具有计算机背景或是数学背景的研究者也将能够熟练使用其中的一部分工具，这对未来的合成生物学发展必将起到重要的推进作用。

7.2　合成生物系统数学建模的基本分析方法

7.2.1　合成生物系统建模的基本分析流程

模型是对相应的系统和系统内各个部分的关键热点相互作用关系的抽提（abstraction）。其中所谓热点（hot region），通俗来说，就是那些对研究有作用或者是令研究者感兴趣的内容，是对系统一些本质特征的描述，这种描述可以通过数学表达式、图表或者是计算机程序进行表达。当需要对一个合成生物系统进行数学建模研究时，研究者总是最希望能够预先最大限度地了解这个系统的运作原理，然后再根据系统运作的原理，对关键的步骤和感兴趣的地方进行数学描述或是进行计算机模拟。诚然，如果能够理清楚一个合成生物系统的全部工作原理，并且对整个系统进行建模，将各种影响因素纷纷考虑进去，那么由模拟得出来的结果，应该会更精确、更接近真实值，且能为实验提供更具体的指导。但这样做可能会费时费力同时收效甚微。一个很重要的原因就是，生物系统非常复杂，首先是高度复杂的代谢物、代谢通量、蛋白质、RNA 和基因网络[8]，此外，它们相互连接后可以构成各种反馈或前馈回路；与此同时，非线性（non-linearity）、环境噪声（noise）、强的随机性（stochasticity）、元器件的功能和一些特征容易随外界信号的改变而改变等特性均存在于系统中，所以要完全地将其本来面貌进行揭示，对各种调控信号进行解析，需要耗费大量时间和精力，而且大部分情况下以现有知识也难以做到。其实在绝大多数时候，数学建模并不需要将系统的全貌揭示出来，真正值得研究者关注的也许只有几个核心的部分和少量与其相关联的关键性影响因素，如果能对这些部分进行分析和整理，将复杂的实物系统抽提成一个简单且便于理解的数学描述，然后再进行建模和计算，就可以提出一个简便而有效的模型。建模并不是一个将系统所有特性都描绘清楚的过程，每一个模型都应该有其需要对应解决的问题。通常情况下，一个数学模型只能展示一个系统某个或某几个特定的方面，建模的目的在于回答一些特定的问题。因此，建模其实是一个很主观的、具有很强选择性的过程，研究者大可不必强求自己的模型能精细模拟整个系统的所有真实情况。面对研究问题，一个既简便又能高效解决问题的模型，才应该是建模的目标。如果能够遵循一些基本的分析流程，掌握一些基本的分析方法，那么离这个目标将会更进一步。

进行建模分析，首先需要清楚应该使用何种方法对这个系统进行建模，即分析系统模型的逻辑结构。通常情况下，研究者们都会首先从系统的运转原理入手，并力所能及地了解系统中令研究者感兴趣的关键性步骤的运行机制。如果能够通过已有的数学、物理、化学和生物学等学科的知识理清楚需要建模研究的系统的运行机理，那么通过数学表达式或者是其他方式来描述系统各个主要变量之间的相互关系就会变得相对简单。而这个分析过程必须依据与系统相关的一些信息，在分析的时候，研究人员也应尽可能获得更多的有利于分析的信息。在建模过程中，这些信息主要有以下三个来源：建模目的、前人经验和实验数据。

建模目的规定了研究者应该从何种角度去抽象（abstraction）地描述一个系统。事实上，前面已经提到，一个模型只能反映系统的某一个或某几个特性，难以真正对实际系统有一个面面俱到的描述，同一个系统中可能存在多个研究对象，而不同研究者针对同一个系统也可能有不同的研究目的。所以，对同一个系统，由于建模目的不同，研究者们建立模型时分析的角度是不同的，对一些问题的界定也不同。比如系统中同一个行为，在一个模型中可能被定义为系统的内部相互作用，而在另一个模型中就可能被归类于系统边界上发生的行为。一般来说，若只考察系统的输入与输出变量间的关系，则只需要把系统当作整体来研究；而若需要解读系统内部的结构，那么就需要对系统的内部结构做一个细致的分析。由此可见，建模目的会影响研究者对系统的分析，同一个实际系统可能在不同模型中的表述就不一样，所以建模目的是模型分析的一个重要信息来源。

第二个信息来源是前人的经验。很多系统已有前人研究，有些部分经过长期的研究积累，已经有众多的分析方法和建模数据可以借鉴，甚至可能已经形成了一些原理、定理和经典模型。这些研究成果就可以被后人采用，将大大节省同类研究消耗的时间和精力。所以在建模之前，尽力查找和阅读相关的参考文献是非常必要的。

另一个重要的建模信息来源则是实验数据。尽管很多模型可能前人已经研究过了，但是前人的研究经过总结后得到的定理可能是一个普适性的定理，也有可能是一个具有特殊假设才能成立的结论，并不一定能够与研究者此刻需要研究的模型完美匹配。每一个问题都有其自身的特殊性，而仅仅通过前人的研究成果，很难准确地对自己模型做出合理的分析和评价，所以通过实验数据对模型进行完善，也成为建模过程中一个重要的方法。

在获得了足够的建模信息之后，可以根据已经掌握的信息选取合适的分析方法来决定如何对系统进行建模。最主要的步骤是分析模型的逻辑结构，其大致可以分为三个步骤：提出研究问题、建立假设、对模型进行简化（simplification）或者改进（pruning）。在确定了模型的逻辑结构后，需要将模型中的参量抽提出来，并通过一些数学方法对它们的数值进行确定或者估测（estimation）。

7.2.2　模型拓扑结构的分析与确定

建模的主要目的是得到输入量（input）、输出量（output）、常量（constant）、参量（parameter）和变量（variables）之间的相互关系，这种相互关系可以通过数学表达式、计算机程序、逻辑关系或以上各种方式综合来表示。随着所考察问题的性质不同，一个系统可以有不同类型的数学模型，它们代表了系统的不同侧面的属性，对系统建模实质就是对各个变量和参量间的关系按照研究需要的角度进行描述，是显示系统或其部分的行为和特性的一个简化描述，并不能完全真实反映实际结构。

当需要建立一个模型时，首先需要定性分析模型的结构，然后再定量研究模型中涉及的参数。建模过程其实就是一个从定性分析到定量控制的过程。而分析模型结构，大致可以划分成以下几个步骤：

第一，找到需要探究的问题，即明确自己的建模目的。上文提到，建模的目的决定了研究者会从何种角度去描述一个系统，在实际研究中，没有人会直接给你一个简单的数学问题让你去解决，而是需要研究者自己根据大量的信息来源去识别和发现那些关键性的问题。

第二，当研究问题被确定后，研究者要仔细地斟酌每一个与问题相关联的因素，以及这些因素涉及的变量、参数和常量。选取合适的方法分析，对快速确定与研究目标相关的因素具有重要的促进作用。常见的分析方法大致可以分为以下几种：

① 机理法（mechanistic approach），又称为推理法，即在能够清楚知道系统的运转原理的情况下，研究者可以直接根据待模拟系统的运行机理，并结合相应的物理、化学和生物知识，写出相应的数学方程。随后再根据相应的方法确定好方程的各项参数（parameters），完成建模。比如在下一章重点介绍的基本蛋白质表达模型，在此模型中，详细的反应过程，包括转录（transcription）和翻译（translation），参与反应的物质（DNA、RNA 和蛋白质）都已经非常清楚，研究者可以直接根据一些常见的定理列出公式，再利用简单的实验测定相关的参数，就可以得到一个基础的蛋白质表达模型。此方法对于"解梦"型建模运用较多。

② 统计法（statistical method）。当系统的内部结构不太清楚时，研究者可以通过实验检测的方法，选取一些典型的输入量，来测量系统输出量的情况，从而根据其变化情况进行一个大致的推断，这种过程的实际操作方法可以有很多种——可以改变系统所处的外在条件以观测系统的变化情况，或是将系统某部分拿掉以观察系统的功能改变。这种方法适用于数学中常说的"黑箱"模型（black-box model）或灰箱模型（gray-box model）。

知识拓展 7-2

黑箱模型与灰箱模型

黑箱模型（black box）或称经验模型，指一些其内部规律还很少为人们所知的现象。如生命科学、社会科学等方面的问题。但由于因素众多、关系复杂，也可简化为灰箱模型来研究。

灰箱模型（gray box）或概念模型（conceptual model），指那些内部规律尚不十分清楚，在建立和改善模型方面都还不同程度地有许多工作要做的问题。如气象学、生态学、经济学等领域的模型。

但这个方法也存在一定的局限性，即要求对此系统所进行的实验需要是简单、方便和廉价的。若实验测试较为困难，或者成本较高，那么选用此种方法将得不偿失。

③ 类比法。如果研究者通过简单的分析发现所需要处理的系统和某一种基本模型非常类似，那么可以借鉴前人的研究成果，通过类比的方法对需要研究的系统进行描述。但借鉴的过程中需要注意，每一个模型都有其自己的假设和先决条件，在进行类比时，必须仔细分析所类比的对象，不可简单地照搬挪用。

虽然上述三种方法都可以独立建立起一个相应的模型，但是在建模分析过程中，很多时候并不能只靠单一的分析方法就得出结论，更多的时候，研究者可能需要综合以上各种方法，通过细致、理性和全面的分析，才能将系统的逻辑结构梳理清楚。此外，由于合成生物系统模型的特殊性，研究者在分析过程中应充分考虑到生物系统中存在的强随机性（stochasticity)、非线性特点（non-linearity）、进化性（evolution）和高的环境噪声（noise）。不然很可能造成后期模拟的失真，导致模拟结果与现实情况相去甚远。

第三，当把各种因素分析清楚后，研究者针对要研究的问题提出相应的假设。假设是形成一个模型的基础，并可以减少模型的复杂性。

知识拓展 7-3

模型的假设

模型假设（model hypothesis）是研究社会科学时提取问题变量的一种方法，用来帮助剔除理论模型中不必要的变量，保留问题的本质和研究重点，方便人们通过数学模型表达一个事物，进行研究。

研究者需要从上一步分析的结果中选取较为重要的、对结果影响较大的因素进行建模。前文提到，每一个模型都有其需要对应解决的问题，通常情况下，一个数学模型只能展示一个系统某个或某几个特定的方面，而很难将所有的影响因素均囊括在内。所以，研究者在分析这些因素的时候，应该将影响不大的因素进行简化或忽略，而这就需要通过提出一些假设来完成。比如需要研究某条基因线路的功能时，研究者可以先分析它在单细胞内的工作情况，然后假设在细胞群体中各个单体的工作规律均和此细胞一样（尽管细胞之间的状态存在差异，比如生长状态、质粒数目、基因表达量等因素都有可能影响基因线路的最终功能），然后得到一个宏观的模拟结果。最后，在提出假设并基本建立起模型的逻辑结构后，研究者也不能草率地开始对模型进行全面求解（但简单的测试是需要的，对初步构建的模型进行简单测试可以发现它存在的一些问题），而应进一步思考已提出的模型是否存在可以改进（pruning）或者简化（simplification）的地方。对于数学建模来说，改进和简化在某种程度上是两个完全相反的概念，一个改进的模型所考虑的因素可能会更多，复杂度也可能会增加；而简化后的模型则恰恰相反，但这二者均是为了能更好地对系统进行模拟。对模型进行简化，需要考虑的方面包括：在研究问题上，减少一部分对研究目标影响不大的研究问题；在变量的分析上，可忽略一部分变量或者考虑若干变量合并后模拟的效果，也可把某些变量变成常数，即通过进一步的分析发现这个变量对系统的影响；或在模型的复杂度上，拟定一些简单的线性关系并融入更多的假设。模型的改进和上述的简化方式正好相反，也大致包括以下三个方面：在研究问题上，可以考虑是否需要扩展待研究的问题；在变量分析上，可以考虑增加额外的一些变量，或者是重新审核已有的变量以决定是否允许改变一些现存的变量；在模型的复杂度上，将一些非线性关系考虑进去，增加模型需要考虑的因素，减少提出的假设。当然，这个步骤不应该被过分地强化，世上没有绝对理想和十全十美的模型，关键在于构建的模型是否能够很好地求解，求解的结果是否能够解决研究者需要探究的问题，如果以上两个方面均能满足，那么对模型的改进或者简化也就不是特别必要了。

当模型的逻辑结构已经被基本确定，并且能够做出描述模型的数学方程时，研究者便可对模型中一些关键性的参数进行估计和求解。

7.2.3　模型动力学参数的确定

当模型的逻辑结构被理清楚之后，则需要对模型中一些关键参数的值或是具体范围进行估计和测试。一部分参数具有物理含义，比如反应速率、酶催化速率和转录翻译速率等，这些参数中大部分只要通过普通的实验就可以很好地测量并得到较为准确的结果。例如酶的反应速率，研究者可以通过在固定时间内测量底物的减少量或者产物的生成量来反映酶的催化速率，这种方法简单易行，可以轻松得到较为准确的数据。而另一部分参数没有什么特殊的物理或数学含义，比如为了符合模型的结构而加上的一些修正常数或是在"黑箱"模型中设定的参数等，这部分参数中，只有极少数能够通过简单的实验进行测量，大部分参数用实验测量起来都会非常困难和昂贵，小部分此类参数更是无法通过实验进行测量[9]。甚至有些时候，有关系统的信息可能过少，使得即使想构建黑箱模型也无从下手。在这种情况下，采用逆向工程分析方法。

知识拓展 7-4

逆向工程分析方法

逆向工程（又称逆向技术）（reverse engineering analysis method），是一种产品设计技术再现过程，即对一项目标产品进行逆向分析及研究，从而演绎并得出该产品的处理流程、组织结构、功能特性及技术规格等设计要素，以制作出功能相近，但又不完全一样的产品。逆向工程源于商业及军事领域中的硬件分析。其主要目的是在不能轻易获得必要的生产信息的情况下，直接从成品分析，推导出产品的设计原理。

将可观察到的信息直接转化为已包含参数的模型方程，这种方法将模型离散的拓扑空间也考虑在内。有时，结合系统的拓扑和数值参数同时确定两种类型的参数，在理解未知系统方面具有许多优点。但一般来说，来自实验观测的参数估计需要复杂的技术，所以此时，需要研究者使用一些基本的参数分析方法来对一些参量的数值或其变化范围进行估算。在实际研究中，合成生物学的研究者一般会优先考虑参数是否能从前人的研究成果中查阅得到。诚然，模型参数偶尔可以从文献中找到或手动估算，但这仅仅对于部分简单的系统是可行的，随着合成生物学建模研究的不断发展，模型的多样性和复杂度逐渐增加，想要从文献中找到完全符合建模需求的参数的难度不断增加，所以，当无法通过这种方法寻找到参数时，研究者可以采用本书介绍的几种方法进行参数的估计。

参数估计（parameter estimation）通常被归类为模型的优化问题，其过程涉及定位目标参数的最优（最小或最大）值，最优值代表了模型的模拟结果与实验所得数据一致[10]。这可以表示为如下公式：

$$\min_\theta \Phi(\theta) \tag{7-1}$$

式中，表示实验和仿真之间的拟合优度的函数 $\Phi(\theta)$ 是参数矢量 θ 的标量函数。其最优值有时是通过模型的迭代来调整 θ 的分量值，有时则是通过修正模型假设来确定 θ 的分量值。函数 $\Phi(\theta)$ 经常以实验数据点与相应模拟点之间的加权平方和误差来表示。

一般来说，对于线性或分段线性模型，可以手动调整和完善参数值以达到目标函数最优化的目的。然而，正如前文提到，生物过程不仅是非线性的（non-linear），而且是随机的（stochastic），因此需要构建非线性模型或是随机模型，有时候也会将二者结合统一起来。在这种情况下，可以使用以下几种一般的参数估计方法，其中也包括一些特别适用于生物学典型的非线性动力学系统的方法。

第一种方法：极大似然估算法（likelihood based estimation）。极大似然法最早由德国数学家高斯在 1821 年提出，但在 1922 年英国统计学家罗纳德·费舍尔将其扩展成为当前一种参数估计的有效方法[11]。假设存在单组"真"参数值可以完整描述实验数据的生成过程，基于似然值的方法（likelihood based estimation）尝试确定参数范围中最能解释实验数据的单个参数的取值点。为了做到这一点，需要定义一个似然函数：

$$l(\theta;y)=p(y|\theta) \tag{7-2}$$

式中，y 表示实验观察到的数据；p 是具有参数 θ 的概率模型。

应用这种基于似然值方法的一个关键问题是确定模型的似然函数的最大值。极大似然值估算法的一般步骤可以归纳如下：第一步，写出似然函数；第二步，对似然函数取对数并进行整理；第三步，对上一步所得函数求导，并令导数的值为 0，得到似然方程；第四步，求解似然方程，所得参数即为所求。不过需要注意的是，极大似然估计只能考虑某个模型中能解释实验观察到的数据的单个参数的取值范围，而并未考虑该模型本身的概率（即模型是否成立）。这点与下文介绍的贝叶斯估算是有区别的。

为了得出一个参数的估计值，我们可以采用数值优化技术（numerical optimization techniques），搜索参数范围中似然的最大值。目前许多这样的技术已经商业化，或者可以在开源的软件包中找到。然而，这类方法识别全局最大值的能力将在很大程度上取决于似然值表面的复杂性，并且有可能遗漏局部的最大值。本身的可能性和最大似然估计值并不可以用于比较不同的模型。给定一对嵌套模型（即一个模型是另一个模型的特殊情况），可以执行的最简单的测试是似然比测试。假设，空模型（模型 1）是真实数据生成的模型，而第二模型（模型 2）生成了这些数据。在这些条件下，模型的最大对数似然比的比例在自由度为 n_2-n_1 的情况下大致分布叫做卡方分布（chi-squared distribution）：

$$-2\log\left(\frac{l(\theta_1^*;y)}{l(\theta_2^*;y)}\right)\sim X_{n_2-n_1}^2 \tag{7-3}$$

式中，n_1 和 n_2 是自由参数的数量；θ_1^*、θ_2^* 分别是模型 1 和 2 的最大似然参数估计。

对于两个嵌套模型，更复杂的模型将能更好地解释观察到的数据，因此需要进行统计测试来确定改进是否显著。通过在适当的卡方分布下计算 p 值，则可以使用经典假设检验来确定空模型是否可以被舍弃。但是，当考虑多个非嵌套模型时，这种方法将不再有效。

第二种方法：贝叶斯估算法（Bayesian estimation）。贝叶斯估算法与极大似然法的分析角度不同，此方法也在合成生物学和计算生物学中广泛运用[12]。贝叶斯估算法是在信息不完全的情况下，对部分未知的状态去做主观的概率估计，然后再利用贝叶斯公式对先验概率进行修正，最后再采用修正概率做出最优选择的一种方法。其基本的思想是：给定一个前面的似然估计后，若又增加一个证据（可以是实验测量所得数据），则可以对前面的似然估计加以更新。也即是，随着测量值的增加，可以将给定假设的先验量更新为后验量。

$$p(\theta|D,M_i) = \frac{p(\theta|M_i)p(D|\theta,M_i)}{p(D|M_i)} \tag{7-4}$$

式中，M_i 表示所考虑的模型；θ 表示参数；D 表示数据。

研究者也可以使用他们希望看到的由系统产生的数据来代替模型中的观测数据 $D^{[13]}$。这和合成生物学设计有些不谋而合。但是编码预期的合成系统行为类型具有一定的挑战。然后可以定义根据设计目标 p 的模型/候选模型设计的后验概率。与目前合成生物学文献中其他的优化方法相比，统计方法在满足设计目标的效率和实现所需输出的鲁棒性之间能更好地平衡。

不过，值得研究者注意的是，简单的参数估算方法可能会存在参数值与实际值偏差较大的情况，但即使使用更为复杂的算法（algorithm），参数估计也可能出现意外的错误，例如给定优化算法无法有效地搜索参数的范围。在这种情况下，有时可以通过随机蒙特卡罗算法（stochastic Monte Carlo algorithms）。

知识拓展 7-5

蒙特卡罗算法

蒙特卡罗算法也称统计模拟方法，是二十世纪四十年代中期由于科学技术的发展和电子计算机的发明，而提出的一种以概率统计理论为指导的一类非常重要的数值计算方法。是指使用随机数（或更常见的伪随机数）来解决很多计算问题的方法。与它对应的是确定性算法。

完成对参数范围的详尽搜索。然而，如果参数的数量达到数百或数千，这种穷举搜索和估算涉及的计算量会变得巨大，成本也通常变得非常昂贵。此外，如果研究者在模型的公式中未考虑到一些未观察或未知的相互作用，也可能导致参数估算的失败，此时需要重新思考和调整原有模型的假设。综上，模型的参数估计是模型构建的关键步骤和限制步骤，同时也是一个不断优化模拟的过程，"一步登天"的可能性小之又小。如果代入参数后模型显示出与实验数据有显著偏差，那么研究者需要静下心来执行进一步的实验或估算来改进参数值，甚至有可能需要调整原有模型的假设。这个优化的过程将一直持续，直到研究者建立起符合研究要求的模型。

当然，需要提醒读者的是，本书仅仅只选取了几种常用的方法进行介绍，读者大可不必拘泥于此，应秉持着探索的精神去挖掘和发现更多的参数估计方法。

7.3　合成生物系统数学模型的分析与评价

7.3.1　稳定性分析与评价

稳定性（stability）是指系统抵御外部干扰以保持理想工作状态的能力，在扰动作用下系统偏离了原来的平衡状态，如果扰动消除后，系统能够以足够的准确度恢复到原来的平衡状态，则系统是稳定的，反之，则系统不稳定。稳定性分析（stability analysis）在合成生物学的研究中具有重要的作用。

生物系统的不确定性体现在很多方面，比如在基因表达过程中，尽管研究者可以努力让细胞在恒定的环境条件下生长，但基因表达仍旧存在一定的随机性，因为其受到转录和翻译速率波动的影响。由于细胞内基因的拷贝数有限，基因的表达量易受到影响，进而不同的蛋白质表达量会显著改变细胞的表型行为[14]。细胞生存环境中的噪声会对合成生物系统中各行为的稳定性造成很大的影响，这些噪声可以分为基因表达本身产生的噪声（称为固有噪声），以及细胞其他成分的变化带来的噪声（称为外在噪声），如转录因子和 RNA 聚合酶丰度的影响。这些已经通过相应的实验验证和测量[8]。所以，对系统进行稳定性分析在合成生物学研究中是必不可少的一步。即使是最初的合成生物学装置的构建，比如振荡器（repressilator），也难以通过纯实验的调整来进行。因为在真正的实验进行之前，大部分研究者需要对系统进行稳定性分析，以确定能使得系统可表现出所需行为的参数分布范围。通过实验结果来调整系统的构建并不是一个有效的策略，因为它将花费数周甚至数月的实验室工作。因此，稳定性分析是合成生物学中需要模拟的主要原因之一，也是合成生物学建模研究的重点。在本章 7.4.4 中提到的 Elowitz 和 Leibler 构建的振荡器中，研究者就是预先对设计进行了建模，因为从简单的转录模型中可以看出这样的负反馈回路的典型行为，比如每个组件的浓度随时间振荡的变化过程。Elowitz 和 Leibler 认为，振荡行为取决于各种参数：从转录的速率到抑制剂的浓度，从翻译速率到蛋白质、信使 RNA 的衰减速率[15]。但是，这些参数值的不确定性需要估算和分析。因此，需要进行稳定性研究来探索参数空间并将其分为两个区域：一个稳定的区域，另一个不稳定的区域，从而导致振荡（或混沌行为）。

稳定性（stability）和鲁棒性（robustness）通常很容易被混为一谈。其实稳定性更强调在某个条件下，系统抵御瞬时外界扰动的能力；而鲁棒性则是系统在内部结构发生扰动的情况下，对外部干扰抵御能力的保持程度，即自身参数改变后或环境扰动持续存在的情况下系统保持稳定的能力。不过二者虽有区别，但也紧密联系，一般来说，系统的鲁棒性越高，其稳定性也越强，反之亦然。

在数学建模和系统工程中，常用的稳定性分析方法主要有以下几种，这些方法均可以有效地评价合成生物系统模型的稳定性。

代数稳定性判据：这种判据方法包括了劳斯稳定性判据（Routh criterion）和赫尔维兹稳定性判据（Hurwitz criterion）。劳斯和赫尔维兹分别于 1877 年和 1895 年提出了判别系统稳定性的代数判据，用于判定一个多项式方程中是否存在位于复平面右半部的正根。这种分析方法的好处是可以不用求解方程即可非常方便地评判系统参数对其稳定性的影响，而且此分析方法不仅适用于系统绝对稳定性的分析，对于系统相对稳定性，此分析方法也有其用武之地。但是这种方法也存在一定的局限性，那就是面对高阶系统会显得捉襟见肘，因为对于高阶系统，其计算行列式会变得非常复杂。此外，代数稳定性判据还有一个缺点就是，对带有延迟环节的系统稳定性的判定束手无策。

李亚普诺夫稳定性分析方法：这个分析方法是俄国数学家和力学家 A. M. 李亚普诺夫在 1892 年提出的系统稳定性分析方法。李亚普诺夫稳定性分析方法既适用于分析线性系统（linear system）和定常系统（time-invariant system）的稳定性，也可分析非线性系统（non-linear system）和时变系统（time-varying system）的稳定性。

知识拓展 7-6

定常系统与时变系统

根据系统是否含有参数随时间变化的元件，自动控制系统可分为时变系统与定常系统两大类。

定常系统（time-invariant system）又称为时不变系统，其特点是：系统的自身性质不随时间而变化。具体而言，系统响应的性态只取决于输入信号的性态和系统的特性，而与输入信号施加的时刻无关，即若输入 $u(t)$ 产生输出 $y(t)$，则当输入延时 τ 后施加于系统，$u(t-\tau)$ 产生的输出为 $y(t-\tau)$。

时变系统（time-varying system）是其中一个或一个以上的参数值随时间而变化，从而整个特性也随时间而变化的系统。

李亚普诺夫稳定性分析方法是较代数稳定性判据法更为一般的稳定性分析方法。李亚普诺夫稳定性分析方法通常指的是李亚普诺夫第二方法，又称李亚普诺夫直接法。李亚普诺夫第二方法可用于任意阶的系统，与代数稳定性判据的优点类似，运用这一方法可以不必求解系统状态方程而直接判定系统的稳定性。因为对一些非线性系统和时变系统，状态方程的求解通常较为困难，因此李亚普诺夫第二方法在这方面具有较大优越性。与第二方法相对应的是李亚普诺夫第一方法，又称李亚普诺夫间接法，间接法通过研究非线性系统的线性化状态方程特征值的分布来判定系统的稳定性。在现代控制理论中，李亚普诺夫第二方法既是研究控制系统理论问题的一种基本工具，又是分析具体控制系统稳定性的一种常用方法。但这种方法同样存在一定的局限性，那就是在运用此方法时，要求使用者要有很好的数学背景和娴熟的建模技巧，并且，由这种分析方法所得出的结论，仅仅是反映系统处于稳定或不稳定状态的充分条件。

其他的方法比如奈奎斯特稳定性判据、采用伯德图判断系统的稳定性和根轨迹法等，也可以用于合成生物系统的稳定性分析与评价，读者可以根据所建立模型的实际情况，选取合适的方法进行模型的稳定性分析。

7.3.2 鲁棒性和敏感性分析

合成生物学的主要研究目标是设计和构建具有期望行为的生物系统。不过，这依旧存在很多挑战：大多数新构建的系统无法按照研究人员的设想起作用，需要进行系统优化和调节。发生这种现象的一个重要原因，是由于我们缺乏关于系统中分子的浓度和相应的参数值的了解以至于合成生物系统的设计遇到了阻碍。当前技术的局限性以及生物系统外部复杂的环境因素导致了这些不确定性的产生。工程学中，人们提出通过系统的鲁棒性（robustness）和敏感性（sensitivity）来表征这种不确定性对于系统行为的影响程度。

鲁棒性可以被定义为系统在面对扰动时保持功能的能力。多年来，许多研究已经在理论和实验上证明了鲁棒性是许多生物过程的关键特性，并提出了许多促进鲁棒性的机制[16,17]。现在，鲁棒性被认为是生物系统的基本特征之一，因为它允许其在分子噪声和环境波动的存在下正确运作。已经有很多研究者总结了这种生物鲁棒性的作用，并讨论了其与生物系统的演变、生物网络的模块化以及鲁棒性与脆弱性之间的权衡的关系[18,19]。特别是在合成生物学的背景下，鲁棒性是在设计层面需要考虑的关键问题。

敏感性是用于衡量系统模型中，某一个参量的改变对系统的某一个评价指标或者整个系统行为的影响程度，若影响较大，则系统对此参量的敏感性较高，反之则较低。敏感性分析有时候也被称为灵敏度分析（这种分析过程同样也是改变模型的参数，观察模型输出随着这个参数的变化规律），仔细思考，可以发现这一点和鲁棒性有一些异曲同工之处，鲁棒性界定的是系统抗干扰的能力，而敏感性则是分析系统在扰动下，输出量或行为的变化程度，所以敏感度的大小其实某种程度上可以反映出系统的鲁棒性。

在实际的合成生物系统建模中，人们较为关心的问题是模型参数或结构发生多大幅度的变化时系统会出现不稳定，而这种变化程度分析可以通过公式来进行，将系统 S 的属性 A 相对于一组扰动 P 的鲁棒性定义为由扰动概率 $prob(p)$ 加权的所有扰动（$p \in P$）的评估函数 D_a^s 的平均值，其具体计算方式如下：

$$R_{a,P}^s = \int_{p \in P} prob(p) D_a^s \mathrm{d}p \tag{7-5}$$

这个式子可以确定系统在多大程度的扰动下仍然能保持其功能。但面对不同的问题，这个函数需依据特定方式为每个特定问题重新定义，才可实现其评估功能并计算系统的鲁棒性。

敏感性分析的一般步骤为：

① 选取不确定因素　不确定因素是指在对合成生物系统进行分析与评价过程中涉及的系统行为有一定影响的基本因素。敏感性分析不用对全部因素都进行分析（尽管只要在模型中出现的参数，都有可能成为影响合成生物系统的不确定因素，比如 RNA 转录或者蛋白质翻译速率、诱导物浓度等），而只需对那些影响较大的、相对重要的不确定因素进行分析即可。不确定因素的选取通常结合系统的实际情况、研究者的研究目标以及前人的研究经验进行。

② 设定不确定性因素 F 的变化程度　敏感性分析通常针对不确定因素的不利变化进行，当然这并不代表有利变化可以被忽略。通常会选取不确定因素变化的百分率作为其上下浮动的边界，如 $\pm 5\%$、$\pm 10\%$、$\pm 15\%$ 和 $\pm 20\%$ 等。不过百分数的具体取值在进行敏感性分析时并不重要，因为敏感性分析的目的并不在于考察系统行为或输出量在某个变量或参量具体的百分数变化下发生变化的具体数值，而只是借助它进一步计算敏感性分析指标，即敏感度系数和临界点。

③ 选取分析指标 A　敏感性分析指标指的是研究者想要了解的某一个目标量，通过改变参数，测量这个目标量的变化幅度，从而体现出此分析指标对该不确定性因素的敏感度。

④ 计算敏感性指标 E　敏感度系数可以反映分析指标对不确定性因素的敏感程度。敏感度系数越高，敏感程度越高。计算公式为：

$$E = \frac{\Delta A}{\Delta F} \tag{7-6}$$

式中，E 代表分析指标 A 对因素 F 的敏感度系数；ΔF 代表不确定性因素 F 的变化率，％；ΔA 代表不确定性因素 F 变化 ΔF 时，分析指标 A 的变化率，％。

⑤ 对敏感性分析结果进行分析　如果计算结果为 $E>0$，那么则表示分析指标 A 与不确定性因素 F 是同方向变化的，即 F 朝有利方向变化时，A 也会朝向有利的方向变化；而当 $E<0$ 时，则表示二者呈反方向变化，即 F 越有利，A 的值越不利。而 E 的绝对值 $|E|$ 越大，就说明分析指标 A 对不确定性因素 F 的敏感度系数越高，反之，则越低。但

需要注意的是，敏感度系数的计算结果可能因不确定性因素变化率取值不同而有所变化。但其数值的绝对大小并不是研究者进行此步分析的最终目的，更重要的应该是分析指标对各不确定性因素敏感度系数的相对值。研究者可以借此了解各不确定性因素的相对影响程度，以选出对系统行为影响较大的不确定性因素。

但是，敏感性分析也有其局限性。首先，在敏感性分析中，分析某一因素的变化时，研究者通常假定其他因素不变，而实际的生物系统中，各因素之间是相互影响的，比如诱导物浓度的提高可能会增加其对细胞的毒性，使细胞的生长状态发生改变，从而可能影响蛋白质的表达。其次，敏感性分析也不能说明这种不确定性因素在未来发生变动的可能性大小，换言之，单纯的敏感性并没有考虑不确定性因素在未来发生变动的概率，而这种概率，很可能对合成生物系统有重要的影响。另外，若系统对于某一个参量敏感度非常高，并不意味着在这种情况下系统一定不稳定，因为在实际系统中，这个参量出现较为明显波动的概率极小；而对某个参量敏感度低也并不意味着系统就能稳定运行，也许这个参量在实际实验中，很容易由于各种外界因素引起较大的变动，最终导致系统行为发生变化。所以可以预见，若未来的敏感性分析想要更加精确地预测系统的行为，必将对上述两个主要的局限性提出有效的解决方案。

7.4　合成生物系统的基本数学模型

7.4.1　基本蛋白质表达模型

常微分方程（ordinary differential equations，ODEs）是合成生物系统在建模过程中使用频率非常高的一个工具。很多特定的合成生物学系统和生物学过程均可以通过常微分方程表示出来。很多基本模型也是通过常微分方程来描述整个系统。而合成生物学研究中最常见的是对特定基因的表达。基因线路是合成生物学的一个主要研究内容，而对基因线路的建模也就成了合成生物学研究人员必须要了解和掌握的一项技能。很多其他的基本模型，其实也是从蛋白质表达模型出发而得到的。

以图 7.1 所示基因线路为例，基本的蛋白质表达模型，包括启动子（promoter）、核糖体结合位点（ribosome binding site，RBS）和蛋白质编码基因及终止转录的终止子（terminator）。建立此模型的主要目的是考察蛋白质浓度在胞内随时间的变化过程。建模过程主要依据的生物学原

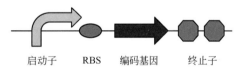

图 7.1　合成生物学中基本的基因线路组成

理则是中心法则的转录和翻译过程。RNA 聚合酶以 DNA 为模板，合成 mRNA，随后 mRNA 与核糖体结合，翻译成多肽链并折叠成蛋白质。在这个模型中，系统的机理可以被清楚地勾勒出来，所以建立模型的过程要相对简单。如果我们将整个过程只简化为 DNA 变为 RNA，再由 RNA 变为蛋白质，并假设转录后修饰不影响 mRNA 的数量及其翻译成蛋白质的效率，同时也不考虑蛋白质非正确折叠对蛋白质浓度的影响（即将产生的所有此类蛋白质均计算在内），那么通过常微分方程，研究者可以很容易地将这个过程中各类物质（这里指 mRNA 和蛋白质）的数量或者浓度变化情况表达出来。若是组成型启动子，则表示转录速率是几乎恒定的（这里指的是绝对理想的情况，实际情况与此定然不同，但对模型的研究目的影响不大），可以通过式(7-7) 和式(7-8) 表述此过程：

$$\frac{\mathrm{d}m}{\mathrm{d}t} = a_\mathrm{p} - r_\mathrm{m} m \tag{7-7}$$

$$\frac{\mathrm{d}p}{\mathrm{d}t} = m b_\mathrm{p} - r_\mathrm{p} p \tag{7-8}$$

式中，m 代表 mRNA 的浓度；p 代表蛋白质的浓度；a_p 用于表征启动子活性（promoter activity）；r_m 是指 mRNA 的降解速率；b_p 为核糖体与 mRNA 的结合效率（即翻译速率）；r_p 为蛋白质降解速率。

假设在 $t=0$ 时刻，细胞内无此蛋白质表达，所以 $m_0=0$，$p_0=0$［注意，如果所给的降解速率并不是基于半衰期的速率，而是采用诸如每分钟有 X 个蛋白质被降解这样的速率时，此时 r_p 的单位改变，则模型的结构也要发生相应的变化——此时，方程式（7-8）中的最后的变量 p 应该省略。此处由于使用的是基于半衰期的降解速率，为了模型结构的前后一致，所以乘上了变量 p］。

当通过微分方程描述好模型的结构后，则需要确定式中一些关键性的参数。在此模型中，需要确定的参数是启动子活性、蛋白质的翻译速率和 mRNA 以及蛋白质的降解速率。这四个参数中，mRNA 和蛋白质的降解速率可以通过查阅相关的文献进行确定，比如，在大肠杆菌中，mRNA 的平均半衰期大约是 3.69min[20]，蛋白质的半衰期则完全可以通过查阅相应的数据库得到。而另外两个参量也可以进行实验的测量，不过，合成生物学给这两个参数定义了两个全新的概念，一个是 PoPS（polymerases per second），另一个是 RiPS（ribosomes per second）。但实际上，若要在现有技术水平上通过实验测量得到这两个参数是较为困难的。比如研究者在测定启动子活性（某种程度上可替代 PoPS）时，通常采用的方法是，通过启动子下游偶联的报告基因来进行表征。比如采用荧光蛋白作为报告基因，是通过荧光强度来表征启动子活性。但这种荧光强度表征的启动子活性和 PoPS 之间的换算关系还未有清晰的定义。不过这并不是本节需要重点讨论的问题。我们只关注模型对研究所起的促进作用，不用因过度关注某个细节而故步自封。在模型中，每一个参数的单位均由建模者自己来进行定义，建模者大可根据自己的需要来定义参数和选取参数的单位。比如在此模型中，通过荧光蛋白表征出了启动子活性，那么研究人员大可以直接将荧光强度作为启动子在此条件下的活性参数，只要模型前后结构一致，就可以有一定的解释或是预测功能。

当确定好模型的各个参数后，即可利用一些常用的软件对微分方程进行求解，并绘制出蛋白质浓度随时间变化的情况。为了方便读者理解，假设 mRNA 的半衰期为 2min，蛋白质的半衰期为 15min，启动子活性为 6 个 mRNA 每分钟，蛋白质表达速率为每条 mRNA 每分钟可表达 12 个蛋白质，代入式（7-7）和式（7-8）中，利用 MATLAB 进行模拟，可得到图 7.2 所示蛋白质浓度变化图。

从图 7.2 中大致可以解读出，在此参数情况下，蛋白质浓度经过大约 160min 后达到稳定浓度，浓度大约是 8600 个蛋白质/细胞。至此，一个基本的基因线路模型就完成了。

7.4.2　逻辑门模型

本书 3.3 为读者详细介绍了各种逻辑门基因线路，本小节将以 Moon 等在 2012 年在单细胞中构建的一种逻辑"与"门为例[21]，给大家展示如何采用数学建模的方式来描述逻辑门基因线路的行为，为分析其他更复杂模型提供基础。本小节要介绍模型的基因线路如图 7.3 所示。

本模型建立的基本目的是观测逻辑门基因线路在细胞内的行为，这种行为主要是依靠蛋白质的浓度表现出来的，亦即下游报告基因的表达量，所以模型的基本结构与上一小节的蛋白质表达模型类似。在这里，一共有三个蛋白质表达装置，故可列出八个常微分方程（包括

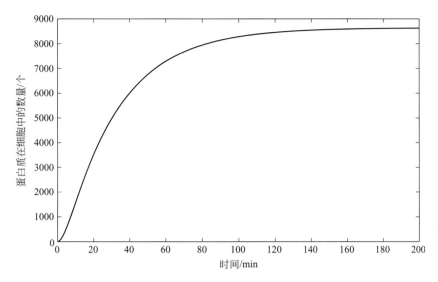

图 7.2　利用基本模型和预设参数建立的蛋白质表达模型的模拟结果

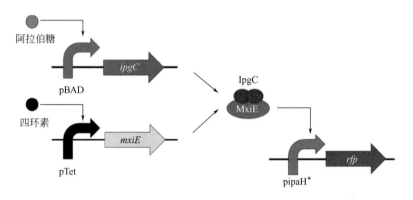

图 7.3　逻辑 "与" 门基因线路示意图（改编自 Moon et al. 2012）

两个 *ipgC* 基因表达的蛋白质形成二聚体后，可与 *mxiE* 基因表达的蛋白质结合形成复合物并
开启下游启动子 pipaH* 的转录，表达下游红色荧光蛋白基因 *rfp*

两种诱导物的浓度变化方程）。

对输入信号 1（此处为阿拉伯糖，Ara），有以下三个方程：

$$\frac{\mathrm{d}I_1}{\mathrm{d}t} = -r_1 I_2 \tag{7-9}$$

$$\frac{\mathrm{d}m_i}{\mathrm{d}t} = a_{p_i} - r_{m_i} m_i \tag{7-10}$$

$$\frac{\mathrm{d}p_i}{\mathrm{d}t} = m_i b_{p_i} - r_{p_i} p_i \tag{7-11}$$

式中，I_1 代表诱导物 1 的浓度；m_i 表示 *ipgC* 基因转录产生的 mRNA 的量；p_i 表示
ipgC 产生的蛋白质的量；r_1 表示诱导物 1 的消耗速率；a_{p_i} 和 b_{p_i} 分别表示这个过程中的转
录速率和翻译速率；r_{m_i} 和 r_{p_i} 分别表示 mRNA 和蛋白质的降解速率。

类似地，对输入信号 2（此处为四环素，aTc），线路表达过程可以用下述三个方程描述：

$$\frac{\mathrm{d}I_2}{\mathrm{d}t} = -r_2 I_2 \tag{7-12}$$

$$\frac{\mathrm{d}m_{\mathrm{E}}}{\mathrm{d}t}=a_{p_{\mathrm{E}}}-r_{m_{\mathrm{E}}}m_{\mathrm{E}} \tag{7-13}$$

$$\frac{\mathrm{d}p_{\mathrm{E}}}{\mathrm{d}t}=m_{\mathrm{E}}b_{p_{\mathrm{E}}}-r_{p_{\mathrm{E}}}p_{\mathrm{E}} \tag{7-14}$$

式中，I_2 代表诱导物 2 的浓度；m_{E} 表示 $mxiE$ 基因转录产生的 mRNA 的量；p_{E} 表示 $mxiE$ 产生的蛋白质的量；r_2 表示诱导物 2 的消耗速率；$a_{p_{\mathrm{E}}}$ 和 $b_{p_{\mathrm{E}}}$ 分别表示这个过程中的转录速率和翻译速率；$r_{m_{\mathrm{E}}}$ 和 $r_{p_{\mathrm{E}}}$ 分别表示 mRNA 和蛋白质的降解速率。

下游报告基因线路可用式(7-15) 和式(7-16) 描述：

$$\frac{\mathrm{d}m_{\mathrm{A}}}{\mathrm{d}t}=a_{p_{\mathrm{A}}}-r_{m_{\mathrm{A}}}m_{\mathrm{A}} \tag{7-15}$$

$$\frac{\mathrm{d}p_{\mathrm{A}}}{\mathrm{d}t}=m_{\mathrm{A}}b_{p_{\mathrm{A}}}-r_{p_{\mathrm{A}}}p_{\mathrm{A}} \tag{7-16}$$

式中，m_{A} 表示 rfp 基因转录产生的 mRNA 的量；p_{A} 表示 rfp 产生的蛋白质的量；$a_{p_{\mathrm{A}}}$ 和 $b_{p_{\mathrm{A}}}$ 分别表示这个过程中的转录速率和翻译速率；$r_{m_{\mathrm{A}}}$ 和 $r_{p_{\mathrm{A}}}$ 分别表示 mRNA 和蛋白质的降解速率。

其中，Moon 等还考虑了启动子活性的具体表达式[21]，可表示为：

$$P_{\mathrm{BAD}}=F_{\mathrm{BAD}}^{\max}\left(\frac{K_1+K_2f_{\mathrm{TL}}}{1+K_1+K_2f_{\mathrm{TL}}+K_3f_{\mathrm{T}}}\right) \tag{7-17}$$

$$P_{\mathrm{Tet}}=F_{\mathrm{Tet}}^{\max}\left(\frac{K_1}{1+K_1+2K_2f_{\mathrm{T}}+K_2^2f_{\mathrm{T}}^2}\right) \tag{7-18}$$

$$P_{\mathrm{pipaH^*}}=K_r\left(\frac{K_1+\dfrac{K_2}{K_{\mathrm{AC}}}[\mathrm{A}][\mathrm{C}]^2}{1+K_1+\dfrac{K_2}{K_{\mathrm{AC}}}[\mathrm{A}][\mathrm{C}]^2}\right) \tag{7-19}$$

式中的 f_{T} 和 f_{TL} 通过希尔方程可以得到：

$$f_{\mathrm{TL}}=\frac{L^n}{K_{\mathrm{D}}^n+L^n} \tag{7-20}$$

$$f_{\mathrm{T}}=1-f_{\mathrm{TL}} \tag{7-21}$$

知识拓展 7-7

希尔方程

希尔方程（Hill equation）是描述在生物化学中，若已经有配体分子结合在一个高分子上，就是新的配体分子与这个高分子的结合作用就常常会被增强（亦被称作协同结合）。此方程描述了高分子被配体饱和的分数是一个关于配体浓度的函数；被用于确定受体结合到酶或受体上的合同性程度。此方程首次于 1910 年由阿奇博尔德·希尔阐释出来以表述为何血红蛋白的氧气结合曲线会呈现 S 形。当系数为 1 时，表明结合作用是完全独立的，而不取决于有多少配体已经结合上去。大于 1 的数表示正协同，而小于 1 的数表示负协同。希尔系数最初被设计出来是用于解释氧气协同地结合到血红蛋白上的过程（此系统的希尔系数为 2.8~3）。

根据所研究系统的实际情况选取合适的参数值代入到模型当中，使用 MATLAB 等常用的数学建模软件可以很轻易地解出上述常微分方程组，并得到三种蛋白质随时间变化的浓度曲线，从而可以对此逻辑"与"门的行为进行观测。由于其基本思想和图形均与蛋白质表达模型类似，故此处不再展示其模拟图形。其他的逻辑门（比如"与非"门、"或非"门等）的模型均可以通过对上述模型进行组合和简单的修改而得到，读者不妨自己动笔一试。

7.4.3 双稳态开关模型

图 7.4 是一个双稳态开关的模式基因线路图，最早由 James Collins 设计并构建。其中，启动子 1 用于表达阻遏子 2，而启动子 2 用于表达阻遏子 1。其逻辑关系也已在图 7.4 中给出。具体原理可见本书 3.4.5 中对双稳态开关的描述。利用这个逻辑关系，研究者们通过常微分方程将这个基因线路的运转结果表示了出来[22]。

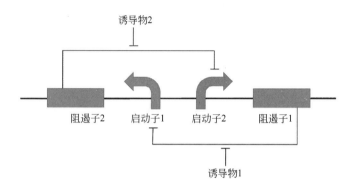

图 7.4　双稳态开关的模式基因线路图

$$\frac{\mathrm{d} U_1}{\mathrm{d}t} = \frac{a_1}{1+U_2^{\beta}} - U_1 \tag{7-22}$$

$$\frac{\mathrm{d} U_2}{\mathrm{d}t} = \frac{a_2}{1+U_1^{\gamma}} - U_2 \tag{7-23}$$

式中，U_1 代表阻遏子蛋白 1 的浓度；U_2 是阻遏子蛋白 2 的浓度；a_1 代表阻遏子蛋白 1 的合成速率；a_2 代表阻遏子蛋白 2 的合成速率；β 代表对启动子 2 的协同抑制效应；γ 代表对启动子 1 的协同抑制效应。

参数 a_1 和 a_2 是集中参数，其描述 RNA 聚合酶结合、开放复合物形成、转录延伸、转录终止、阻遏物结合、核糖体结合和多肽延伸的净效应。由 β 和 γ 描述的协同作用可以来自阻抑蛋白的多聚化和阻遏物多聚体与启动子中的多个操作位点的协同结合。

令上述两式右侧值分别为零（即其中某一个蛋白质的浓度不再变化，双稳态线路达到某一种稳定状态），可得到如图 7.5 所示的结果。当启动子强度平衡时［图 7.5(a)］，两抑制子浓度的曲线将有三个交点，暗示着此时双稳态开关线路可以在两个稳态之间进行切换。而当启动子强度不平衡时［图 7.5(b)］，二者只有一个交点，即无论如何，此时的双稳态开关线路仅仅能实现一种稳态，而无法在两个稳态之间进行切换。

Collins 等分析了双稳态存在的条件后指出，为了获得双稳态（bistability），至少一种抑制剂的协同作用参数（β 或者 γ）须大于 1。此外，更高阶的协调性将增加系统的稳健性（robustness），使较弱的启动子也能实现双稳态并产生更广泛的双稳态区域。

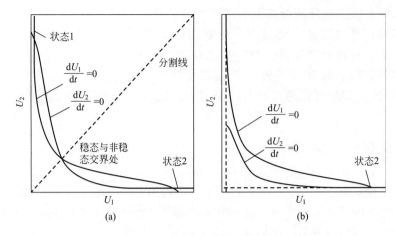

图 7.5　双稳态开关线路的数学模拟结果[22]

（a）启动子强度平衡时的双稳态开关模拟图；（b）启动子强度不平衡时，双稳态开关线路只能实现单稳态

7.4.4　振荡器模型

振荡器线路最早由 Elowitz 等提出[15]，其模式基因线路图如图 7.6 所示：来自大肠杆菌的第一阻遏蛋白 LacI 抑制来自四环素抗性转座子 Tn10 的第二阻遏物基因 *tetR* 的转录，其蛋白质产物又抑制来自噬菌体的第三个基因 *cI* 的表达，最后，*cI* 抑制 *lacI* 表达，完成循环。这样的负反馈回路可以使得每个组分的浓度都随着时间而振荡，在这个模型中，振荡网络的作用取决于几个因素，包括转录速率对阻遏物浓度的依赖性，翻译速率和蛋白质、信使 RNA 的衰变速率。根据这些参数的值，至少有两种解决方案是可能的：系统可能趋向于稳定的稳态；或者稳态可能变得不稳定，导致持续的循环振荡。

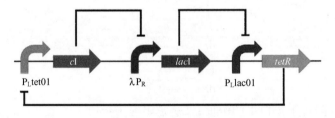

图 7.6　振荡器模式基因线路图

此基本模型的设计开始于蛋白质表达的简单数学模型（见本章 7.3.1）。由 Elowitz 等提出的这个基本模型其实并不能非常准确地描述此系统的行为，因为细胞内的分子相互作用难以被完全表征出来以使得这个模型更加贴近现实。但是此模型已经可以识别可能的动态行为类别，并为确定待调整实验参数以获得持续的振荡提供了解决方法。

将三种阻遏蛋白浓度 p_i 及其相应的 mRNA 浓度 m_i（其中 i 为 *lacI*、*tetR* 或 *cI*）作为常微分方程中的连续动力学变量。这六种分子中的每一种都参与转录、翻译和降解反应。在这里，我们仅考虑所有三种阻遏物相同的对称情况，除了它们的 DNA 结合规范。系统的动力学由六个耦合的一阶微分方程决定：

$$\frac{\mathrm{d}m_i}{\mathrm{d}t} = -m_i + \frac{\alpha}{(1+p_j^n)} + \alpha_0 \tag{7-24}$$

$$\frac{\mathrm{d}p_i}{\mathrm{d}t} = -\beta(p_i - m_i) \tag{7-25}$$

式中，$i=lacI$、$tetR$、cI；$j=cI$、$lacI$、$tetR$；在连续生长期间由给定的启动子类型产生的每个细胞的蛋白质拷贝的数量在饱和量的阻遏物（由于启动子的"泄漏"表达造成的）存在时为 α_0，而在其不存在时为 $\alpha+\alpha_0$；β 表示蛋白质衰减速率与 mRNA 衰减速率的比值；n 是希尔常数（Hill coefficient）。

时间轴以 mRNA 的寿命为单位被等比例调节，蛋白质浓度以 KM（对启动子起 50％ 的抑制作用时所需的阻遏物数量）为单位，mRNA 的浓度也根据其翻译效率（每个 mRNA 分子产生的蛋白质的平均数量）而进行了等比例调节。模型中相关参数的取值如下：启动子强度，$5\times10^{-4}\sim0.5\mathrm{mRNA/s}$（最低值代表启动子被完全抑制，最高值则代表启动子完全激活）；平均翻译效率，每条 mRNA 转录 20 个蛋白质；希尔常数，$n=2$；蛋白质半衰期为 10min；mRNA 半衰期为 2min；KM，每个细胞 40 个单体。其模拟结果见图 7.7。

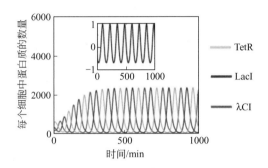

图 7.7 利用振荡器模型及参数进行模拟所得结果[15]   彩图 7.7

这个模型稳态（steady state）存在的条件是：

$$\frac{(\beta+1)^2}{\beta} > \frac{3X^2}{4+2X} \tag{7-26}$$

式中，$X=\dfrac{\alpha n\, p^{n-1}}{1+p^n}+\alpha_0$；$p$ 是方程 $p=\dfrac{\alpha}{1+p^n}+\alpha_0$ 的解。

从模拟的结果可以看到，在稳态情况下，振荡器可以持续稳定地振荡，然而，上述分析忽略了分子组分的离散性（discreteness）及其相互作用的随机性（stochasticity），而在实际生化反应和基因网络中，这种影响是需要被考虑的。

7.4.5 群体感应线路模型

群体感应（quorum sensing）是一种细胞通信网络，能够使细菌群体根据细胞密度来共同调节它们的行为，并且是细菌协调其代谢工作的方式而作用于特定的生物功能[22]。这种细胞间交换依赖于其自发产生并释放的一些特定扩散信号分子，也被称为自动诱导物（autoinducers）。由单个自由活细菌释放的自动诱导剂分子难以积累到足够高的浓度进而被检测，然而，当达到足够的菌群密度时，其浓度将达到阈值并允许个别细菌协调激活或抑制相关基因的表达。一个常见的群体感应系统是 LuxR-LuxI 系统，其机理见图 7.8，LuxI 蛋白负责生产自动诱导物 N-高丝氨酸内酯（AHL），而 LuxR 蛋白可与 AHL 结合同时激活表达下游基因[23]。

在此模型中，首先利用 logistic 细胞生长模型[6]表示出细胞的生长状态，如式(7-27)。将 LuxR 蛋白的转录与翻译过程简化成一步生产过程［式(7-28)］，同理，AHL 的产生过程也被简化为一步（因为本模型的最终目的并不是探究转录或者翻译对最终复合物形成的影响，而是要观测菌群生长状态和信号分子水平之间的关系），LuxR 与 AHL 的复合物的生产

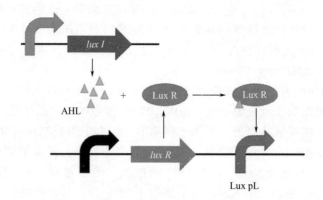

图 7.8   一种常见的细胞群体感应系统的机理

过程以式（7-30）描述。所有方程如下所列，选取合适的参数即可进行模拟。

$$\frac{dC}{dt} = \mu_C C\left(1 - \frac{C}{N}\right) \tag{7-27}$$

$$\frac{dR}{dt} = b_R - r_R R \tag{7-28}$$

$$\frac{dA}{dt} = v_A C - r_A A \tag{7-29}$$

$$\frac{dP}{dt} = p_P R^2 A^2 - r_P P \tag{7-30}$$

式中，μ_C 为细菌的比生长速率；N 为培养基中可承受的最大菌体数量；b_R 和 v_A 分别为 LuxR 蛋白和 AHL 分子的生产速率；p_P 为复合物的生成速率；r_R、r_A、r_P 分别为 LuxR 蛋白、AHL 分子和其复合物的降解或消耗速率；C、R、A 和 P 分别表示菌体密度、LuxR 蛋白的浓度、AHL 分子的浓度和其复合物的浓度。

从模拟结果图 7.9 可以分析出，细菌菌体密度在 15h 左右达到最大值，但是在细胞数量达到最大值时，蛋白质复合物并未达到最大值，存在一定的时间滞后性。此模型可以说明，在应用群体感应线路时，应注意其时间滞后性对结果的影响。

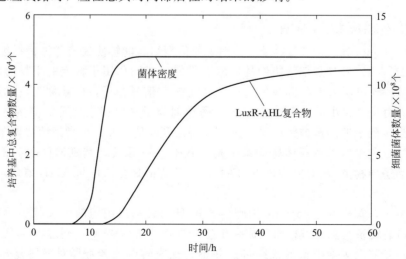

图 7.9   群体感应系统模拟结果

7.5 合成生物系统在大数据时代的文库构建与建模

7.5.1 合成生物学模型与文库在大数据时代的特点

得益于存储成本的快速下降和高速计算机的研发,大数据(big data)时代悄然降临。在过去的十年中由科学研究产生的数据比之前的整个人类历史中产生的科研数据都要多,而未来还将以更快的速度产生数据。数据量的爆炸和计算能力的显著提升给合成生物学的研究者们带来了新的希望,无论是对基因线路行为的预测和模拟,还是蛋白质的对接(docking)和建模,大数据技术似乎都可以提供较为理想的解决方式。面对新的发展形式,合成生物学的研究也出现了新的特点,即通过引入大规模数据分析和处理技术到合成生物学的研究中,使用生物信息和计算方法来设计和研究合成生物系统。生物信息学的出现,开发并改进了存储和检索的方法,并可有效地组织、分析生物数据,同时助力于对基因组进行排序和注释。这种大规模数据分析在理论、实验和模拟等方面都获得了非常重要的地位。在这样的背景下,合成生物学的模型和文库也出现了新的特点,并随之涌现出了一大批实用工具和高通量模型。

首先是大容量数据库的出现以及快捷便利的搜索工具的出现。各大数据库将分散在世界各地的研究数据收集汇聚在一起,存储在云端以供人们使用。而相应的搜索工具则为合成生物学的研究者们提供了日益强大的数据挖掘能力。通过这些强有力的搜索工具,全世界同行的研究工作和所得出的数据均可达到检索共享。这种基于云端的数据存储和研究模式为研究者提供了非常大的便利,也极大地促进了各同行之间甚至是行业之间的有效交流。比如代谢网络数据库 KEGG[24]、蛋白质分子数据库 PDB 等。

其次是模型的复杂度和精确度不断提高,为准确预测合成生物系统的行为提供了可能。比如,通常的代谢模型由一系列单独的化学反应组成,这些反应由基础的反应动力学和热力学控制。在大数据技术未出现之前,研究者一般会采用常微分方程来模拟这些过程。但是由于计算能力的限制,同时,由于人工建模和分析时并不会将所有的影响因素均考虑进去(比如一些被认为影响效果不大的因素通常会以假设的形式被设定为常量),而这样在某些时候会导致结果的失真。大数据技术的出现,意味着这些过程可以使用大规模的复杂的细胞动力学网络来进行模拟,通过耦合云端数据库,根据网络中反应的机理随时从库中提取需要的数据,再结合高速计算机强劲的处理能力,使得一个复杂的代谢途径可以相对轻松地被计算机模拟并产生结果。这些模型还可以将大量来自基因或基因组和代谢过程中的数据转化为表型(phenotypes)和相互作用过程。而这样的高精度代谢模型对于理解复杂的环境条件具有重要价值,因为它们可以帮助理清生物体与生物体之间或是生物体与环境之间的生化反应关系,并且可以在经受了环境变化带来的扰动(比如加入诱导剂,或是抗生素等)后,对合成生物系统的行为做出精度更高的推断。

再次是多组学(基因组学、转录组学、蛋白质组学与代谢组学等)的交叉融合。这种融合带来的不仅仅是观测到更多的数据,而是通过这些数据去挖掘生物过程中机理,然后利用这些机理来重构一些天然的生物系统,使之为人类服务。多组学的交叉研究,保证了研究者能够具有能力去构建更加复杂的模型,去更精确地预测系统的行为,而不再是依赖于一些其他的基本模型,因为部分基本模型关联性较差,具有很大的限制。为了成功地在合成生物系统中运用大数据技术,大规模的数据和生物反应机制需要被整合起来。越来越多的证据表明，将多个独立的数据整合起来比逐个分析单个的数据，能够让研究者将数据分析得更加透彻。

7.5.2　大数据时代下合成生物系统建模与文库构建的挑战和问题

尽管整合了大数据技术的合成生物学研究工具和文库出现了新的特点，也给研究者们带来了新的希望，但是，一些挑战也随之来临。虽然大数据综合的价值很明显，但想要实施却并不简单。主要面临的问题有以下几类：如何综合多个数据库中的数据，如何处理不同研究带来的数据异质性，如何检验这种大规模建模方法的可靠性，以及云计算的安全性和可推广性。

首先，集成数据库需要来自一个数据库的研究对象可以通过一组有意义的关系与来自另一个数据库中的实体相关联，比如基因可以转录并翻译成蛋白质，蛋白质表达后可以催化产生代谢物。这种数据综合的重要性，可以在越来越多的数据标准化过程（data normalization）中得到印证。但由于缺乏集中存储平台，且多重数据管理很困难，越来越大的障碍和分析瓶颈似乎正在形成，因为，现在仅仅在个别实验室内有能力开展 DNA、RNA、蛋白质组学和代谢组学的研究，而拥有这些技术的实验室必定会优先于为自己的研究项目服务。所以如何集成这些数据库为全球有需要的研究者服务，就成为目前摆在科学家面前的一个挑战。近年来有科学家呼吁希望能够在世界范围内进行数据收集，这一观点已经在微生物领域得到了越来越多的关注[25]。

第二，科研中得到的大部分数据具有异质性。当人们处理数据的时候，不同来源的数据上的细微差别可以很轻易地被发现，也只需要简单地转换即可被统一起来。但是当计算机或是程序软件处理相关的数据时，数据的形式或结构上的细小差异都有可能会阻碍计算机对数据的识别。这就给合成生物学研究者们带来了相应的困难，由于各项研究相对独立，不同的实验室所产生的数据，无论从表现形式、数据通量还是数据的组成结构，都可能存在一定的差异，要想完完全全准确无误地进行整合和计算，仍旧存在许多的困难。比如对于启动子活性（promoter activity），采用不同的报告基因，所得出的单位是不一样的。比如用荧光蛋白做表征，则启动子活性的单位是荧光强度；而如果以 $lacZ\alpha$ 作为报告基因，启动子的活性又是通过 β-半乳糖苷酶的活性数据来显示。二者之间到目前为止还没有特别好的普适性强的方法来进行准确换算。而由于缺乏这样的换算机制，再加上数据标准化的程度不够高，普及范围不够广，数据的异质性问题势必将在一段时间内困扰着合成生物学研究者们。

第三个挑战是在利用大数据技术进行模拟时，如何识别出统计学意义重大的结果。换句话说，研究者应该如何确定一个网络与预期的统计学差异？目前大多数方法利用随机化过程来生成网络进行统计和比较。在该过程中，网络中的边缘被随机交换，而生化结构则没有被考虑，因此，网络的可靠性经常会被高估[26]，所以研究者需要找到更合适的方法去评估网络模拟结果的可靠性。

最后，在提到大数据时，人们都会想到这项技术能够处理的数据通量，毕竟"大"字本身就存在于这项技术的名字当中。几十年来，管理大量且快速增长的数据一直是一个具有挑战性的问题，而要解决这个问题，除了研发高速的处理器和超级计算机之外，另一个重大的转变则是转向云计算（cloud computing）。云端计算目前已经成为合成生物系统研究过程中一项必不可少的工具，它将多个不同的工作负载聚合在一起，组成更大的计算集群，可以非常方便地为用户提供优质的模拟服务。但这种基于云计算的模式存在以下几个主要问题：一是，云端计算的数据安全性，用户在使用一些基于云端的工具箱时，一般需要先将自己的研究数据传送到云端，然后再从云端获得反馈的输出结果，这个过程存在数据泄露的可能，某些未发表的数据可能被其他人看到，严重的时候甚至有可能导致自己的结果被别人抢先发表。二是，大部分的云端工具都要求用户在本地安装软件或将数据上传到远程服务器，高通量的数据分析工具读取数据的大小通常为千兆字节，使得数据传输到远程服务器和从远程服务器传输回本地的过程变得繁琐且可能出错。三是，数据分析需要多个中央处理单元（CPU）和大量的内存，而这种配置和维护条件，通常需要非常强的系统管理技能，但大多数研究实验室并不具备这样的条件，这使得这种工具的普及受到一定的限制。这种限制还包括了对用户体验的困扰，大多数合成生物学的研究者在使用大数据技术的时候，关注的往往是通过此项技术能否很好地解析出数据的规律，而并不在乎这项技术是如何运行的，所以如果无法让合成生物学研究者快速掌握相应的工具，那么大数据分析技术在合成生物学中的应用只会成为纸上谈兵。

综上，合成生物学整合大数据技术进行模拟和文库构建大致会受到数据的异质性及其整合过程、模拟结果的可靠性检验、工具的安全性和推广程度几个方面问题的困扰。面对这些新的挑战，仍需要研究者们继续为构建更加智能化、全局化和高通量的模型而努力。

7.5.3　合成生物系统建模在大数据时代的发展方向

面对上节提到的各种问题，全世界的合成生物学研究者们并没有一筹莫展，已经有研究者对其中一部分问题提出了相应的解决方案。人们意识到在新的形势下（大数据时代下），合成生物系统建模的方式和研究的方向必须要做出一些改变，才能够突破目前的瓶颈，不断向前发展。因此未来合成生物学建模研究的努力方向，大致可以归纳为以下几点。

第一，解决数据的异质性问题。对于这类问题，研究者们已经做出了一些努力，比如，合成生物学开放语言（synthetic biology open language，SBOL）[27]，SBOL 允许研究人员为构建 DNA 元件或生物装置而交换序列及其相应的注释信息，从而帮助他们进行基因线路的设计。同时，SBOL 也被扩展用于描述 RNA 和蛋白质，并和其他类型的组件在一个模块中合成。此外，在系统生物学领域，已经有学者开始呼吁，为了促进全球学者的交流与合作，应该尽快建立一些数据标准。D. Andreas 等在近年研究了目前在学术圈中使用的各种建模标准和数据格式，并总结了这些格式所对应的数据库[28]。

第二，用户体验的优化和计算工具的推广。前文提到，大部分合成生物学家并不关心模型或者计算机工具运行的机制，也并不在意这些技术是如何与大数据分析整合的，人们只关注如何能最有效地利用这些工具或者文库来为自己的研究目的服务。所以，开发用户体验度高、简单易用但又同时具有强大的数据挖掘、分析或是建模功能的工具，将会是未来计算机技术辅助合成生物学研究的一个重要发展方向。同时，这样的做法将有利于推广这种有效的研究手段，让世界各地的研究者均能受益，而使用范围的拓宽反过来又将有力推动合成生物学的研究进展。

第三，提高云端工具的效率和数据的安全性。基于云端的数据库和研究工具，为科学家们带来了极大的便利。但高通量的数据同时也困扰着研究者们。努力提升数据传输效率和服务器终端对数据的处理速度，将为更快、更好地处理更多的数据提供有效的物质基础。同时，安全性能的增强将打消一部分研究者对使用云端技术而造成数据泄露的担忧。可以预见，由于数据处理、传输效率的提升和安全等级的不断加强，必将有更多的研究人员愿意采用这种云端技术，这将有效地促进全世界同行的交流。

第四，更精密、更复杂的模型将会出现。研究者们已经意识到，数据在某种程度上就等同于资源，越多的数据，越有利于研究者分析和解读合成生物系统的规律。比如在代谢模型中，通过将多种数据类型整合到代谢网络上，人们可以更好地捕捉和阐明微生物在宏观层面中出现的复杂性。上节提到，数据的异质性还可能导致一些错误量的传播或者是对数据的解读出现歧义。为了规避这一点，基于概率的方法（likelihood-based approaches）将允许研究者把数据的确定性也作为网络重构中评价标准的一部分。理论上，这将使得研究者可以结合不同的数据类型以构建极大似然代谢模型（maximum likelihood metabolic model）。这样的框架将允许研究者优先考虑不同数据类型和整体网络结构之间的一致性。现如今，已经出现了这种类型的平台并且已经能够为改进基因注释和代谢网络的缺口提供帮助[29]。未来，人们可以使用这样的平台来改善代谢建模的过程。更广泛和更全面的数据综合将使研究者能够最大限度地获取信息，多元素建模方法有可能阐明代谢网络和微生物之间复杂的关系。不过这些方法都将需要多学科的深度交叉才可以实现。因此，大数据时代下，未来合成生物学的模型将会向复杂度、高通量和高精度等方向发展，但是相应的计算机工具和软件却很可能会越来越易于被研究者使用并且更具安全性，大数据技术和生物信息学必将有力促进未来合成生物学的研究。

7.6   计算机技术在合成生物学研究中的运用

7.6.1   生物小分子的计算机辅助设计与改造

（1）DNA

DNA是生物遗传信息的主要载体，更是合成生物学研究的重点所在。理论生物学、基因工程和合成生物学的一个重大区别就在于对DNA的处理方式——理论生物学是阅读DNA信息，基因工程是编辑DNA信息，而合成生物学则是从头书写DNA信息。所以DNA分子的计算机辅助设计工具为合成生物学的研究者们提供了强有力的帮助。目前，可以分析DNA结构和信息或者进行DNA序列比对及编辑的软件非常多，在研究中比较常见的计算机本地软件有SequenceViewer、DNAman、DNAstar、SnapGene和GENESCAN等，基于云端的网页工具则更是数不胜数。甚至有研究者还利用计算机软件对DNA的结构进行了一些艺术性的设计[30]。

（2）RNA

通过结合工程化的转录元件，如核糖体结合位点（RBS）、终止子（terminator）、配体结合适配子（ligand-binding aptamers）、催化核酶（catalytic ribozymes）和适体控制的核酶（aptazymes）等，可以对微生物中的基因表达进行微调。实现这些基于RNA的控制机制的遗传构建体的成功设计需要建模和分析动力学确定的共转录折叠途径。目前，已经有学者报道了使用随机动力学折叠模拟来搜索间隔序列文库的方法，可以使RNA组分元件组装成具有很多功能元件，例如定量可预测功能（分别为rRED和aRED）的静态核酶和动态适体调节表达装置的转录物[31]。常用的RNA设计工具有ViennaRNA和Nupack等[32,33]。

（3）酶和蛋白质

基于计算机的酶或蛋白质设计可作为一种寻找更佳（即在某些属性上和原来相比有提高）蛋白质的有效方法，在目前的许多合成生物学研究中起到了核心作用，比如生物传感器的设计和生物制药的研究。尽管合成生物学研究者可通过将高通量筛选与定向进化相结合，从而大幅增加对蛋白质的改造和工程化效率，但是开发具有低成本、高效益的蛋白质识别程序，仍然是一个极具前景的实验任务工程。计算机辅助的蛋白质设计方法可以提供经由电脑模拟后的标准实验方案——它将结合各大生物数据库的物理化学知识，并依托生物信息学技术计算出最优的候选解决方案。基于计算机的酶或蛋白质的辅助设计可以实现更少的人为干预，并加速挖掘新功能蛋白质的进程，同时，一些由于受物质条件局限的后期实验筛选也可以很好地通过计算机进行，比如蛋白质的稳定性测试。许多非常有前景的新兴应用程序已经可以利用合成蛋白质线路来合成支架蛋白，借此方法可以在细胞反应中产生多种多样的蛋白质。对于这样的创新应用，计算机辅助的蛋白质设计可以提供有效的工程化工具箱而服务于合成生物学研究。以下介绍基于计算机的蛋白质辅助设计的一个常见的工作流程。

① 通过相似性搜索在序列、结构或化学空间中寻找相关的蛋白质模板。

进行相似性搜索的目标是获取关于机制的信息与目标蛋白质的功能相关的蛋白质。如何进行搜索取决于研究者想要如何优化目标蛋白质，研究者可以通过序列、结构、配体或者是酶的反应把属性和目标蛋白质联系起来。相似性搜索具体细分，又可以分为以下四种主要方式：基于序列的相似性搜索、基于结构的相似性搜索、基于功能基团或活性位点的相似性搜索和基于配体的相似性搜索。

② 在亲本蛋白质（parental protein）中发现潜在的突变热点区域（hot regions）。

在经过蛋白质的相似性搜索后，潜在的突变热点区域可以通过单独检查序列比对得到或通过引入来自诸如 Brenda、PubChem Bioassay 等数据库中的一些附加信息来完成。比对中保守的残基通常与蛋白质中重要的功能相关联或是起到支架的作用。如果对于研究的蛋白质，数据库中存在与其相关序列的 3D 结构，那么研究者可以轻松地确定蛋白质中的热点区域，并能知晓应该比对的氨基酸序列，并且可以集中在特定的蛋白质区域进行突变；如果要改造酶的催化活性，则应该突变底物结合位点或催化位点；而如果属性涉及蛋白质与蛋白质之间的相互作用，则应该突变蛋白质表面的氨基酸。但另一方面，蛋白质的一些其他性质可能与蛋白质的限定区域无关，如热稳定性、酸碱稳定性等。有时候即使远离热点区域，单一氨基酸的突变也会对蛋白质的此类性质产生很大影响，这样的突变通常对应于带电的氨基酸残基，因为静电能具有远程效应。而为了鉴定含有候选突变体的潜在区域，许多生物信息学工具可用于从序列或结构来鉴定蛋白质的功能位点。这些工具，一部分是基于结构或序列的保守性，许多其他的工具则是通过分析结构和几何性质。对于蛋白质-蛋白质相互作用，目前已经有研究者通过机器学习构建了基于模式或轮廓的几种分析工具。而在蛋白质和小分子之间的相互作用研究中，基于结合位点之间的比对和结构相似性开发方法常常被用到。

③ 对突变体进行高通量的计算筛选以得到性能改善的蛋白质分子模型。

有两种方法可以筛选前面部分中提到的选择出来的功能位置中突变体的所有可能组合。第一个涉及机器学习（machine learning）方法，而第二个是基于突变体的能量学评估。

机器学习方法旨在学习突变体对所需改造的蛋白质性质的影响。此方法可以用来自外部数据库的信息，将一组相似的蛋白质分成"好"和"坏"两组。例如，可以在 Brenda 数据库中搜索每个序列的酶反应 K_m 值，对应于低 K_m 值的序列将在"好"集合中，而其他的序列则被分在"坏"的集合中。然后，可以通过向序列的每个氨基酸分配相应的 K_m 值来进行初始的贝叶斯算法（naive Bayesian approach），这种方法能通过对序列中的每个氨基酸的得分来平均计算每个位置的"K_m 分数"。具有最高分数的序列对应于潜在的热点区域。如果研究者能观察到这些位置的氨基酸多态性，那么就可将这些氨基酸突变体视为可能的突变选择。

基于能量的方法旨在从精确量子力学（QM）到经典分子力学（MM）的角度来预测突

变对蛋白质的影响。基于能量的方法进行筛选的难度在于它的准确度和抽样精度，抽样精度控制统计变量的质量，如全部或部分的自由能。混合 QM/MM 的方法可以用于计算蛋白质设计，以计算结合口袋内配体过渡态的构象和势垒能。蛋白质构象变量的构象取样通常使用经典分子力场进行，以减少计算机的工作时间。为了估计突变体侧链在蛋白质结合界面或配体结合位点的影响，可以限制目标区域的自由度，以减少由于构象分析不充分造成的统计学误差。

7.6.2   基因线路的计算机辅助设计与分析

构建足够复杂的基因线路使其产生所需动态行为，并且能够可靠地部署在医疗、化工、食品和能源等行业进行应用是合成生物学进展中最重要的障碍之一。然而在过去十年中，由于已有大量新元件被挖掘、构建和表征，以及基因操作技术的进步，大多数功能合成基因线路不再通过粗略的工程原理构建，计算机技术和系统建模仿真的加入（特别是涉及非线性或环境噪声强的情况下）可以大大加速基因线路的构建过程。

基因线路的构建需要有标准化的基本元器件和共享的输入与输出的定义。后者是允许组件组成更加复杂系统的前提条件。基因线路中的元器件应具有良好的特征。这意味着它们的传递函数允许计算任何给定输入对应的输出。当用计算机设计和模拟合成基因线路时，每个单一的标准化生物元件都可以由表示部件内部相互作用的模型进行描述。此外，每个元件都必须是可组合的和独立的模块。不同的元器件具有不同的复杂性，这种复杂性将通过模型的描述来反映。例如，某种启动子可以被几种转录因子蛋白调节，它们独立或协同地结合 DNA，并招募 RNA 聚合酶或与其竞争，与此同时，这些蛋白质也可能和其他的启动子结合。因此，启动子模型可能需要在模型描述中引入物种和大量的反应来解决过多组合的问题。本小节介绍几种计算机辅助合成生物学基因线路设计的常用工具。

（1）Visual GEC（visual genetic engineering of cells）

Visual GEC 工具属于 Silverlight 的应用程序之一，该工具可直接在线获取并在能适配的浏览器中运行。读者可以登录网址：http：//research. microsoft. com/gec 以获取此工具。

GEC 程序可以根据限制条件（例如某些未指定的元件之间的关系）来描述一个符合期望的系统，然后其编译器可以从给定的数据库中筛选出满足此约束条件的元件，该数据库含有元件的相关逻辑和数量属性。GEC 还提供其他编程语言具有的模块化功能，以便于对组件的大型系统进行描述。在 GEC 中给出限制条件并进行计算，程序通常会提供多个可能的 DNA 元件，同时也可能会出现多个解决方案。GEC 编译器可以模拟或以其他方式分析每个解决方案产生的效果，然后可以合成表现出期望行为的解决方案。虽然 GEC 不能保证所产生的解决方案在活细胞内能顺利应用，但这种仿真策略可以为前期设计的错误排除提供一种非常有效而快速的检测方式。

（2）Kappa 语言

基于规则的建模是传统的基于反应的建模的替代方法，允许研究者直观地指定生物系统内或各子系统间的相互作用，同时将这些关系从潜在的组合复杂性中抽象出来，这样一种基于规则的建模的计算机辅助语言是 Kappa。合成生物学的一个基本挑战是对生物元件的工程化，并使其行为与其他的相关元件有明确界限。这不仅需要可调控的和精确的测量手段，而且还需要一种用于描述这些相互作用的建模语言。而基于规则的生物建模语言 Kappa 为此提供了一种可以描述生物体与系统中其他物体之间相互作用的方法，并且描述的细节是可以被调控和修改的。基于规则的方法，与其他的方案相比具有许多优点，尤其是与传统的基于反应的模型相比。它大大降低了系统描述的组合复杂度。模块化规则用易于理解的方式描述单个 BioBrick 零件的功能，从而有助于研究者理解背后的生物学原理，并且规则不仅可以在单个模型中运用，还可以在多个模型或不同代码中轻松重复使用。这种模块化的方法还使得研究者可以轻松地对问题应用迭代的开发方法，从而简化了构建、分析和理解模型的过程。

（3）其他工具

此外，GenoCad、Antimony、Eugene 和 TASBE（toolchain to accelerate synthetic biology engineering）也都是辅助基因线路设计的计算机工具。

GenoCad 是一种基于 Web 的工具，用于从标准元件以结构化和自上而下的方式设计基因线路。该工具能确保设计的电路在语法上是有效的——启动子紧随着核糖体结合位点而不是终止子，反之则会使得基因线路无法表达并无法正常行使功能。这种句法的终结符号由元器件给出，有点类似于英语单词形成英语语法的过程。

Antimony 是以模块化方式描述生化系统的编程语言[34]。它包括一系列用于描述生物化学过程的一般性质的语言。由 Antimony 构建的模型可以转换为 SBML（system biology markup language）。它通过描述和组合 DNA 元件的构建来为合成生物学提供专门的支持，但它不支持远离特定部分的更高级别的抽象。

Eugene 是基因线路设计的专用语言[35]。Eugene 允许通过与 Visual GEC 类似的方式从特定部分进行抽提，但是它可以使用更详细的语言结构来指定这些部分和相应的约束条件。它还提供了与通用编程语言类似的一系列功能，例如具有 while 循环的控制语句，对数据结构（如数组）的显式访问以及用于将字符串输出到控制台的语句。在这个意义上，Eugene 可以被认为是一种更为强制性的语言，而 GEC 的说明性更强。Eugene 还通过与 Clotho 框架的整合，为自动化组装提供了支持。

TASBE 源自 Proto 基因线路设计程序中首尾相连的工具，这是一种用于捕获已经适应于合成生物学领域的一般空间过程的语言[36]。像 GEC 和 Eugene 一样，它的程序可以从特定元件的级别进行抽提，工具箱可以自动选择相关的零件。并且，TASBE 也像 Eugene 一样能够进一步支持自动化装配过程。

7.6.3　合成路径和反应过程的计算机辅助设计

合成生物学的主要目标之一是设计和建造微生物工厂，以实现高价值化合物和工业化学品的可持续制造。为了创造有效的微生物工厂，拓宽生物合成途径对于天然和非天然化合物的生产范围，研究者有必要通过探索生物系统的化学性质和合成能力而设计和构建一些非天然的合成途径。这种途径的从头设计对于开发人工合成代谢过程至关重要。

在通过实验构建新的途径并整合在宿主微生物中之前，应首先对途径进行设计和评估。尽管依靠直觉和手动设计也可以帮助设想新的途径，但这不足以保证所有潜在途径都能被挖掘出来，同时也很难选择最有效的途径。最重要的是，这样的直接实验构费时费力，效率不高，因为即使在最简单的生物体内，代谢途径也很复杂，当研究者为了新的研究目的而对这种途径进行操纵和改造时，可能导致非直观的和意料之外的结果。因此，计算机预测工具对于生物合成途径的分析是必不可少的。计算机辅助设计工具不仅可以用于协助设想新的途径（从鉴定天然存在的次级代谢物并增加其生产，到改进对异源化合物如抗疟药物的合成方法），同时也可以用于初步筛选最有效的途径。计算机模拟将广泛计算出所有可能的从头生物合成途径，给研究者更多机会去探索给定细胞中可行的各类生物转化过程。复杂性的显著增加是计算机方法中一个重要的挑战，因为这些方法可能会模拟出在自然界中无法形成的化合物或无法发生的反应。因此，在计算机辅助设计中，当完成途径的计算机模拟构建后，下一个关键步骤是通过可行性研究初步筛选生成的生物合成途径。研究者可以使用各种技术来修改从头产生的途径，并选择最有希望的途径。除了提供构建新的生物装置和工程化新型代谢物的方法外，合成生物学建模研究还提供了分析复杂的合成代谢路径和生化反应过程的手段。以下将讨论计算机辅助生物合成途径设计的一般工作流程和基本设计元素。

第一步，在计算机上生成可能的代谢途径网络。常见的计算机辅助途径预测和设计工具一般会提供两种模拟思路：第一种，通过有效地结合目前数据库中已知的反应产生所需化合物，而这些反应可能来自不同生物体（异源途径），也可能直接来源于宿主（内源途径）；第二种设计思路则是从头构建合成途径，在这种方法中，设计的途径不仅仅只有已知的反应，同时也包含可能实际上不存在于自然界中的假设步骤。用于从头途径预测的综合算法（algorithm）是路径分析成功的重要驱动因素，并且在过去十年中研究者们已经开发了各种这样的工具，比如 BNICE.ch[37]、ReBiT[38] 和 DESHARKY[39] 等。这一步中包含的设计元素主要是反应规则、网络生成和途径列举。

第二步，调整生成的数据。当完成了上一步的网络构建之后，应对由模型提出的化合物、反应和途径以及最可行的酶的数据进行调整和修改，并选择可行性的反应和途径，因为计算机模拟出来的结果可能存在自然界中无法发生的反应或并不存在的酶。调整过程使用两种策略进行：①定性调整生成的途径；②定量修改途径中的数据。

对计算机模拟所产生途径的定性调整，是对模拟所产生的信息做调查，确认哪一部分是已知过程，哪一部分是新的或未知过程，并将其中新的信息与已知数据（即数据库中的代谢物、反应和途径）进行比较并确定是否有相似部分。这些数据库包括 KEGG[24]、Metacyc[40]、PubChem[12] 和 ChEBI[41]。定性调整通常与所选择的生物体无关，而是通过将合成途径中的代谢物和反应与现有文库中的数据进行比较来完成。通过现有的数据库筛选，不仅可以区分已报道的和全新的知识，还可以直接获得化合物和相关化学反应的生化特性。

一旦研究者从上一步列举出了重要的新兴途径并将其与数据库进行了筛选，那么下一步就是进行可行性分析（feasibility analysis），以确定个体途径的适应性和表现，并将拟定的途径定量调节为一条最具可行性的途径。对于底盘宿主，定量的数据调整通常与上下游的途径均相关。研究者可以采用不同的指标来评估在宿主中代谢途径的可行性。其中一个关键的指标是反应热力学，所以在能量上不合适的合成途径将会被放弃。随着计算机技术的不断发展，现在已经允许研究者根据代谢物浓度、离子强度和 pH 来调整估计的吉布斯自由能，以更接近体内条件。其他的方面也可用于定量修饰合成途径，如酶反应动力学和基因的相容性[42]。

第三步，对设计的生物合成途径进行检测和评估。通过定性调节和定量完善后，研究者可以获得一些相应的指标，可以定义一个评分和衡算的准则，结合并量化不同因素在准则中对线路得分的影响，为计算机模拟生成的代谢途径进行打分。这样的分数，对确定最有可能产生所需目标分子，并同时可以兼容于底盘宿主代谢网络的最佳候选合成途径，具有重要的参考价值。另外，可以按不同的评价标准将候选途径分别进行排名，并选择某个标准的分数作为主要排名，而基于另一个标准的作为次要排名。例如，以产量（或经济上可行的）为参考标准进行一个主要的排名，而具有新反应的数量作为次要排名，因为新兴反应越多，在实验过程中需要的工程化步骤就会越繁杂。

当经过以上三个步骤后，研究者即可有效找到符合自己设计需求的代谢途径，可极大地节约实验的时间和成本。

但计算机辅助的合成代谢途径分析也有其自身的局限性。尽管在过去几年内，途径设计程序的研发取得了巨大进步，但是可用的工具通常仅限于从底物到目标代谢物的线性路线。而线性通路设计有可能会错过具有更高效率（从碳源和能量的角度来看）或是更大生产潜力的循环网络。此外，通过限制底物和目标代谢物的种类，会忽略对替代的共反应物或是副产物组合的鉴定。尽管模型的后处理可以在一定程度上恢复路径的化学计量平衡，但这可能导致模型给出的设计无法让碳源利用率或能源效率达到较好的水平。异构途径与感兴趣的代谢宿主的兼容性在设计阶段也缺乏有效的建模评估手段。尽管一些程序可以通过最小化异源酶（heterogenous enzyme）的数量，或选择与宿主同源性较高的酶，但这几种手段并不能保证合成途径与宿主很好的兼容。此外，现有的计算机辅助设计程序很少评估中间体代谢物对细胞的潜在毒性。随着模型生物体越来越多的毒性（toxicity）数据被收集，毒性预测工具在计算机辅助合成途径的设计中将越来越普遍。同样，代谢路径中酶的动力学性质也将越来越多地被收集到数据库中，以便找到合成目标物质的最佳途径。

思考题

1. 合成生物系统模型的主要特点有哪些？
2. 目前计算机技术在合成生物学研究中的运用情况如何？将来会有怎样的发展趋势？
3. 请抽提出合成生物学建模的基本分析流程。
4. 分析模型的逻辑结构时，常用的建模方法有哪些，各有什么特点？
5. 模型的参数估计方法主要有哪几种，它们各有什么优缺点？
6. 模型的检验包含哪几方面的分析，各自代表了什么意义？
7. 模型的稳定性（stability）和鲁棒性（robustness）有什么区别？
8. 从对合成生物学基本模型的分析中，总结出合成生物学建模研究的特点。
9. 大数据时代下合成生物学模型出现了哪些新的特点，对传统建模研究有什么样的冲击？
10. 随着与大数据技术的深入结合，合成生物学建模研究也遇到了新的挑战，查阅文献，了解目前针对这些挑战，研究者们都做了哪些努力？
11. 基因线路的计算机辅助设计与分析的常用方法和软件有哪些，各有什么特点？
12. 总结合成路径和反应过程的计算机辅助设计的主要流程。

参 考 文 献

[1] Ewen D，Bashor C J，Collins J J. A brief history of synthetic biology. Nature Reviews Microbiology，2014，12（5）：381-390.
[2] Marchisio M A，Stelling J. Computational design tools for synthetic biology. Current Opinion in Biotechnology，2009，20（4）：479-485.
[3] Gramelsberger G. The simulation approach in synthetic biology. Studies in History & Philosophy of Biological & Biomedical Sciences，2013，44（2）：150-157.
[4] Greer M，Rodriguez-Martinez M，Seguel J. Complex Adaptive Systems Drive Innovations in Synthetic Biology. Procedia Computer Science，2013，20（Complete）：385-390.
[5] Fong S S. Computational approaches to metabolic engineering utilizing systems biology and synthetic biology. Comput Struct Biotechnol J，2014，11（18）：28-34.
[6] Hucka M，et al. The systems biology markup language (SBML)：a medium for representation and exchange of bio-

chemical network models. Bioinformatics，2003，19（4）：524-531.

［7］　Smith L P，et al. Antimony：a modular model definition language. Bioinformatics，2009，25（18）：2452-2454.

［8］　Elowitz M B，Levine A J，Siggia E D，Swain P S. Stochastic gene expression in a single cell. Science，2002，297（5584）：1183-1186.

［9］　Lillacci G，Khammash M. Parameter estimation and model selection in computational biology. PLoS computational biology，2010，6（3）：e1000696.

［10］　Zheng Y，Sriram G. Mathematical Modeling：Bridging the Gap between Concept and Realization in Synthetic Biology. Journal of Biomedicine & Biotechnology，2010，2010（2）：917-923.

［11］　Fisher R A. On the mathematical foundations of theoretical statistics. Phil Trans R Soc Lond A，1922，222（594-604）：309-368.

［12］　Wilkinson D J. Bayesian methods in bioinformatics and computational systems biology. Briefings in Bioinformatics，2007，8（2）：109.

［13］　Barnes C P，et al. Bayesian design of synthetic biological systems. Proceedings of the National Academy of Sciences of the United States of America，2011，108（37）：15190-15195.

［14］　Mads K，et al. Stochasticity in gene expression：from theories to phenotypes. Nature Reviews Genetics，2005，6（6）：451-464.

［15］　Elowitz M B，Leibler S. A synthetic oscillatory network of transcriptional regulators. Nature，2000，403（6767）：335-338.

［16］　Ciliberti S，Martin O C，Wagner A. Innovation and robustness in complex regulatory gene networks. Proceedings of the National Academy of Sciences of the United States of America，2007，104（34）：13591-13596.

［17］　El-Samad H，et al. Surviving heat shock：control strategies for robustness and performance. Proc Natl Acad Sci USA，2005，102（8）：2736-2741.

［18］　Kitano H. Towards a theory of biological robustness. Molecular Systems Biology，2014，3（1）.

［19］　Whitacre J M. Biological robustness：paradigms，mechanisms，and systems principles. Front Genet，2012，3：67.

［20］　Bernstein J A，et al. Global analysis of *Escherichia coli* RNA degradosome function using DNA microarrays. Proceedings of the National Academy of Sciences of the United States of America，2004，101（9）：2758-2763.

［21］　Tae Seok M，et al. Genetic programs constructed from layered logic gates in single cells. Nature，2012，491（7423）：249-253.

［22］　Gardner T S，Cantor C R，Collins J J. Construction of a genetic toggle switch in *Escherichia coli*. Nature，2000，403（6767）：339.

［23］　Engebrecht J，Nealson K，Silverman M. Bacterial bioluminescence：Isolation and genetic analysis of functions from Vibrio fischeri. Cell，1983，32（3）：773-781.

［24］　Kanehisa M，Goto S. KEGG：Kyoto Encyclopaedia of Genes and Genomes. Nucleic Acids Research，2000，28（1）：27-30.

［25］　Nicole D，Margaret M F N，Liping Z. Microbiology：Create a global microbiome effort. Nature，2015，526（7575）：631-634.

［26］　Areejit S，Martin O C. Randomizing genome-scale metabolic networks. Plos One，2011，6（7）：e22295.

［27］　Michal G，et al. The Synthetic Biology Open Language（SBOL）provides a community standard for communicating designs in synthetic biology. Nature Biotechnology，2014，32（6）：545.

［28］　Dräger A，Palsson B Ø. Improving collaboration by standardization efforts in systems biology. Front Bioeng Biotechnol，2014，2（2）：61.

［29］　Benedict M N，et al. Likelihood-based gene annotations for gap filling and quality assessment in genome-scale metabolic models. Plos Computational Biology，2014，10（10）：e1003882.

［30］　Selnihhin D，Andersen E S. Computer-Aided Design of DNA Origami Structures. Computational Methods in Synthetic Biology. New York：Humana Press，2015：23-44.

［31］　Carothers J M，et al. Model-driven engineering of RNA devices to quantitatively program gene expression. Science，2011，334（6063）：1716.

［32］　Lorenz R，et al. ViennaRNA Package 2.0. Algorithms for Molecular Biology，2011，6（1）：26.

［33］　Zadeh J N，et al. NUPACK：Analysis and design of nucleic acid systems. Journal of Computational Chemistry，2011，

32 (1)：170-173.

[34] Smith L P，et al. Antimony：a modular model definition language. Bioinformatics，2009，25 (18)：2452-2454.

[35] Lesia B，et al. Eugene—a domain specific language for specifying and constraining synthetic biological parts，devices，and systems. Plos One，2011，6 (4)：e18882.

[36] Beal J，et al. An end-to-end workflow for engineering of biological networks from high-level specifications. ACS Synthetic Biology，2012，1 (8)：317-331.

[37] Hadadi N，Hatzimanikatis V. Design of computational retrobiosynthesis tools for the design of de novo synthetic pathways. Current Opinion in Chemical Biology，2015，28：99-104.

[38] Prather K L，Martin C H. De novo biosynthetic pathways：rational design of microbial chemical factories. Current Opinion in Biotechnology，2008，19 (5)：468-474.

[39] Rodrigo G，Carrera K J，Prather J，Jaramillo A. DESHARKY：automatic design of metabolic pathways for optimal cell growth. Bioinformatics，2008，24 (21)：2554.

[40] Karp P D，et al. The EcoCyc and MetaCyc databases. Nucleic Acids Research，2000，28 (1)：56-59.

[41] Kirill D，et al. ChEBI：a database and ontology for chemical entities of biological interest. Nucleic Acids Research，2008，36 (Database issue)：D344-D350.

[42] Pablo C，et al. XTMS：pathway design in an eXTended metabolic space. Nucleic Acids Research，2014，42 (Web Server issue)：W389-W394.

第 8 章
合成生物学的应用

引 言

合成生物学是一个新兴的研究领域，通过对生物分子系统和细胞功能进行工程化改造，在诸多方面展示出了良好的应用前景。基因测序及合成技术的进步，标准化的基因调控元件以及各种载体、底盘细胞的开发显著促进了代谢工程的发展；各种复杂基因线路的设计和构建也已逐渐开始用于疾病防治及环境污染检测治理等方面。本章通过具体实例来加深对前面基础知识的理解并展示合成生物学的广泛应用。

知识网络

学习指南

1. 重点：构建高效细胞工厂的策略，合成生物学的应用。
2. 难点：合成生物学在不同领域的应用。

8.1 绿色化工方面的应用

8.1.1 化学品的绿色制造

8.1.1.1 1,4-丁二醇生物合成途径的设计及优化

1,4-丁二醇是一种重要的大宗化学品，全球年需求量超过 250 万吨，主要用于制造塑料、聚酯纤维等。目前，主要以乙炔、丁烷、丙烯及丁二烯等为原料通过化学法生产，存在不可持续及环境污染等问题。因此，开发一种以糖为原料，低成本、可持续的生产方法具有重要价值。然而，相对于糖类，1,4-丁二醇具有较高的还原度，给高效合成途径及菌株的开发造成困难。另外，与其他许多大宗化学品一样，其天然生物合成途径目前还未见文献报道。为此，Yim 等[1]运用合成生物学手段设计筛选了人工合成途径，实现了由可再生原料高效生产 1,4-丁二醇。具体实验思路及流程如下：

首先，通过自主设计开发的生物途径预测软件分析了由大肠杆菌中心代谢物合成 1,4-丁二醇的所有可能途径。该预测软件的算法是基于已知化学官能团的转化，而非基于已知的酶反应。即使没有现成的酶，也可以通过酶的筛选及改造实现对特定底物的催化活性。该算法预测了超过 1 万条途径，可以从乙酰辅酶 A、α-酮戊二酸、琥珀酰辅酶 A 和谷氨酸等中心代谢物经 4~6 步反应合成 1,4-丁二醇。接着，使用自主开发的途径筛选软件对候选途径进行分类并排序。评估过程涉及多种参数的迭代排序，包括最大理论产量、途径长度、非天然步骤数、新步骤数和热力学可行性等。首先排除热力学不可行的途径，并通过基于约束的建模排除理论产量较低的途径。对于剩余的 10% 途径，按照如下标准进行排序（按权重顺序）：步骤中尚未鉴定的酶的数量（基于 KEGG、EcoCyc 和内部数据库），外源反应的数量，从中心代谢开始的总步骤数。经过选择，两条以 4-羟基丁酸为中间体的合成途径具有最高优先级，被用于后续实验测试。为了方便后续途径构建及优化，将途径分成上游 4-羟基丁酸合成以及下游 4-羟基丁酸转化途径（图 8.1）。

（1）上游途径：从葡萄糖生物合成 4-羟基丁酸

4-羟基丁酸合成的第一条路径起始于三羧酸循环的中间产物琥珀酸。琥珀酸经大肠杆菌自身的琥珀酰辅酶 A 合成酶（SucCD）催化生成琥珀酰辅酶 A，接着由琥珀酸半醛脱氢酶（SucD）和 4-羟基丁酸脱氢酶（4HBd）催化生成 4-羟基丁酸。野生型大肠杆菌 K-12 菌株中存在 4HBd 活性而无 SucD 活性。克隆了克氏梭菌的 sucD 基因并通过质粒表达，所得工程菌株在葡萄糖基本培养基中生长 24h 产生 0.13mmol/L 4-羟基丁酸，而含有空质粒的对照菌株未检测到产物。为了提高合成效率，从几种不同微生物中筛选了 sucD 和 4hbd，其中牙龈卟啉单胞菌的 SucD 和 4HBd 在大肠杆菌中表达良好，均具有最高的比酶活。将大肠杆菌的 sucCD 以及牙龈卟啉单胞菌的 sucD 和 4hbd 组装到一个操纵子中，并通过三种不同拷贝数的质粒表达，结果表明通过中拷贝质粒表达三个基因，4-羟基丁酸的产量最高，可达

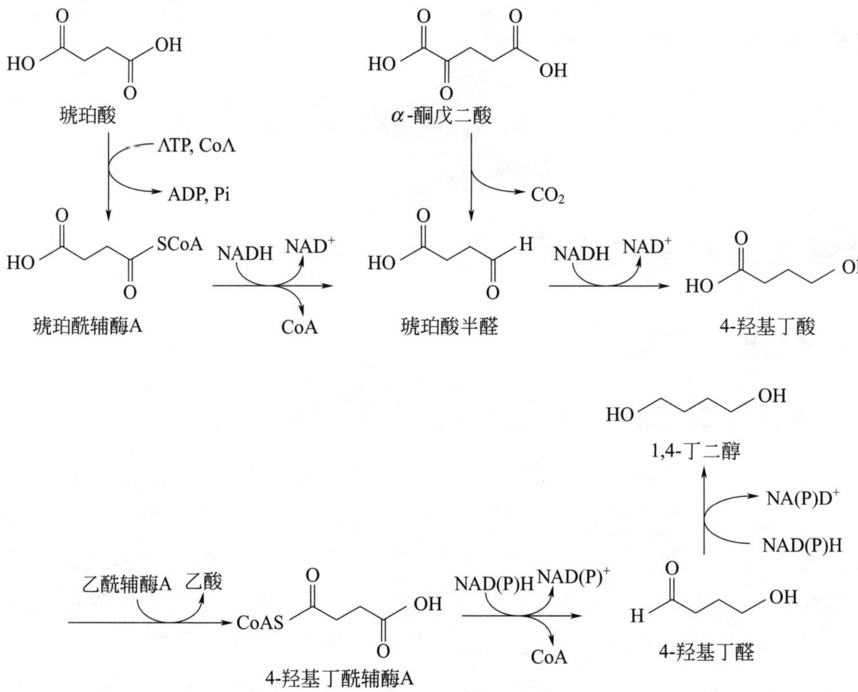

图 8.1 1,4-丁二醇合成途径

11mmol/L。

4-羟基丁酸合成的第二条途径以 α-酮戊二酸为前体。该途径包含两步连续反应，分别由 *sucA* 基因编码的酮酸脱羧酶以及上述的 4HBd 催化。与途径一相比，该途径少消耗一分子还原力（NADH），并且脱羧反应的不可逆性增加了其热力学可行性。过表达牛结核分枝杆菌 SucA 的菌株可以产生 4-羟基丁酸，且产量与质粒拷贝数呈正相关。

（2）下游途径：大肠杆菌转化 4-羟基丁酸生成 1,4-丁二醇

转化 4-羟基丁酸生成 1,4-丁二醇需要三步酶催化，分别为 4-羟基丁酰辅酶 A 转移酶、4-羟基丁酰辅酶 A 还原酶以及醇脱氢酶，然而，后两者尚未有文献报道。从丙酮丁醇梭菌等菌株中选择对 4-羟基丁酸的类似物（例如丁酸）具有活性的酶用于活性测试，结果表明丙酮丁醇梭菌的醇醛脱氢酶 AdhE2（基因 *002C*）能够同时催化后两步反应。通过中拷贝质粒表达牙龈卟啉单胞菌的 4-羟基丁酰辅酶 A 转移酶（*cat2*）并用高拷贝质粒表达密码子优化的 *002C* 基因，在培养基中添加 10mmol/L 4-羟基丁酸，工程菌株 24h 可产生 138μmol/L 1,4-丁二醇。

（3）途径整合：由葡萄糖合成 1,4-丁二醇

为了实现在葡萄糖基本培养基中合成 1,4-丁二醇，需将上下游途径进行整合。将上游途径基因用中拷贝质粒 pZA33S 表达，下游途径基因用高拷贝质粒 pZE23S 表达。另外，还引入了 *sucA* 基因以同时利用 α-酮戊二酸途径。含有质粒 pZA33S-*sucCD-sucD-4hbd*/*sucA* 和 pZE23S-*cat2-002C* 的菌株发酵 40h，1,4-丁二醇产量为 1.3mmol/L，同时积累 3.4mmol/L 的 4-羟基丁酸。

（4）宿主代谢工程改造

成功构建 1,4-丁二醇合成途径之后，为了进一步提高产量，需对宿主进行优化，以使更多碳源及能量用于 1,4-丁二醇合成。OptKnock 算法提供了多条菌株设计策略，可以实现

1,4-丁二醇的生产与细胞生长偶联，同时还能维持最大理论得率。经过分析，同时敲除醇脱氢酶、丙酮酸-甲酸裂解酶、乳酸脱氢酶和苹果酸脱氢酶基因的策略具有较高的可行性。敲除这些基因后可阻断乙醇、甲酸、乳酸及琥珀酸的合成，造成 NADH 的积累，迫使细胞产生 1,4-丁二醇以消耗 NADH，实现氧化还原平衡。在敲除此四个基因的背景下，计算机模拟分析表明丙酮酸脱氢酶、柠檬酸合成酶以及顺乌头酸酶对实现 1,4-丁二醇的高产至关重要。这些酶活性的缺失会使 1,4-丁二醇的预测最大得率分别减少 46%、33% 和 33%。

为提高厌氧条件下丙酮酸脱氢酶的活性，采用肺炎克雷伯氏菌的 lpdA 替换大肠杆菌自身的酶，并进行定点突变降低其对 NADH 的敏感性。通过敲除转录抑制因子 arcA 提高柠檬酸合成酶、顺乌头酸酶的表达水平，并通过定点突变降低 NADH 对柠檬酸合成酶的抑制。上述一系列改造得到菌株 ECKh-422。将携带 1,4-丁二醇完整合成途径的质粒转化该菌株，1,4-丁二醇产量大幅度提高至 13.5mmol/L。另外，^{13}C 标记分析表明进入 1,4-丁二醇合成途径的碳流 95% 是来自氧化 TCA 循环和 α-酮戊二酸脱羧酶途径。

在获得良好的平台宿主后，经分析发现下游的醇醛脱氢酶的活性限制了 1,4-丁二醇的产量。为此，进一步筛选了醇醛脱氢酶数据库，其中体内实验表明密码子优化的拜氏梭菌的醛脱氢酶 025B 能有效转化 4-羟基丁酰辅酶 A 生成 1,4-丁二醇，副产物乙醇的量也大幅度减少。025B 是单功能醛脱氢酶，能将 4-羟基丁酰辅酶 A 还原成 4-羟基丁醛，而 4-羟基丁醛到 1,4-丁二醇的转化是由大肠杆菌内源的醇脱氢酶催化。2L 微氧补料分批发酵 5 天，高产菌株 1,4-丁二醇的产量可达 18g/L。

8.1.1.2 利用非磷酸化代谢生产 1,4-丁二醇

糖酵解和磷酸戊糖途径是碳源进入三羧酸循环的常规途径。然而这些代谢途径存在步骤长且调控复杂的问题，例如上述的 1,4-丁二醇合成途径需 21 步反应，给代谢优化造成困难。Tai 等[2]基于非磷酸化代谢途径，设计了 1,4-丁二醇的人工途径，显著缩短了反应步骤（图 8.2）。

新月柄杆菌等微生物中存在非磷酸化木糖代谢途径，由 xylXABCD 基因簇编码。D-木糖通过 D-木糖脱氢酶（XDH）、D-木糖酸内酯酶（XL）、D-木糖酸脱水酶（XD）、2-酮-3-脱氧-D-木糖酸脱水酶（KdxD）以及 α-酮戊二酸半醛脱氢酶（KGSADH）连续催化生成 α-酮戊二酸进入三羧酸循环。一些微生物中也存在类似的 L-阿拉伯糖及 D-半乳糖醛酸代谢途径。这种非磷酸化途径可以作为三羧酸循环的捷径，用于三羧酸循环衍生物的生产。此外，通过非磷酸化途径，由戊糖和糖醛酸合成 α-酮戊二酸的理论摩尔产率为 100%，明显高于磷酸戊糖途径的理论摩尔产率（83%）。

（1）在大肠杆菌中建立非磷酸化代谢

为了验证非磷酸化代谢基因簇是否可以在大肠杆菌中功能表达，建立了基于细胞生长的筛选平台。该筛选平台敲除了大肠杆菌异柠檬酸脱氢酶基因 icd，阻断了 α-酮戊二酸的内源合成，因此需要外源添加 α-酮戊二酸以维持细胞生长。同时，敲除了内源的 D-木糖和 D-木糖酸消耗途径。携带新月柄杆菌 xylXABCD 基因簇的平台菌株可以在葡萄糖、木糖混合培养基中生长，而对照菌株几乎没有生长，证明通过非磷酸化途径可以从 D-木糖产生 α-酮戊二酸。利用该筛选平台也成功获得了有功能的 L-阿拉伯糖及 D-半乳糖醛酸非磷酸化的代谢途径。

（2）体外酶活测试确定限速酶

利用筛选平台获得功能基因簇后，进一步通过体外活性分析，确定途径中各个酶的催化

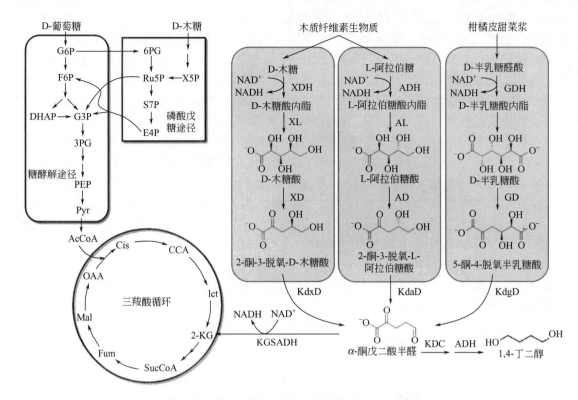

图 8.2　利用非磷酸化代谢途径合成 1,4-丁二醇

活性。活性测试表明 KdxD、KdaD 和 KdgD 分别是 D-木糖、L-阿拉伯糖和 D-半乳糖醛酸非磷酸化代谢途径中的限速酶。

（3）酮酸脱羧酶及醇脱氢酶的筛选

为了延伸非磷酸化途径实现 1,4-丁二醇合成，需筛选合适的 2-酮酸脱羧酶（KDC）和醇脱氢酶（ADH），将 α-酮戊二酸半醛转化为 1,4-丁二醇。经过筛选，乳酸乳球菌酮酸脱羧酶 Kivd 和大肠杆菌自身的醇脱氢酶 YqhD 具有最好的催化活性。引入上述两个酶后，以木糖为碳源，1,4-丁二醇的产量为 1.8g/L，而副产物 1,2,4-丁三醇的产量为 3.56g/L，表明 Kivd 底物专一性差，可催化中间体 2-酮-3-脱氧-D-木糖酸脱羧产生 1,2,4-丁三醇。

（4）蛋白质工程改造优化 1,4-丁二醇生产

2-酮-3-脱氧-D-木糖酸含有额外的羟基，分子体积比 α-酮戊二酸半醛大。通过蛋白质工程改造缩小了 Kivd 的催化口袋以增强其对较小底物的选择性。最佳突变体 Kivd V461I 可生产 3.83g/L 1,4-丁二醇，而 1,2,4-丁三醇产量降低至 0.99g/L。Kivd V461I 对底物 2-酮-3-脱氧-D-木糖酸的比常数（k_{cat}/K_m）从 7.7L/(mmol·s) 显著降低至 0.5L/(mmol·s)，同时对 α-酮戊二酸半醛的比常数从 1.7L/(mmol·s) 增加至 2.5L/(mmol·s)，酶的表征数据与发酵结果一致。

在 1.3L 生物反应器中进行 1,4-丁二醇生物合成的放大实验。以葡萄糖和 D-木糖作为混合碳源，D-木糖工程菌株在 36h 内消耗 42.1g/L D-木糖，产生 9.21g/L 1,4-丁二醇，为理论最大值的 36%。类似地，L-阿拉伯糖菌株以葡萄糖和 L-阿拉伯糖为混合碳源，在 72h 内消耗 70.5g/L 的 L-阿拉伯糖，产生 15.6g/L 1,4-丁二醇，为理论最大值的 37%。D-半乳糖醛酸菌株以葡萄糖和 D-半乳糖醛酸为混合碳源，在 90h 内消耗 50.5g/L 的 D-半乳糖醛酸产生 16.5g/L 的 1,4-丁二醇，为理论最大值的 70%。

8.1.1.3　生物合成 4-羟基香豆素

4-羟基香豆素是重要的药物前体，可用于合成抗凝血剂华法林。研究表明霉菌发酵草木犀苷可以产生 4-羟基香豆素，然而涉及的关键酶尚未得到鉴定。另外，植物花楸中的联苯合酶（BIS）可以催化水杨酰辅酶 A 和一分子丙二酰辅酶 A 缩合生成 4-羟基香豆素，暗示植物中 4-羟基香豆素的生物合成可能是以水杨酸为前体。然而，研究表明花楸中缺少水杨酰辅酶 A 连接酶（SCL），且植物中水杨酸的合成途径尚未完全解析。在天然途径尚不清楚的背景下，Lin 等[3]采用反向生物合成策略，设计了 4-羟基香豆素的人工途径，通过限速酶的筛选替换实现了其高效生物合成，并尝试在发酵液中直接进行华法林的原位半合成（图 8.3）。

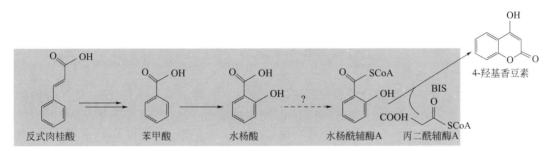

(a) 植物途径

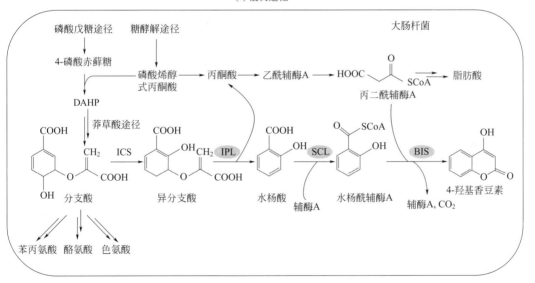

(b) 人工设计途径

图 8.3　植物及人工设计中的 4-羟基香豆素合成途径
ICS，异分支酸合成酶；IPL，异分支酸丙酮酸裂解酶；
SCL，水杨酰辅酶 A 连接酶；BIS，联苯合酶

（1）4-羟基香豆素合成途径的反向设计

如上所述，水杨酰辅酶 A 与丙二酰辅酶 A 经 BIS 催化可生成 4-羟基香豆素。丙二酰辅酶 A 是胞内自身代谢产物，水杨酰辅酶 A 可由 SCL 以水杨酸和辅酶 A 为底物催化合成。为了进一步实现 4-羟基香豆素的从头生物合成，需建立水杨酸与宿主代谢的联系。水杨酸是植物中的一种信号分子，也是细菌中合成铁载体的前体。与复杂且未完全解析的植物途径相

比，细菌中水杨酸的合成途径更为简单。在铜绿假单胞菌、分枝杆菌等细菌中，莽草酸途径的终产物分支酸经异分支酸合成酶（ICS）和异分支酸丙酮酸裂解酶（IPL）两步酶催化即可生成水杨酸。综上，通过反向设计确定了以分支酸为前体，经四步酶（ICS、IPL、SCL和BIS）催化完成4-羟基香豆素的人工合成途径（图8.3）。为方便后续途径构建及优化，将整个途径分为两个模块，即上游水杨酸合成模块以及下游水杨酸到4-羟基香豆素的转化模块。

（2）下游模块酶的筛选

下游水杨酸到4-羟基香豆素的转化模块包含两个酶SCL和BIS。在目前已知的三个BIS中，BIS3具有较高的k_{cat}值，因此被用于途径的构建。在对已知的SCL进行分析后，选择了链霉菌属的SdgA和足肿马杜拉放线菌的MdpB2进行表达纯化及活性测定。酶活分析表明与MdpB2相比，SdgA具有更高的底物亲和力及催化活性。将BIS3和SdgA编码基因克隆到高拷贝质粒pZE12-luc中产生质粒pZE-BS并转化大肠杆菌。外源添加水杨酸，经过24h工程菌株仅转化生成2.3mg/L 4-羟基香豆素。

（3）生物合成水杨酸

类似地，构建上游水杨酸合成模块需筛选高效的ICS和IPL。对于ICS，表达并纯化了假单胞菌的PchA、大肠杆菌的EntC和MenF用于酶动力学测试，结果表明EntC具有最高的催化活性。对于IPL，从荧光假单胞菌和铜绿假单胞菌中克隆了相应基因（pchB），进行表达及活性测试，结果前者活性略高于后者。因此，选用大肠杆菌EntC和荧光假单胞菌PchB用于构建水杨酸合成途径。将EntC和PchB的编码基因克隆到质粒pZE12-luc产生质粒pZE-EP。含有pZE-EP的大肠杆菌菌株可以从头合成水杨酸，培养32h产量达到158.5mg/L。

（4）寻找高活性的BIS替代酶

确认上游和下游模块的可行性之后，下一步将EntC、PchB、BIS3和SdgA对应的基因组装成一个操纵子，得到质粒pZE-EPBS，形成完整的4HC合成途径。然而，携带该质粒的菌株仅产生微量4HC，并且水杨酸积累了156.2mg/L。这表明下游模块是整个途径的瓶颈。活性测试表明BIS3是下游模块的限速步骤。为解决该问题，需要寻找高活性的替代酶。

BIS属于Ⅲ型聚酮合酶。然而，目前没有其他Ⅲ型聚酮合酶可以催化4-羟基香豆素的合成反应。通过细菌次级代谢产物结构搜索，发现铜绿假单胞菌4-羟基-2(1H)-喹诺酮的结构与4-羟基香豆素极其相似（图8.4）。喹诺酮合酶（PqsD）可以催化邻氨基苯甲酰辅酶A与丙二酰辅酶A脱羧缩合并自发进行分子内环化。PqsD催化的反应与BIS高度相似，因此推测PqsD有可能催化水杨酰辅酶A生成4-羟基香豆素。为此，用PqsD替代BIS3构建表达质粒pZE-PS。携带该质粒的菌株在7h内可完全转化276mg/L水杨酸生成4-羟基香豆素，表明PqsD对水杨酰辅酶A具有很高的催化活性。

通过优化上下游模块的表达水平，并增强上游莽草酸途径通量，4-羟基香豆素产量达到483.1mg/L。最后，尝试通过绿色化学方法原位半合成华法林。将另一前体苄基丙酮及催化剂1,2-二苯基乙二胺添加到发酵上清液中，超声水浴反应3h。高效液相色谱分析表明华法林产量为43.7mg/L，对应摩尔转化率4.6%。

8.1.1.4 连续动态控制提高类胡萝卜素产量

类胡萝卜素是四萜类化合物，广泛用作食品着色剂、饲料添加剂、营养补充剂及药物。以往微生物法生产类胡萝卜素的研究主要集中在对三孢布拉霉、红发夫酵母、盐生杜氏藻等

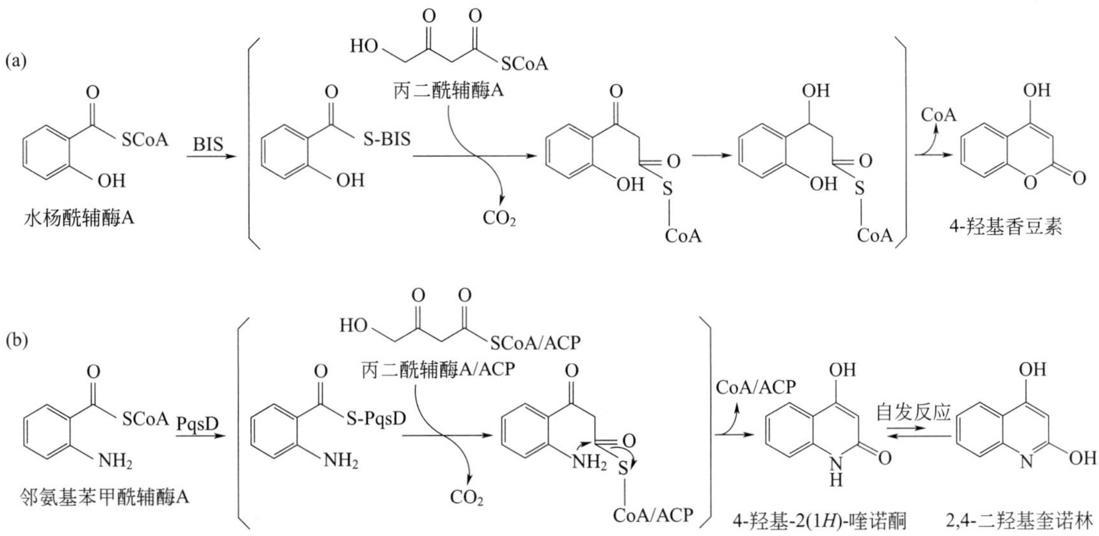

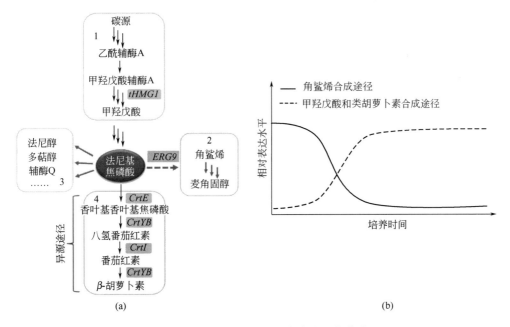

图 8.4 联苯合酶（BIS）与喹诺酮合酶（PqsD）催化机理比较

天然生产菌株发酵条件的优化。近年来，由于酿酒酵母基因操作成熟，生物安全性和发酵鲁棒性高，逐渐成为萜类化合物异源合成的平台宿主。

在酿酒酵母中，倍半萜、二萜、三萜和四萜均来源于共同的前体法尼基焦磷酸（FPP）[图 8.5（a）]。因此，有效地引导 FPP 流向目标途径对于提高目标萜类产量至关重要。以往的研究主要通过增强类胡萝卜素合成途径以及上游甲羟戊酸途径、抑制角鲨烯合成酶（ERG9）、降低甾醇合成等策略提高类胡萝卜素产量。然而，异源途径的过早和过强表达会

图 8.5 酿酒酵母类胡萝卜素合成调控策略

（a）烯萜类化合物合成途径。以法尼基焦磷酸为代谢节点，将途径分成四部分：1—上游甲羟戊酸途径；2—甾醇合成途径；3—其他分支代谢途径；4—异源类胡萝卜素合成途径。

（b）目标途径（虚线）和竞争途径（实线）的顺序表达控制策略

造成细胞代谢压力，特别是对于类胡萝卜素，由于其疏水性强只能储存在细胞膜系统中。另外，虽然下调 ERG9 基因的表达可增加 FPP 的供应，但过早抑制 ERG9 会影响细胞生长并促使其他竞争途径的表达（如法尼醇的合成）。为了降低代谢压力，实现 FPP 的供需平衡及在目标途径和竞争途径中的合理分配，Xie 等[4] 采用了基因表达的顺序控制策略 ［图 8.5（b）］。在培养前期，甲羟戊酸和角鲨烯合成途径的基因以正常水平表达以维持细胞生长。随着培养的进行，甲羟戊酸途径的关键酶以及类胡萝卜素合成酶的表达水平逐渐升高，同时 ERG9 基因的表达水平逐渐降低，保证代谢流量逐步用于目标产物合成。这一概念类似于机械控制系统中各单元开关的顺序控制。在代谢工程中运用该策略，可以实现代谢途径的精细控制。为实现该设计策略，作者利用葡萄糖诱导型和抑制型启动子，使不同途径响应葡萄糖浓度的变化进行顺序表达。具体研究内容如下：

（1）根据菌落颜色比较启动子强度

在异源途径的设计构建过程中，选择合适的启动子对于优化生产效率至关重要。为了获得合适的启动子，设计了启动子强度比较系统（图 8.6）。该系统包含 β-胡萝卜素合成的三个酶（CrtE、CrtI 和 CrtYB），其中 CrtE 是该途径的限速步骤，其表达水平与 β-胡萝卜素的产量呈正相关。因此，可以从菌落的颜色大致判断控制 CrtE 表达的启动子强度。

选取了 10 个启动子，包括四个萜类化合物生物合成相关的启动子（P_{IDI1}、P_{ERG20}、P_{ERG9}、P_{BTS1}）、三个糖代谢相关的启动子（P_{GAL10}、P_{HXT7}、P_{HXT1}）和三个常用的启动子（P_{TEF1}、P_{ACT1}、P_{CYC1}）在含有半乳糖（SG-URA）或葡萄糖（SD-URA）的合成培养基上进行比较。菌落的颜色反映出启动子强度。为了定量评估这些启动子在葡萄糖和半乳糖培养基中的强度，提取总胡萝卜素进行定量分析，发现 10 个启动子强度的差别可以达到 20 倍［图 8.6(c)］。其中，P_{BTS1} 是组成型启动子，在葡萄糖和半乳糖培养基均比 P_{ERG9} 弱；P_{HXT1} 是高葡萄糖浓度诱导、低葡萄糖浓度抑制型启动子；P_{GAL10} 则呈相反趋势。因此，P_{BTS1} 和 P_{HXT1} 可用于控制 ERG9 基因的表达，而 P_{GAL10} 可用于控制胡萝卜素途径及上游甲羟戊酸途径。

（2）利用组成型启动子 P_{BTS1} 下调 ERG9

酵母菌株 YXWP-53 是生产 β-胡萝卜素的工程菌株。该菌株中胡萝卜素合成酶基因 crtE、crtYB 和 crtI 以及上游关键酶基因 thmg1 通过启动子 P_{GAL10} 控制表达。菌株 YXWP-53 中角鲨烯的含量明显高于胡萝卜素的含量，表明甲羟戊酸途径的通量主要用于副产物甾醇的合成。

为了减少流向甾醇的通量，使用 P_{BTS1} 替换原始的 P_{ERG9} 启动子以下调 ERG9 基因的表达。相比 YXWP-53，构建的新菌株 YXWP-60（＋）中角鲨烯的含量在葡萄糖培养基（YPD）和葡萄糖/半乳糖混合培养基（YPDG）中的含量分别降低了 11.5％ 和 46.5％，然而，胡萝卜素的产量在 YPD 中减少了 65％，在 YPDG 中增加了 23.8％。角鲨烯含量的减少并未引起相应的胡萝卜素产量的提高，反而引起 YPD 培养基中法尼醇的积累。法尼醇的形成可能是 FPP 利用不平衡引发内源水解所致。

此外，虽然在 YPDG 中，使用 P_{BTS1} 抑制 ERG9 使类胡萝卜素的产量提高到 11.93mg/g DCW，但角鲨烯的含量仍高达 10.03mg/g DCW。通过比较菌株 YXWP-53 和 YXWP-60（＋）角鲨烯的产量以及启动子 P_{BTS1} 和 P_{ERG9} 的强度，角鲨烯产量的减少与启动子强度并不成线性关系，可能是由于 ERG9 具有高催化活性，即使表达下调，仍可将积累的 FPP 转化成角鲨烯。因此，启动子 P_{BTS1} 可能对于下调角鲨烯途径还不够强，需要寻找其他方法。

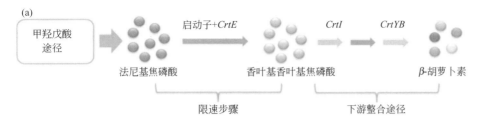

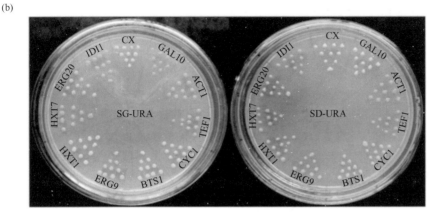

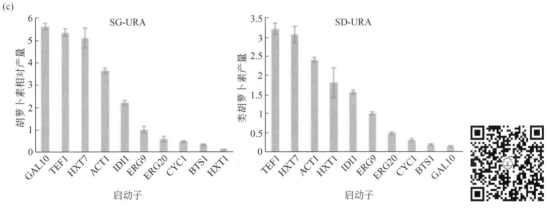

图 8.6 酿酒酵母不同启动子强度比较

彩图 8.6

知识拓展 8-1

组成型启动子、组织特异性启动子与诱导型启动子

组成型启动子(constitutive promoter)是指在该类启动子控制下,结构基因的表达大体恒定在一定水平上,在不同组织、部位表达水平没有明显差异。

组织特异性启动子(tissue-specific promoter)又称器官特异性启动子。在这类启动子调控下,基因往往只在某些特定的器官或组织部位表达,并表现出发育调节的特性。

诱导型启动子(inducible promoter)是指在某些特定的物理或化学信号的刺激下,该种类型的启动子可以大幅度地提高基因的转录水平。

（3）酿酒酵母顺序控制系统的构建

P_{HXT1}是高葡萄糖浓度诱导、低葡萄糖浓度抑制型启动子，在低葡萄糖条件下弱于启动子P_{BTS1}。而另外一个启动子P_{GAL10}的强度受到葡萄糖抑制，受到非发酵碳源或葡萄糖限制条件的诱导。因此，如果葡萄糖诱导的P_{HXT1}与葡萄糖抑制的启动子P_{GAL10}相结合，可以通过响应培养基中葡萄糖的浓度变化，实现 $ERG9$ 基因和胡萝卜素合成酶基因的顺序表达，有助于平衡 FPP 的利用，提高胡萝卜素产量。为此，将菌株 YXWP-53 中原始的 P_{ERG9} 启动子用 P_{HXT1} 替换，得到菌株 YXWP-65（＋）。

（4）葡萄糖对基因表达的时序控制

理论上讲，摇瓶初始葡萄糖浓度可以决定启动子 P_{GAL10} 控制的胡萝卜素合成途径和 P_{HXT1} 控制的角鲨烯途径的表达时间。平衡两条途径是实现 FPP 均衡利用、提高胡萝卜素产量的关键。通过调节 YPDG 中初始葡萄糖浓度可以平衡角鲨烯和胡萝卜素合成途径。为了研究基因表达的诱导/抑制是否与理论模型一致，通过 qPCR 对 YPDG 中培养的 YXWP-65（＋）菌株中 $thmg1$、$ERG9$、$crtE$、$crtYB$ 和 $crtI$ 基因的转录水平进行研究。同时，检测培养基中葡萄糖浓度、类胡萝卜素积累和生物量变化。以培养 6h 刚进入对数期的细胞为对照，随着葡萄糖的消耗，P_{GAL10} 启动子控制的 β-胡萝卜素途径基因转录水平上调 8～13 倍，而 P_{HXT1} 控制下的 $ERG9$ 基因下调约 10 倍，趋势与模型基本一致。相对于 P_{HXT1} 的抑制，P_{GAL10} 的诱导略有滞后。

（5）改进顺序控制策略进一步强化类胡萝卜素生产

虽然通过调节类胡萝卜素/角鲨烯的诱导/抑制时间可以增加类胡萝卜素产量，然而，YXWP-65（＋）菌株角鲨烯含量的下降（16.98mg/g DCW）与类胡萝卜素产量的增加（4.76mg/g DCW）不呈线性。定量 PCR 结果表明在葡萄糖消耗过程中 P_{GAL10} 启动子的诱导略微滞后于 P_{HXT1} 的抑制，可能会导致 FPP 的积累，继而引发内源 FPP 消耗途径。为了更好地平衡 FPP 的利用，在此基础上增加了一个拷贝的组成型表达的胡萝卜素合成途径，得到菌株 YXWP-82（＋）。在 YPD 中，与 YXWP-65（＋）相比，YXWP-82（＋）角鲨烯和法尼醇含量降低，类胡萝卜素含量增加。在 YPDG 中，YXWP-82（＋）类胡萝卜素产量达到 19.71mg/g DCW，约为 YXWP-53 的两倍，角鲨烯含量降低到 2.25mg/g DCW，法尼醇仅有微量积累。

（6）类胡萝卜素生产的高密度发酵

YXWP-82（＋）是 BY4741 菌株经基因改造而来。虽然在构建过程中 URA3 标记已获得回补，该菌株仍然是亮氨酸、甲硫氨酸和组氨酸缺陷型。为了满足大规模发酵，将 $MET15$，$LEU2$ 和 $HIS3$ 标记整合到 YXWP-82（＋）基因组中，产生菌株 YXWP-101（＋）。基于上述顺序控制策略，采用两阶段补料策略，发酵 120h，类胡萝卜素产量达到 1156mg/L（20.79mg/g DCW），其中包含 32.56％ β-胡萝卜素、28.32％番茄红素和 39.06％其他胡萝卜素。

8.1.2　生物能源的绿色制造

8.1.2.1　生物乙醇

目前，世界上接近 90％的能源由石油、煤炭及天然气等化石燃料提供。化石燃料具有不可再生性，而且其大量使用导致严重的环境污染问题。因此，寻找清洁可再生的能源成为研究热点。在众多选择中（风能、水能、核能及生物能源等），生物能源是其中一个具有发展前景的研究方向。

乙醇是研究最成熟、使用最广泛的生物能源,主要用作燃油添加剂。2013 年全球生物乙醇产量约为 10.4 亿立方米。美国和巴西是生物乙醇的主要生产国,主要以玉米和甘蔗为原料。然而,考虑到粮食安全问题,研究者已开始研究利用非粮作物为原料发酵生产乙醇。木质纤维素储量丰富,是良好的替代原料。通过预处理将其中的纤维素、半纤维素水解成葡萄糖、木糖及阿拉伯糖等单糖后,可用于发酵生产乙醇。酿酒酵母是工业发酵生产乙醇的常用菌株,能够有效利用葡萄糖生产乙醇,然而却不能利用木糖等五碳糖。因此,研究者利用合成生物学手段对酿酒酵母进行改造以实现木糖利用。酿酒酵母基因组中存在木糖代谢相关的酶,包括木糖还原酶(XR)、木糖醇脱氢酶(XDH)及木酮糖激酶(XK),但是这些酶的表达水平及活性很低。当在酵母中过表达这些内源基因时,工程菌株在木糖中生长仍十分缓慢。通过将毕赤酵母等微生物的 XR、XDH 基因导入酵母并过表达内源 XK,可以实现对木糖的利用。然而,由于 XDH 催化产生 NADH 而 XR 优先消耗 NADPH,导致还原力失衡及中间产物木糖醇的积累。为此,研究者通过蛋白质工程改造 XR 及 XDH,改变其对辅因子的偏好性,可以实现还原力平衡。木糖代谢的另外一条途径是通过木糖异构酶(XI)实现木糖和木酮糖直接相互转化,不会引起氧化还原失衡。然而细菌的 XI 在酵母中不能高效表达。为此,通过同源筛选从真菌中鉴定了在酵母中具有高活性的 XI,与非氧化磷酸戊糖途径中的酶共表达时,以木糖为碳源发酵乙醇的得率与以葡萄糖为碳源时接近[5]。木糖转运是木糖利用的另一限制因素,通过表达糖转运蛋白,木糖摄取能力及乙醇产量可进一步提高[6]。

上述过程需对纤维素原料进行预处理及水解以得到可发酵糖。联合生物加工(consolidated bioprocessing)将纤维素酶分泌、纤维素水解以及乙醇发酵整合成一步,直接利用纤维素为碳源生产乙醇,是生物燃料生产更经济简便的工艺。纤维小体具有非常有序的组织结构,具有很高的纤维素降解效率。Tsai 等[7]利用酵母共培养体系实现了纤维小体在细胞表面的功能组装。该体系包含四种工程酵母菌株。其中一种酵母表面展示支架蛋白。该支架蛋白含三个不同的黏附蛋白(cohesin)结构域。另外三种菌株分别分泌带有相应对接蛋白(dockerin)标签的纤维素酶(内切葡聚糖酶、外切葡聚糖酶和 β-葡聚糖苷酶)(图 8.7)。基于黏附蛋白和对接蛋白之间的特异性相互作用,纤维素酶可在细胞表面有序组装形成纤维小体。通过调节菌株之间的比例,可以优化纤维小体组装、纤维素水解及乙醇生产。最终乙醇产量可达 1.87g/L,为理论最大产率的 93%。

研究者也尝试在单一酵母细胞中共表达支架蛋白和带有对接蛋白标签的纤维素酶。Wen 等[8]在酵母细胞表面分别展示了单功能、双功能及三功能的微型纤维小体。由于酶的协同效应和邻近效应,三功能复合物具有更好的纤维素水解效率。工程酵母菌株以磷酸膨胀的纤维素为碳源发酵产生 1.8g/L 乙醇。为进一步提高表面展示水平,Fan 等[9]采用双支架蛋白展示纤维小体。工程酵母菌株可有效水解微晶纤维素,乙醇产量达到 1.4g/L。Sakamoto[10]等通过表面共展示木聚糖内切酶、β-木糖苷酶、β-葡萄糖苷酶以及胞内表达 XR、XDH 和 XK,得到的重组酿酒酵母菌株可直接利用稻草水解液产生 8.2g/L 乙醇,产率达到 0.41g/g。

酿酒酵母发酵生产乙醇的过程中,产生一分子乙醇的同时释放一分子 CO_2。另外,发酵过程产生过量 NADH 导致副产物甘油的积累。通过引入卡尔文循环,一方面可以固定部分 CO_2 减少碳损失;另一方面利用 CO_2 作为电子受体实现 NADH 的再氧化,可减少副产物积累。为此,需引入两个外源酶:磷酸核酮糖激酶(PRK)和 1,5-二磷酸核酮糖羧化酶

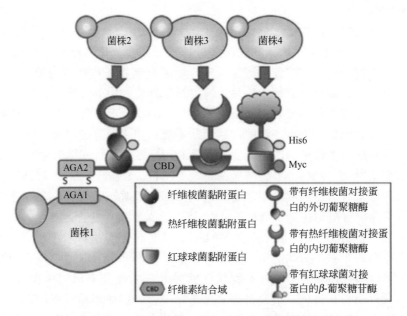

图 8.7　利用共培养体系在酿酒酵母表面组装纤维小体

（RuBisCO）。PRK 可催化酵母磷酸戊糖途径中间体 5-磷酸核酮糖生成 1,5-二磷酸核酮糖，接着 RuBisCO 催化 1,5-二磷酸核酮糖与一分子 CO_2 的羧化反应，生成两分子 3-磷酸甘油酸，进一步经糖酵解途径生成乙醇（图 8.8）。RuBisCO 是自养生物卡尔文循环固碳途径的关键酶。自然界中存在 4 种类型的 RuBisCO。Ⅰ型 RuBisCO 是由 8 个大亚基和 8 个小亚基组成的 8 聚体，其中小亚基可富集周围的 CO_2 增加大亚基的反应效率。Ⅱ型 RuBisCO 仅由

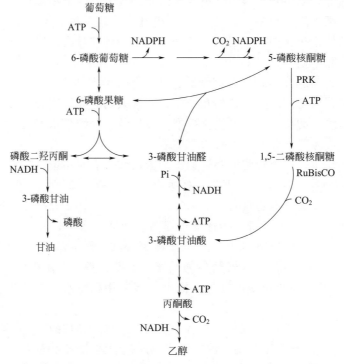

图 8.8　利用卡尔文循环固定 CO_2 提高酿酒酵母乙醇产量

PRK—磷酸核酮糖激酶；RuBisCO—1,5-二磷酸核酮糖羧化酶

8 个大亚基组成，其异源活性表达需要大肠杆菌 GroEL 和 GroES 等分子伴侣辅助。在酿酒酵母中表达密码子优化的脱氮硫杆菌 Ⅱ 型 RuBisCO 基因及菠菜 PRK 基因，甘油产量降低 90％，乙醇产量提高 10％[11]。

8.1.2.2　高级醇

与传统的燃料乙醇相比，高级醇能量密度高且吸湿性低，可作为新一代生物燃料。然而，除 1-丁醇之外，缺乏 C_4 和 C_5 高级醇的天然生物合成途径。丙酮丁醇梭菌等微生物可以通过依赖辅酶 A 的途径产生 1-丁醇。该途径从乙酰辅酶 A 开始，涉及的酶包括乙酰乙酰辅酶 A 硫解酶（Thl）、3-羟基丁酰辅酶 A 脱氢酶（Hbd）、烯酰水合酶（Crt）、丁酰辅酶 A 脱氢酶（Bcd）、电子转移黄素蛋白（Etf）、醛/醇脱氢酶（AdhE2）。由于梭菌属菌株是严格厌氧菌，生长速率较慢，因此研究者尝试利用合成生物学技术异源重构丁醇合成途径，并对菌株进行改造以期提高丁醇产量。Atsumi 等[12]在大肠杆菌中重构了丁醇合成途径，初始产量仅有 13.9mg/L，通过替换限速酶，敲除竞争途径，以及优化培养基，丁醇产量提高至 552mg/L。上述丁醇合成途径存在 3 个主要问题：从乙酰辅酶 A 开始下游的酶促反应均是可逆的；产生 1 分子丁醇需消耗 4 分子 NADH；Thl 是限速酶。使用反式烯酰辅酶 A 还原酶（Ter）代替 Bcd/Etf 引入不可逆反应，解决了第一个问题；通过敲除 NADH 消耗途径以及表达甲酸脱氢酶产生额外 NADH，解决了第二个问题；使用高催化活性的大肠杆菌乙酰辅酶 A 乙酰转移酶 AtoB 替代梭菌 Thl，解决了第三个问题。经过系统改造，以充足的 NADH 和乙酰辅酶 A 为驱动力，1-丁醇产量大幅度提高，达到 30g/L[13]。

生物合成高级醇的另外一条途径称为 Ehrlich 途径。该途径中，氨基酸合成前体 2-酮酸经脱羧后生成醛，再被还原成醇。Liao 课题组利用合成生物学手段改造大肠杆菌，可以由葡萄糖合成异丁醇、1-丁醇、2-甲基-1-丁醇、3-甲基-1-丁醇以及苯乙醇等一系列高级醇[12]。具体研究思路及内容如下。

氨基酸合成途径的中间体 2-酮酸，可经酮酸脱羧酶（KDC）催化生成醛，进而由醇脱氢酶（ADH）催化生成相应的醇（图 8.9）。因此，只需引入这两个外源酶即可实现由 2-酮酸生产高级醇。氨基酸合成途径可产生多种 2-酮酸。例如，异亮氨酸合成途径产生 2-酮基丁酸和 2-酮基-3-甲基戊酸，可以被转化成 1-丙醇和 2-甲基-1-丁醇；缬氨酸合成途径中的 2-酮基异戊酸可用于生产异丁醇；亮氨酸合成途径中的 2-酮基-4-甲基戊酸可用于生产 3-甲基-1-丁醇；苯丙氨酸合成途径产生的苯丙酮酸可用于生产苯乙醇；正缬氨酸合成途径产生

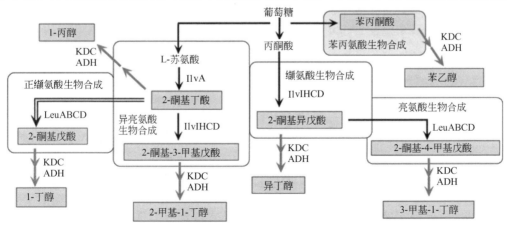

图 8.9　利用酮酸脱羧酶（KDC）及醇脱氢酶（ADH）合成高级醇

的 2-酮基戊酸可用于生产 1-丁醇。

KDC 是这些高级醇合成途径中的关键酶。该酶广泛存在于植物、酵母和真菌中，在细菌中较少存在。而醇脱氢酶在生物中广泛存在。一些 KDC 底物范围广泛，而另一些 KDC 底物专一性较强。从酿酒酵母、乳酸乳球菌以及丙酮丁醇梭菌中克隆了 5 个 KDC，并分别与酿酒酵母的醇脱氢酶 Adh2 在大肠杆菌中共表达。携带外源基因的大肠杆菌在葡萄糖基本培养基中培养，经过液相色谱-质谱分析表明乳酸乳球菌的酮酸脱羧酶 Kivd 具有最好的活性和通用性。在所有情况下，仅有微量的醛积累，表明 Adh2 具有足够的活性。另外，外源添加酮酸后，目标醇的产量可以提高 2～23 倍，而其他醇的产量大幅度降低，表明增加目标酮酸的通量可以提高醇的生产率和单一性。

接着，通过代谢途径改造，增加酮酸的代谢通量以提高产量。以异丁醇为例，过表达 $ilvIHCD$ 增强 2-酮基异戊酸的合成，异丁醇的产量达到 23mmol/L，与对照相比增加了约 5 倍。敲除副产物合成基因，异丁醇产量进一步提高至 30mmol/L。为了进一步提高产量，使用枯草芽孢杆菌的乙酰乳酸合成酶 $alsS$ 基因替换大肠杆菌的 $ilvIH$。AlsS 对丙酮酸具有较高亲和性，而 IlvIH 对 2-酮基丁酸具有更高的偏好性。替换之后，异丁醇产量提高了约 1.7 倍，达到 50mmol/L。敲除丙酮酸甲酸裂解酶基因 $pflB$ 进一步减少了对丙酮酸的竞争。系统改造后的菌株在微好氧条件下产生约 300mmol/L（22g/L）异丁醇，在 40h 至 122h 之间得率达到 0.35g/g 葡萄糖，为最大理论得率的 86％。为了证明该方法的普遍性，将相同的策略用于 1-丁醇的生产。梭菌属中存在天然 1-丁醇合成途径，然而途径中许多酶对氧气敏感且依赖辅酶 A。基于酮酸脱羧酶的高级醇合成途径可避免辅酶 A 参与的反应，为高级醇的生物合成提供了新途径。

8.1.2.3 脂肪酸

生物柴油是另外一种可再生生物能源。脂肪酸是生物柴油生产的前体。由于脂肪酸的大多数碳原子处于还原状态，因此脂肪酸具有很高的能量密度。脂肪酸的生物合成途径是脂肪链不断延长的循环过程。Xu 等对大肠杆菌脂肪酸生产进行了系统研究[11]，主要分为以下几个方面：

（1）改造大肠杆菌脂肪酸合成途径

提高限速酶表达水平及敲除竞争途径是提高产物产量的常用代谢工程策略。为了增加大肠杆菌脂肪酸的合成，首先敲除了脂肪酰辅酶 A 合成酶基因（$fadD$）（图 8.10），目的有二：①阻断脂肪酸降解途径；②减少积累的脂肪酰辅酶 A 对乙酰辅酶 A 羧化酶的变构抑制。然而，改造后菌株脂肪酸产量仅有少量增加，说明还存在其他限制因素。在此基础上表达乙酰辅酶 A 羧化酶基因（$accABCD$）增强前体丙二酰辅酶 A 的合成，脂肪酸产量增加了三倍。

为了进一步提高脂肪酸产量，在胞质中表达了多功能的脂肪酰辅酶 A 合成酶（tesA'）和植物来源的脂肪酰-ACP 硫酯酶，以减轻脂肪酰-ACP 的积累对 β-酮酰-ACP 合酶（FabH）的反馈抑制。通过表达截短的 tesA'，脂肪酸产量增加了 90％。比较三种不同的植物脂肪酰-ACP 硫酯酶（BnFatA、CnFatB2 和 EGTE），表明 CnFatB2 是进一步提高脂肪酸产量的最优硫酯酶。

基于约束的流量平衡模型分析表明表达 $accABCD$ 的同时，过表达糖酵解途径基因如甘油醛-3-磷酸脱氢酶基因（$gapA$）、磷酸甘油酸激酶基因（pgk）和丙酮酸脱氢酶复合物基因

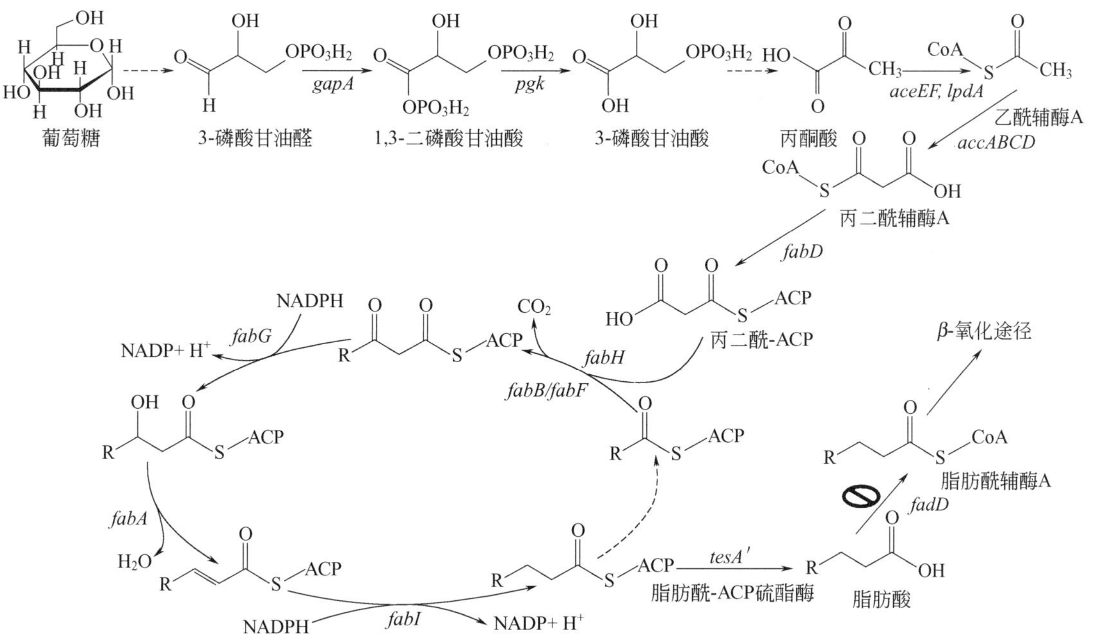

图 8.10　大肠杆菌脂肪酸合成途径改造及优化

绿色代表过表达基因；红色代表敲除基因

（*aceEF* 和 *lpdA*）可增加细胞乙酰辅酶 A／丙二酰辅酶 A 的水平。另外，还研究了大肠杆菌脂肪酸合酶复合物基因（*fabA*、*fabD*、*fabG* 和 *fabI*）的过表达对脂肪酸产量的影响。将糖酵解途径和脂肪酸合酶复合物基因组装到高拷贝数质粒或中拷贝数质粒上。在表达 tesA' 或 CnFatB2 的菌株中单独表达糖酵解途径或脂肪酸合酶复合物基因均可增加脂肪酸产量。然

彩图 8.10

而，两者共表达却导致产量下降，表明乙酰辅酶 A 的供应和丙二酰辅酶 A 的消耗失衡。这些结果表明，中间代谢物的相对水平可以显著影响工程化途径的生产潜力，可能是由于毒性中间体的积累引起的应激反应影响了细胞生长。

（2）模块化途径优化改善脂肪酸生产

由于途径中酶的数量众多，如果对所有酶的表达水平进行组合优化，工作量很大。因此采用多变量模块化方法来优化乙酰辅酶 A 生产途径与丙二酰辅酶 A 消耗途径之间的代谢平衡。

在中心代谢途径结构的基础上，大肠杆菌脂肪酸生物合成通路被分解为三个模块：由 *pgk*、*gapA*、*aceE*、*aceF* 和 *lpdA* 等基因组成的上游糖酵解（GLY）途径模块；由 *fabD*、*accA*、*accB*、*accC* 和 *accD* 编码的中间乙酰辅酶 A 激活模块；由 *CnfatB2*、*fabA*、*fabH*、*fabG* 和 *fabI* 编码的下游脂肪酸生物合成（FAS）模块。使用最近开发的合成生物学平台，简化基因组装和途径构建过程，三个模块在五种兼容的 ePathBrick 载体上成功表达，具有不同的启动子强度、质粒拷贝数和抗生素抗性标记。

上游糖酵解途径模块提供脂肪酸生产所需的乙酰辅酶 A；而下游模块包含脂肪酸链起始／延伸／终止步骤，利用丙二酰辅酶 A 合成脂肪酸。两个模块通过中间模块进行连接和调节，将碳通量从乙酰辅酶 A 引导至丙二酰-ACP。通过在高、中或低拷贝数质粒上表达这三个模块，确定了最佳模块组合，能够最大限度地减少乙酰辅酶 A 和丙二酰-ACP 的积累，最佳菌株总脂肪酸的产量达到 1.42g/L。这些结果表明多变量模块化优化是平衡代谢途径、提高产

物产量简便有效的方法。

（3）通过调整翻译效率提高脂肪酸产量

为了进一步提高脂肪酸产量，可以采用调节核糖体结合位点（RBS）的强度，优化 GLY 和 FAS 模块的翻译起始效率，进一步平衡丙二酰辅酶 A 的供应和丙二酰-ACP 的消耗等策略。使用来自 MIT Registry of Biological Standards Parts 的四个 RBS（RBS 29～32）替代天然 T7 启动子的 5′-UTR 区（5′-非翻译区）。使用增强型荧光蛋白作为报告基因测试不同 RBS 的翻译活性，结果显示相对于 RBS32，RBS 的翻译活性介于 0.18 至 3 之间。通过将每个模块基因置于强（天然 RBS，相对强度 3）、中（RBS29，相对强度 2）和弱（RBS32，相对强度 1）RBS 的控制下，组合构建了 9 个菌株。最优菌株脂肪酸的产量达到 2.04g/L，与亲代菌株相比增加了 46%。最后，在 20L 发酵罐中进行补料分批发酵，最优菌株脂肪酸产量达到 8.6g/L[14]。

（4）通过动态调控提高脂肪酸产量

传统的代谢工程主要通过表达限速酶、敲除或抑制竞争途径、调节 ATP 供应及还原力平衡等策略提高细胞生产力和产量。这些方法虽然有效，但是工程菌株通常不能动态控制基因的表达并且易受环境扰动影响，与最佳状态的任何偏差都会影响细胞生产力和产量。理想的工程细胞能感知某一关键中间代谢物在胞内的积累，并触发下游途径的表达将其转化成最终产品。从控制理论的角度来看，迫切地需要工程细胞可以根据环境变化自动调节途径表达及代谢活性。在脂肪酸合成途径中，丙二酰辅酶 A 的供应是限速步骤。Xu 等构建了丙二酰辅酶 A 的代谢开关，能够动态调节其合成及转化途径[15]。通过启动子-转录调控蛋白（FapR）的相互作用，构建了两个呈现相反转录活性的丙二酰辅酶 A 传感器。其中，基于 T7 启动子的传感器随着胞内丙二酰辅酶 A 水平的升高逐渐受到激活，而基于 GAP 启动子的传感器随着胞内丙二酰辅酶 A 水平的升高逐渐受到抑制。上游丙二酰辅酶 A 合成途径由 GAP 启动子控制，下游丙二酰辅酶 A 转化途径由 T7 启动子控制。当丙二酰辅酶 A 处于低水平时，FapR 激活合成途径抑制转化途径，导致丙二酰辅酶 A 在胞内逐渐积累。当其达到临界浓度时，丙二酰辅酶 A 与 FapR 结合，促进其从启动子区域解离，关闭丙二酰辅酶 A 合成途径，开启转化途径，将积累的丙二酰辅酶 A 转化成脂肪酸。使用该系统，胞内丙二酰辅酶 A 水平呈现振荡变化模式，脂肪酸的产量与对照相比提高了 2.1 倍。

8.2　环境治理方面的应用

随着世界范围内的快速城市化和工业化，由于意外泄漏或者管理不当导致大量有毒化学品释放到环境中。这些有毒化学物质既包括重金属等无机物质也包括苯、甲苯、联苯和苯乙烯等有机物质，具有潜在的致癌性、致畸性以及对生态系统其他的不良影响。利用合成生物学手段构建生物传感器，可以实现复杂条件下污染物的快速评估及检测。另外，利用工程微生物还可以进行生物修复。生物传感器通常包含两部分元件，感应元件可以感知环境中目标化合物的存在；效应元件则输出易检测、可定量的信号。通常使用的感应元件是基因的启动子及其调控蛋白，其参与目标化合物的细胞响应；效应元件通常包括 *lacZ*、*gfp* 或者 *lux* 基因，分别产生颜色、荧光及生物发光信号。

战争及领土争端导致大量地雷被埋入地下，人工探测排除地雷效率低且危险大。2,4,6-

三硝基甲苯（TNT）是地雷的主要爆炸成分。TNT 及其杂质成分 1,3-二硝基苯（1,3-DNB）和 2,4-二硝基甲苯（2,4-DNT）的蒸气可以透出地雷并迁移到地表。在这三种化合物中，2,4-DNT 具有更好的挥发性及稳定性，因此成为地雷的合适标志物。为此，研究者构建了能够探测 2,4-DNT 的基因工程大肠杆菌，由启动子 yqjF 或 ybiJ 控制 GFP 或 luxC-DABE 基因的表达。工程菌株可以检测水中、空气中以及埋在土壤中的 2,4-DNT。通过对启动子区域进行 4 轮随机突变，可使响应信号强度提高 3000 倍，检测阈值降低 75%，响应时间缩短一半[30]。

烷烃和原油在水中的溶解度通常极低，导致不能与细胞充分接触，妨碍了其在复杂的水或土壤环境中的检测。不动杆菌菌株 ADP1 能够耐受海水而且具有黏附于油水界面的特殊能力。研究者以 ADP1 为底盘构建了生物传感器，应用于水中和土壤中烷烃和烯烃的检测。该传感器包含烷烃调控蛋白 ALKR，以及由 alkM 启动子控制的荧光素酶基因 luxCDABE。工程菌株能够检测碳链长度为 C_7 到 C_{36} 的各种烷烃和烯烃，且可在 30min 内产生响应，检测范围为 0.1～100mg/L。该菌株是一种快速、敏感和半定量的生物传感器，可用于监测海水和土壤中的漏油情况[31]。

其他有机物，例如营养物质、次生代谢产物和生物活性物质，也可通过生物传感器进行检测。许多合成化合物（例如农药、增塑剂和合成激素等）和天然存在的化学物质都具有类固醇激素活性，可以破坏脊椎动物的内分泌系统。针对这一公共卫生问题，研究者开发了此类生物传感器用以检测不同水体系统中类固醇激素的水平[32]。酵母雌激素筛选系统是广泛使用的检测雌激素化合物的生物传感器。工程酿酒酵母菌株表达人雌激素受体（hER-α）以及雌激素响应元件（ERE）控制的 lacZ 报告基因。当类雌激素化合物与雌激素受体结合时，形成的复合物可与 ERE 结合，激活 LacZ 的转录表达；产生的 β-半乳糖苷酶将显色底物氯酚红-β-半乳糖吡喃糖苷转化成红色产物，可通过 540nm 处的吸光度检测。该方法广泛用于测定多氯联苯及其羟基化衍生物、多核芳烃以及废水处理系统和乳制品中的雌激素。上述方法虽然可有效测定雌激素活性，但是标准比色测定需要 3～5 天的孵育时间。为解决该问题，研究者又开发了基于生物发光的雌激素报告系统，可在几小时内产生可见光信号，显著缩短了检测时间。

除了自然原因，采矿、金属冶炼、电镀以及化石燃料的不完全燃烧等，都会产生一系列重金属污染物，重金属环境污染大、生物毒性强，对几乎所有生物都有害。对此，研究者通过重金属响应型启动子控制报告基因的表达，研发出有效检测重金属的方法。例如，调节蛋白 MerR 可与 P_{merT} 启动子附近的操纵位点结合抑制报告基因表达。汞离子可以降低 MerR 对靶位点的亲和性，增强报告基因（如荧光蛋白、荧光素酶、β-半乳糖苷酶等）的表达。通过信号蛋白强度或者酶活性的变化可以估计汞离子的浓度。由于重金属污染的样品中往往含有不止一种金属污染物，因此许多研究者意识到在实际环境中实现多种物质同时检测的必要性。Ravikumar 等设计构建了可同时检测锌离子和铜离子的生物传感器[33]。其中，锌离子响应启动子 P_{zraP} 控制绿色荧光蛋白表达，铜离子响应启动子 P_{cusC} 控制红色荧光蛋白表达。工程菌株可有效地感知低水平的重金属（16μmol/L 的锌离子和 26μmol/L 的铜离子）。该研究组还设计了一个铜离子响应吸附系统[34]。利用 P_{cusC} 启动子控制融合蛋白 tOmpC-CBP 的表达。其中，tOmpC 是截短型大肠杆菌外膜孔蛋白，CBP 是铜离子结合肽。在环境中存在铜离子时，激活 P_{cusC} 启动子，实现融合蛋白 tOmpC-CBP 的表达及在大肠杆菌细胞表面的展示。工程菌株每克干细胞可吸附 92.2μmol 铜离子。

8.3　医药方面的应用

8.3.1　传染疾病的防治

8.3.1.1　理解病原体致病机制

随着 DNA 合成和组装技术的发展，科学家已可以化学合成病毒、细菌甚至酵母的完整基因组。合成生物学通过基因元件的快速合成、组装、混编与功能分析相结合，极大地促进了对宿主与病原体相互作用以及疾病机制的理解。

1918 年爆发的西班牙大流感具有极高的致死率，导致全球几千万人死亡。研究者从保存的人体组织样本中提取基因组片段，再通过获取的序列信息合成了该病毒的基因组。通过对重组病毒进行功能分析，对关键致病因子有了新的认识[35]。其中，血凝素变异体不经过胰蛋白酶激活即可诱导膜融合，经过修饰的聚合酶增强了病毒的复制。该研究同时也表明八个基因的组合变异是造成西班牙流感病毒异常感染性的原因。这一发现可能有助于评估未来病毒变异体的传播能力。

人畜共患疾病严重威胁公共健康。其中，21 世纪新出现的严重急性呼吸综合征（SARS）病毒可在人与人之间快速传播。合成和分析嵌合病毒促进了人们对于 SARS 病毒异常传播性的理解。SARS 病毒被认为起源于蝙蝠冠状病毒。虽然蝙蝠冠状病毒的全基因组已经测序，但是无法在离体细胞或者动物中培养。Becker 等设计合成了 29.7kb 的嵌合蝙蝠冠状病毒[36]。该病毒含有 SARS 病毒的受体结合刺突蛋白，能够感染离体培养细胞及小鼠。体内研究表明刺突蛋白中的突变增强了感染性，这种表面蛋白是导致 SARS 病毒趋向性转变的关键因素。

8.3.1.2　疾病预防疫苗的开发

运用合成生物学手段精确地组装和改造基因组，可以用于减毒疫苗的设计生产。例如，选择性表达基孔肯雅病毒（CHIKV）结构蛋白可以产生病毒样颗粒。用此颗粒免疫的猴子可以产生抗体，防止高剂量感染引起的病毒血症。将猴子产生的抗体输入到免疫缺陷小鼠中，可使其在接触致命剂量的 CHIKV 后幸存下来[26]。DNA 合成和组装也在脊髓灰质炎病毒安全活疫苗的开发方面发挥了重要作用。通过基因组范围的密码子的替换，将病毒衣壳基因的常用密码子替换成稀有密码子，可以获得减毒病毒（例如，将编码丙氨酸/谷氨酸的密码子对 GCA｜GAG 变成稀有密码子对 GCC｜GAA）。这些替换降低了蛋白质翻译效率，减弱了病毒的复制能力和感染性。这种减毒的脊髓灰质炎病毒可在小鼠中产生保护性免疫。由于存在多达 631 处突变，其恢复成野生病毒的概率很低，因此具有很高的安全性。这种基因组工程方法是设计传染性疾病活疫苗的通用策略[37]。

8.3.1.3　传染媒介的控制

登革热是一种严重的急性传染病，每年估计有 5 千万至 1 亿新增感染人数。埃及伊蚊是登革热病毒的主要传播媒介。其通过贸易和旅游在世界范围内传播，目前广泛分布在热带及亚热带地区。由于目前还没有治疗登革热的特效药物，因此控制其传播媒介成为防控该传染病的主要手段。伊蚊主要在白天活动，喷洒杀虫剂是主要的控制手段。然而，埃及伊蚊适应能力很强,可以在各种小型盛水容器中繁殖,寻找并对其进行有效杀灭十分困难。因此,迫切需要一种新型有效的蚊虫控制方法。

Fu 等在伊蚊中构建了一个条件显性致死型基因线路(图 8.11)。在该基因线路中,飞行肌特异性启动子 P_{FM} 控制含有内含子的四环素(TET)反式激活因子(tTA)的表达[38]。在雄蚊中,内含子不能被切除,避免了 tTA 的正确翻译,因此雄蚊可以正常发育;而在雌蚊中,通过性别特异性 mRNA 剪接可切除内含子,恢复 tTA 的正确翻译,导致 tTA 响应型启动子 P_{TET} 的激活,进而启动毒性基因的表达,导致雌蚊无飞行能力[39]。四环素可抑制 tTA 对 P_{TET} 的激活,使雌蚊在四环素存在时正常发育。将这种转基因蚊子的卵释放到野生生态系统中,可孵化出正常的雄蚊和无飞行能力的雌蚊。雌蚊由于无法飞行、交配、吸血,最终死亡。雄性蚊子不传播疾病却可在整个野生蚊子种群中传播这种基因线路,最终导致野生种群的减少甚至灭绝。野外测试表明将转基因蚊子释放到环境中后,雄性可以存活,与野生雌性交配并产生转基因幼虫,11 周后野生蚊的数量减少了 80%。

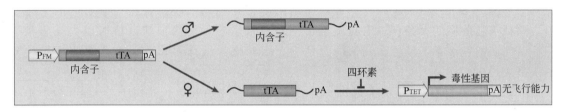

图 8.11 利用条件显性致死型基因线路控制雌蚊数量

8.3.1.4 改造益生菌降低病原体的毒性

肠道微生物数量种类众多,对维持人体正常代谢至关重要,同时也是防止病原体入侵的第一道防线。肠道共生细菌彼此之间以及与人类宿主之间形成了复杂的制衡系统。肠道内各微生物群体内部及群体之间存在着信息交流,这种交流称为群体感应。群体感应的发生依靠细菌合成并分泌信号分子(称为自体诱导物)。达到一定菌体密度时,自体诱导物可与受体结合,协调整个群落的基因表达。硼酸呋喃糖二酯(AI-2)是一种常见的自体诱导物,存在于大肠杆菌等多种微生物中。

霍乱弧菌是一种致病微生物,通过污染的水源进入人体胃肠道,之后快速生长并持续表达毒力因子引起腹泻。霍乱弧菌也存在群体感应系统。除 AI-2 外,该系统发挥作用还需要另外一种自体诱导物(S)-3-羟基十一烷-4-酮(CAI-1)的共同作用。在低细胞密度时,霍乱弧菌表达毒力因子霍乱毒素以及毒素共调菌毛。毒素共调菌毛帮助霍乱弧菌附着到肠壁,而霍乱毒素则通过阻断肠上皮细胞 cAMP 的合成引起大量腹泻和脱水。霍乱弧菌生长迅速,可在几小时内达到很高密度。在达到一定的细胞密度后,AI-2 和 CAI-1 协同作用可降低毒力因子的表达,增强蛋白酶的表达,导致弧菌随腹泻排出体外。为了研究使用共生细菌预防霍乱的可行性,Duan 等[40]在大肠杆菌菌株 Nissle 中表达 CAI-1,测试了其对幼鼠肠道中霍乱杆菌毒力因子表达及增殖的影响。大肠杆菌 Nissle 是一种安全的模式共生细菌。使用大肠杆菌自身组成型启动子 P_{fliC} 控制 CAI-1 合成酶基因 cqsA 的表达,转化后得到菌株 Nissle-cqsA。分析结果表明菌株 Nissle-cqsA 中 AI-2 和 CAI-1 的表达水平与霍乱弧菌类似。提前 8h 摄入 Nissle-cqsA(10^9 细胞),可使幼鼠在接种霍乱弧菌后 48h 的存活率达到 92%,免疫染色显示黏附在肠黏膜上的霍乱毒素减少了 80%。提前 4h 摄入,存活率为 77%,与霍乱弧菌同时摄入,存活率降至 22%,而未摄入 Nissle-cqsA 的感染小鼠存活率为 0。与抗生素不同，基于群体感应的干预措施不会杀死病原体，而是调节其行为。该策略由于不存在选择压力，因此不容易产生抗性。

8.3.1.5　改造噬菌体治疗细菌感染

生物膜是指附着于有生命或无生命物体表面被细菌胞外大分子包裹的有组织的细菌群体。生物膜对许多细菌的致病性至关重要，使其对免疫系统和抗菌药物具有抗性从而难以被消灭。β-1,6-N-乙酰-D-葡萄糖胺是葡萄球菌和大肠杆菌生物膜形成和保持完整所必需的一种黏附素。Collins 及其同事成功改造 T7 噬菌体，使其表达 β-1,6-N-乙酰-D-葡萄糖胺水解酶 DspB[41]。使用改造后的噬菌体侵染细菌生物膜导致噬菌体的大量繁殖以及 DspB 的表达。随着细胞的裂解，噬菌体和 DspB 释放到生物膜中导致再感染以及 β-1,6-N-乙酰-D-葡萄糖胺的降解。感染后生物膜中细胞数量减少了 99.997%，比未表达 DspB 的噬菌体高出两个数量级。在后续的一项研究中，研究者在 M13 噬菌体中表达 LexA3。LexA3 可抑制 SOS 型 DNA 修复系统，而细菌需要利用该系统抵抗抗生素引起的氧化压力。感染该噬菌体的大肠杆菌对喹诺酮抗生素非常敏感。使用该噬菌体可以提高感染大肠杆菌大鼠的存活率，降低耐药菌的存活率。因此该噬菌体可以作为佐剂来提高抗生素的杀菌效果。

尽管在一段时间内由于抗生素的出现，噬菌体疗法被弃用，但是由于噬菌体治疗具有上述优势，随着多重耐药菌的骤增，噬菌体治疗目前正在被逐步用于全球许多临床试验中。噬菌体治疗可能会面临问题，例如细菌的抗噬菌体能力提高，噬菌体被免疫系统中和等，但是新噬菌体的设计将会推动该领域的发展。

8.3.2　癌症及其他疾病的治疗

8.3.2.1　癌症的治疗

癌症治疗的主要挑战在于如何特异性靶向并选择性杀灭癌细胞。研究发现通过静脉注射或口服，许多细菌（例如，大肠杆菌和沙门氏菌）可自发地感应并趋向肿瘤。通过工程化改造可使这些细菌选择性侵袭肿瘤组织并在其中增殖、产生细胞毒性化合物或者表达报告蛋白以实时检测肿瘤的消退情况。

侵袭素（invasin）是一种锚定于细菌外膜刚性蛋白，从细胞表面向外延伸 18nm，与动物细胞表面的 β1-整合蛋白结合后可实现细菌侵入动物细胞。Anderson 等[42]在大肠杆菌中表达假结核耶尔森氏菌的侵袭素蛋白，可以实现对多种癌症细胞系的侵袭。为了实现条件选择性侵袭，他们利用不同种类的启动子控制侵袭素基因的表达。

首先，利用中拷贝质粒及组成型 Tet 启动子控制侵袭素基因的表达（pAC-TetInv），测试对不同宿主细胞的侵袭能力，结果表明工程菌株对乳腺癌细胞系、骨肉瘤细胞系以及肝癌细胞系均具有侵袭能力。

为了实现诱导型侵袭，利用阿拉伯糖启动子控制侵袭素基因表达。然而，由于存在背景转录，侵袭的发生并不依赖于阿拉伯糖的浓度。为此，对核糖体结合位点（RBS）进行突变，筛选获得了突变质粒 pBACr-AraInv，由此，携带该质粒的菌株的侵袭需要阿拉伯糖的诱导。

肿瘤细胞代谢旺盛、生长迅速，造成周围的缺氧环境。如果能实现缺氧诱导的细菌侵袭，可以提高侵袭的针对性。大肠杆菌从有氧环境转换到无氧环境时，许多基因的表达会受到强烈诱导，甲酸脱氢酶基因便是其中之一。因此，使用甲酸脱氢酶启动子来控制侵袭基因的表达。与阿拉伯糖启动子类似，由于存在本底表达，工程菌株表现出组成型侵袭的表型。为了构建缺氧诱导侵袭系统，同样构建了 RBS 突变文库，筛选得到突变质粒 pBACr-FdhInv。携带该质粒的菌株在有氧条件下不发生侵袭，而在厌氧条件下可以有效侵袭肿瘤细胞。

如前所述，由于肿瘤周围缺氧的微环境、缺乏免疫监视以及营养丰富等原因，许多细菌通过静脉注射后会趋向于肿瘤。例如，沙门氏菌静脉注射小鼠后，肿瘤部位细菌浓度可达 10^9cfu/g，肝脏中为 10^6cfu/g，而肌肉中仅为 10^3cfu/g。利用群体感应基因线路控制侵袭素基因，可进一步提高侵袭的针对性。为此，利用费氏弧菌（*Vibrio fischeri*）的 Lux 启动子控制侵袭素基因（pAC-LuxInv）。携带该质粒的大肠杆菌在细胞密度达到 $3 \times 10^8 \text{cfu/mL}$ 时达到半数最大侵袭效率。该密度介于肿瘤附近沙门氏菌的密度（10^9）和健康组织中的密度（$10^3 \sim 10^6$）之间，可以保证侵袭的选择性。

Royo 等[43]设计了沙门氏菌入侵后乙酰水杨酸触发的癌细胞杀灭装置（图 8.12）。沙门氏菌经静脉注射后，可自发地侵入癌细胞。将来源于恶臭假单胞菌的信号放大二级级联装置放置到沙门氏菌中。在该装置中，水杨酸启动子 P_{sal} 控制 *xylS2* 基因的表达。*xylS2* 可进一步触发 P_m 启动子控制的胞嘧啶脱氨酶的表达。摄入水杨酸可同时激活启动子 P_{sal} 和 P_m，产生的胞嘧啶脱氨酶将 5-氟胞嘧啶转化为具有抗癌毒性的 5-氟尿嘧啶。正常细胞由于缺乏该酶，则不会产生 5-氟尿嘧啶。用携带该基因线路的工程化的沙门氏菌注射患癌小鼠，并使其服用 5-氟胞嘧啶和阿司匹林（体内可转化为水杨酸），肿瘤明显消退。

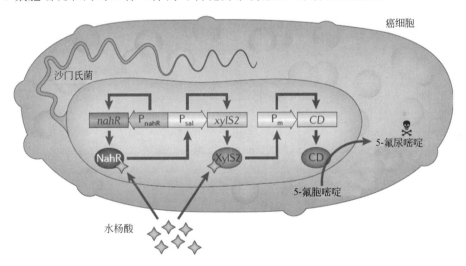

图 8.12　沙门氏菌入侵后乙酰水杨酸触发的癌细胞杀灭装置示意图

Nissim 等[44]设计了一个双输入"与"门传感器用以精确靶向癌细胞。该装置可连续检测细胞的状态，当两种癌症标志物同时出现时，产生杀灭信号。两个独立的癌症敏感型启动子分别控制两个嵌合蛋白（DocS-VP16 和 Gal4BD-Coh2）的表达。当两个蛋白质同时表达时发生二聚化形成完整的转录因子，结合到 Gal4 操纵区 O_{Gal4} 后诱导下游启动子 P_{min}，引发 1 型单纯疱疹病毒胸苷激酶（TK1）的表达，在更昔洛韦（ganciclovir）存在时产生细胞毒性。

8.3.2.2　光触发转录控制血糖稳态

光作为一种无痕输入信号可触发生物系统的基因表达。Ye 等[45]设计了一种光遗传装置，能在人类细胞中实现光触发的基因表达（图 8.13）。该人工光传导装置包含视黑素控制线路和活化 T 细胞核因子（NFAT）控制线路。蓝光照射可以激活视黑素，从而顺次激活下游的 Gaq 型 G 蛋白（GAQ）、磷脂酶 C（PLC）和磷酸激酶 C（PKC），触发钙离子流入胞内。钙离子的流入将钙调蛋白（CaM）活化生成钙调磷酸酶（CaN）。CaN 催化 NFAT 脱磷酸。脱磷酸的 NFAT 进入细胞核，与特异性启动子 P_{NFAT} 结合，协调相应基因的转录。当 P_{NFAT} 控制胰高血糖素样肽基因表达时，可在 Ⅱ 型糖尿病模型鼠中实现光控的血糖稳态。

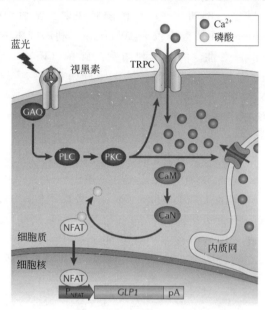

图 8.13　光触发的血糖稳态转录控制装置

8.3.2.3　建立修复网络控制尿酸水平

修复网络是具有分子修复作用的人工传感器-效应器装置。工程细胞与宿主自身代谢相连接，可以感知和检测疾病相关的代谢产物，在其偏离正常水平时，自动产生诊断、预防甚至治疗反应。修复网络应用实例之一是通过监测代谢产物控制尿酸平衡。血液中适当水平的尿酸可以清除自由基，对健康有益。然而，在癌症治疗过程中，死亡细胞会释放尿酸，导致尿酸水平迅速升高，引起肿瘤溶解综合征。慢性高尿酸血症可导致痛风。由于缺乏尿酸代谢能力，人类对尿酸失衡十分敏感。Kemmer 等[46] 设计了一个修复网络用于治疗高尿酸血症（图 8.14）。该修复网络由以下三部分组成：尿酸感受器 HucR，可实时检测血液中的尿酸浓度；尿酸转运蛋白 URAT1，可增加胞内尿酸水平进而提高灵敏度；分泌型尿酸氧化酶 smUOX。该修复网络能够精确感知尿酸浓度，当其浓度达到病理水平时激活尿酸氧化酶的分泌。当尿酸浓度恢复到正常水平时，迅速停止尿酸氧化酶的分泌。该网络的有效性在尿酸氧化酶缺陷的小鼠中得到了充分证明。

8.3.3　药物筛选

肺结核是由结核分枝杆菌引起的慢性传染病，每年全球新增感染人数高达 900 万。结核分枝杆菌对异烟肼和利福平等一线药物已产生耐药性。异烟肼的结构类似物乙硫异烟胺，是目前治疗多重耐药性肺结核的最后防线。幸运的是，虽然经过 35 年的临床使用，乙硫异烟胺几乎未与异烟肼产生交叉耐药性，主要是因为两者作为前药由不同的酶激活而发挥抗菌活

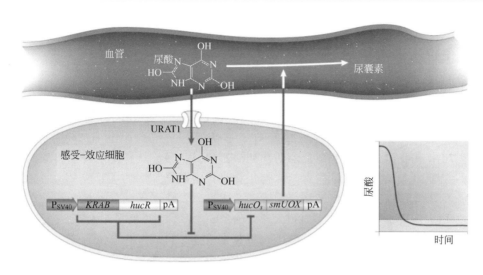

图 8.14 植入型尿酸监测控制装置

性。乙硫异烟胺经单氧酶 EthA 激活，转化为抗菌的烟酰胺腺嘌呤二核苷酸衍生物。然而，由于 *ethA* 基因的表达受到阻遏蛋白 EthR 的抑制，极大地降低了其治疗效果。因此，阻止 EthR 与 P$_{ethA}$ 启动子结合的化合物有望增加结核杆菌对乙硫异烟胺的敏感性，提高治疗的有效性及安全性。由于结核杆菌是一种胞内病原体，EthR 抑制剂不仅需要具有特异性，还需要能够在不引起细胞毒性的情况下进入细胞质。因此，能够同时评价特异性、生物利用度和细胞毒性的综合筛选方法有助于快速确定候选药物。采用合成生物学方法，Wilfried Weber 等设计了基于 EthR 的人工哺乳动物基因线路，用以筛选可进入人类细胞并与 EthR 特异性结合的小分子化合物（图 8.15）[47]。在该线路中，EthR 与单纯疱疹病毒 VP16 反式激活域融合形成嵌合的反式激活因子 EthR-VP16，并由组成型启动子 P$_{const}$ 控制在人胚肾细胞（HEK293-T）中表达。另外，EthR 特异性的操纵区 O$_{EthR}$ 与果蝇 P$_{min}$ 启动子融合形成嵌合启动子 O$_{EthR}$-P$_{min}$，控制分泌性碱性磷酸酶（SEAP）的表达。当没有抑制剂存在时，EthR-VP16 结合到操纵区 O$_{EthR}$ 激活 SEAP 的表达；当存在可透过细胞的抑制剂时，EthR-VP16 从 O$_{EthR}$ 区域解离，使 SEAP 的表达降低到本底水平。使用该基因线路，筛选得到的 2-苯乙

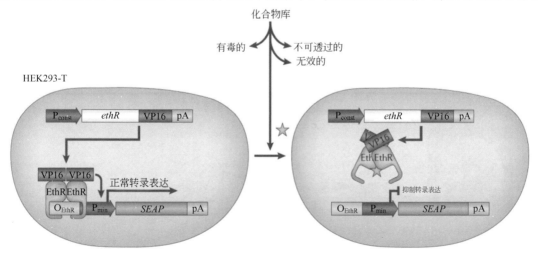

图 8.15 提高乙硫异烟胺活性的小分子药物的筛选装置

基丁酸酯能够调节 EthR 的活性,增加牛分枝杆菌和结核分枝杆菌对乙硫异烟胺的敏感性。

8.3.4　生物医药的先进制造

8.3.4.1　微生物合成青蒿素前体

疟疾是人类健康的一大威胁。2015 年疟疾病例约有 2 亿 1400 万,其中死亡约 43.8 万人。引起疟疾的疟原虫已对氯喹和磺胺多辛-乙胺嘧啶等抗疟药产生了广泛的抗性。为此,在 20 世纪 70 年代我国开展了新型抗疟药物的研制项目。最终从青蒿中提取得到的青蒿素对耐氯喹恶性疟原虫非常有效。目前青蒿素衍生物是抗疟联合疗法的主要成分。

青蒿素的供应过去完全依赖于从植物青蒿中提取,价格受天气和种植面积的影响经常大幅波动。为稳定供应、降低成本,加州大学 Keasling 课题组开展了半合成法生产青蒿素的研究项目,目标是利用工程微生物发酵生产青蒿素前体,再通过化学法合成青蒿素。经过十余年的研发最终达到预期目的。该项目的成功依赖于青蒿生物合成途径的鉴定、高效的合成生物学操作工具以及药物合成化学的应用。

青蒿素是一种倍半萜,属于类异戊二烯化合物。自然界中存在两条不同的类异戊二烯合成途径,甲羟戊酸(MVA)途径存在于真核生物和一些原核生物中,2-甲基赤藓糖-4-磷酸(MEP)途径存在于细菌和植物叶绿体中。在青蒿中,青蒿素由 MVA 途径合成,前体法尼基焦磷酸(FPP)经紫穗槐二烯合成酶(ADS)催化生成紫穗槐二烯,再由细胞色素 P450酶 CYP71AV1 催化生成青蒿酸。CYP71AV1 存在于青蒿的毛状体中,其活性需要还原酶CPR1 的辅助。当时下游途径尚未鉴定清楚,因此青蒿酸被选作生物合成的目标产物。

大肠杆菌由于遗传背景清楚、基因操作成熟,起初被用作青蒿酸生物合成的宿主(图8.16)。大肠杆菌通过 MEP 途径合成 FPP。引入 ADS 并表达 MEP 途径的关键酶,紫穗槐二烯的产量仅有几毫克每升,主要原因是:①大肠杆菌内源 MEP 途径受到严格调控,通量难以提高;②植物来源的酶在大肠杆菌中不能很好地表达。为此,将酿酒酵母的 MVA 途径

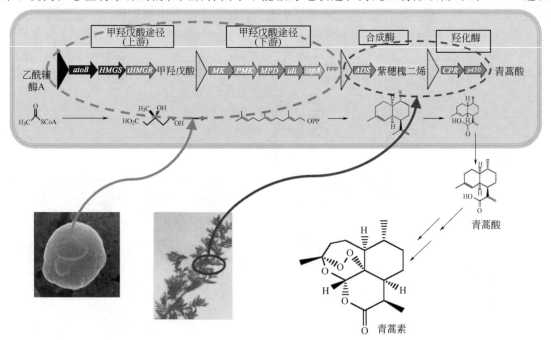

图 8.16　在大肠杆菌中构建青蒿酸异源生物合成途径

引入大肠杆菌中，并对 ADS 基因进行密码子优化。酵母 MVA 途径通过两个质粒在大肠杆菌中表达：一个质粒编码 mevT 操纵子（称为上游途径），包含 3 个基因（atoB、ERG13 和 tHMG1），负责转化乙酰辅酶 A 生成甲羟戊酸；另一个质粒编码 mevB 操纵子（称为下游途径），包含 5 个基因（idi、ispA、MVD1、ERG8 和 ERG12），负责转化甲羟戊酸生成 FPP。表达 MVA 途径以及密码子优化的 ADS 基因的菌株可产生 112mg/L 的紫穗槐二烯[16]。工程菌株在双相分配反应器中的产量达到 0.5g/L[17]。

研究发现通过外源添加甲羟戊酸可以显著提高紫穗槐二烯的产量，表明增加上游途径通量可进一步提高产量。为此，将乳糖启动子替换成更强的阿拉伯糖启动子，增加上游途径 3 个基因的表达。然而，增强上游途径抑制了细胞生长。使用可调节基因间隔区（TIGRs）文库平衡上游通路，可解除生长抑制，使甲羟戊酸产量增加七倍[18]。随后通过对基因表达和代谢物积累的系统分析表明，三种酶表达的失衡导致甲羟戊酸辅酶 A 的积累，产生细胞毒性，抑制细胞生长[19]。转录组学和代谢组学的分析表明产生毒性的原因是甲羟戊酸辅酶 A 的积累抑制了脂肪酸合成。

为了进一步提高紫穗槐二烯的产量，对甲羟戊酸辅酶 A 还原酶（HMGR）和甲羟戊酸辅酶 A 合成酶（HMGS）进行了筛选替换。早期的研究表明，通过表达粪肠球菌的 II 型 HMGR 可以实现大肠杆菌高产甲羟戊酸。为此，用粪肠球菌或金黄色葡萄球菌的 HMGR 替代酵母的 HMGR（由 tHMG1 编码），发现使用金黄色葡萄球菌的 HMGR（由 mvaA 编码），甲羟戊酸产量最高。同样地，用金黄色葡萄球菌的 HMGS（由 mvaS 编码）替换酵母的 HMGS（由 ERG13 编码），产量进一步增加。获得性能优良的工程菌株后，采用限制氮源和碳源的新型补料发酵策略，紫穗槐二烯的产量达到 25g/L。

虽然大肠杆菌紫穗槐二烯的产量达到 25g/L 是一步关键突破，但是其氧化产物青蒿酸是化学半合成青蒿素更合适的底物。紫穗槐二烯到青蒿酸的氧化反应由真核生物细胞色素 P450 酶 CYP71AV1 及其还原酶 CRP1 催化。该酶在大肠杆菌中难以获得高活性表达，重组大肠杆菌在 20℃培养仅能产生约 1g/L 青蒿酸，远达不到工业应用要求[20]。

与大肠杆菌相比，酿酒酵母更适合 CYP71AV1 的功能表达。以全基因组测序的酿酒酵母菌株 S288C 作为宿主，单独表达 ADS 产生 4.4mg/L 紫穗槐二烯。过表达 tHMGR 增加前体供应，产量提高约 5 倍。为了抑制副产物甾醇的合成，用甲硫氨酸阻遏启动子替换角鲨烯合成酶（ERG9）自身的启动子，使紫穗槐二烯产量提高 2 倍。upc2-1 是调节甾醇生物合成的全局转录因子，过表达 upc2-1 进一步提高产量至 105mg/L。过表达额外的 tHMGR 和 FPP 合成酶基因（FPS）的菌株能产生 153mg/L 的紫穗槐二烯，但仍比在大肠杆菌中的产量（25g/L）低得多[21]。进一步表达 CYP71AV1/CPR1 产生超过 100mg/L 的青蒿酸。再将 ADS、CYP71AV1 和 CPR1 整合到一个质粒上，基于半乳糖的发酵过程，青蒿酸的产量达到 2.5g/L[6]。

为了进一步提高产量，使用酿酒酵母菌株 CEN.PK2 代替菌株 S288C。相对于 S288C，CEN.PK2 的特性更适合工业发酵。经过同样的基因改造后，小规模培养条件下两菌株具有相似的青蒿酸产量。菌株 CEN.PK2 经过进一步改造，增强甲羟戊酸途径，以葡萄糖代替半乳糖作为碳源。与 S288C 衍生菌株相比，CEN.PK2 工程菌株紫穗槐二烯产量提高了 5 倍。优化发酵条件，紫穗槐二烯产量达 40g/L[22]。

然而，将 CYP71AV1/CPR1 引入紫穗槐二烯高产菌株未能获得满意的青蒿酸产量。进一步的研究表明，青蒿酸的生产导致细胞活力严重下降，这是由氧化应激的增加引起的。据报道，P450 酶和其还原酶之间的不完全耦合可导致活性氧的释放。在肝微粒体中 P450 酶的丰度一般高于其还原酶。然而，在工程酵母菌株中 CYP71AV1 与其还原酶 CPR1 有着相似的高表达水平。因此，通过降低 CPR1 的表达，提高了细胞活力但青蒿酸产量却下降了。另据报道，细胞色素 b5 可以与某些细胞色素 P450 酶相互作用，提高反应速率。因此，将植物青蒿的细胞色素 b5 引入 CEN.PK2 菌株，增加了青蒿酸产量。然而，该菌株产生大量青蒿醛。该化合物是极其活泼的氧化中间体，可能会产生细胞毒性。为了解决这个问题，表达了来源于青蒿的青蒿醛脱氢酶（ALDH1）和依赖 NAD 的青蒿醇脱氢酶（ADH1），青蒿酸产量显著增加。最后，为了实现酶的组成型表达，敲除了 GAL80 基因，避免了半乳糖的使用，降低了发酵成本。在优化的发酵条件下，最终的菌株能产生 25g/L 的青蒿酸[23]。高浓度的青蒿酸可以在培养基中沉淀，通过加入肉豆蔻酸异丙酯可以萃取得到高浓度、较高纯度的青蒿酸。通过新设计的化学方法可将纯化的青蒿酸转化成青蒿素。

8.3.4.2 微生物合成紫杉醇前体

紫杉醇是一种四环二萜，对乳腺癌、非小细胞肺癌有很好的治疗效果。其每年的市场价值超过十亿美元。紫杉醇最初是从短叶红豆杉的树皮中发现的，目前这仍然是商业紫杉醇的主要来源。但树皮中紫杉醇含量极低，提取纯化工艺繁琐，收率低。例如，为获得足够治疗一个患者的剂量，将牺牲两到四棵成年树木。因此，研究人员研究了紫杉醇生产的替代方法，包括化学合成、半合成、植物细胞培养和重组微生物系统。由于其结构的复杂性，紫杉醇的化学全合成需要 35~51 步，收率低于 0.4%。之后，从其他植物中提取的浆果赤霉素Ⅲ被用作紫杉醇化学半合成的中间体。虽然该方法以及植物细胞培养法减少了紫杉的无节制开采，但是产量仍有限。近年来，随着其生物合成途径的部分阐明，研究人员试图利用工程菌生产紫杉醇前体。

紫杉醇的生物合成起始于二萜共同前体香叶基香叶基焦磷酸（GGPP），合成途径至少包含 19 步反应[24]。紫杉二烯合酶（TS）催化 GGPP 生成紫杉二烯，接着经细胞色素 P450 酶——紫杉二烯-5a-羟化酶（T5aH）催化生成 5a-羟化紫杉二烯醇。5a-羟化紫杉二烯醇经多步反应进一步转化为紫杉醇，其中涉及的大多数酶仍未得到鉴定。与青蒿素相比，紫杉醇的微生物生产更具挑战性。2001 年，研究者通过改造大肠杆菌 MEP 途径合成紫杉二烯。在植物中 TS 的 N 末端包含信号肽以方便运输到液泡。由于大肠杆菌缺乏内膜结构，其 MEP 途径位于细胞质中，因此通过切除信号肽产生截断的 TS（tTS）。通过表达 tTS 基因并增强 MEP 途径，紫杉二烯产量达到 1.3mg/L[25]。为进一步提高产量，通过模块优化的方法来平衡代谢途径。紫杉二烯的生物合成途径以异戊烯焦磷酸（IPP）为分界点被分割成两个模块，通过改变启动子强度和基因拷贝数平衡上下游模块的表达水平。该策略效果显著，间歇式反应器中紫杉二烯产量达到 1.02g/L[26]。

通过引入改造的 T5aH，延伸途径产生 5a-羟化紫杉二烯醇。为实现该酶在大肠杆菌中的功能表达，T5aH 进行了密码子优化，N 末端进行了转膜工程改造，C 末端与紫杉细胞色素 P450 还原酶（TCPR）融合。其中一个嵌合体酶能够有效地完成氧化步骤。使用该酶，优化后的菌株可产生 58mg/L 5a-羟化紫杉二烯醇[26,27]。

研究者也尝试以酿酒酵母作为宿主生物合成紫杉二烯。在酿酒酵母中表达来源于加拿大紫杉的 N 端截短型的 TS，没有检测到紫杉二烯的产生。通过引入外源 GGPP 合酶（TcGGPS）增加前体供应，紫杉二烯产量仅为 204μg/L。通过表达 tHMGR1 增强 MVA 途径，产量提高了 50%。蛋白质印迹结果表明 TcGGPS 在酵母中表达量很低，推测是因为存在稀有密码子。用嗜酸热硫化叶菌的 GGPS 代替 TcGGPS，GGPP 的含量提高了 100 倍，然而紫杉二烯的产量增加不明显。因此，推测 TS 是紫杉二烯合成的限速步骤。杂交分析表明 TS 表达水平也很低，原因是存在多个精氨酸稀有密码子。经密码子优化后，紫杉二烯产量提高了 40 倍，达到 8.7mg/L[28]。

如上所述，与酿酒酵母相比，大肠杆菌能更有效地合成紫杉二烯。然而，酿酒酵母存在内膜系统，更适合细胞色素 P450 酶的功能表达。因此，研究者综合两种宿主的优点，开发了大肠杆菌-酵母共培养系统。其中大肠杆菌产生的紫杉二烯扩散到酵母胞内，进而被转化为单乙酰化双氧化紫杉烷。为了协调两种微生物的生长，设计了两者的互利共生关系。以木糖作为碳源，大肠杆菌利用木糖生长并产生副产物乙酸；酿酒酵母不能代谢木糖，但可以利用乙酸生长并消除其对大肠杆菌的抑制作用。通过优化培养条件和基因表达，目标化合物产量达到 1mg/L，而使用单一宿主细胞未产生目标产物[29]。

8.4 抗逆性改造方面的应用

使用工程微生物高效生产化学品的前提是细胞保持旺盛的活力。然而，细胞活力受到化合物毒性、代谢失衡等许多压力的负面影响。底物、中间体、产物和/或副产物积累，经常会干扰重要的代谢过程并损害细胞膜等结构，减弱细胞活力。此外，酶的过表达、代谢流量的再分配以及氧化还原力不平衡等都会导致代谢失衡，进一步加剧细胞压力。诱变、适应性进化工程、基因组重排是提高细胞对有毒产物耐受性的常用策略。然而这些经典的提高菌株抗逆性的策略往往费时费力。例如，通过自适应进化工程需要超过 6 个月才能产生耐乙醇的突变体。下面将通过三个实例分别介绍解决底物、中间产物及终产物毒性的三种合成生物学策略。

8.4.1 抗发酵抑制物

在石油危机和环境污染的背景下，利用合成生物学手段构建以木质纤维素为原料生产生物燃料的高效细胞工厂越来越受到重视。然而，木质纤维素本身的稳定性以及预处理后产生的发酵抑制物制约了木质纤维素生物燃料的生产。提高对发酵抑制物的耐受性对于高效细胞工厂的构建至关重要。虽然这些抑制物的成分和抑制浓度已得到确定，但是对其毒性机制理解尚不充分，与耐受性相关的基因亟须鉴定。

环境中的生物质是不断循环的，因此土壤微生物组中必然存在耐受和降解木质纤维素组分的酶机器。然而由于土壤中的大部分微生物是不可培养的，因此，Sommer 等[48]利用非培养的宏基因组功能筛选的方法，从土壤微生物组中发现新的功能基因，拓展了木质纤维素转化和耐受相关的合成生物学工具箱。该方法的关键步骤包括从多种环境中提取宏基因组 DNA，将宏基因组文库转化到感兴趣的宿主细胞中，以及筛选可产生期望表型的功能基因元件。大肠杆菌具有可发酵多种单糖、无需复杂的生长因子等诸多优点，然而其对发酵抑制物耐受性较低。他们从四种不同的环境中提取宏基因组 DNA，构建包含 40~50kb 插入片段的文库。通过噬菌体转导转入大肠杆菌，利用 7 种不同的化合物对上述四个文库进行了筛选。这些化合物涵盖了三种主要类型的发酵抑制物（有机酸、醇类、醛类）。最终，获得了对氢醌、4-羟基苯甲醛、丁香醛、呋喃甲酸、糠醛及乙醇具有抗性的菌落。其中，最好的两株菌对丁香醛和呋喃甲酸的耐受性分别提高 5.7 倍和 6.9 倍。

为了确定耐受性关键基因，对这两株菌中的全长插入片段进行了测序以及转座子插入突变。突变结果表明，被注释为 UDP-葡萄糖-4-差向异构酶（UdpE）的蛋白质对丁香醛耐受性起到关键作用，而被注释为 RecA 的蛋白质以及未知蛋白质 OrfX 的突变降低了菌株对呋喃甲酸的耐受性。为了进一步验证这几个基因的作用，将其在野生大肠杆菌中进行表达。表达 UdpE 可以获得与表达全长插入片段类似的丁香醛耐受性。单独表达 RecA 或 OrfX 虽然可以提高对呋喃甲酸的耐受性，但只有同时表达 RecA 及 OrfX 才能恢复到与表达全长插入片段类似的水平，说明两个酶之间存在协同作用，但其中的具体机制需要进一步解释。通过共表达 UdpE、RecA 及 OrfX 提高了菌株对丁香醛和呋喃甲酸混合物的耐受性，表明使用宏基因组筛选平台获得的对单一抑制物的抗性基因可以进行组合以获得对多种抑制物的耐受性。

8.4.2　抗毒性中间产物

除了抑制性发酵底物外，代谢途径不平衡导致的中间体积累也会产生细胞毒性。为了避免中间体积累，传统的策略包括酶表达水平的调节和酶活性的调节。酶表达水平的调节包括启动子强度的优化、核糖体结合位点强度的优化以及质粒拷贝数的优化等；酶活性的调节是指通过定向进化或者蛋白质改造提高限速酶的催化效率。除上述两种策略之外，Dueber 等[49] 开发了一种新的蛋白质支架策略，在解决中间体毒性的同时还可以降低代谢负担（图 8.17）。该策略依靠蛋白质受体与其配体之间的特异性相互作用，可将酶共定位形成复合物。复合物的形成可以增加中间体的有效浓度，避免其积累到毒性水平。通过调节受体域的重复数量可以平衡各个酶之间的比例，优化产物合成。

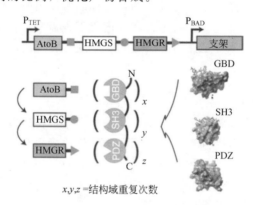

图 8.17　利用蛋白质支架提高甲羟戊酸产量

该蛋白质支架策略是受到天然系统中底物传输通道的启发。底物传输通道具有如下几个潜在的优势：可以避免中间产物因扩散或者被竞争途径消耗而造成的损失；保护不稳定的中间体，减少中间体的传输时间；改善不利的反应平衡及动力学。色氨酸合成酶是底物通道的典型例子。色氨酸合成酶复合物的晶体结构中存在一个疏水的保护性通道，连接两个相距 2.5nM 的活性位点。除了保护活性中间体之外，该通道可以实现中间体吲哚在活性位点之间的传输，提高了反应动力学。虽然蛋白质融合也可以用于形成酶复合物，但融合蛋白往往会破坏酶的正常折叠，而且酶的比例无法灵活调节。相比之下，蛋白质支架策略对于酶的修饰较少，类似于蛋白质纯化融合标签，而且无需知道酶的结构信息。

作者以甲羟戊酸的合成途径为例。甲羟戊酸是青蒿素、紫杉醇等类异戊二烯化合物合成的前体。由乙酰辅酶 A 合成甲羟戊酸需要三步酶催化，分别为乙酰乙酰辅酶 A 硫解酶（AtoB）、甲羟戊酸辅酶 A 合成酶（HMGS）以及甲羟戊酸辅酶 A 还原酶（HMGR）。三个酶表达的不协调会引起甲羟戊酸辅酶 A 的积累，产生细胞毒性。

首先，研究了双酶复合物（HMGS 和 HMGR）对产量的影响。在 HMGR 的 N 端带有蛋白质受体域 SH3，在 HMGS 的 C 端带有不同数量的 SH3 配体短肽。通过 SH3 与其配体之间特异性相互作用可以形成比例可调的 HMGS/HMGR 复合体。结果表明在 HMGS 的 C 端融合表达 6 个重复配体时，甲羟戊酸产量较对照组提高了 10 倍。

接着，尝试利用蛋白质支架对三个酶进行共定位。为此，设计了单独的支架装置，包含 3 个不同的蛋白质受体域（GBD/SH3/PDZ），相互之间通过甘氨酸-丝氨酸柔性连接子连接。支架矩阵结构为 $GBD_x SH3_y PDZ_z$（其中 $x=1$，而 y 和 z 可以是 1，2 或者 4）。三种酶的 C 端则携带对应的配体短肽，可以与支架中的一种受体域特异结合。经过实验测试比较，使用最优的支架（$GBD_1 SH3_2 PDZ_2$），甲羟戊酸的产量比不含支架的对照提高了 77 倍。

8.4.3　抗毒性终产物

传统的基因与代谢工程研究方法主要依赖于单个或多个目标基因的敲除与过表达策略。鉴于细胞代谢网络的复杂性，这些方法往往不能获得全局最优的结果。而传统的细胞耐受性研究通常依靠大规模的诱变和筛选，研究周期长、工作量大，且属于暗箱操作，不能根据目标表型获得相应的基因型，即不清楚突变发生的位置和机理。RNA 聚合酶负责细胞内所有基因转录过程的起始、延伸和终止；RNA 聚合酶的突变就可能在全局范围内引起成百上千个受控基因转录水平的波动，从而在全局范围内产生转录突变库，经过有效的筛选就可以获得性能显著提升的细胞表型；优选的细胞表型反过来即可用于确定突变的 RNA 聚合酶的基因型，从而明确细胞对外界环境压力响应的调控机制；该调控机制又可进一步指导细胞表型的强化。这就衍生了全局转录机器工程（gTME）的新思路。与普通的菌株驯化诱变方法不同，基于 RNA 聚合酶突变的 gTME 首先人为赋予重组菌株不同频度的大规模初始突变，经高通量筛选后获得的优选重组子将具有全局强化的目标细胞表型。

通过 gTME，Gregory 等[50]发现 σ^{70}R584A 突变可以使细胞有效识别原来不能识别的启动子。而 σ^S 的基因突变则可以关闭某些稳定期基因的表达或强化另一些基因的表达，且 σ^{70} 和 σ^S 这两种不同 σ 因子之间还存在着对 RNA 聚合酶核心酶的竞争，一种 σ 因子的突变还会影响另一种 σ 因子控制的基因的转录。Alper 等[51]研究发现对 σ^{70} 基因的突变可以使重组大肠杆菌对乙醇的耐受性提高到 70g/L，还可以使番茄红素的产量提高到 7mg/g 细胞干重以上，提高幅度超过原来多个基因敲除和基因表达的总和。Alper 进一步对重组酿酒酵母中的 σ 因子进行随机突变，并以葡萄糖/乙醇耐受性为筛选目标，通过存活筛选方法在 σ 转录因子 spt15p 的随机突变库中，高效筛选获得了耐受性显著提升的突变株，并进一步反向测序分析了引起全局性能改变的 spt15p 基因的序列突变特征[17]。上述研究提供了全新的工程菌株改造策略。

8.5　其他方面的应用

8.5.1　解释生物图案形成机理

生物可以产生许多令人惊奇的、排列规则的空间图案。正向或反向遗传学是解释其产生机制的传统手段。然而，控制图案形成的关键组件往往埋藏在极其复杂的生理环境中。合成生物学为考察图案形成机制提供了工程学方法。Liu 等[52]通过利用细胞密度控制细胞运动，使生长的细菌形成环形图案，为形态发生的原因提供了线索（图 8.18）。

他们构建了一个基因线路，可在高细胞密度时抑制大肠杆菌的运动能力。该线路包含两

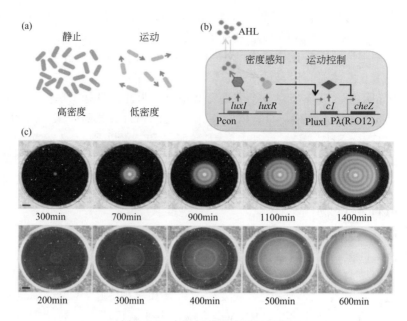

图 8.18　大肠杆菌形成空间图案

（a）大肠杆菌细胞行为示意；（b）运动控制基因线路设计；（c）空间图案随时间的
变化（上面为实验组，下面为对照组）

个模块：细胞密度感应模块和运动控制模块。采用费氏弧菌的群体感应系统构建细胞密度感应模块。该系统合成并分泌一种小分子酰基高丝氨酸内酯（AHL），当其浓度高时（反映高细胞密度），可在胞内积累并激活组成型表达的调节因子 LuxR。运动控制模块通过调节 $cheZ$ 的转录改变细胞的运动能力。抑制 $cheZ$ 导致细胞不停翻滚，在半固体培养基上无法运动；重新表达 $cheZ$ 可恢复运动能力。通过 λ 阻遏子（CI）实现两个模块的耦合：LuxR-AHL 复合物驱动 CI 的表达，CI 抑制 $cheZ$ 的转录。基于该设计，构建了工程菌株 CL3。通过定量反转录聚合酶链反应（qRT-PCR）检测不同细胞密度时菌株 CL3 的基因表达水平。与预期一致，随着细胞密度的增加 CI 的表达水平提高了 40 多倍，而 $cheZ$ 的表达急剧降低到峰值的 5%。使用一种改进的连续荧光漂白方法在半固体培养基上测定细胞的运动性，在细胞密度达到约为 $4×10^8$ 个/mL 时，运动性突然降低。将指数生长的 CL3 接种到含有半固体培养基的培养皿中央，过夜培养后产生了黑白相间的条纹。条纹大约 2h 产生一圈，宽度约 0.5cm。这些条纹可稳定几天，直到琼脂完全干涸。

8.5.2　构建大肠杆菌条件反射回路

适应性学习是从微生物到灵长类动物中普遍存在的一种复杂的顺序逻辑功能。适应性学习的中心模式是巴甫洛夫条件反射。最初不相关的刺激可以与另一个刺激相关联从而唤起特定的反应。例如，将铃声与食物相关联可以引起狗唾液的分泌。Zhang 等[53] 在大肠杆菌中构建了一个基因线路，可以实现类似于条件反射的功能（图 8.19）。该研究是编辑复杂基因线路执行复杂功能的一个很好的例子。

他们通过集成设计策略构建基因线路，在大肠杆菌中执行条件反射功能。类似于经典的巴甫洛夫条件反射，该集成线路需要具有学习和记忆两个子功能：只有在学习过程之后，携带该基因线路的细胞才能响应某些刺激。通过借鉴电子电路的设计方法，设计了含有四个模块的基因线路：学习"与"门，通过铃声与食物同时出现来建立它们之间的联系；"或"门

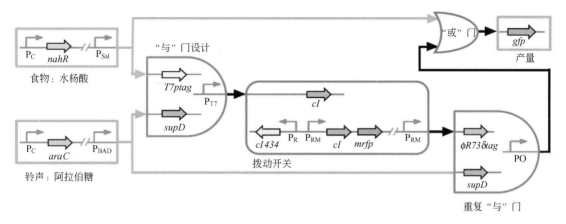

图 8.19　大肠杆菌条件反射基因线路工作原理示意图

和 0/1 存储器组成的存储模块，将两个刺激之间的关联存储为两个不同的内部状态（存储＝1 和存储＝0）；调用"与"门，根据存储模块的状态给出条件响应；信号输出"或"门，将条件响应和无条件响应一起产生输出。

　　为了在大肠杆菌中构建人工条件反射基因线路，两种诱导剂水杨酸和阿拉伯糖分别作为食物和铃声，而绿色荧光蛋白（GFP）作为最终输出信号。为了构建学习"与"门和调用"与"，采用基于 mRNA 和 tRNA 之间相互作用的设计框架。在调用"与"门中，一个输入启动子（P_{RM}）控制来自噬菌体 φR73 的转录激活物 δ 的表达，δ 编码序列内存在两个琥珀终止密码子（φR73δtag）；而另一个输入启动子（P_{BAD}）驱动 tRNA supD（琥珀终止密码子抑制剂）。当两个输入启动子都出现时，可以产生有活性的 δ 蛋白并激活 PO 启动子。学习"与"门具有相同的结构，T7 聚合酶基因（T7ptag）内部含有琥珀终止密码子，supD 可以抑制琥珀终止密码子。当两个输入都出现时，可以产生有活性的 T7 聚合酶蛋白并激活 P_{T7} 启动子。

　　存储模块由基因拨动开关和 P_{T7} 启动子控制的 cI 组成。该基因拨动开关存在两种状态，将 cI 主导的状态定义为记忆开启状态（存储＝1），而将 cI434 主导的状态定义为记忆关闭状态（存储＝0）。cI 和 cI434 是两种转录调控蛋白，可分别抑制启动子 P_R 和 P_{RM} 的转录。学习之前，单独加入水杨酸（食物）可以通过信号输出或门产生绿色荧光蛋白信号；而单独加入阿拉伯糖（铃声）不能产生输出信号。学习的过程中，同时加入水杨酸和阿拉伯糖，解除 NahR 和 AraC 对启动子 P_{SAL} 和 P_{BAD} 的抑制，激活学习"与"门，产生有活性的 T7 聚合酶；T7 聚合酶激活启动子 P_{T7}，产生 cI 蛋白。cI 蛋白可以抑制启动子 P_R，解除 cI434 对启动子 P_{RM} 的抑制，开启记忆状态。同时调用"与"门开启，产生输出信号。学习之后，记忆存储模块可以保持开启状态，因此下一次仅需加入阿拉伯糖即可激活调用模块，实现信号输出。经过对线路进行优化及微调，在单细胞水平可呈现数字化条件反射，但在群体水平上呈现出动态渐进的条件反射过程。

思考题

1. 如何综合利用合成生物学技术设计构建非天然化合物合成的高效细胞工厂？
2. 试举出合成生物学在医药领域的 2 个应用实例。
3. 提高生物抗逆性可以使用哪些合成生物学手段？

参 考 文 献

[1] Yim H，et al. Metabolic engineering of Escherichia coli for direct production of 1,4-butanediol. Nature Chemical Biology，2011，7（7）：445.

[2] Tai Y S，et al. Engineering nonphosphorylative metabolism to generate lignocellulose-derived products. Nature Chemical Biology，2016，12（4）：247.

[3] Lin Y，et al. Microbial biosynthesis of the anticoagulant precursor 4-hydroxycoumarin. Nature Communications，2013，4（10）：2603.

[4] Xie W，et al. Sequential control of biosynthetic pathways for balanced utilization of metabolic intermediates in Saccharomyces cerevisiae. Metabolic Engineering，2015，28：8-18.

[5] Atsumi S，et al. Metabolic engineering of *Escherichia coli* for 1-butanol production. Metabolic Engineering，2007，10（6）：305-311.

[6] Katahira S，et al. Improvement of ethanol productivity during xylose and glucose co-fermentation by xylose-assimilating S. cerevisiae via expression of glucose transporter Sut1. Enzyme & Microbial Technology，2008，43（2）：115-119.

[7] Tsai S L，Goyal G，Chen W. Surface display of a functional minicellulosome by intracellular complementation using a synthetic yeast consortium and its application to cellulose hydrolysis and ethanol production. Applied & Environmental Microbiology，2010，76（22）：7514-7520.

[8] Wen F，Sun J，Zhao H M. Yeast surface display of trifunctional minicellulosomes for simultaneous saccharification and fermentation of cellulose to ethanol. Applied & Environmental Microbiology，2010，76（76）：1251-1260.

[9] Li-Hai F，et al. Self-surface assembly of cellulosomes with two miniscaffoldins on Saccharomyces cerevisiae for cellulosic ethanol production. Proceedings of the National Academy of Sciences of the United States of America，2012，109（33）：13260-13265.

[10] Sakamoto T，et al. Direct ethanol production from hemicellulosic materials of rice straw by use of an engineered yeast strain codisplaying three types of hemicellulolytic enzymes on the surface of xylose-utilizing Saccharomyces cerevisiae cells. Journal of Biotechnology，2012，158（4）：203-210.

[11] Xu P，et al. Modular optimization of multi-gene pathways for fatty acids production in E. coli. Nature Communications，2013，4（1）：1409.

[12] Shota A，Taizo H，Liao J C. Non-fermentative pathways for synthesis of branched-chain higher alcohols as biofuels. Nature，2008，451（7174）：86-89.

[13] Shen C R，et al. Driving forces enable high-titer anaerobic 1-butanol synthesis in *Escherichia coli*. Applied & Environmental Microbiology，2011，77（9）：2905-2915.

[14] Xu P，et al. Modular optimization of multi-gene pathways for fatty acids production in E. coli. Nature communications，2013，4：1409.

[15] Xu P，et al. Improving fatty acids production by engineering dynamic pathway regulation and metabolic control. Proceedings of the National Academy of Sciences，2014，111（31）：11299-11304.

[16] Vjj M，et al. Engineering a mevalonate pathway in *Escherichia coli* for production of terpenoids. Nature Biotechnology，2003，21（7）：796-802.

[17] Hal A，et al. Engineering yeast transcription machinery for improved ethanol tolerance and production. Science，2006，314（5805）：1565-1568.

[18] Pfleger B，et al. Combinatorial engineering of intergenic regions in operons tunes expression of multiple genes. Nature Biotechnology，2006，24（8）：1027.

[19] Pitera D，Paddon C J，Keasling J. Balancing a heterologous mevalonate pathway for improved isoprenoid production in *Escherichia coli*. Metabolic Engineering，2007，9（2）：193-207.

[20] Tsuruta H，et al. High-level production of amorpha-4，11-diene, a precursor of the antimalarial agent artemisinin, in *Escherichia coli*. PLoS One，2009，4（2）：e4489.

[21] Dae-Kyun R，et al. Production of the antimalarial drug precursor artemisinic acid in engineered yeast. Nature，2006，440（7086）：940-943.

[22] Westfall P J，et al. Production of amorphadiene in yeast，and its conversion to dihydroartemisinic acid，precursor to

the antimalarial agent artemisinin. Proceedings of the National Academy of Sciences of the United States of America, 2012, 109 (3): 655-656.

[23] Paddon C J, et al. High-level semi-synthetic production of the potent antimalarial artemisinin. Nature, 2013, 496 (7446): 528.

[24] Howat S, et al. Paclitaxel: biosynthesis, production and future prospects. New Biotechnology, 2014, 31 (3): 242-245.

[25] Huang Q, et al. Engineering *Escherichia coli* for the synthesis of taxadiene, a key intermediate in the biosynthesis of taxol. Bioorganic & medicinal chemistry, 2001, 9 (9): 2237-2242.

[26] Akahata W, Yang Z. A virus-like particle vaccine for epidemic Chikungunya virus protects nonhuman primates against infection. Nature Medicine, 2010, 16 (3): 334-338.

[27] Parayil Kumaran A, et al. Isoprenoid pathway optimization for Taxol precursor overproduction in *Escherichia coli*. Science, 2010, 330 (6000): 70-74.

[28] Engels B, Dahm P S. Metabolic engineering of taxadiene biosynthesis in yeast as a first step towards Taxol (Paclitaxel) production. Metabolic Engineering, 2008, 10 (3): 201-206.

[29] Kang Z, et al. Distributing a metabolic pathway among a microbial consortium enhances production of natural products. Nature Biotechnology, 2015, 33 (4): 377-383.

[30] Sharon Y K, et al. *Escherichia coli* bioreporters for the detection of 2,4-dinitrotoluene and 2,4,6-trinitrotoluene. Applied Microbiology & Biotechnology, 2014, 98 (2): 885-895.

[31] Zhang D, et al. Whole-cell bacterial bioreporter for actively searching and sensing of alkanes and oil spills. Microbial Biotechnology, 2012, 5 (1): 87-97.

[32] Eldridge M L, et al. Saccharomyces cerevisiae BLYAS, a new bioluminescent bioreporter for detection of androgenic compounds. Applied & Environmental Microbiology, 2007, 73 (19): 6012.

[33] Ravikumar S, et al. Construction of a bacterial biosensor for zinc and copper and its application to the development of multifunctional heavy metal adsorption bacteria. Process Biochemistry, 2012, 47 (5): 758-765.

[34] Ravikumar S, et al. Construction of Copper Removing Bacteria Through the Integration of Two-Component System and Cell Surface Display. Applied Biochemistry & Biotechnology, 2011, 165 (7-8): 1674-1681.

[35] Tumpey T M, et al. Characterization of the reconstructed 1918 Spanish influenza pandemic virus. Science, 2005, 310 (5745): 77-80.

[36] Becker M M, et al. Synthetic recombinant bat SARS-like coronavirus is infectious in cultured cells and in mice. Proceedings of the National Academy of Sciences of the United States of America, 2008, 105 (50): 19944-19949.

[37] Coleman J R, Papamichail D, Skiena S, Futcher B, Wimmer E, Mueller S. Virus attenuation by genome-scale changes in codon pair bias. Science, 2008, 320 (5884): 1784-1787.

[38] Guoliang F, et al. Female-specific flightless phenotype for mosquito control. Proceedings of the National Academy of Sciences of the United States of America, 2010, 107 (10): 4550-4554.

[39] Valdez M R W D, et al. Genetic elimination of dengue vector mosquitoes. Proceedings of the National Academy of Sciences of the United States of America, 2011, 108 (12): 4772-4775.

[40] Faping D, March J C. Engineered bacterial communication prevents Vibrio cholerae virulence in an infant mouse model. Proceedings of the National Academy of Sciences of the United States of America, 2010, 107 (25): 11260-11264.

[41] Lu T K, Collins J J. Dispersing biofilms with engineered enzymatic bacteriophage. Proceedings of the National Academy of Sciences of the United States of America, 2007, 104 (27): 11197-11202.

[42] Anderson J C, et al. Environmentally Controlled Invasion of Cancer Cells by Engineered Bacteria. Journal of Molecular Biology, 2006, 355 (4): 619-627.

[43] Royo J L, et al. In vivo gene regulation in *Salmonella* spp. by a salicylate-dependent control circuit. Nature methods, 2007, 4 (11): 937.

[44] Nissim L, Iv R H B. A tunable dual-promoter integrator for targeting of cancer cells. Molecular Systems Biology, 2010, 6 (1).

[45] Ye H, et al. A synthetic optogenetic transcription device enhances blood-glucose homeostasis in mice. Science, 2011, 332 (6037): 1565-1568.

[46]　Kemmer C, et al. Self-sufficient control of urate homeostasis in mice by a synthetic circuit. Nature biotechnology, 2010, 28 (4): 355.

[47]　Wilfried W, et al. A synthetic mammalian gene circuit reveals antituberculosis compounds. Proc Natl Acad Sci USA, 2008, 105 (29): 9994-9998.

[48]　Sommer M O, Church G M, Dantas G. A functional metagenomic approach for expanding the synthetic biology toolbox for biomass conversion. Molecular Systems Biology, 2014, 6 (1).

[49]　Dueber J E, et al. Synthetic protein scaffolds provide modular control over metabolic flux. Nature Biotechnology, 2009, 27 (8): 753.

[50]　Gregory B D, et al. An altered-specificity DNA-binding mutant of *Escherichia coli* sigma70 facilitates the analysis of sigma70 function in vivo. Molecular Microbiology, 2010, 56 (5): 1208-1219.

[51]　Alper H, Stephanopoulos G. Global transcription machinery engineering: A new approach for improving cellular phenotype. Metabolic Engineering, 2007, 9 (3): 258-267.

[52]　Chenli L, et al. Sequential establishment of stripe patterns in an expanding cell population. Science, 2011, 334 (6053): 238-241.

[53]　Zhang H, et al. Programming a Pavlovian-like conditioning circuit in *Escherichia coli*. Nature Communications, 2014, 5: 3102.

第 9 章
合成生物学引发的新浪潮与颠覆

引　言

　　合成生物学是一门新兴的自然科学，以现代生物学和系统科学为基础，融合了工程学思想及多学科理论知识。合成生物学遵循设计、构建、调试及优化的工程学循环模式，以"自下而上"的全新理念，实现对生物技术的全面革新。其应用范围涉及诸多关乎国计民生的领域，如医药、食品、化学品、能源、农业等，有助于传统生产模式、农业生产、能源结构、环境保护和军事力量等的变革与发展。近年来，全球各政府、企业、研究机构等都加大对合成生物学的支持与资助力度，同时也对可能引发的社会问题进行了相应的监管与预防。这场合成生物学的浪潮正以迅雷不及掩耳之势席卷全球，必然对人类社会的发展起到颠覆性的作用。

知识网络

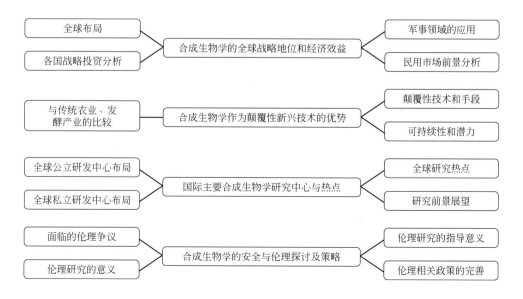

学习指南

1. 重点：合成生物学的发展情况，应用前景；合成生物学引发的伦理研究及对应的策略。

2. 难点：合成生物学引发的伦理研究及对应的策略。

9.1 合成生物学的全球战略地位和经济效益

9.1.1 全球布局

合成生物学的相关研究正在全球如火如荼地开展，从研究机构的地理位置到应用领域的产品研究，正在引领一场全球格局的合成生物学深刻变革。从地理位置的全球分布来看，根据伍德罗·威尔逊国际学者中心合成生物学项目发布的数据显示，2009 年，全球开展合成生物学研究的机构超过 500 家，它们分布于西欧、美国的加州和马萨诸塞州及东亚地区。

合成生物学的应用及产品开发是重点研究内容，从全球研发的产品应用领域来看，其产品涉及生物燃料、化学品、医药、个人护理、食品等领域，其中主要集中在医药和化学领域。在全球的合成生物学开发企业中，杜邦和 BioAmber 分别以 14 个产品和 13 个产品位居前列。杜邦公司系列产品中，仅工业所用酶产品及农业用酶产品就有 9 个；BioAmber 是全球开发生物基丁二酸（琥珀酸）的领先企业，坐落于萨尼亚的工厂，其拥有目前世界上最大的丁二酸的生产装置；Jay Keasling 是合成生物学研究的领军人物之一，他创立了全球利用合成生物学生产青蒿酸的 Amyris 公司，是该领域的开创者；瑞士 Evolva 则是开发合成生物学在食品领域应用的领先者，其特色产品有圆袖酮、白黎芦醇、甜菊糖等。截至 2015 年，全球至少已有 81 家公司（或研究机构）的 116 种合成生物学产品先后投入市场并且得到了广泛应用（图 9.1）。

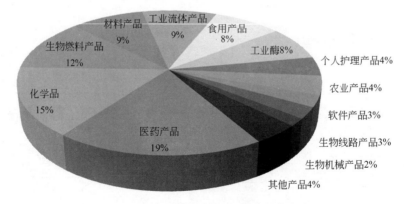

图 9.1   2015 年合成生物学相关产品分布概况

9.1.2 各国战略投资分析

合成生物学应用的广阔前景和巨大潜力，触动了全球各政府机构战略投资的敏感神经，各国都在加大在该领域支持投入力度，抢占合成生物学研究和发展的先机。

美国在全球合成生物学研究中一直遥遥领先，根据美国伍德罗·威尔逊国际学者中心的数据统计，截至 2015 年，全球开发的 116 个合成生物学产品中有 92 个产品由美国企业（或研究机构）主导开发。美国的领先地位与其投入密不可分：2006 年，美国国家自然科学基金投入 2000 万美元用于合成生物学工程研究中心（synthetic biology engineering research center，SynBERC）的建立。

科技视野 9-1

美国用于合成生物学的基金项目

机构	项目	启动年限	项目金额
NSF	合成生物学：地位、展望和公众认知	2006	＄60000
NSF	戈登科学技术政策研究会议	2008	＄60000
NSF	博士论文研究：创造生命——构建生物学的感官民族志	2009	＄14929
NSF	"Sandpit"以解决合成生物学中的巨大挑战	2009	＄28800
NSF	ARS 合成——一个探索活细胞的艺术性设计的多媒体论坛	2009	＄74902
NSF	合成生物学风险的文化认知	2009	＄398990
NSF	综合美学：连接合成生物学与创意设计	2009	＄244560
NSF	前沿生物技术对可持续性科学和政策影响的跨大西洋探讨研讨会	2009	＄53810
NSF	市场预测——合成生物学的实验应用	2010	＄25000
DOA	农业伦理问题	2009	无数据
DOE	基因组科学计划——伦理、法律和社会问题	2008	＄5000000
DOE	基因组科学计划——伦理、法律和社会问题	2009	＄5000000
DOE	基因组科学计划——伦理、法律和社会问题	2010	＄5000000
		总计	＄15960991

注：摘自 Woodrow Wilson Center. U. S. Trends in Synthetic Biology Research Funding。

美国生物经济研究会于 2007 年发表一份研究报告，报告指出合成生物学及基因工程相关技术在美国发展迅速。2008 年之后的六年间，美国在合成生物学研究中的投入共计 8.2 亿美元，到了 2014 年，该领域的总投入已经超过 2 亿美元，其中 60% 由美国国防部高级研究计划局资助。

除了有大量资金投入外，美国为促进工业生物技术发展，制订了详细的技术路线图，包括原料预处理、发酵及过程控制、生物底盘设计和驯化、代谢路径、方法设计和开发以及产物检测和验证等方面，该技术路线的发展是一个十年计划（图 9.2）。从投资力度和投资部门可以看出，美国将合成生物学的研究放在了国家发展战略层面上。

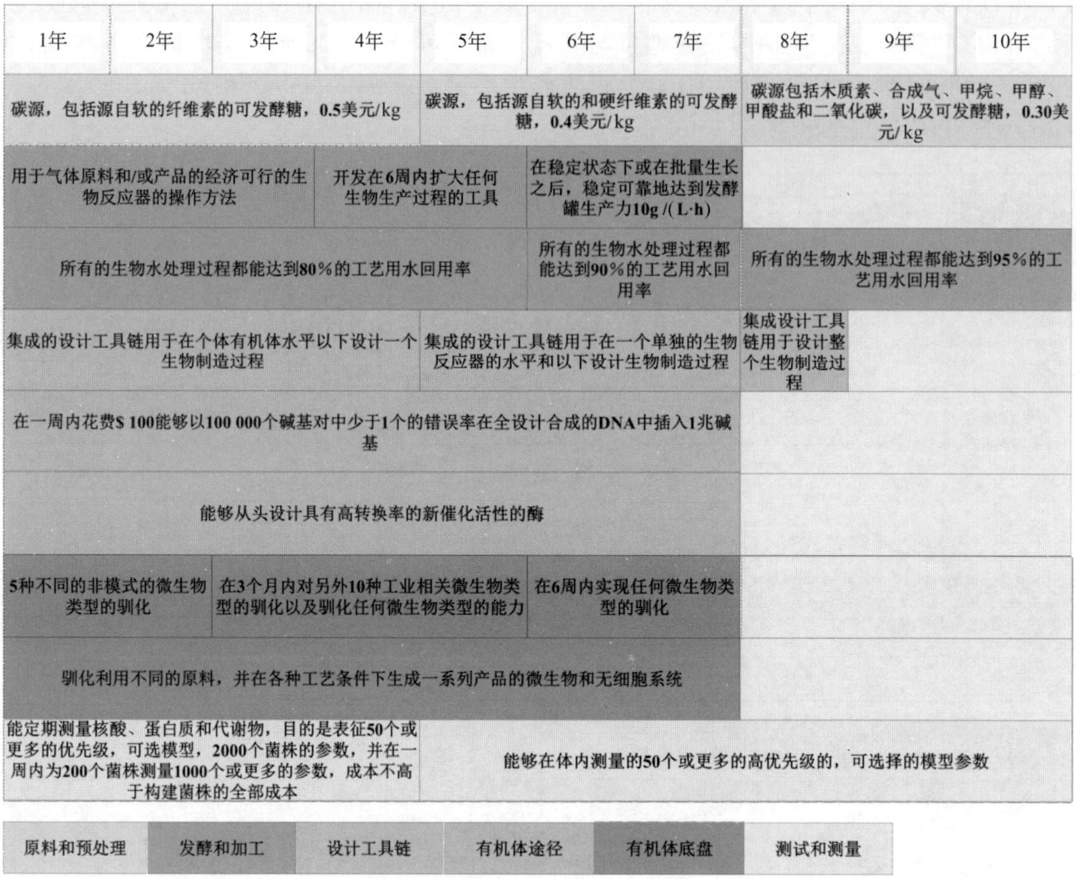

1年	2年	3年	4年	5年	6年	7年	8年	9年	10年
碳源，包括源自软的纤维素的可发酵糖，0.5美元/kg				碳源，包括源自软的和硬纤维素的可发酵糖，0.4美元/kg			碳源包括木质素、合成气、甲烷、甲醇、甲酸盐和二氧化碳，以及可发酵糖，0.30美元/kg		
用于气体原料和/或产品的经济可行的生物反应器的操作方法			开发在6周内扩大任何生物生产过程的工具		在稳定状态下或在批量生长之后，稳定可靠地达到发酵罐生产力达10g/(L·h)				
所有的生物水处理过程都能达到80%的工艺用水回用率					所有的生物水处理过程都能达到90%的工艺用水回用率		所有的生物水处理过程都能达到95%的工艺用水回用率		
集成的设计工具链用于在个体有机体水平以下设计一个生物制造过程				集成的设计工具链用于在一个单独的生物反应器的水平和以下设计生物制造过程			集成设计工具链用于设计整个生物制造过程		
在一周内花费\$100能够以100 000个碱基对中少于1个的错误率在全设计合成的DNA中插入1兆碱基									
能够从头设计具有高转换率的新催化活性的酶									
5种不同的非模式的微生物类型的驯化			在3个月内对另外10种工业相关微生物类型的驯化以及驯化任何微生物类型的能力		在6周内实现任何微生物类型的驯化				
驯化利用不同的原料，并在各种工艺条件下生成一系列产品的微生物和无细胞系统									
能定期测量核酸、蛋白质和代谢物，目的是表征50个或更多的优先级，可选模型，2000个菌株的参数，并在一周内为200个菌株测量1000个或更多的参数，成本不高于构建菌株的全部成本				能够在体内测量的50个或更多的高优先级的，可选择的模型参数					

原料和预处理	发酵和加工	设计工具链	有机体途径	有机体底盘	测试和测量

图 9.2　美国合成生物学领域的十年计划

为促进合成生物学的发展，不仅美国在如火如荼地进行，英国也紧随其后。近年来，英国持续加大对合成生物学的支持力度，不断增加项目经费投入、建设基础设施及研究平台、促进技术商业化应用等，意图在未来全球合成生物学领域谋求领导地位。从研究基础上看，英国一些著名的高校，如帝国理工大学、牛津大学和剑桥大学等在世界合成生物学研究领域处于领先地位，还拥有壳牌（Shell）、葛兰素史克（Glaxosmithkline，GSK）和阿斯利康（ArstraZeneca）等企业的技术开发力量，英国发表的合成生物学论文数量居世界第二位，仅次于美国。从合成生物学发展所需要的产业环境看，在全球范围内，英国在生命科学相关产业，如化学、制药、医疗以及能源等领域都占有重要地位，这为合成生物学的应用提供了广阔空间。从资金投入上看，2008 年，英国投入 96 亿英镑用于在制药和生物技术方面研发，这一投入有效地支持了英国生命科学技术以及制药业等行业的发展。统计数据显示，英国研究理事会自 2007 年已投入 6200 万英镑用于合成生物学研究。英国政府的这一举措，为英国进行合成生物学研究和实践应用提供了更有利的资金环境。不仅如此，其政府还制定了从 2012 年到 2030 年的合成生物学发展路线图（图 9.3），包括对合成生物学研究人力、财力等方面的投入，研究所涉及的具体内容和技术以及要达到的目标等，该发展线路对短期、中期、长期的发展进行了详细的规划。总体上说，英国政府已经充分认识到他们在合成生物学研究和应用领域所具有的良好研究基础和产业发展环境，竭尽全力握住这一大好机会，发挥现有研究优势，积极推动合成生物学的应用，以期引领全球合成生物学研究和产业发展的风潮。

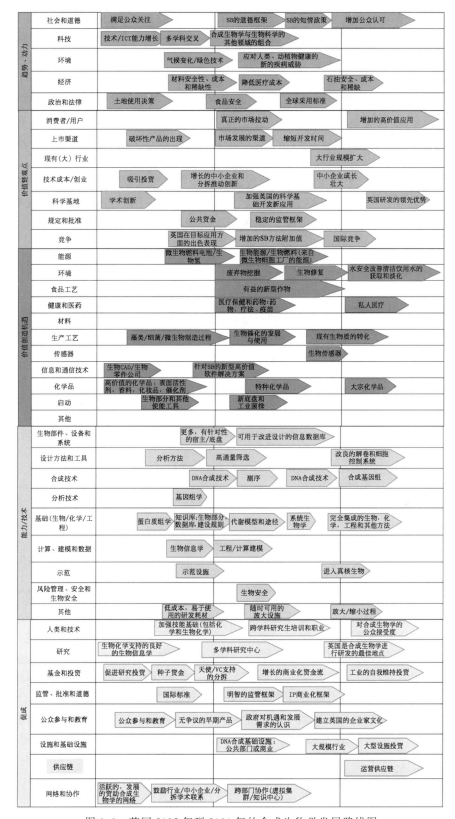

图 9.3　英国 2012 年到 2030 年的合成生物学发展路线图

[摘自 Technology Strategy Board（TSB）. Emerging Technologies and Industries-Strategy 2010-2013 ［R/OL］.（2010-02）]

　　与此同时，德国三大主要的研究机构——德国科学院、德国研究协会（DFG）和德国工程院围绕"德国应如何在合成生物学领域进行发展"展开了激烈的讨论。早在 2009 年 7 月 27 日的报告中，他们就指出，合成生物学对社会的巨大价值（前提是要合成生物学领域的发展与伦理上的争议维持平衡）。德国对生命科学领域的伦理问题尤为敏感，其主要原因归结于生命科学的滥用。报告中建议成立一个合成生物学国家级研究中心，该中心应建立生命科学领域最新进展的数据库，同时也应对研究成果的安全性进行评定。对此，德国 Geneart 公司（世界一流的基因合成制造企业）的总裁 Ralf Wagner 表示，他希望这个报告有助于创造公开辩论的积极环境。为了在尽量少对自然环境造成危害的前提下，给日益增长的人口提供充足的食物、能源和材料，政府制订了从原材料到产品的生物制造策略和发展路线（图 9.4）。此外，伍德罗·威尔逊国际学者中心的数据表明，自 2008 年合成生物学项目开启至今，DFG、德国科学与工程院、德国利奥波德纳科学院和国家科学院优先批准对合成生物学项目的资金支持。DFG 计划投资约 350 万美元用于合成生物学研究。

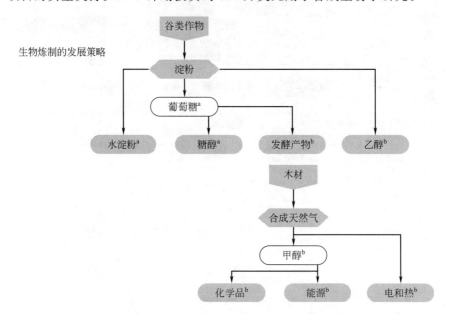

图 9.4　德国在合成生物学领域的生物制造策略和发展路线

a—传统产物；b—新产物

　　国际合成生物学的迅速发展也引起了我国科学界与政府的高度重视。以 2007 年天津大学率先举行合成生物学研讨会为开端，我国各个大学或研究机构陆续举行合成生物学的各种层次的论坛或研讨会。各专家学者一致认为我国开展合成生物学的研究刻不容缓。除此之外，我国政府也对合成生物学的巨大发展潜力给予高度重视，科技部于 2010 年把合成生物学列入了"蛋白质研究"重大科研计划。2011 年启动的"973"计划、"863"计划以及政府的"十二五"计划都将合成生物学列为重点研究方向。受到"973"计划支持的有关合成生物学项目共计 3 个："人工合成细胞工厂"、"人造新功能生物器件的构建与集成"和"微生物创新药物与优产的人工合成体系"。"863"计划也同时资助有关合成生物的研究项目，旨在解决合成生物技术在实际应用中面临的技术难题。通过我国科学家的不断努力，我国在人工合成酵母染色体[1]、重要的中药成分的异源合成[2] 等方面，展示出了巨大的国际影响力，提高中国在药物开发与生产、生物能源等领域的国际地位。

　　纵观各国，无论是理论研究成果还是产业化的产品都与政府的投入呈正相关关系，合成生物学产品的数量（图 9.5）也从侧面反映出国家的投资程度和支持力度。无论从应用前景还是开发潜力出发，合成生物学在未来必将引领又一次新的产业革命。在这个领域领先就意味着在未来新世界的资源分配中占有绝对优势，合成生物学也必将在未来世界格局的重新洗牌中占有极其重要的战略性地位。

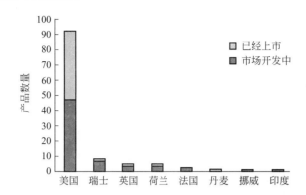

图 9.5　2015 年各国合成生物学产品开发数量及状态分布

9.1.3　军事领域的应用

合成生物学还具有广阔的军事应用前景，这也是各国政府争相加大合成生物学投入力度的原因之一。回顾全球历史，无论是战争时期还是和平年代，各个国家在军事力量上从来都不吝惜投入，应用于国防、军事的科学研究几乎代表了一个国家最高的科技水平。随着时代的发展，新时代的国防和战争拼的是新技术，合成生物学在军事领域的应用将为未来的国防事业掀开新的篇章。

（1）开发军用新能源

当今时代各国的发展给地球上有限的能源与资源造成了巨大的压力，无论是从人类生存，还是从国家繁荣与强大的角度来分析，开发新的生物能源意义非凡。合成生物学者将自然界中的细菌进行改造后使其能将二氧化碳转化为甲烷，该细菌仅能代谢二氧化碳，成为一个全新的生产甲烷的生物体。未来，以化石燃料为中心的传统工业体系将逐渐被这样的新能源生产方式取代。这就意味着，未来军事武器装备将无需携带石油能源，只需少量的能将空气中的二氧化碳转化为生物能源的微生物，这将极大提高部队的机动性和作战能力。

（2）设计和改造军用材料

利用合成生物学知识，设计与合成分子机器，基于高能量、高灵敏度的筛选系统以及比较基因组学、酶学、结构生物学、基因工程和蛋白质工程的理论知识和技术，结合蛋白质与配体相互作用的研究思想，通过设计、合成和改造获得活性高和稳定性强的重要工业材料，在此基础上生产生物来源的重要产品，使其产品具备军事需要的特殊性。新材料的开发为新型军用武器与装备的研发奠定了实质性的坚实基础。

（3）军事环境污染治理

合成生物学也在军事环境治理方面有潜在的应用前景，能够检测与治理飞机、舰艇、洞库等密闭的军事作业环境中的污染物。利用合成生物学构建出检测环境中某种重金属或其他有害物质的工程菌，如英国爱丁堡大学构建出的一种能够监测水或空气中砷含量的工程菌[3]；美国 Jay Keasling 等[4]构建出能降解有机磷酸的假单胞工程菌株，以治理杀虫剂或农药的使用给土壤、生态和食品所带来的污染。此外，通过合成生物学方法构建出各种用于检测与处理污染物（如二氧化硫、氮氧化合物、氨氮化合物、汞、氰化物）的工程菌。同样的，合成生物学构建出的工程微生物，可用于探测军事环境中的化学和生物武器及爆炸物等，保障作战部队环境的安全性。

（4）军用生物计算

目前仍有许多现有的电子计算机不能解决的数学难题，可以利用合成生物学设计的工程菌株有条不紊地调控复杂生命活动的天然"DNA超级计算机"进行生物计算。2008年，美国的Davidson学院[5]用长短和方向各不相同的DNA片段和重组酶设计了一个基因线路，通过大量繁殖这种含有基因线路的大肠杆菌，获得了许多微生物"计算机"。它们能独立运行，互不干扰地进行计算。这是计算任务第一次由生物执行，也展示了人造生物用于科学计算及设计和构建生物计算机相关研究的可能性。利用生物计算机的高速并行运算能力监测和计算军事环境下的海量数据，可大幅提高战场数据处理水平，提高作战、决策和指挥效率。

合成生物学在军事领域应用前景广阔，对于国防建设具有重大的战略意义。最近，在美国国防部公布的未来五年的科研战略部署中提到合成生物学在军用药物[6]的快速合成、生物病毒武器制备[4]、基因改良和人体损伤的快速修复等方面的应用前景。由此可见，合成生物学在军事领域应用潜力之大，必将在保障国家安全上起到极其重要的作用。

9.1.4　民用市场前景分析

合成生物学是基于现代生物学和系统科学发展起来的，是一门融入工程思维、多学科研究领域交叉的自然科学。该技术是一项通过设计、构建、调试及优化工程学循环的全面革新生物技术。相关合成生物产品种类丰富（图9.6），这有助于解决人类发展所面临的资源、能源、环境、健康等若干重大问题，拥有广阔的前景。

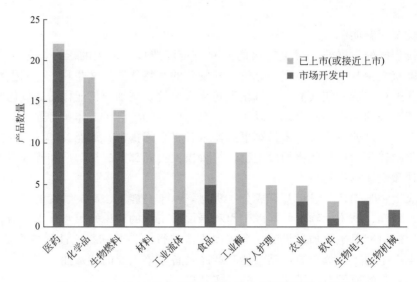

图9.6　2015年全球合成生物学的细分产品开发数量及分布

（1）合成生物学在医药领域的应用

合成生物学带动了医学领域的迅速发展，包括促进干细胞与再生医学的发展，开发出提升疾病诊断能力的分子传感器、分子纳米器件与分子机器，人工合成减毒或无毒性疫苗或人工噬菌体等新型杀菌物质等。例如，基于人工噬菌体技术和基因组打靶技术的基因治疗；利用合成生物学技术通过设计细胞行为和表型获得的免疫细胞、干细胞等临床治疗性细胞产品体系实现精确调控、治疗特异性；设计和合成的工程细菌用于靶向治疗中的药物载体等。以青蒿酸异源合成为标志，合成生物学在天然产物、抗生素等的人工合成方面的巨大潜力已经得到了证明（表9.1）。此外，合成生物学在组织工程、药物递送、抗生素佐剂等领域应用潜力也受到了各企业和研究机构的追捧。这些新兴的治疗手段和药物产品无不彰显着合成生物学在医药行业的发展潜力。

表 9.1　基于合成生物学开发的医药产品

产品	企业（机构）	状态	技术特点
青蒿酸	Amyris	已（或接近）上市	利用酵母细胞工程化表达紫穗槐二烯合成酶和细胞色素 P450 氧化酶，实现微生物合成
头孢氨苄	帝斯曼	已（或接近）上市	用两步酶转化取代了 13 步的化学反应过程
西他列汀	Codexis	市场开发中	利用生物催化生产
合成紫杉醇	斯克里普斯研究所（TSRI）	市场开发中	利用腺苷酸环化酶和氧化酶等生产紫杉烷类化合物
DNA 纳米机器人	Wyss 研究所	市场开发中	用于药物的靶向释放
人源化猪器官	Synthetic Genomics、Lung Biotechnology	市场开发中	利用合成生物学避免移植的免疫排斥反应
硫醚抗生素	格罗宁根大学	市场开发中	利用合成生物学高通量生产硫醚抗生素
噬菌体治疗	哈佛大学、麻省理工学院、霍华德休斯医学研究所、波士顿大学	市场开发中	通过抑制 SOS 网络，开发高效的抗生素佐剂

注：摘自 Woodrow Wilson Center. Synthetic Biology Project-Synthetic Biology Products and Applications Inventory（31 Dec. 2015）。

（2）生物化学品、生物能源产品的开发

近年来，随着绿色环保可持续观念的提出，化学品的制造已经产生了从化学制造向绿色制造、生物制造的转移，能源开发也已从化石能源向生物能源转变。利用大肠杆菌、酵母和蓝藻等底盘生物，通过系统性的设计和改造，实现以纤维素、木质素、生物质等农业、工业废弃物以及二氧化碳等为原料，生产清洁、高效、可持续的化学品和生物能源产品的目标；实现生物质资源逐步替代化石资源、生物路线逐步替代化学路线的美好愿望。目前，由生物制造生产的化学品及燃料，如乙醇、乳酸、丙烯酸（表9.2）等，已经由许多企业争相开发，拥有非常广阔的市场和潜力。基于合成生物学的化学品制造、生物能源产品开发，对于打破经济发展的资源环境瓶颈制约、构建新型可持续发展的绿色工业化道路意义重大。

表 9.2　部分合成生物学在化学品和能源市场的开发现状及潜力

产品	企业（机构）	生物基产品市场			所有市场（生物基＋石化产品）			生物基产品占比/%
		价格/（美元/t）	规模/100t	市场/（百万美元/年）	价格/（美元/t）	规模/100t	市场/（百万美元/年）	
乙醇	Qteros、Logen、BP、帝斯曼、Proterro、LanzaTech、Algenol、Mascoma	815	71310	58141	823	76677	63141	93
乳酸	Myriant 等	1450	472	684	1450	472	684	100
丙烯酸	Myriant、OPXBiotechnologies、Metabolix、诺维信、嘉吉	2688	0.3	0.9	2469	5210	12863	0.01

续表

产品	企业(机构)	生物基产品市场			所有市场(生物基＋石化产品)			生物基产品占比/%
		价格/(美元/t)	规模/100t	市场/(百万美元/年)	价格/(美元/t)	规模/100t	市场/(百万美元/年)	
法尼烯	Amyris	5581	12	68	5581	12.2	68	近100
丁二酸	Bioamber、Myriant、帝斯曼	2940	38	111	2500	76	191	49
1,4-丁二醇	Bioamber	高于3000	3.0	9	1800~3200	2500	4500~8000	0.1
己二酸	Verdezyne、Bioamber、Rennovia	2150	0.001	0.002	1850~2300	3019	5600~6900	0.00003
异丁烯	Global Bioengergies	远高于1850	0.01	0.02	1850	15000	27750	0.00006

（3）合成生物学在农业及其他领域的应用

合成生物学在农业领域也有巨大的开发潜力。例如，开发基于合成生物学的生物"农药"防治害虫，即通过人工设计基因路线控制昆虫性别、行为，分别实现对蚊子等有害昆虫和家蚕等有益昆虫数量的人工调控，实现益虫的高效利用和害虫的无公害治理；利用合成生物学技术制造生物"肥料"，构建具最小固氮体系的人工固氮生物，对非豆科粮食作物进行底盘改造，人工导入高效固氮装置，使得非豆科粮食作物实现共生结瘤固氮或自主固氮[7]；改造植物的基因表达路线及调控路线，促进限速酶的合成以增强光合作用，或提高抗逆性等，最终提高作物产量。此外，合成生物学在食品的功能性成分、药物成分及饲料用成分的生产中也有重要应用，可实现植物源次级代谢产物在微生物中的人工生物合成，降低对野生和珍稀植物资源的依赖、减少对生态环境的破坏，缓解因干旱、低温和盐渍等不良环境而对农业生产造成的压力。

合成生物学的应用范围涉及医药、化学品、能源、农业、食品等诸多领域，关乎国计民生，它所引领的浪潮正以迅雷不及掩耳之势席卷全球。从合成生物学的理论来看，秉承"自下而上"的设计思路，通过设计或改造基因、代谢途径，打造"微工厂"来实现目的产物的生产，为人类的需求而服务。从这个角度分析，未来人类利用合成生物学可以设计出近乎所有自然中存在的物质，其中巨大的潜力不言而喻。而且依据目前的开发状况，合成生物学在各领域的产品种类日渐丰富，全球顶尖合成生物学企业开发生产，市场价值不可估量。就目前合成生物学产品的生产过程而言，它是一种设计并优化后的全新人工体系，从原料选择、底盘体系到产品生产都体现了绿色制造的核心理念。合成生物学因其全新的设计理念、颠覆性的技术、广泛的应用领域，必将成为未来发展的战略性技术，其巨大的经济、社会潜力正等待着人类去发掘。

9.2 合成生物学作为颠覆性新兴技术的优势

9.2.1 与传统农业、发酵产业的比较

合成生物学的相关技术可以在诸多领域得以发展和应用，其中包括关乎国计民生的农业

和工业制造领域，在传统农业和发酵产业中均有重要的应用价值。

21 世纪，人口增长、资源短缺和环境恶化等制约了中国现代农业的发展。据测算，到 2020 年，中国要满足 14.5 亿人口的用粮安全，粮食产量必须达到现有生产水平的 120%。但日益减少的人均耕地和逐渐短缺的水资源等问题，严重威胁了中国粮食安全[8]。我国是农业大国，长期以来，我们采用传统杂交育种选育高产品种、采用套种等方式提高作物光合利用率、采用施多种化肥增加作物的营养吸收、采用施加农药减少病虫害等措施，以达到提高粮食产量的最终目的。但是这种传统的农业增产方式，已经不能满足急剧增长的粮食需求，并且存在高产品种选育周期长、化肥长期施用降低土壤肥力、大量农药的使用威胁人类身体健康、病虫害的抗性增强等突出问题，面临的这些挑战已经为传统农耕方式敲响了警钟。

合成生物学这一新兴学科的兴起为农业的发展注入了新的推动力。根据"自下而上"的合成生物学研究思想，根据实际农业应用中的需求，从微生物、特殊生境植物等物种中挖掘各种功能基因或根据种植区域设计所需性状，通过对作物基因的改造、蛋白质或酶的设计、代谢途径的改造等，构建植物的相关性状如花期、籽粒、株型等，使其达到可在特定环境高产的最佳性状；同时还可使作物具备抗逆、抗病虫害、养分高效利用等优势，增强自身光合作用强度，以提高作物产量，实现高产低耗、绿色健康的新农业。

作为我国生物行业的支柱之一的发酵产业，近年来发展迅速，其中以生产氨基酸和有机酸为代表。2010 年我国发酵工业产量为 1800 万吨，产值达到 2000 亿元，比 21 世纪初分别增长了 5 倍和 9 倍。然而目前发酵行业却面临着许多亟待解决的问题。一方面，在发酵过程中目的产物会对细胞生长与维持正常代谢的酸碱环境产生不利影响，为维持发酵条件的稳定，需外源实施 pH 干预（如在氨基酸工业生产中需添加氨水控制 pH 值 7.0 左右保障发酵进行，发酵结束后再添加浓硫酸将 pH 值降至 3.20～3.25 进行氨基酸的提取）；另一方面，发酵过程需要采取冷却措施，尤其在夏季，根据中粮集团在《2015—2020 年中国生物发酵行业分析及发展预测报告》提供的数据计算，发酵温度每升高 1℃，仅柠檬酸、赖氨酸和谷氨酸三个行业的生产成本就可降低约 5000 万～1 亿元。由此可见，发酵行业所带来的下游污染和高能耗是制约其发展的关键问题。

合成生物学技术可用于生产菌株的改造，挖掘功能性的抗逆元器件，在保障菌种性能基础上，将设计构建后的抗逆性人工元器件装配到底盘微生物中，从而精准调控工业菌株的抗胁迫性能。该技术一方面增加菌株的耐酸碱胁迫性能，显著降低中和剂的用量，同时进一步提高最终产量；另一方面提高菌株的温度耐受性，构建耐高温发酵菌株，大大提高菌种的生产效率，减少降温所需能耗和费用。利用合成生物学技术实现对生产菌种的改造，能显著减少发酵工业的生产成本，产生巨大经济效益，对于提高发酵工业过程的绿色指数、促进发酵工业健康发展具有非常重要的作用。

9.2.2　颠覆性技术和手段

合成生物学的潜力和前景为世人所公认，因此它被美国国防部、麦肯锡全球研究所等机构列为 21 世纪颠覆性技术之一。无论是从基础理论、研究思路，还是从学科交叉和应用来看，合成生物学的颠覆性技术和手段从不同层次彰显着在未来其不可动摇的颠覆性地位。

从基础理论研究方面来看，合成生物学的基本元件可以是启动子、终止子、基因编码序列、转录调控因子、核糖体结合位点（RBS）、调控小 RNA 分子等。研究者们[9]系统定量地表征自然界的天然元件，并基于天然元件开发了许多人工突变元件，致力于增加元件的种类和数量，这些天然或人工的元件共同构成了合成生物学的元件库。借助基因线路设计和计算机编程的设计思想，对这些标准化的元件进行理性设计和组装，使其组成功能性模块或者更复杂的基因线路。借助计算机，辅助模块化的基本元件进行设计，构建成本低的功能体系[10]。从理论上这就像一个排列组合的游戏，每一个元件有大量选择的可能，诸多元件组合起来，就会产生无限可能。从这个角度看，这种颠覆性的技术可以满足人类的各种需求，甚至让我们无所不能。

从研究思路方面来看，合成生物学秉承"自下而上"的研究思想，以"工程化设计与模块化制造"为导向，从脱氧核苷酸出发，经由小片段的、基因簇，直至整个基因组，从零散单一的元器件和功能性模块再到整个生命网络，打破非生命体系的局限。遵循"从局部到整体""自下而上"的研究思想，对现有的天然系统进行改造以获得具有新功能的生物体系，或者进行人工生物体系的从头合成。结合人造生命设计构建的原理和规律，对生物起源与进化、生物结构和生物功能的联系等重大生物学基本问题进行研究和解析。一方面合成生物学完成了由理解生命到创造生命的革新，也使得生命科学进入了从读取自然生命信息发展到书写人工生命信息的新时代[11,12]。另一方面这种"问题导向"和"自下而上"的设计思路对生命科学乃至整个科学的发展都将产生革命性和颠覆性影响。

从学科交叉和应用来看，合成生物学是多学科交叉的综合性学科，除了经典的基因工程和代谢工程外，还与数学、计算机学、工程学、电子学等多门学科相互交融，多角度深化人们对生命本质的认识，对生命体的重新编程赋予新的生物功能[13~16]。合成生物学在化学品合成、生物能源、农业、医学、环境等领域都有重要的应用价值，相关产品在各自领域的影响力日益增加，甚至可能在未来替代传统产品。综合多个学科的内容和研究技术，这种颠覆性的"集大成"的研究手段，为未来合成生物学的战略性地位奠定了坚实的基础。

9.2.3　可持续性和潜力

合成生物学技术符合可持续发展的战略。合成生物学遵从"自下而上"的研究思想，通过改造基因层面的各种作用元件，最终实现预期目标。研究过程基于计算机层面设计，然后通过实验操作产生目的菌株，最终投入生产。该过程没有对能源和资源的消耗，经过不断地发展可以满足人类社会的需求，其可持续性不言而喻。同时，合成生物学技术应用于生物医药、发酵、化学品合成、能源等领域，可实现化石能源和其他资源的低消耗、对污染物零排放，从而促进整个社会的可持续发展。

合成生物体系在工业（包括材料、能源和天然化合物的制造）、农业、医疗行业、环保等领域实现了规模化的应用。在生物医药方面，科学家们已经通过对代谢途径或工程菌不断地改造和优化，大幅提高了青蒿酸、紫杉醇的产量，预期实现更有效的疫苗、新药和改进药物的研发与生产，在目前药物难以解决的医学问题上发挥更大作用；在能源方面，研究者实现使用改造后的多种微生物生产异丁醇、柴油等化学品[17,18]，突破了自然生物体合成功能与范围的限制，以生物资源代替化石资源，在传统化学品制造的变革中起到重要作用；在环境方面，科学家利用改造的大肠杆菌降解除草剂，以去除其对环境的污染，在环境因子检测的传感器开发中也大有潜力，在环境保护和环境修复方面有重要意义。与此同时，合成生物学带动经济的发展，英国商业创新技能部预测合成生物学产业规模到 2020 年将达 620 亿英镑。由此可见合成生物学的巨大潜力已经引起了全球的争相关注，其发展前途不可估量。

9.3　国际主要合成生物学研究中心与热点

9.3.1　全球公立研发中心布局

根据美国伍德罗·威尔逊国际学者中心的一份合成生物学地图显示，截至 2013 年，全球公立研究中心（包括大学、政府实验室、军事实验室）共约 350 家。主要集中在北美洲、欧洲、亚洲的国家，其中北美洲共 201 家，是欧洲（103 家）的两倍左右，是亚洲（38 家）的 5 倍左右，在公立研究中心中占有绝对的数量优势。其中，北美的研究中心主要集中在美国（195 家），欧洲主要集中在英国（29 家）和德国（28 家），亚洲则主要集中在中国（20 家）和日本（11 家）。

9.3.2　全球私立研发中心布局

与公立研发中心类似，全球私立研发中心，包括公司和极少数的社会研究机构，主要分布在北美洲、欧洲和亚洲，共约 232 家。同样的，北美占绝对优势为 168 家，是欧洲（56 家）的 3 倍，是亚洲（12 家）的 13 倍。北美私立研发中心全部分布在美国，欧洲主要分布在法国（46 家），亚洲则主要分布在日本（10 家），其次韩国和中国香港各 1 家。

9.3.3　全球研究热点

近年来，合成生物学在全球的生物医药、生物能源等领域均有重大突破，而这些领域一直是各国研究机构争相攻克的热点。

（1）生物医药方面

药物合成是合成生物学应用的又一热点领域，发展各种新兴技术的终极目的都是造福人类，利用合成生物学进行稀缺药物的人工合成，无疑是实现人类生命健康的一大突破。就应用于药物的天然化合物来看，青蒿素和紫杉醇的合成是生物医药领域的一大突破。美国加州大学伯克利分校 Jay Keasling 课题组设计并整合了青蒿酸的生物合成途径，在酵母细胞中实现了青蒿素的合成，其产量提升到了工业化水平。麻省理工学院的 Gregory Stephanopoulos 课题组在大肠杆菌中实现了紫杉二烯——紫杉醇的前体的合成表达，为提高紫杉醇产量奠定了基础[19]。紫杉醇作为一种抗癌药物，疗效显著，而天然紫杉醇类物质产量有限，人工合成的实现将有望终结人类抗癌史。

（2）生物能源方面

人类工业社会的发展离不开对地球上能源的消耗，然而化石能源的日益减少，使全球各个国家开始打一场"新能源开发战"。利用合成生物学开发生物能源，为全球解决能源问题提供了一个新思路，成为当下的研究热点。具有代表性的工作是 UCLA 的 James Liao 课题组实现了丁醇类物质的合成研究。利用合成生物学方法，研究人员构建丁醇和异丁醇的代谢途径，完成了利用微生物生产丁醇和异丁醇的良好示范。丁醇和异丁醇具有与汽油相当的热值及辛烷值（高于乙醇），是一种可替代传统化石燃料的极具工业潜力的生物燃料。James Liao 研究组还使用基因改造后的细长聚球蓝细菌，将 CO_2 和光转化为异丁醛[17]，这对未来开发生物能源具有极其重要的作用。

9.3.4　研究前景与展望

合成生物学发展至今，在各个领域的应用取得了突破性进展，虽然还有很多关乎人类健康、社会发展、环境保护的重大问题待解决，但是目前取得的这些进展为解决上述问题提供了良好开端。巨大的发展潜力也为未来的发展增强了信心，同时，各个机构的大力投入和政府的全力支持，使得合成生物学的前景一片光明。

9.4　合成生物学的安全与伦理探讨及策略

9.4.1　面临的伦理争议

从 2010 年宣布首例人造细胞的诞生开始，合成生物学这个新名词逐渐为人们所熟知。与之而来的不仅有人们对合成生物学的追捧，还有民众对它的质疑甚至恐慌。尤其是对伦理问题的争议。合成生物学所面临的伦理问题主要有非概念性伦理问题即生物安全问题和概念性伦理问题。生物安全问题主要分以下两类：一是生态安全的问题，由人工合成的生物逃逸可能引发的生态灾难；二是生物防御问题，合成生物学可能会被恐怖分子用于制造生物武器。另一争议问题就是生物伦理问题，从世人的角度看，合成生物学家正在实验室中完成"进化法则"未创造的生命形式的创造。这引起了人们关于自然生命本身及其创造过程的深层次的哲学与宗教思考。

① 关于合成生物学引发的生态安全问题，人们普遍担心经过合成改造后的生物系统释放到自然环境中，会在自然选择的压力下发生突变。这就意味着改造后的生物发生突变后极有可能与环境或环境中的其他生物之间产生不可预测的相互作用，从而引发不可控制的生态灾难。关于人类安全问题，实验室改造的各种有害的病毒如天花病毒、流感病毒等，以及相关的研究成果，如人工合成抗鼠疫疫苗和小儿麻痹病毒等，这些经过改造的病毒一旦在人类身上感染和传播，将会威胁全人类的生命，这些问题无疑是从事合成生物的研究人员应该时刻警醒的。

② 关于生物防御的问题，无疑更应该让我们提高警惕。理论上来讲，通过合成生物学的手段，制造出的毒性、传染性、耐药性更强的病毒或超级细菌，杀伤力更大。通过美国威斯康星大学麦迪逊分校 Yoshihiro Kawaoka 小组和荷兰伊拉兹马斯医学中心 Ron Fouchier 小组对禽流感病毒 H5N1 的改造，该病毒可在雪貂这类哺乳动物间进行传播的致病能力，这进一步为合成生物学研究敲响了警钟。一旦合成生物学技术成熟，有可能被生物黑客或者恐怖分子制造生物武器，威胁全人类的生命安全。此外，自从瑞士的 Jens Nielsen 课题组报道了利用改造后的酵母细胞成功将糖转化为鸦片后，人们对利用合成生物学改造天然微生物，用于生产吗啡、海洛因等违禁药品的担忧日益加深，因为相较于植物或化学合成法，微生物合成具有简单和容易获得的特点。从另一方面来看，合成生物学引发的安全问题的思考并不是全新的，很多问题与之前基因工程面临的问题如出一辙。通过相关操作规范的制定，许多如转基因致病菌的大规模扩散等当初设想的问题并未出现。因此，完全可以根据合成生物学的具体应用情况，制定行之有效的管理措施，赋予合成生物学新的内容，将可能造成的安全问题得到有效的控制[20]。

③ 合成生物学引发的生物伦理问题。本质上合成生物学打破了生命的神圣感，模糊了自然与非自然的界限，使得人们在传统认识中受到极大的冲击。合成生物学家制造自然界中不存在的生命，违背了顺应自然发展规律的伦理，由此引发合成生物学在"逆"自然以及哲学、宗教等意识形态上的激烈争论。"辛西娅"诞生之后有关机构进行了民意调查，调查者中有 2/3 表示支持合成生物学的研究，但仍有 1/3 的人要求表达了对这一研究的反对。在反

对的人中，27％的人表达了恐怖组织利用其研究成果发展生物武器的忧虑，25％和23％的人分别担心人造生命会破坏伦理道德和对人类健康造成威胁，此外，13％的人则担心环境会因此受到破坏。

合成生物学的成果是否应该申请、应该如何申请专利，还是成果共享，所涉及的伦理或安全隐患问题又该如何应对，这也是存在激烈争论的又一问题。在对合成生物学的伦理问题进行讨论时，有一个重要事实不容忽视，即合成生物学目前处于发展的初级阶段，其研究的主要内容仅限于构建元件、功能模块以及调控回路等。所谓的合成生命，也主要是对病毒、酵母等低等生物或微生物基因组的人工全合成，而在高等植物、动物中的研究工作刚刚起步[21]。未来合成生物学仍然会在人类对它的不断争论中继续前进，合成生物学是一把双刃剑，它是否伤人终究要取决于握着剑柄的人类。

9.4.2 伦理研究的意义

合成生物学的相关研究还处于初级阶段，但不可置疑，最终发展起来将是一项颠覆性的发明，也是人类社会一个了不起的进步。但其中的生物安全及伦理问题，只有积极探讨解决，才能促进未来合成生物学乃至生物学领域的健康发展。

探讨合成生物学的伦理问题和相关生物安全问题意义重大。首先，根据这些问题来拟定合成生物学研究和应用的监督管理体系甚至法律文件，可以使理论上的伦理道德约束具有实际可操作性，为生物安全问题提供前瞻性的保障。其次，就国际层面而言，也有利于中国在该领域的国际话语权的形成。以美国为例，在全球范围内美国不仅在科技上领先，在相关社会制度和人文等方面也步步领先。当伴随某一科技发展出现问题时，如生物剽窃，国际社会在追讨美国各生物医药公司侵犯其他国家生物资源的时候，美国对此的讨论在几年前就已经进行了。只有在这些方面有所领先和完善，才能在相关国际文件的制定中有话语权，从而促进我国合成生物学的良性发展。最后，可以通过讨论，对合成生物学的伦理和生物安全问题有一个正确解读，避免大众因无知而产生盲目的恐惧，影响国家对该学科发展的支持，最终造成中国在合成生物学研究领域的落后局面。

合成生物学发展所面临的问题，不是我国在该领域研究的绊脚石，更不是中国在该领域发展的束缚，我们提倡进行合成生物学安全及伦理问题的研究，不仅是以积极的态度正面讨论及寻找解决这些问题的有效方案，而且可为日后应对国际反声音做好准备，可促进未来持续的发展，具有不可替代的前瞻性意义。

9.4.3 伦理研究的指导意义

和任何一个新兴学科一样，合成生物学的发展初期是多方向的，这其中包括对人类社会有益的、有害的和有潜在影响的等许多方向。随着合成生物学的发展，生态安全、人类社会安全、恐怖主义、生物伦理、社会伦理等诸多问题逐渐暴露，我们对这些问题进行研究，及时制止其有害方向发展，鼓励支持有益方向的研究，对潜在的、未知的风险进行规范化管理和预防，引领合成生物学在可预见的范围内总体向着平稳健康、促进人类社会进步的方向发展。因此，合成生物学的安全及伦理问题研究对合成生物学的发展有导向性意义。同时，开展安全及伦理研究的思路不仅限于合成生物学，还对科学技术的良性发展，人类社会的长足进步，甚至整个人类文明具有重要的指导性意义。

9.4.4 伦理相关政策的完善

随着全球合成生物学的蓬勃发展，与之相关的安全与伦理问题的监管政策和防御措施也随之而来，并且不断在更新和完善。

近年来，美国政府相继从法律、政策等层面实施了对合成生物学的管理力度，制定相关操作规范等，建立了合成生物学的管理构架。在法律层面，《美国法典》和《高致病性病原体的管理办法》对合成生物学有这样的规定：合成与天花病毒基因组相似性达到85％的基因序列，属于故意合成、制造天花病毒（GPO 2012-9-2）的违法行为；而无论天然的或合成某些序列，如不需要特殊的酶就能复制的DNA病毒、进入合适的宿主后会产生毒素的核酸等都属于被管控范畴［Biosecurity（NSABB）2010-4-30］。在政策层面，2010年10月美国卫生部（HHS）公布了一份指导DNA产品合成的商家筛选指南，预防管制病原体的不当开发（NSABB 2013-1-1）；2012年3月至2013年5月期间，美国共出台了三项对合成生物学的监管政策，其中对从事相关研究、生产与资助的部门、机构及个人的行为进行了规范（OSTP 2013-5-26）。经过以上措施，美国实现了从病原体管理、DNA筛查、研究人员管理、研究机构管理、研究活动管理等方面对合成生物学可能存在的风险的监管。

作为一个新兴的多学科交叉领域，合成生物学在基础科学研究和能源、医药、农业等领域中都有巨大的应用潜力。世界各发达国家，不仅加大对合成生物学研究的资助力度，同时也加强对它的监管和安全性研究。我国合成生物学发展刚刚起步，有针对性的、高效力的管理体系尚未建立起来，因此，促进我国合成生物学的理性发展，可从以下几个方面考虑：

（1）合成生物学研究和应用的风险评估

成立国家级的合成生物学研究和应用的风险评估中心，以合成生物学家为主，联合生态、社会、伦理等领域的专家共同组成评估专家，建立完整的风险评估体系，对每个合成生物学研究和产品项目可能造成的风险和危害进行全面评估，当其研究或产品结果不乐观或者不确定的时候，必须暂停该研究项目，预防风险的发生。同时，加强合成生物学从业人员的风险意识培训，在本科生、研究生中开展此类课程，加强合成生物学研究者的安全意识。

（2）合成生物学监督管理体系

以相关政策和法律法规为基础，制定相应的标准和规范，从病原体管理、DNA筛查、研究人员管理、研究机构管理、研究活动管理等方面实行对合成生物学的监督和管理。监管机构由中央部门统一调配，各部门分工协作，形成严密的合成生物风险管控网络。此外，还应对合成生物安全问题和伦理问题进行审查，规范在生产和科学研究中有关制造商和研究人员的行为。

（3）加强民众生物安全意识和生物伦理教育

联合大众媒体，对合成生物学的研究进行全面、公正、客观的报道，正确引导公众的认识和观点。通过这种方法消除合成生物学的神秘感和公众产生的恐惧感，使公众正确看待合成生物学的安全风险及伦理问题。了解合成生物学的完整监管体系，从而减少公众对合成生物学的不正确的舆论阻力。另一方面，加强大众普及教育，有利于发挥公众的监督作用，从而促进合成生物学监管体系的完善，促进合成生物学的良性发展。以欧美等合成生物学发达国家为借鉴，并结合我国自身发展情况，制定合成生物学的监督管理政策，才能促进我国合成生物学的良性健康发展[22]。

思考题

1. 合成生物学的应用领域都有哪些？它在其中起到了什么作用？
2. 合成生物学技术与其他生物技术相比的优势是什么？

3. 合成生物学的研究热点是什么？

4. 合成生物学引发的生物安全与伦理争议有哪些？

5. 为什么要进行合成生物学的伦理研究？如何避免上述问题的出现？

6. 我国合成生物学的发展情况怎样？

7. 中国合成生物学的发展策略都有哪些？

参 考 文 献

[1] Zhang W，et al. Engineering the ribosomal DNA in a megabase synthetic chromosome. Science，2017，355（6329）：eaaf3981.

[2] Yan X，et al. Production of bioactive ginsenoside compound K in metabolically engineered yeast. Cell research，2014，24（6）：770.

[3] Aleksic J，et al. Development of a novel biosensor for the detection of arsenic in drinking water. IET Synthetic biology，2007，1（1）：87-90.

[4] Walker A W，Keasling J D. Metabolic engineering of Pseudomonas putida for the utilization of parathion as a carbon and energy source. Biotechnology & Bioengineering，2002，78（7）：715.

[5] Haynes K A，et al. Engineering bacteria to solve the Burnt Pancake Problem. Journal of biological engineering，2008，2（1）：8.

[6] Ro D，et al. Production of the antimalarial drug precursor artemisinic acid in engineered yeast. Nature，2006，440（7086）：940.

[7] 陈大明等. 合成生物学应用产品开发现状与趋势. 中国生物工程杂志，2016，36（7）：117-126.

[8] 范云六. 农业生物技术科技创新发展趋势. 科技导报，2014，32（13）：1.

[9] Levin-Karp A，et al. Quantifying translational coupling in *E. coli* synthetic operons using RBS modulation and fluorescent reporters. Acs Synthetic Biology，2013，2（6）：327-336.

[10] Purnick P E M，Ron W. The second wave of synthetic biology：from modules to systems. Nature Reviews Molecular Cell Biology，2009，10（6）：410-422.

[11] Gibson D G，et al. Creation of a bacterial cell controlled by a chemically synthesized genome. Science，2010，329（5987）：52.

[12] Narayana A，et al. Total synthesis of a functional designer eukaryotic chromosome. Science，2014，344（6179）：55-58.

[13] Anselm L，et al. Synthetic biology：engineering *Escherichia coli* to see light. Nature，2005，438（7067）：441-442.

[14] Elowitz M B，Leibler S. A synthetic oscillatory network of transcriptional regulators. Nature，2000，403（6767）：335-338.

[15] Friedland A E，et al. Synthetic gene networks that count. Science，2009，324（5931）：1199-1202.

[16] Ramiz D，et al. Synthetic analog computation in living cells. Nature，2013，497（7451）：619.

[17] Atsumi S，Higashide W，Liao J C. Direct photosynthetic recycling of carbon dioxide to isobutyraldehyde. Nature Biotechnology，2009，27（12）：1177-1180.

[18] Baez A，et al. High-flux isobutanol production using engineered *Escherichia coli*. Appl Microbiol Biotechnol，2011，90-90（5）：1681-1690.

[19] Parayil Kumaran A，et al. Isoprenoid pathway optimization for Taxol precursor overproduction in *Escherichia coli*. Science，2010，330（6000）：70-74.

[20] 朱泰承，赵军，李寅. 关于合成生物学发展与相关问题治理的思考. 科学与社会，2015，5（1）：13-19.

[21] Kuiken T，et al. Shaping ecological risk research for synthetic biology. Journal of Environmental Studies & Sciences，2014，4（3）：191-199.

[22] 梁慧刚等. 合成生物学研究和应用的生物安全问题. 科技导报，2016，34（2）：307-312.

附录

附录一　合成生物学专有名词英汉对照

adaptability	适配性
adaptive components	自适应元件
algebraic stability criteria	代数稳定性判据
allosteric regulation	变构调节
amplifier	放大器
analogy	类比法
"AND" gate gene circuit	"与"门基因线路
aptamer	适配体
artificial chromosome	人工染色体
attenuator	弱化子
auto-inducer	自诱导剂
autosynthetic calls	人工合成细胞
bacterial artificial chromosome，BAC	细菌人工染色体
Bayesian estimation method	贝叶斯估算法
biobrick	生物积块
biocatalysis	生物催化
bioinformatics	生物信息学
biphase switch	双相开关
biological errors	生物学错误
biosensor	生物传感器
bistable switch	双稳态开关
bottom-up	自下而上
building block	组件
cascade circuit	级联线路
cell factory	细胞工厂
cell free system	无细胞体系
cell free synthetic biology	无细胞合成生物学

cell memory	细胞记忆
chassis	底盘
chasiss cell	底盘细胞
choromosome	染色体
clustered regularly interspaced short palindromic repeats，CRISPR	规律成簇的间隔短回文重复
codon	密码子
coenzyme regeneration system	辅酶再生系统
coherent feedforward	一致前馈
comparative genomics	比较基因组学
comparators	比较器
computational enzymology	计算酶学
computer aided design	计算机辅助设计
connector	接口
constant	常量
counter	计数器
cyanobacteria	蓝藻
data standardization	数据标准化
decoupling	解耦
dense overlapping regulons，DOR	密集交盖调节网
deoxyribonucleic acid，DNA	脱氧核糖核酸
development	发育
device	生物装置
DNA recombination technology	DNA 重组技术
elementary gene circuit	基础基因线路
enhancer	增强子
energy regeneration system	能量再生体系
enzyme	酶
enzyme kinetics	酶动力学
Escherichia coli	大肠杆菌
essential gene	必需基因
eukaryocyte	真核细胞
evolution	进化性
expressed sequence tags	表达序列标签技术
extract	抽提
feedback control	反馈控制
feedforward control	前馈控制
foldchange detection	倍变探测
functional genomics	功能基因组学
fusion chaperones	融合伴侣
gene	基因

gene cloning	基因克隆
gene switch	基因开关
gene therapy	基因治疗
genetic engineering	基因工程
genetics	遗传（学）
genome	基因组
genome integration	基因组整合
genome shuffling technology	基因组改组技术
genomics	基因组学
Gibson assembly	Gibson 组装
global transcriptional regulation	全局转录调控
glycosylation modification	糖基化修饰
gRNA library	gRNA 文库
homologous recombination，HR	同源重组
human artificial chromosome，HAC	人类人工染色体
in vitro compartmentalization，IVTC	体外分隔
in vivo continuous evolution，ICE	体内连续突变系统
incoherent feedforward	不一致前馈
insulator	绝缘子
inverter	转化器
isoprene	异戊二烯
large fragment assembly	大片段组装
ligand-binding domain，LBD	配体结合结构域
logic circuit	逻辑线路
logic gate	逻辑门
logic gate gene circuit	逻辑门基因线路
logic structure	逻辑结构
Lyapunov stability analysis method	李亚普诺夫稳定性分析方法
massively parallel signature sequencing，MPSS	大规模平行测序技术
mathematical simulation	数学模拟
maximum likelihood estimation method	极大似然估算法
mechanistic approach	机理法
metabolic engineering	代谢工程
metabolicpathway	代谢途径
metabolomics	代谢物组学
metabonomics	代谢组学
metagenome	宏基因组
mevalonate，MVA	甲羟戊酸
microarry	微阵列
minimal genome	最小基因组
mixed bacteria system	混菌系统

mixed promoter	混合启动子
modeling	建模
modularization	模块化
module	模块
molecular biology	分子生物学
molecular cloning	分子克隆
motif	基元
multi input	多输入
multi-enzyme catalytic system	多酶催化体系
multi-level regulation	多级调控
multiple automated genome engineering	多重自动化基因组工程
multiple cloning site，MCS	多克隆位点
mycoplasma	支原体
N-acyl homoserine lactones，AHL	N-酰基高丝氨酸内酯
"NAND" gate gene circuit	"与非"门基因线路
negative feedback	负反馈
noise	环境噪声
non-essential gene	非必需基因
non-homologous end joining，NHEJ	非同源末端连接
non-linearity	非线性
"NOR" gate gene circuit	"或非"门基因线路
normalization	标准化
"NOT" gate gene circuit	"非"门基因线路
nuclear localization signal	核定位信号
nucleic acid	核酸
oligo DNA/RNA	寡聚 DNA/RNA
operon	操纵子
organelle localization	细胞器定位
"OR" gate gene circuit	"或"门基因线路
orthogonal biosynthesis	正交生物合成
oscillator	振荡器
P1 artificial chromosome，PAC	P1 噬菌体人工染色体
parallel structure	并联结构
parameter	参量
parameter estimation	参数估计
parts	生物元件
pathway regulation	途径调控
photoswitch	光控开关
plasmid	质粒
polymerase cycle assembly	聚合酶循环组装
posttranslational modification	翻译后修饰
promoter	启动子

positive feedback	正反馈
prokaryocyte	原核细胞
promoter engineering	启动子工程
protein	蛋白质
protein *in situ* array	蛋白质原位阵列
protein phosphorylation	蛋白质磷酸化
protein engineering	蛋白质工程
protein generator	蛋白质生成装置
protein scaffold	蛋白质支架
proteomics	蛋白质组学
quantification	定量化
quantitative analysis	定量分析
quantitative trait locus	数量性状基因座
quorum sensing	群体感应
regulatory network	调控网络
reporter protein	报告基因
repressor protein	阻遏蛋白
random Monte Carlo algorithm	随机蒙特卡罗算法
random mutagenesis	随机诱变
rational regulation	理性调节
random regulation	随机调节
reverse engineering analysis method	逆向工程分析方法
ribonucleic acid，RNA	核糖核酸
ribosome binding site，RBS	核糖体结合位点
ribosomes per second，RIPS	核糖体每秒
riboswitch	核糖开关
RNA polymerase per second，PoPS	RNA 聚合酶每秒
RNA sequencing	RNA 测序
RNA switch	RNA 开关
robustness	鲁棒性
Saccharomyces cerevisiae	酿酒酵母
screening marker	筛选标记
secondary metabolite	次级代谢产物
self-induced peptide signal molecule	自诱导肽信号分子
semi-rational regulation	半理性调节
series structure	串联结构
single cell sequencing	单细胞测序
single input	单输入
signal Transduction	信号转导
stability analysis	稳定性分析
statistical method	统计法
structural genomics	结构基因组学

structural omics	结构组学
switches	开关
synthetic biology	合成生物学
system	生物系统
systems biology	系统生物学
systems biology markup language，SBML	系统生物标记语言
teminator	终止子
top-down	自上而下
total cell model	全细胞模型
transcription	转录
transcriptome	转录组
transcriptome sequencing	转录组测序
transcriptomics	转录组学
transcription fator	转录因子
translation	翻译
unnatural amino acid	非天然氨基酸
variables	变量
viral vaccine	病毒疫苗
viroid particles	类病毒颗粒
yeast	酵母
yeast artificial chromosome，YAC	酵母人工染色体
zinc finger nuclease，ZFN	锌指核酸酶
2-C-methyl-D-erythritol-4- phosphate，MEP	2-C-甲基-D-赤藻糖醇-4-磷酸

附录二　国内外重要合成生物学会议及科学家简介

一、国内外重要合成生物学会议

1. 合成生物学国际会议（Synthetic Biology X. 0）

合成生物学国际会议是目前具有较大影响力的合成生物学领域专业会议。2004 年，第一届合成生物学国际会议（Synthetic Biology 1.0）在麻省理工学院举行，会议的主要问题是如何推进合成生物学的发展。因为当时合成生物学还未引起人们的重视，影响也不广，因而参会的人并不多。自 2006 年起，合成生物学国际会议逐渐开始扩大规模，邀请世界范围的对合成生物学感兴趣的研究人员参加。2007 年开始，合成生物学国际会议开始在美国之外的地方召开，其国际影响力逐渐扩大。

2. 冷泉港亚洲学术会议——合成生物学（Cold Spring Harbor Asia/Synthetic Biology）

2010 年，冷泉港亚洲系列会议在中国启动，该会议沿袭美国冷泉港实验室的传统，为来自亚洲乃至全球的科学家及学生们提供近距离分享最新科研进展的独特平台。冷泉港亚洲系列会议讨论了生物医学领域的各个研究热点和话题，内容涵盖了分子生物学、神经科学、癌症研究、细胞生物学、发育生物学、合成生物学等，会议举办过 RNA 修饰和转录组学，高通量生物学，微生物、宏基因组与健康，以及合成生物学等会议。其中，合成生物学会议是冷泉港亚洲的重要分会，首届会议于 2012 年举办，会议紧密跟踪和关注合成生物学在生命科学研究的不同领域、不同层面所取得的关键进展，在合成生物学领域具有重要影响力。会议吸引了来自国内外的合成生物学专家学者，也吸引了众多对合成生物学感兴趣的学生，为合成生物学的交流合作提供了良好平台。

3. 合成生物学青年学者论坛（Synthetic Biology Young Scholar Forum，SynBioYSF）

近年来，合成生物学发展迅猛，在生物能源、生物医药、生物材料、农业等领域取得了令人瞩目的成绩，也引起了国内外青年学者的研究兴趣和热情。2015 年，"合成生物学青年学者论坛"应运而生。该论坛由青年学者发起并组织举办，旨在加强从事合成生物学研究青年学者之间的联系，交流设计、制造和定量化研究合成生命系统的最新成果，了解合成生物学国际发展动态和研究热点，促进合成生物学基础理论研究与应用实践的发展。"合成生物学青年学者论坛"通常围绕基因组合成与编辑、优质元件与底盘设计、线路设计和动态调控、代谢工程、基于基因和细胞的疾病治疗、环境修复、新技术与理论、生物安全与伦理等几个主题而展开，为有志于合成生物学研究的各个领域的青年学者提供了交流合作的平台。自 2015 年以来，"合成生物学青年学者论坛"已经举办了 3 届，分别在清华大学、北京大学和中国科学院上海生命科学研究院植物生理生态研究所举办。

4. 中美华人合成生物学研讨会（Sino-USA Chinese Collaborative Workshop）

"中美华人合成生物学研讨会"每年举办一次，至今已举办了 6 届，旨在推动我国合成生物学的基础研究和产业化发展，加强中美两国从事合成生物学研究学者之间的学术交流，促进合作研究和成果转化。参会者大多为美国知名华人科学家、国内合成生物学专家以及全国多个院校的代表和学生。2017 年的会议以"合成生物学的机会与挑战"为主题，分为特邀报告、青年论坛和产业化专题讨论三个环节，该研讨会为国内外致力于合成生物学研究的华人学者提供了宝贵的展示与讨论机会，也推动了我国合成生物学的发展。

5. 代谢工程大会（Metabolic Engineering）

国际代谢工程大会是代谢工程领域最高水平的会议，由美国化学工程协会主办，1996 年在美国首次举行，之后每两年举行一次。会议旨在为来自世界各地的人们提供一个分享代谢工程领域的前沿进展、先进技术和未来展望的舞台。2016 年第 11 届代谢工程大会在日本神户举行，会议分成十个主题，即：燃料与化学品代谢工程、分子元件与代谢工程、合成生物学与代谢工程、代谢工程中的计算工具与方法、化学品和材料代谢工程、工业微生物代谢工程、组学与代谢工程、细胞培养与生物医药代谢工程、代谢工程的工业化应用、代谢工程中的方法与应用。合成生物学是代谢工程大会的重要部分，在其发展日新月异的今天，吸引了众多科研人员的兴趣。

6. 国际代谢工程峰会（Metabolic Engineering Summit）

2015 年，国际代谢工程学会（IMES）决定在中国举办国际代谢工程峰会，这是 IMES 在中国举办的首届代谢工程峰会，在中国工程院、IMES 和美国化学学会的支持下，由青海大学、北京化工大学、中科院微生物所等多所高校和研究机构联合承办。该会议也是近年来在中国举办的生命科学领域规模最大和规模最高的会议之一。代谢工程峰会每两年举办一次，目前已经召开两届，汇聚了来自国内外的知名学者以及工业界和政府部门专家，合成生物学在该会议上被广泛讨论，也为来自世界各地的青年学者们提供了学习和交流的平台。

7. SynBioBeta 国际合成生物学论坛

SynBioBeta 是国际顶尖的合成生物学"社区"，聚集合成生物学领域的科研工作者、企业家、投资者、政策制定者和对该领域所有感兴趣的人。SynBioBeta 每年会在全世界举办多场论坛和活动，为世界上致力于合成生物学研究的人们提供一个交流的平台，促进不同背景的人在该领域发展中的交叉融合，促进合成生物学的发展。

8. 亚洲合成生物学联盟学术论坛（ASBA）

随着合成生物学在美国和欧洲的兴起及发展，研究人员逐渐意识到其在学术和工业领域的影响和应用。鉴于公共及私人研究机构对合成生物学的支持越来越多，亚洲的合成生物学研究团队已经实现了诸多显著的成就，正逐渐在全球舞台上发挥更大的作用。在这种情况下，亚洲的合成生物学家缺少相应的联盟论坛，为包括中国、日本和新加坡等国家在内的亚洲顶尖研究人员提供交流与合作的平台。ASBA 通过加强大学和科研机构杰出学者的交流与合作，将会在很大程度上促进亚洲合成生物学的发展和成熟。

二、国内外著名科学家

1. George Church

乔治·丘奇（George Church）是美国著名基因工程学家，合成生物学创始人之一。哈佛大学医学院遗传学教授，哈佛医学院基因组研究中心主任。乔治·丘奇创立了第一家向个人用户提供完整基因组序列的公司，提供开源的人类基因组、环境和特征信息。他的创新研究尤其是基因测序方面的研究对于整个"下一代"基因组测序方法和测序公司都有杰出的贡献，也为合成生物学的快速发展奠定了基础，因而被称为"合成生物学之父"。

2. John Craig Venter

克雷格·文特尔（John Craig Venter）是世界上第一个人造生命细胞的创造者，是一位生物学家及企业家，曾在 2007 年被时代杂志选进世界上最有影响力的人之一。克雷格·文特尔是塞雷拉基因组公司的创办人、前任总裁。他曾带领该公司开展基因组测序研究，与人类基因组计划相互竞争，其本人也因此出名。2010 年，克雷格·文特尔的研究小组在"Science"上发表文章，宣告他们成功创造出来世界上第一个细胞——支原体细胞，这也是世界上第一个人造生命，被命名为"Synthia"。

3. James Collins

詹姆斯·柯林斯（James Collins）目前任教于麻省理工学院生物工程系，是合成生物学的先驱之一，在生物技术和生物医药领域取得了很多合成生物学突破，包括对寨卡病毒和埃博拉病毒的纸张诊断、用于生物诊断和生物治疗的可编程细胞、罕见的遗传性代谢疾病等。作为合成生物学的创始人之一，詹姆斯·柯林斯长期致力于改造生命体，重新设计生命，在合成生物学中的建模、设计和构建合成基因模块及网络等方面有非常杰出的工作。

4. Gregory Stephanopoulos

格雷戈里·斯特凡诺普洛斯（Gregory Stephanopoulos），麻省理工学院化学工程系教授，是代谢工程学科的创始人之一。格雷戈里·斯特凡诺普洛斯教授在代谢工程领域的研究主要涉及利用工程微生物生产生物燃料、化学品、天然产物等，同时还进行了癌症代谢方面的研究。Stephanopoulos 教授是美国工程院院士，在"Scinece""Nature""Nature Biotechnology"等国际顶尖杂志上发表论文 430 余篇，获得了 The George Washington Carver Award for Innovation in Industrial Biotechnology，AIChE Technical Achievement Award 等众多学术奖励和荣誉称号，为代谢工程领域的发展做出了重大贡献。

5. Jay Keasling

杰伊·凯斯林（Jay Keasling）是加州大学伯克利分校的化学工程与生物工程教授，是美国劳伦斯伯克利国家实验室生物组副主任，也是合成生物学的先驱和权威之一。杰伊·凯斯林教授的研究方向主要集中在微生物的代谢工程改造、重要化学品的生产、遗传操作手段的开发等。其中，青蒿素的微生物合成是杰伊·凯斯林教授的标志性工作之一。2013 年，杰伊·凯斯林教授的研究小组在"Nature"杂志上发表文章，实现了在微生物中从头合成青蒿素的前体青蒿酸，这是合成生物学的标志性成果之一。杰伊·凯斯林教授创办了 Amyris、LS9 以及 Lygos 公司，成为合成生物学产业化及商业化的成功典范。

6. Jens Nielsen

Jens Nielsen 是瑞典查尔姆斯理工大学系统生物学教授，瑞典皇家科学院院士和工程院院士。Jens Nielsen 教授是代谢工程领域的创始人之一，是国际代谢工程学会的创会主席，从事代谢工程研究 30 多年。Jens Nielsen 教授的研究主要涉及重要天然产物、抗生素和生物燃料的生产，也开展了代谢疾病如 Ⅱ 型糖尿病、肥胖、心血管疾病等疾病的研究，已发表450 余篇研究性论文和综述，获得众多国际学术奖励和荣誉。

7. San Yup Lee

Sang Yup Lee 是韩国科学技术院（KAIST）化学与生物分子工程部资深教授，生命科学与生物工程学院主任。Sang Yup Lee 是韩国国家工程科学院院士、国际合成生物学权威之一。Sang Yup Lee 教授的研究兴趣主要包括代谢工程、系统生物学、生物技术、合成生物学、工业生物技术、纳米生物技术等，目前已发表高水平学术论文 530 余篇，拥有 72 本专著以及 580 项专利。他获得过韩国总统最佳年轻科学家奖、Elmer Gaden 奖，以及默克代谢工程奖等其他奖项。

8. James Liao

廖俊智（James Liao）教授曾任职于美国加州大学洛杉矶分校化学及生物分子工程系，2014 年当选为台湾"中央研究院院士"，2015 年获选为美国国家科学院院士，2016 年担任台湾"中央研究院院长"。廖俊智教授主要从事绿色生物能源的研究，是绿色化学领域的先驱，主要研究微生物碳代谢，是代谢工程领域的权威之一，曾获得美国联邦环保署颁发的"总统绿化学挑战奖学术奖"。

9. Huimin Zhao

赵惠民（Huimin Zhao）是美国伊利诺伊大学香槟分校化学与生物分子工程学教授，也是伊利诺伊大学 Carl R. Woese 遗传生物学研究所（IGB）生物系统研究方向的领军人物。赵惠民教授的研究主要集中在开发系统与合成生物学手段并应用其来解决当今社会在医药健康、能源、可持续发展等方面的问题，研究酶催化的机制、细胞代谢和基因调控，是国际上知名的代谢工程与合成生物学研究学者。

10. Christopher A. Voigt

克里斯托弗·沃伊特（Christopher A. Voigt）是美国麻省理工学院生物工程系教授，合成生物学中心的联合主任，合成生物学杂志"ACS Synthetic Biology"的主编。克里斯托弗·沃伊特教授是合成生物学领域的领军人物，研究方向包括细胞编程语言、工程细胞传感器、细胞器重构工程、基因组设计、基因线路设计等。

11. James Swartz

James Swartz 是美国斯坦福大学教授，同时也是美国国家工程院院士。Swartz 教授对研究领域的突出贡献在于将无细胞合成生物学系统从一个基础研究工具发展成为工业化发展平台。在无细胞系统中高效基因模板的设计、蛋白酶降解和影响氨基酸稳定因素的消除、蛋白质正确折叠组装的控制、成本大幅度降低、工业化放大等方面都做出了许多突破性的工作。研究工作涉及生物催化、生物医药等领域。

12. Archibald Vivian Hill

阿奇博尔德·希尔（Archibald Vivian Hill）是英格兰生理学家，是生物物理学和运筹学领域里很多学科的创立者。因其在肌肉发热方面的研究，他与德国科学家迈耶霍夫一起获得了 1922 年的诺贝尔生理学或医学奖。

13. Michael B. Elowitz

Michael B. Elowitz 是加州理工学院的生物学、生物工程和应用物理学的生物学家和教授，是霍华德休斯医学研究所的研究员。2007 年，他获得了 Genius 资助，更为人所知的是 MacArthur 研究员计划，用于设计合成基因调控网络 Repressilator，该计划帮助启动了合成生物学领域。此外，他首次展示了如何在活细胞中检测和量化基因表达中固有的随机效应或"噪声"。从而逐渐认识到噪声在生活中扮演的许多角色细胞。他在合成生物学和噪声方面的工作代表了系统生物学领域的两个基础。

14. Marc R. Wilkins

马克·威尔金斯（Marc R. Wilkins）于 1995 年至 1997 年在瑞士日内瓦大学与丹尼斯·霍克斯特拉瑟教授和阿莫斯·拜罗克博士合作，获得博士后奖学金。他与他人合作开发了 ExPASy web 服务器上许多蛋白质分析工具。随后，他在澳大利亚蛋白质组分析机构担任高级博士后，该机构由澳大利亚政府于 1995 年建立，是世界上第一个专门从事蛋白质组研究的中心。1997 年，他与他人合编了第一本关于蛋白质组学的书，《蛋白质组研究：功能基因组学的新前沿》，销量超过 4000 本。

威尔金斯博士目前是新南威尔士大学系统生物学教授，也是系统生物学计划和 Ramaciotti 基因功能分析中心的主任。他的最新研究重点是蛋白质相互作用网络（interactome）和系统生物学。2012 年，马克·威尔金斯被授予 ASBMB 贝克曼·库尔特发现科学奖。本奖项授予在生物化学和分子生物学领域做出杰出贡献的 ASBMB 成员。

15. Jeremy K. Nicholson

杰里米·K. 尼克尔森（Jeremy K. Nicholson）是西澳大利亚珀斯默多克大学（Murdoch University）健康科学专业的教授和副校长。他也是伦敦帝国理工学院生物化学荣誉退休教授。尼克尔森也是位于帝国理工学院的 MRC-NIHR 国家酚类物质中心的主任和首席研究员。他曾在伦敦大学伯克贝克学院、伦敦药学院和伦敦帝国理工学院工作，并在六所大学和中国科学院分别担任名誉教授和教授，2014 年被选为阿尔伯特·爱因斯坦名誉教授。他还是代谢组学公司 Metabometrix 的创始人、董事、首席科学家。代谢组学公司 Metabometrix 是帝国理工学院的一个附属公司，专门从事分子表型分析、临床诊断和通过代谢组学进行毒理筛选。

16. Frederick Sanger

Frederick Sanger（1918 年 8 月 13 日—2013 年 11 月 19 日）是一位英国生化学家，两次获得诺贝尔化学奖。1958 年，他因在蛋白质结构，特别是胰岛素结构方面的研究而获得诺贝尔化学奖。1980 年，Walter Gilbert 和 Sanger 分享了一半的诺贝尔化学奖，因为"他们对确定核酸碱基序列的贡献"；另一半被授予 Paul Berg——"他对核酸生物化学的基础研究，尤其是重组 DNA"。

17. 赵国屏

赵国屏研究员，中国科学院院士，现任中科院上海生命科学研究院植物生理生态研究所研究员，复旦大学生命学院微生物与微生物工程系主任，著名的分子微生物学家，中国合成生物学领域的领军人物之一。赵国屏院士担任了国家人类基因组南方研究中心执行主任，生物芯片上海国家工程研究中心主任。2008 年，赵国屏院士担任中科院合成生物学重点实验室主任。赵国屏院士的研究方向主要为微生物代谢调控以及酶的结构功能关系与反应机理、微生物和蛋白质工程等。赵国屏院士是国家重点基础研究发展计划（973 计划）项目"新功能人造生物器件的构建及集成"的首席科学家，曾获得"谈家桢生命科学奖"等多项荣誉。

18. 邓子新

邓子新教授，中国科学院院士，现任上海交通大学生命科学技术学院院长，武汉生物技术发展研究院院长，2005 年当选为中国科学院院士，2006 年当选为第三世界科学院院士，2010 年当选为美国微生物科学院院士。邓子新院士是著名微生物学家，也是中国合成生物学领域的领军人物之一，长期从事微生物代谢的相关研究，主要方向为放线菌遗传学及抗生素生物合成的生物化学和分子生物学研究，曾主持国家级和国际合作项目 30 多项，获得"何梁何利奖""谈家桢生命科学成就奖"等多项荣誉。

19. 欧阳颀

欧阳颀教授，中国科学院院士。1982 年毕业于清华大学化学与化学工程系，1989 年获法国波尔多第一大学博士学位。现任北京大学定量生物学中心副主任，主要从事非线性科学及物理生物交叉科学研究，2013 年当选中国科学院院士，是我国合成生物学教育和科研的奠基人之一。在非线性动力学实验研究中首次发现二维图灵斑图，证实了图录在 1952 年提出的斑图形成机制。将非线性科学方法运用于系统生物学与合成生物学研究，在对酵母菌细胞周期网络的研究中发现重要的动力学特征；通过对果蝇体节极性网络的研究发现生物调控网络的功能、动力学性质与拓扑结构之间存在强关联；应用非线性动力学方法设计并实现了触点式生物开关。

20. 元英进

元英进教授，中国科学院院士，现任天津大学副校长，中国合成生物学领域的领军人物之一。元英进教授是国家自然基金委创新群体负责人，国家杰出青年基金获得者，国家 973 项目首席科学家和国家重大 863 项目首席专家，2021 年当选中国科学院院士。研究成果入选"2017 年度中国科学十大进展"、"2017 年中国十大科技进展新闻"、2017 年度"中国高等学校十大科技进展"等，引起国内外专家和媒体的广泛关注。"Science"同期发表专文评论，成果受到"Nature""Nature Biotechnology""Nature Reviews Genetics"等多个顶级期刊专文或亮点介绍，担任《合成生物学》期刊主编。

附录三　iGEM 大赛以及优秀作品简介

iGEM 大赛

iGEM 是国际遗传工程机器设计竞赛（International Genetically Engineered Machine Competition）的简称，是世界级的合成生物学竞赛。iGEM 大赛最早是在 2003 年由麻省理工学院创办的一项大学生基因线路设计比赛。参赛者可以充分发挥自己的创意，以创造新的生物系统为最终目的，主要内容为将基因模块引入宿主细胞构造更为复杂的生物组件并发挥功能。2005 年以来，该赛事发展为世界范围内的大规模国际赛事，吸引了世界各地的学校，包括哈佛大学、麻省理工学院、斯坦福大学、帝国理工大学等世界名校都对此表现出极大的兴趣，这也进一步推动了 iGEM 比赛的国际影响力。同时，iGEM 比赛的推广也不断吸引青年学者和年轻的学生们参与到合成生物学研究中，为合成生物学注入了新的力量，极大地推动了该学科的发展。2006 年以来，中国高校开始在 iGEM 大赛中崭露头角，取得了优异的成绩。中国参赛队伍在近几年也逐年增加，每年都取得不错的成绩。更重要的是，iGEM 大赛为中国合成生物学的发展提供了一个与国际交流和接轨的平台，为中国人才的培养和国际化教育提供了广阔的空间。

iGEM 大赛优秀作品简介

1. SynORI—a framework for multi-plasmid systems

该项目是 2017 年最终大奖第一名获得者，来自立陶宛维尔纽斯大学的 Vilnius-Lithuania 队伍。参赛网页为：http://2017.igem.org/Team：Vilnius-Lithuania。

1）项目介绍

该项目利用复制原点 ColE1 的复制特性制作了一个可控的质粒拷贝数控制系统，同时突变了复制原点的几个位点使其能够做到多质粒共存的状态，最后利用核酸开关以及阻遏蛋白构建了一个多质粒单抗生素筛选系统。

2）项目设计及实验验证

a）单质粒拷贝数控制

复制原点 ColE1 的复制特性是由 RNAⅠ与 RNAⅡ来调控的，RNAⅠ与 RNAⅡ的编码区是在同一编码区的正负两条链上（附图 3.1），所以 RNAⅠ与 RNAⅡ在转录之后可以形成二级结构的配对，形成双螺旋结构。

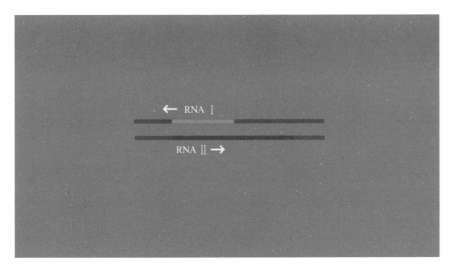

附图 3.1　RNAⅠ与 RNAⅡ的编码区示意图

RNAⅡ是作为质粒复制的引物而参与复制过程，故 RNAⅡ越多则复制的过程越频繁，复制则越多，拷贝数则越高；RNAⅠ在前文中已经说过，可以与 RNAⅡ形成二级结构，从而减少 RNAⅡ进入复制过程，使得拷贝数降低。所以整个系统的控制就是调控 RNAⅠ的表达量。但是问题在于 RNAⅠ的启动子位于 RNAⅡ的编码区，改变 RNAⅠ的启动子强度，势必会影响 RNAⅡ的二级结构，使得复制出现异常。故想通过突变来实现不影响 RNAⅡ的二级结构同时将 RNAⅠ的启动子降至最低，使得可以在别的区域来实现 RNAⅠ的表达调控，从而调节拷贝数。

附图 3.2 中为 RNAⅠ的启动子所进行的突变，其中 ORI2 为具有理想的功能。附图 3.3 中的拷贝数测量结果显示 ORI2 的拷贝数最高，则说明该启动子的强度最低，RNAⅠ的表达量最低，同时突变后 RNAⅡ对于复制的过程是没有抑制作用的。故选用突变体 ORI2 作为质粒拷贝数控制的基础。

之后在别的编码区进行了可控的 RNAⅠ的表达，通过使用不同强度的组成型启动子以及不同诱导剂浓度的诱导型启动子来表达 RNAⅠ实验可知，控制 RNAⅠ确实可以很好地做

```
WT          CCTTCTAGTGTAGCCGTAGTCGGGCCACTACTTCAAGAACTCTGT
            —10 consensus            —35 consensus
ORI1        CCTTCTAGTAAGCCCGTAGTCGGGGTACTAAAATGGGAACTCTGT
ORI2        CCTTCTAGTAAGCCCGTAGTCGGGGTACTATCCGGGGAACTCTGT
ORI3        CCTTCTAGTAAGCCCGTAGTCGGGGTACTACTTCAGAACTCTGT
ORI4        CCTTCTAGTGTAGCCGTAGTCGGGCCACTAAAATGGGAACTCTGT
ORI5        CCTTCTAGTGTAGCCGTAGTCGGGCCACTATCCGGGGAACTCTGT
```

附图 3.2   RNA I 的突变设计

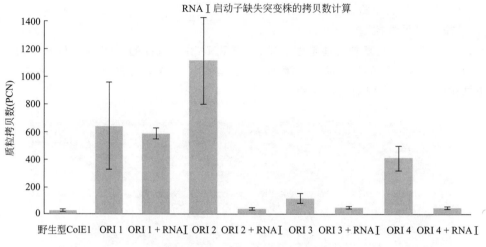

附图 3.3   突变后的拷贝数测量

到质粒拷贝数控制（附图 3.4 和附图 3.5）。

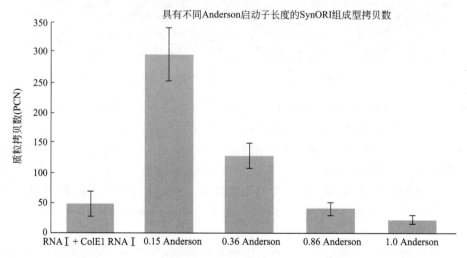

附图 3.4   不同强度组成型启动子表达 RNA I 后的质粒拷贝数

b）多质粒拷贝数控制

基于之前的设计，可以实现单质粒拷贝数的控制，然后想借此实现多质粒拷贝数的控制，其根本思想还是在于 RNA II 与 RNA I 的二级结构。

如附图 3.6 所示，RNA II 与 RNA I 的相互作用识别在于其中的三个茎环结构，其设计

不同鼠李糖浓度下SynORI诱导型质粒拷贝数

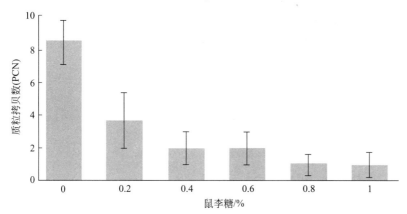

附图 3.5　不同诱导剂浓度诱导的表达 RNA I 的质粒拷贝数

附图 3.6　RNA II 与 RNA I 的二级结构示意图

思路是突变多组 RNA II 与 RNA I 的序列使其相互作用变得具有特异性，使 RNA I 不会干扰到别的 RNA II，即可完成多质粒共存情况下的质粒控制。而为了后续工作的进行，只突变前两个茎环结构，即可达到目的。

在此基础上，加入一个 Rop 蛋白，使得其可以同时与多种 RNA II 的第三个茎环相互作用，即可实现多质粒的广泛性拷贝数控制。附图 3.7 中的结果显示该蛋白质可以同时控制两

两个具有确定的拷贝数和不同Rop浓度的质粒系统

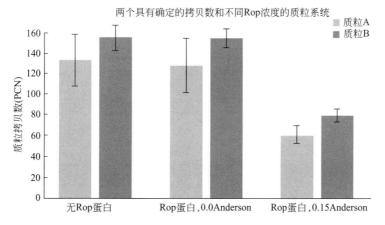

附图 3.7　Rop 蛋白表达对于多质粒的控制作用

种质粒的拷贝数，说明具有预设功能。

　　c）多质粒单抗生素的筛选系统

　　完成多质粒控制之后，该队伍构建了一个多质粒单抗生素筛选系统，主要设计是依赖逻辑开关来实现的，包括双质粒、四质粒和五质粒系统。

　　双质粒系统是将抗性基因编码的蛋白质拆成两部分分别在两个质粒上组成型表达。（附图 3.8）

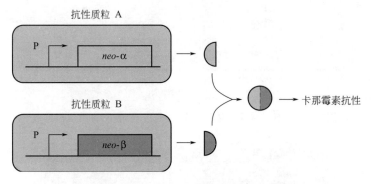

附图 3.8　双质粒单抗生素筛选系统

　　四种质粒的系统则在双质粒系统的基础上添加一层核酸开关（附图 3.9）。附图 3.9 所示核酸开关的开启 RNA 由第三和第四个质粒编码，而两个抗性基因则由两个不同的核酸开关转录，所以必须存在四个质粒才可使菌株存活（附图 3.10）。

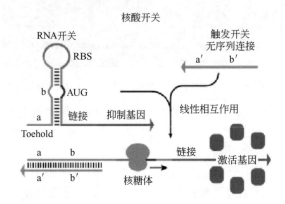

附图 3.9　核酸开关示意图

　　五种质粒的筛选与四质粒类似，只是将第三和第四个质粒上编码的 TRIG RNA 换成阻遏蛋白控制的诱导型启动子，同时激活蛋白由第五个质粒编码（附图 3.11）。

2. The phage and the furious

　　该项目是 2017 年最终大奖第三名得主。项目队伍来自德国海德堡大学。参赛网站是：http://2017.igem.org/Team：Heidelberg。

　　在细胞或有机体中，很多蛋白质并不是单独发挥功能的，而往往是与其他蛋白质相互作用来实现其在细胞内的功能。这种蛋白质与蛋白质之间的相互作用是静电力导致的。目前已经有很多方法可以用于检测和研究蛋白质-蛋白质之间的相互作用，但却很少有方法可以用于对这种相互作用的强度进行设计或改变。然而，对这种蛋白质-蛋白质相互作用强度的改变是非常有意义的，因为相互作用强度会影响到细胞内的各种活动，例如强的相互作用可能

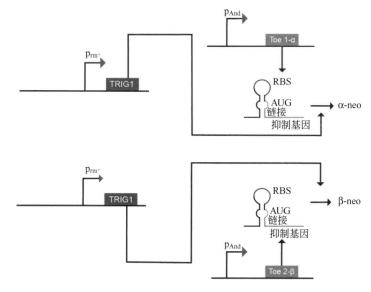

附图 3.10　四质粒单抗生素筛选系统示意图

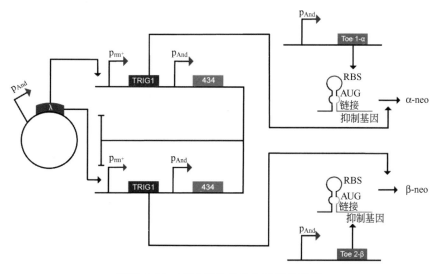

附图 3.11　五种质粒单抗生素筛选系统

会导致强的信号转导或者高的表达效率。由此出发，该团队想要开发一个可以对蛋白质-蛋白质相互作用进行更改的方法，他们选择的对象是一种特殊的蛋白质-蛋白质相互作用，即酶的不同部分。细胞中有些酶是包含几个部分的，例如 N 端和 C 端，这几部分会分别表达并进行自组装来实现其功能。在这里，同一个酶的几个部分之间的相互作用就可以视为一种特殊的蛋白质-蛋白质相互作用。对于这种自组装的酶来说，如何提高几个部分之间结合的效率成为人们研究的热点。定向进化是人们常用的方法之一。

　　"PACE"（噬菌体辅助连续进化）是一种已被开发出来的定向进化方法，其原理如附图 3.12 所示。噬菌体 M13 携带有目的突变基因，所入侵的大肠杆菌中含有两个辅助质粒，其中一个质粒 MP 为促进进化的质粒，质粒上的基因可以减少 M13 噬菌体复制的保真性和错误修饰，从而增大突变的概率，因该质粒所携带的促进突变的基因对大肠杆菌有毒害作用，因而使用诱导启动子表达；另一个质粒 AP 带有一个 M13 噬菌体复制所必需的基因 geneⅢ，

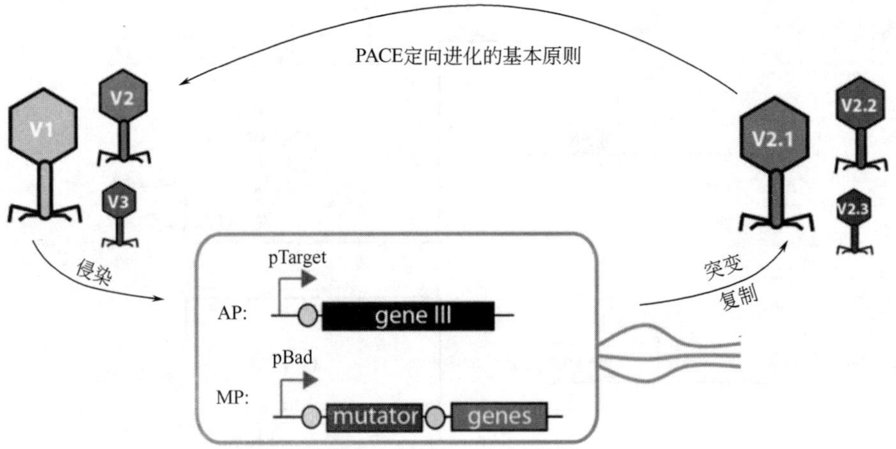

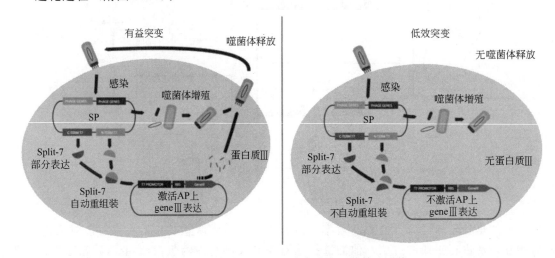

附图 3.12 PACE 的基本原理图

该基因的启动子 pTarget 经过合成生物学设计由 M13 所携带的目的突变基因表达的蛋白质决定能否启动，从而可以实现对该目的基因的定向进化。

在该团队的项目中，他们利用 PACE 的方法，对 T7 RNA 聚合酶的两个部分：N 端部分和 C 端部分的相互作用进行了定向进化。其中，附图 3.12 所示的 pTarget 也相应地更换为 pT7。

进化过程（附图 3.13）：

附图 3.13 有效 T7 RNA 聚合酶自组装筛选系统

1）当 M13 噬菌体感染大肠杆菌时，其基因组在大肠杆菌体内编码 T7 RNA 聚合酶的 N 端和 C 端两个部分，同时大肠杆菌内 MP 质粒编码的基因会促进 M13 噬菌体基因组上这两个蛋白质亚基的突变，且突变会随着噬菌体复制而积累下来。

2）编码的两个蛋白质亚基自组装后可以开启 pT7，而组装后的两部分之间的相互作用不同，对启动子的作用不同，因而启动 geneⅢ基因的表达也不同，有效突变可以使 geneⅢ很好地表达，从而可以使 M13 复制，并裂解出细胞；而无效突变则 M13 噬菌体不能复制。重复这一过程，有益的突变则会不断地积累，并最终使基因向相互作用更强的方向进化。

最终，该团队得到了几种不同的 T7 RNA 聚合酶亚基，并检测了它们的功能，发现其中一种具有比对照组更好地启动 T7 启动子的能力，也证明他们的方法在体内加速定向进化的研究中具有良好的作用。

3. HydroGEM-Producers of Pollution-Free Energy

该项目获得了 2017 年金奖，最佳能源项目单项奖，来自澳大利亚麦格理大学的团队，参赛网站是：http://2017. igem. org/Team：Macquarie_Australia。

能源危机是当今社会面临的一个严峻问题，为寻找清洁、可持续的能源，麦格理大学团队希望能够利用光合作用来生产能源，他们将光合作用系统引入大肠杆菌中，并通过该系统利用光能和水来生产氢气。

为实现这一目的，该团队对光合作用途径的最后一部分氢化酶酶体进行了组装，包括来自莱茵衣藻的 FeFe 氢化酶、铁氧还蛋白、铁氧还蛋白 NADP（＋）还原酶（FNR）和成熟酶（HydEFG）（附图 3.14）。这几种酶的共同作用可以在大肠杆菌中生产氢气。

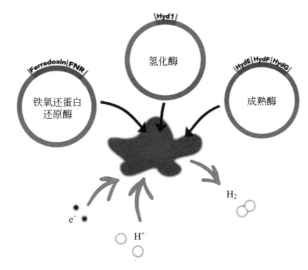

附图 3.14　模拟光合作用在大肠杆菌中生产氢气

4. Plasmid-Sensing Logically and Adjustably Cell Killer（P-SLACKiller）

该项目获得了 2016 年金奖，项目来自北京理工大学的 BIT-China 团队，参赛网站是：http://2016. igem. org/Team：BIT-China。

工程菌经常被用在工业生产中，在其构建中常常用到质粒系统。在利用工程菌进行大规模工业化生产的过程中，由于细菌增殖过程中质粒的随机分配，往往会随着复制的进行产生质粒逐渐丢失或拷贝数变低的现象，这种含有质粒拷贝数低或质粒丢失的菌被称为"slackers"。这种现象的产生严重影响了高效生产过程。针对工业生产中出现的这一问题，BIT-China 团队旨在避免这种"slackers"的菌株成为生产中的优势菌而造成大规模减产。因而，他们开发了一个叫做"P-SLACKiller"的质粒感应的细胞自杀系统，可以用于保持生产菌株的高效性，杀死质粒丢失或拷贝数低于一定阈值的细菌，保留质粒拷贝数高于一定阈值的细菌，从而保持菌群的生产优势。

为实现这一目的，该团队构建了一条基因线路（附图 3.15），该基因线路构建到功能质粒上。其中，inhibitor 是一个阻遏蛋白，由组成型启动子启动表达，因而其表达量与质粒拷贝数有关。该阻遏蛋白控制自杀基因 Killer 的启动子 in-promoter，可以抑制该自杀基因的表达。如果质粒拷贝数过低，则不能产生足够的阻遏蛋白，自杀基因就会表达而使细胞死亡，从而达到维持细胞中质粒高拷贝数的目的。

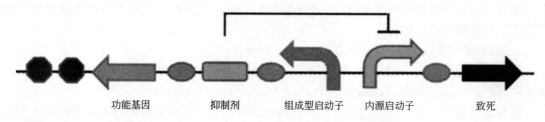

附图 3.15 P-SLACKiller 的基本基因线路图

然而，该基因线路（附图 3.15）存在一个明显的缺陷，即如果细胞中的质粒全都丢失，则自杀基因也不会存在，细胞仍然可以存活。也就是说，这种基因线路可能会导致没有质粒的细胞的富集，从而不能合成目的产物。为解决这一问题，该团队又对附图 3.15 的基因线路进行了改进，将自杀基因整合到了基因组上，得到了附图 3.16 所示的基因线路图。利用该线路图可以避免细胞中没有质粒时仍可以存活的现象，从而更好地实现控制细胞质粒高拷贝的目的。

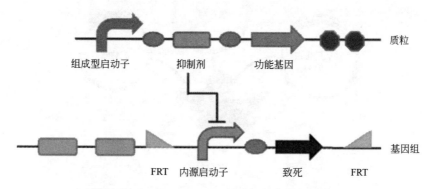

附图 3.16 P-SLACKiller 的升级版本基因线路图

附录四 经典的合成生物学技术

1. DNA 组装技术

1）BioBrick™

2）Golden Gate

3）Overlap PCR

4）CPEC

5）TAR（酵母内同源重组）

6）Gibson assembly

7）SLIC

2. 基因编辑技术

1）λ-Red 同源重组

2）位点特异性重组（Cre-Loxp、Flp-FRT、attB-attP 等）

3）RNAi

4）ZFN

5）TALEN

6）CRISPR/Cas9

7）CRISPR/cpf1

8）Cpf1/RecETde

3. DNA 合成技术

1）寡核苷酸合成（柱式寡核苷酸合成、微阵列介导的 DNA 合成）

2）基因合成

3）从头合成的大片段的 DNA 组装

4. 体内定向进化技术

1）PAGE

2）RAGE

附录五　主要的合成生物学网站和资源

1. http：// syntheticbiology. org

2. http：// biobricks. org

3. http：// igem. org/Main _ Page

4. http：// partsregistry. org/Main _ Page

5. http：// synbio. tju. edu. cn

6. http：// www. syntheticgenomics. com

7. http：// www. jcvi. org/

8. http：// www. addgene. org/synthetic-biology/

9. http：// kn. theiet. org/communities/biology/index. cfm

10. http：// arep. med. harvard. edu/SBP//

11. http：// www. synbiosafe. eu/

12. https：// www. synberc. org/

13. RBS 计算：https：// salislab. net/software/

14. 基因线路自动设计：http：// cellocad. org/

15. 密码子优化：http：// genomes. urv. es/OPTIMIZER/